工程测量与施工放线一本通系列丛书

市政工程测量与施工放线一本通

本书编委会　编

中国建材工业出版社

图书在版编目(CIP)数据

市政工程测量与施工放线一本通/《市政工程测量与施工放线一本通》编委会编. —北京:中国建材工业出版社,2009.5(2018.1 重印)

(工程测量与施工放线一本通系列丛书)

ISBN 978-7-80227-578-2

Ⅰ.市… Ⅱ.市… Ⅲ.市政工程—建筑测量—基本知识 Ⅳ.TU990.01

中国版本图书馆 CIP 数据核字(2009)第 069049 号

市政工程测量与施工放线一本通

本书编委会 编

出版发行:中国建材工业出版社

地　　址:北京市海淀区三里河路 1 号

邮　　编:100044

经　　销:全国各地新华书店

印　　刷:北京紫瑞利印刷有限公司

开　　本:787mm×1092mm 1/16

印　　张:21

字　　数:564 千字

版　　次:2009 年 5 月第 1 版

印　　次:2018 年 1 月第 3 次

定　　价:56.00 元

本社网址:www.jccbs.com.cn

本书如出现印装质量问题,由我社市场发行部负责调换。电话:(010)88386906

对本书内容有任何疑问及建议,请与本书责编联系。邮箱:dayi51@sina.com

内容提要

本书根据《工程测量规范》(GB 50026—2007)和《城市测量规范》(CJJ 8—1999)编写,详细介绍了市政工程测量的基础知识、测量原理、方法和应用等。本书共分 15 章,主要内容包括:市政工程测量基本知识、市政工程制图与识图、测量误差基本知识、常用测量仪器的构造和使用、常见测量方式、距离测量与直线定向、控制测量、地形图的测绘与应用、施工测量的基本工作、道路工程测量与施工放线、管道工程测量与施工放线、桥涵工程测量与施工放线、隧道工程测量与施工放线、市政工程变形测量、市政工程施工测量常用数据等。

本书文字通俗易懂,叙述内容一目了然,着重于对市政工程测量人员技术水平和专业知识的培养,可供市政工程施工测量人员工作时使用,也可作为大中专院校相关专业师生的学习辅导用书。

市政工程测量与施工放线一本通

编委会

主　编： 杜爱玉

副主编： 高会芳　杜翠霞

编　委： 刘梓洁　杜兰芝　邓淑文　宋丽华
郑超荣　王　委　马　超　吴　洁
阚　柯　岳翠贞　王刚领

前 言

工程测量学是研究地球空间中具体几何实体的测量描绘和抽象几何实体的测设实现的理论方法和技术的一门应用性学科。工程测量学直接为国民经济建设和国防建设服务，是测绘学中最活跃的一个分支学科。近些年来，随着测绘科技的飞速发展，工程测量的技术面貌也发生了深刻的变化，这主要体现在：一是电子计算机技术、微电子技术、激光技术、空间技术等新技术的发展与应用，以及测绘科技本身的进步，为工程测量技术进步提供了新的方法和手段；二是随着社会的发展，建筑领域科技的进步，各种大型建(构)筑物和特种精密建设工程等不断增多，对工程测量不断提出新的任务、新课题和新要求，使工程测量的服务领域不断拓宽，有力地推动和促进了工程测量事业的进步与发展。

建设工程测量属于工程测量学的范围，在工程建设中有着广泛的应用，它服务于工程建设的每一个阶段，贯穿于工程建设的始终。建设用地的选择，道路管线位置的确定等，都要利用测量所提供的资料和图纸进行规划设计；施工阶段则需要通过测量工作来衔接，以配合各项工序的施工；竣工后的竣工测量，可为工程的验收、日后的扩建和维修管理提供资料；而在工程管理阶段，须对建(构)筑物进行变形观测，以确保工程的安全使用。同时，建设工程测量的精度和速度直接影响到整个工程的质量和进度，其地位举足轻重。

为适应工程建设测量技术快速发展的要求，中华人民共和国原建设部于2007年10月25日发布实施了《工程测量规范》(GB 50026—2007)，该规范的颁布实施必将进一步促进我国工程测量水平的发展与提高。为帮助广大工程测量人员把握工程测量领域的发展趋势，学习和理解《工程测量规范》(GB 50026—2007)的内容，我们组织工程测量领域的专家学者和工程建设测量技术人员编写了《工程测量与施工放线一本通系列丛书》。本套丛书包括以下分册：

建筑工程测量与施工放线一本通

市政工程测量与施工放线一本通

公路工程测量与施工放线一本通

水利水电工程测量与施工放线一本通

本套丛书主要具有以下特点：

(1)丛书的编写既注重讲述学科的基本理论、方法与勘测技术，又结合典型工程的测量实践，涵盖了从经典理论到最新技术应用，从工程建筑物的设计、施工放样到变形监测及工业测量、精密工程测量等的全部内容，是广大工程施工现场管理人员工作时的实用工具书。

(2)丛书的编写以“必须、够用”为度，以“讲清概念、强化应用”为重点，深入浅出，注重实用，从工程测量人员的需求出发，在对测量基础理论知识进行阐述的同时，列举了大量的测量应用实例，注重对读者实际操作技能的培养。

(3)丛书资料翔实、内容丰富、图文并茂，编写时力求做到文字通俗易懂、叙述的内容一目了然，以倡导先进性、注重可行性、强化可操作性为指导思想，在编写过程中既考虑了内容的相互关联和体系的完整性，又不拘泥于此，对部分在理论研究上有较大意义但在实践中实施尚有困难的内容丛书中就没有进行深入的讨论。

本套丛书在编写过程中，参考或引用了有关部门、单位和个人的资料，得到了相关部门及工程施工单位的大力支持与帮助，在此一并表示衷心的感谢。由于编者的学识和水平有限，丛书中缺点及不当之处在所难免，敬请广大读者提出批评和指正。

本书编委会

目　录

第一章　市政工程测量基本知识

第一节　工程测量的任务和作用

一、市政工程测量的任务

市政工程测量是工程测量的一部分，其任务主要体现在两个方面：一是将各种现有物体的位置和形状，以及地面的起伏形态等用图形或数据表示出来，为测量工作提供依据，称为测定或测绘；二是将规划设计和管理等工作形成的图纸上的建筑物、构筑物或其他图形的位置在现场标定出来，作为施工的依据，称为测设或放线。

二、市政工程测量的作用

市政工程测量在市政建设的每一个环节都发挥着重要的作用，建筑用地的选择，道路管线位置的确定等，都要利用测量所提供的资料规划设计。施工阶段需要通过测量工作来衔接，配合各项工序的施工，才能保证设计意图的正确执行。竣工后的竣工测量，为工程的验收、日后的扩建和维修管理提供资料。在工程管理阶段，对建(构)筑物进行变形观测，以确保工程的安全使用。所以，工程测量贯穿于建筑工程建设的始终，服务于施工过程中的每一个环节，并且测量的精度和进度直接影响到整个工程质量与进度。

三、工程测量常用单位

工程测量常用的角度、长度、面积的度量单位及换算关系分别列于表1-1～表1-3。

表1-1　　角度单位制及换算关系

60进制	弧度制
1圆周＝360° 1°＝60′ 1′＝60″	1圆周＝2π弧度 1弧度＝$\frac{180°}{\pi}$＝57.2958°＝$\rho°$ ＝3438′＝ρ' ＝206265″＝ρ''

表1-2　　长度单位制及换算关系

公制	英制
1km＝1000m 1m＝10dm ＝100cm ＝1000mm	英里(mile，简写mi)，英尺(foot，简写ft)，英寸(inch，简写in) 1km＝0.6214mi ＝3280.8ft 1m＝3.2808ft ＝39.37in

表 1-3　　面积单位制及换算关系

公　　制	市　　制	英　　制
$1km^2=1\times10^6m^2$ $1m^2=100dm^2$ $=1\times10^4cm^2$ $=1\times10^6mm^2$	$1km^2=1500$ 亩 $1m^2=0.0015$ 亩 1 亩 $=666.6666667m^2$ $=0.06666667$ 公顷 $=0.1647$ 英亩	$1km^2=247.11$ 英亩 $=100$ 公顷 $1m^2=10.764ft^2$ $1cm^2=0.1550in^2$

第二节　测量工作的原则和程序

一、测量工作的原则

测量工作的原则主要体现在以下两个方面：

(1)在工程测量的过程中难免有相应的误差产生，甚至还会出现测量错误，为了限制误差的传递和避免错误的产生，我们就必须保证一系列点之间的精设，因此我们在测量过程中必须遵循从整体到局部，先控制后碎部，由高级到低级的原则。

(2)测量成果的好坏，直接或间接地影响到建筑工程的布局、成本、质量与安全等，特别是施工放线，如出现错误，就会造成难以挽回的损失。而从测量基本程序可以看出，测量是一个多层次、多工序的复杂的工作，为保证测量成果准确无误，我们在测量工作过程中必须遵循"边工作边检核"的基本原则，即在测量中，不管是外业观测、放线还是内业计算、绘图，每一步工作均应进行检核，上一步工作未作检核前不能进行下一步工作。

二、测量工作的程序

测量工作的程序分为控制测量和碎部测量两步。

1. 控制测量

如图 1-1 所示，先在测区内选择若干具有控制意义的点 A、B、C、…，作为控制点，以精密的仪器和准确的方法测定各控制点之间的距离 d，各控制边之间的水平夹角 β，如果某一条边(图 1-1 中的 AB 边)的方位角 α 和其中某一点的坐标已知，则可计算出其他控制点的坐标。另外还要测出各控制点之间的高差，设点 A 的高程为已知，则可求出其他控制点的高程。

图 1-1　测量程序示意图

2. 碎部测量

即根据控制点测定碎部点的位置，例如在控制点 A 上测定其周围碎部点 M、N、…的平面位置和高程。应遵循“从整体到局部”、“先控制后碎部”的原则。这样可以减少误差累积，保证测图精度，而且还可以分幅测绘，加快测图进度。

上述测量工作的基本程序可以归纳为“先控制后碎部”、“从整体到局部”和“由高级到低级”。对施工测量放线来说，也要遵循这个基本程序，先在整个建筑施工场地范围内进行控制测量，得到一定数量控制点的平面坐标和高程，然后以这些控制点为依据，在局部地区进行逐个对建（构）筑物轴线点的测设，如果施工场地范围较大时，控制测量也应由高级到低级逐级加密布置，使控制点的数量和精度均能满足施工放线的要求。

第三节　测量基准面的选择

一、大地水准面

假设某一个静止不动的水面延伸而穿过陆地，包围整个地球而成闭合曲面，此即称为水准面。它是由于受地球重力影响而形成的重力等势面，其主要特点是面上任意一点的铅垂线都垂直于该点上曲面的切面。与水准面相切的平面称之为水平面。重力的方向线称为铅垂线，它可作为测量工作的基准线。水准面并不是唯一的，与平均海平面持平并向大陆、岛屿内延伸而形成的闭合曲面，称为大地水准面。大地水准面是测量工作中的基准面，如图 1-2 所示。

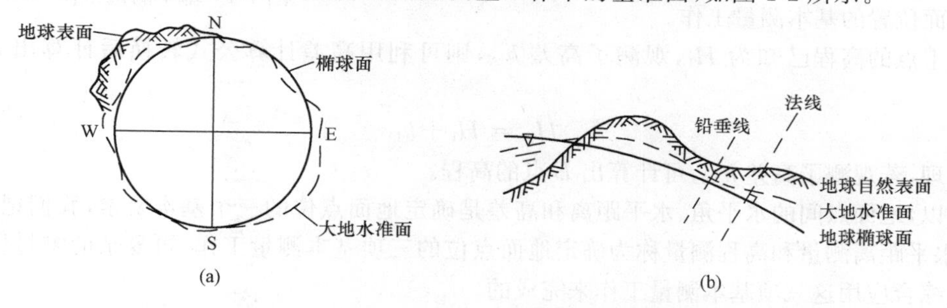

图 1-2　地球表面、大地水准面与地球椭球面

二、参考椭圆体

为了方便处理测量数据，我们用参考椭圆体来代表地球的形状，通常把参考椭圆体的表面作为测量工作的基准面。

参考椭圆体（图 1-3）是由一个椭圆绕其短轴旋转而成，故又称旋转椭球，旋转椭球面即作为测量计算工作的基准面，而法线就作为测量计算工作的基准线。旋转椭球体由长半径 a、短半径或扁率 α 决定。我国目前采用的地球椭球参数为：

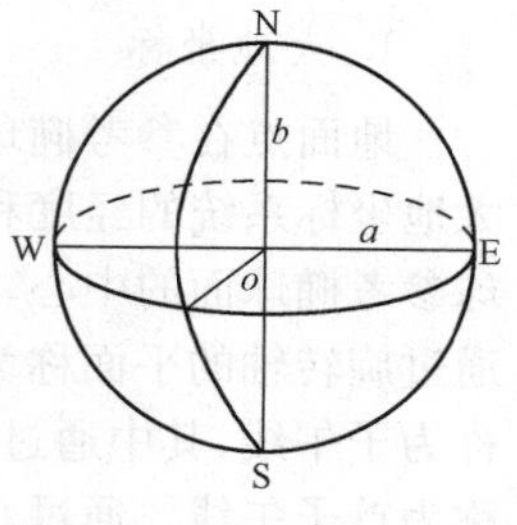

图 1-3　地球椭圆体

$$a=6378140\text{m}\quad b=6356755\text{m}$$

$$\alpha=\frac{a-b}{a}=\frac{1}{298.257} \tag{1-1}$$

由于地球的椭球半径扁率小，故而我们常将椭球半径按地球半径计算。

第四节 地面点位的确定

确定地面点的位置，是将地面点沿铅垂线方向投影到一个代表地球表面形状的基准面上，地面点投影到基准面上后，要用坐标和高程来表示点位。大范围内进行测量工作时，是以大地水准面作为地面点投影的基准面，如果在小范围内测量，可以把地球局部表面当作平面，用水平面作为地面点投影的基准面。

一、确定地面点位

如图 1-4 所示，Ⅰ和Ⅱ是已知坐标点，它们在水平面上的投影位置为 1、2，地面点 A、B 是待定点，它们投影在水平面上的投影位置是 a、b。如果观测了水平角 β_1、水平距离 L_1，可用三角函数计算出 a 点的坐标，同理，观测水平角 β_2 和水平距离 L_2，也可计算出 b 点的坐标。

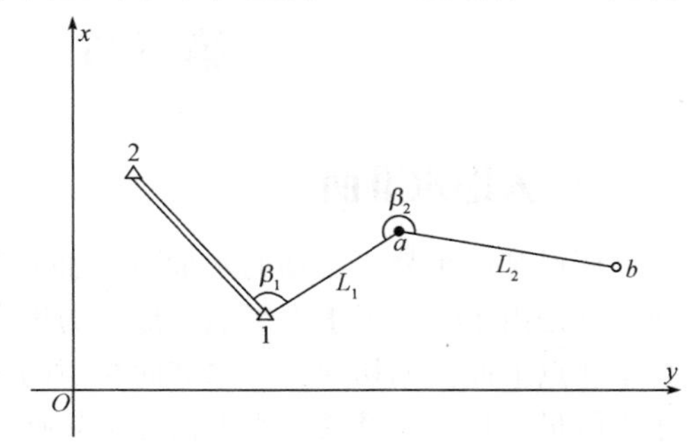

图 1-4 基本测量工作

在测绘地形图时，可在图上直接用量角器根据水平角 β_1 做出 1 点至 a 点的方向线，在此方向线上根据距离 L_1 和一定的比例尺，即可定出 a 点的位置，同理可在图上定出 b 点的位置。

故水平角测量和水平距离测量是确定地面点坐标或平面位置的基本测量工作。

若Ⅰ点的高程已知为 H_{I}，观测了高差 h_{IA}，则可利用高差计算公式转换后计算出 A 点的高程：

$$H_{\mathrm{A}} = H_{\mathrm{I}} + h_{\mathrm{IA}} \tag{1-2}$$

同理，若观测了高差 h_{AB}，可计算出 B 点的高程。

所以，地面点间的水平角、水平距离和高差是确定地面点位的三个基本要素，我们把水平角测量、水平距离测量和高程测量称为确定地面点位的三项基本测量工作，再复杂的测量任务，都是通过综合应用这三项基本测量工作来完成的。

二、地面点平面位置的确定

1. 大地坐标

地面点在参考椭球面上投影位置的坐标时，可以用大地坐标系统的经度和纬度表示。如图1-5所示，O 为地球参考椭球面的中心，N、S 为北极和南极，NS 为旋转轴，通过旋转轴的平面称为子午面，它与参考椭球面的交线称为子午线，其中通过原英国格林尼治天文台的子午线称为首子午线。通过 O 点并且垂直于 NS 轴的平面称为赤道面，它与参考椭球面的交线称为赤道。地面点 P 的经度，是指过该点的子午面与首子午线之间的夹角，用 L 表示，经度从首子午线起算，往东自 0°～180°称为东经，往西自 0°～180°称为西经。地面点 P 的纬度，是指过该点的法线与之赤道面间的夹角，用 B 表示，纬度从赤道

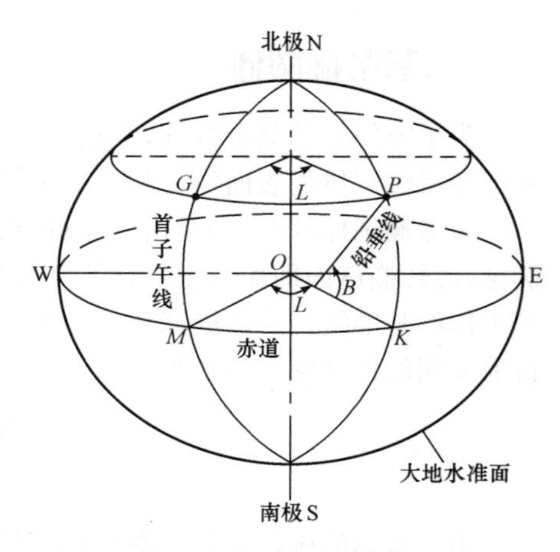

图 1-5 独立平面直角坐标系

面起算，往北自 0°～90°称为北纬，往南自 0°～90°称为南纬。我国大地地理坐标的大地原点采用的是陕西省泾阳县永乐镇的某一点。

2. 独立平面直角坐标

当测量区域较小时，一般半径不大于 10km 的范围内，可直接用测区中心点的切平面作为基准面。这种坐标系的确定方法适用于国家设有控制点的地区。

如图 1-6 所示，平面直角坐标系与高斯平面直角坐标系一样，规定南北方向为纵轴 x，东西方向为横轴 y；x 轴向北为正，向南为负，y 轴向东为正，向西为负。地面上某点 A 的位置可用 x_A 和 y_A 来表示。平面直角坐标系的原点 O 一般选在测区的西南角以外，使测区内所有点的坐标均为正值。

为了定向方便，测量上的平面直角坐标系与数学上的平面直角坐标系的规定不同，x 轴与 y 轴互换，象限的顺序也相反。因为轴向与象限顺序同时都改变，测量坐标系的实质与数学上的坐标系是一致的，因此数学中的公式可以直接应用到测量计算中。

三、地面点高程

在我国的现行测量中都是以黄海平均海水平面作为起算高程基准面，同时我国的水准原点设立在青岛，高程为 72.260m。

如果有些地区引用绝对高程有困难，则可采用相对高程系统。相对高程是采用假定的水准面作为起算高程的基准面。地面点到假定水准面的垂直距离叫该点的相对高程。由于高程基准面是根据实际情况假定的，所以相对高程有时也称为假定高程，如图 1-7 所示，地面点 A、B 的相对高程分别为 H'_A 和 H'_B。地面点到水准面的铅垂距离，称为两点的绝对高程，简称海拔或标高，地面点 A、B 的高程分别为 H_A、H_B。如图 1-7 所示。两个地面点之间的高程差称为高差，用 h 表示，如图 1-6 所示，A 点到 B 点的高程差为：

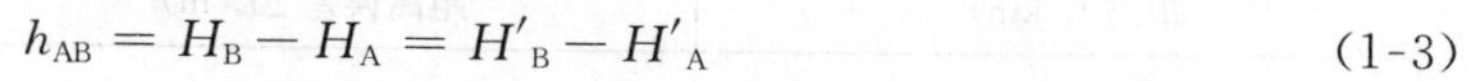

$$h_{AB} = H_B - H_A = H'_B - H'_A \tag{1-3}$$

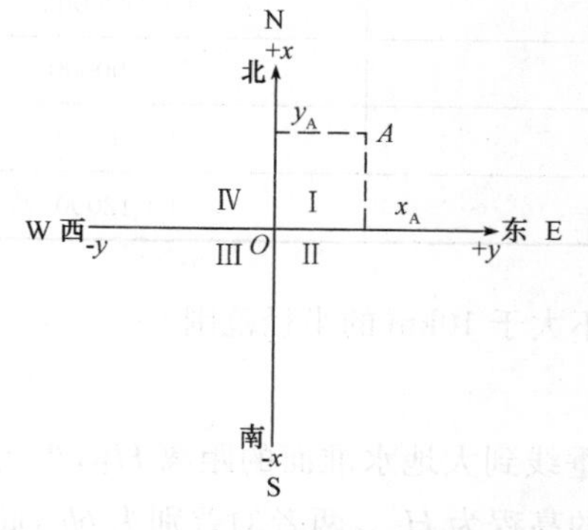

图 1-6 独立平面直角坐标系

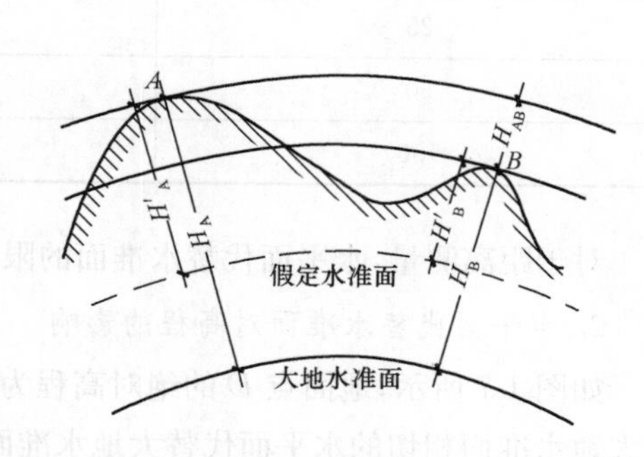

图 1-7 高程和高差

当 h_{AB} 为正时，B 点高于 A 点；当 h_{AB} 为负时，B 点低于 A 点。高差的方向相反时，其绝对值相等而符号相反，即：

$$h_{AB} = -h_{BA} \tag{1-4}$$

四、用水平面代替水准面

在测量中，当测量的区域较小时，允许用水平面代替水准面。

1. 水平面代替水准面对距离的影响

如图 1-8 所示，地面上 C、D 两点，沿铅垂线投影到大地水准面上得 a、b 两点，用过 a 点与大地水准面相切的水平面来代替大地水准面，D 点在水平面上的投影为 b'。设 ab 的长度(弧长)为 L，ab 的长度(水平距离)为 L'，两者之差即为平面代替曲面所产生的距离误差，用 ΔL 表示。

$$\Delta L = L' - L = R\tan\theta - R\theta = R(\tan\theta - \theta) \quad (1\text{-}5)$$

式中，θ 为弧长 L 所对应的圆心角。

将 $\tan\theta$ 用级数展开并略去高次项得：

$$\tan\theta = \theta + \frac{1}{3}\theta^3 + \cdots = \theta + \frac{1}{3}\theta^3$$

又因

$$\theta = \frac{L}{R}$$

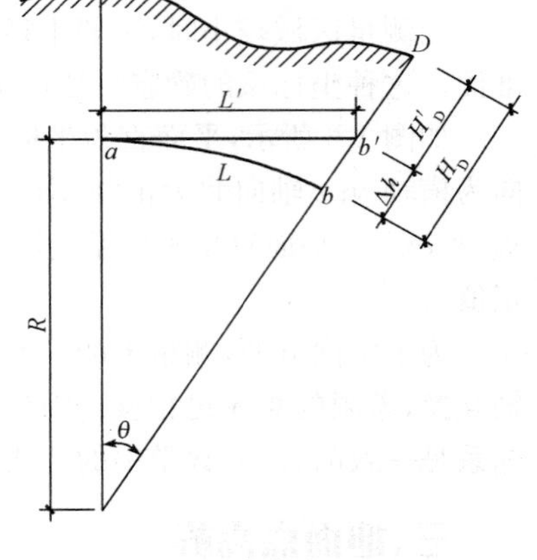

图 1-8 水平面代替水准面的影响

则有距离误差

$$\Delta L = \frac{L^3}{3R^2}$$

距离相对误差

$$\frac{\Delta L}{L} = \frac{L^2}{3R^2} \quad (1\text{-}6)$$

以不同的 L 值代入上式，求出距离误差和相对误差的结果见表 1-4。

表 1-4　　水平面代替水准面对距离的影响

距离 L(km)	距离误差 ΔL(m)	距离相对误差 ΔL(L)
10	0.008	1∶1220000
25	0.128	1∶200000
50	1.027	1∶49000
100	8.212	1∶12000

对于距离测量，水平面代替水准面的限度一般为不大于 10km 的半径范围。

2. 水平面代替水准面对高程的影响

如图 1-7 所示，地面点 D 的绝对高程为该点沿铅垂线到大地水准面的距离 H_D，当用过 a 点与大地水准面相切的水平面代替大地水准面时，D 点的高程为 H'_D，两者的差别为 bb'，此即为用水平面代替大地水准面所产生的高程误差，用 Δh 表示。由图 1-7 可得：

$$(R + \Delta h)^2 = R^2 + L'^2$$

$$\Delta h = \frac{L'^2}{2R + \Delta h} \quad (1\text{-}7)$$

因为水平距离 L' 与弧长 L 很接近，取 $L' = L$；又因 Δh 远小于 R，取 $2R + \Delta h = 2R$，代入上式得

$$\Delta h = \frac{L^2}{2R} \quad (1\text{-}8)$$

用不同的 L 代入式(1-8)，求出平面代替曲面所产生的高程误差见表 1-5。

表 1-5　　水平面代替曲面对高程的影响

距离 L(km)	0.1	0.2	0.3	0.4	0.5	0.6	0.7	0.8	0.9
高程误差 Δh(m)	0.0008	0.003	0.007	0.013	0.02	0.08	0.31	1.96	7.85

由上述可知，用平面代替曲面作为高程的起算面，对高程的影响是很大的，距离 200m 时，就有 3mm 的误差，这是不允许的。因此，高程的起算面不能用切平面代替，应使用大地水准面。如果测区内没有国家高程点，可采用通过测区内某点的水准面作为高程起算面。

第二章　市政工程制图与识图

第一节　一般规定

一、图幅及图框

1. 图幅及图框尺寸

图幅及图框的尺寸应符合表 2-1 规定。

表 2-1　　图幅及图框尺寸　　（单位：mm）

尺寸代号 \ 图幅代号	A0	A1	A2	A3	A4
$b \times l$	841×1189	594×841	420×594	297×420	210×297
a	35	35	35	30	25
c	10	10	10	10	10

2. 需要缩微后存档或复制的图纸

需要缩微后存档或复制的图纸，图框四边均应具有位于图幅长边、短边中点的对中标志（图 2-1），并应在下图框线的外侧，绘制一段长 100mm 标尺，其分格为 10mm。对中标志的线宽宜采用大于或等于 0.5mm，标尺线的线宽宜采用 0.25mm 的实线绘制（图 2-2）。

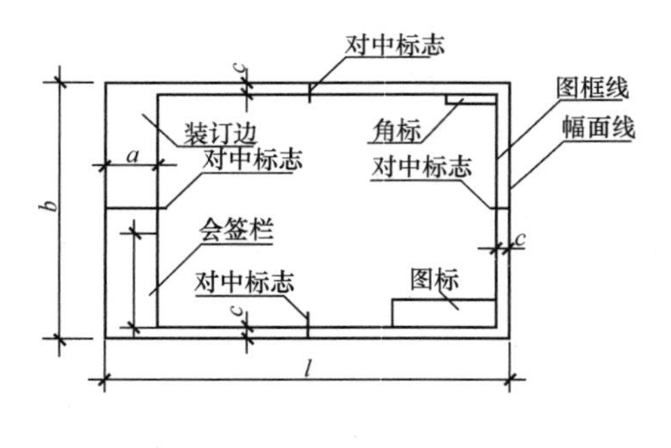

图 2-1　幅面格式

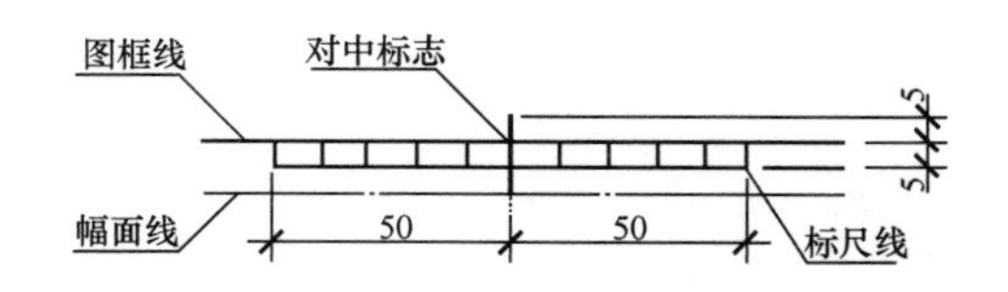

图 2-2　对中标志及标尺（单位：mm）

3. 图幅的短边与长边

图幅的短边不得加长。长边加长的长度，图幅 A0、A2、A4 应为 150mm 的整倍数；图幅 A1、A3 应为 210mm 的整倍数。

二、图线和比例

1. 图线

（1）图线的宽度（b）应从 2.0，1.4，1.0，0.7，0.5，0.35，0.25，0.18，0.13（mm）中选取。每张图

上的图线线宽不宜超过 3 种。基本线宽(b)应根据图样比例和复杂程度确定。线宽组合宜符合表 2-2 的规定。

表 2-2　　　　　**线宽组合**

线宽类别	线宽系列(mm)				
b	1.4	1.0	0.7	0.5	0.35
$0.5b$	0.7	0.5	0.35	0.25	0.25
$0.25b$	0.35	0.25	0.18(0.2)	0.13(0.15)	0.13(0.15)

注:表中括号内的数字为代用的线宽。

(2)图纸中常用线型及线宽应符合表 2-3 的规定。

表 2-3　　　　　**常用线型及线宽**

名　　称	线　　型	线　宽
加粗粗实线	————	$(1.42\sim2.0)b$
粗实线	————	b
中粗实线	————	$0.5b$
细实线	————	$0.25b$
粗虚线	— — — —	b
中粗虚线	— — — —	$0.5b$
细虚线	— — — —	$0.25b$
粗点画线	—·—·—	b
中粗点画线	—·—·—	$0.5b$
细点画线	—·—·—	$0.25b$
粗双点画线	—··—··—	b
中粗双点画线	—··—··—	$0.5b$
细双点画线	—··—··—	$0.25b$
折断线	—\/\—	$0.25b$
波浪线	～～～	$0.25b$

(3)虚线、长虚线、点画线、双点画线和折断线应按图 2-3 绘制。

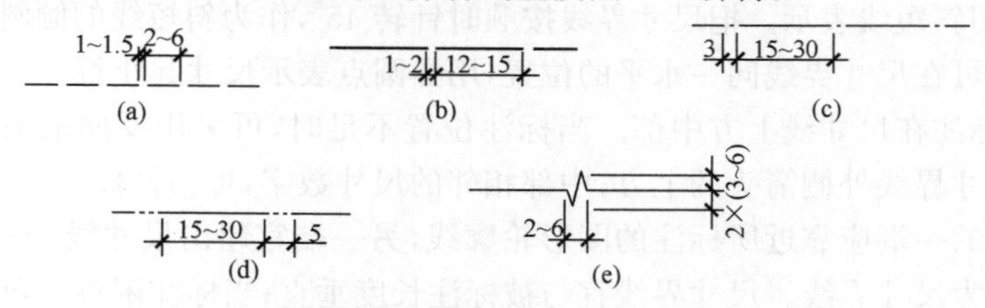

图 2-3　图线的画法(单位:mm)

(a)虚线;(b)长虚线;(c)点画线;(d)双点画线;(e)折断线

(4)在绘制相交图形时要注意虚线与虚线或虚线与实线相交接时,不应留空隙,见图 2-4(a)。实线的延长线为虚线时,应留空隙,见图 2-4(b)。点画线与点画线或点画线与其他图线相交时,交点应设在线段处，见图 2-4(c)。

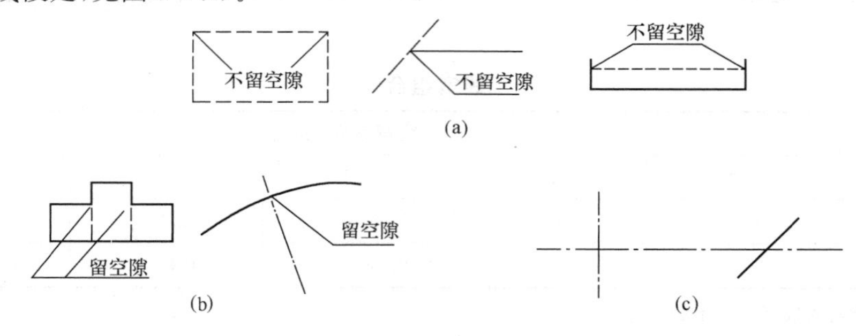

图 2-4　图线相交的画法

(a)虚线与虚线或虚线与实线相交；(b)实线的延长线为虚线；

(c)点画线与点画线或点画线与其他图线相交

2. 比例

绘图的比例，应为图形线性尺寸与相应实物实际尺寸之比。比例大小即为比值大小，如 1∶50 大于 1∶100。绘图比例的选择，应根据图面布置合理、匀称、美观的原则，按图形大小及图面复杂程度确定。比例应采用阿拉伯数字表示，宜标注在视图图名的右侧或下方，字高可为视图图名字高的 0.7 倍，见图 2-5(a)。

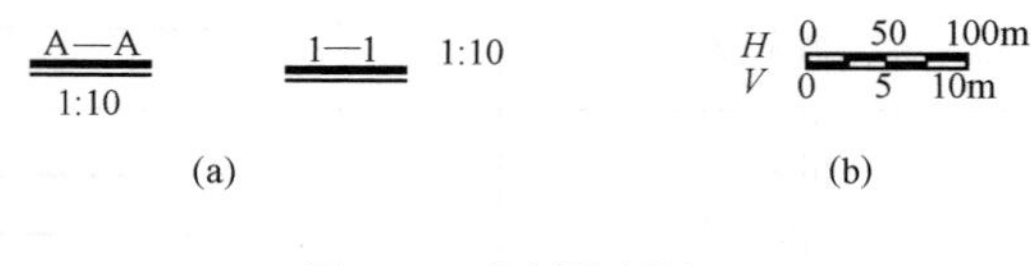

图 2-5　比例的标注

(a)比例标注于图名右侧或下方；(b)标尺标注比例

当同一张图纸中的比例完全相同时，可在图标中注明，也可在图纸中适当位置采用标尺标注。当竖直方向与水平方向的比例不同时，可用 V 表示竖直方向比例，用 H 表示水平方向比例，见图 2-5(b)。

三、尺寸的标注

在对尺寸标注的过程中应注意以下几项：

(1)尺寸应标注在视图醒目的位置。计量时，应以标注的尺寸数字为准，不得用量尺直接从图中量取。尺寸应由尺寸界线、尺寸线、尺寸起止符和尺寸数字组成。

(2)尺寸界线与尺寸线均应采用细实线。尺寸起止符宜采用单边箭头表示，箭头在尺寸界线的右边时，应标注在尺寸线之上；反之，应标注在尺寸线之下。箭头大小可按绘图比例取值。尺寸起止符也可采用斜短线表示。把尺寸界线按顺时针转 45°，作为斜短线的倾斜方向。在连续表示的小尺寸中，也可在尺寸界线同一水平的位置，用黑圆点表示尺寸起止符。

尺寸数字宜标注在尺寸线上方中部。当标注位置不足时，可采用反向箭头。最外边的尺寸数字，可标注在尺寸界线外侧箭头的上方；中部相邻的尺寸数字，可错开标注。

(3)尺寸界线的一端应靠近所标注的图形轮廓线，另一端宜超出尺寸线 1～3mm。图形轮廓线、中心线也可作为尺寸界线。尺寸界线宜与被标注长度垂直；当标注困难时，也可不垂直，但尺寸界线应相互平行。

(4)尺寸线必须与被标注长度平行，不应超出尺寸界线，任何其他图线均不得作为尺寸线。在任何情况下，图线不得穿过尺寸数字。相互平行的尺寸线应从被标注的图形轮廓线由近向远排列，平行尺寸线间的间距可在 5～15mm 之间。分尺寸线应离轮廓线近，总尺寸线应离轮廓线远(见图 2-6)。

(5)尺寸数字及文字书写方向应按图 2-7 标注。

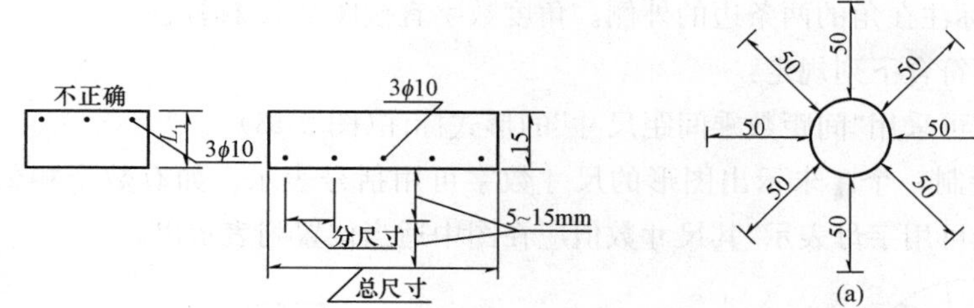

图 2-6 尺寸线的标注

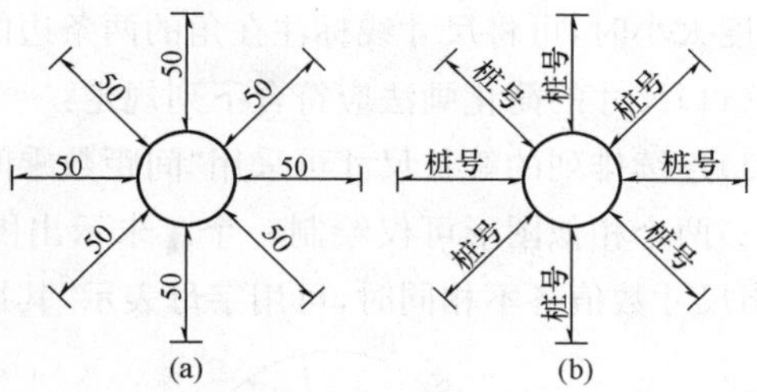

图 2-7 尺寸数字、文字的标注

(a)尺寸数字标注;(b)尺寸文字标注

(6)当用大样图表示较小且复杂的图形时,其放大范围应在原图中采用细实线绘制圆形或以较规则的图形圈出,并用引出线标注(图 2-8)。

(7)引出线的斜线与水平线应采用细实线,其交角 α 可按 90°、120°、135°、150°绘制。当视图需要文字说明时,可将文字说明标注在引出线的水平线上(见图 2-8)。当斜线在一条以上时,各斜线宜平行或交于一点(见图 2-9)。

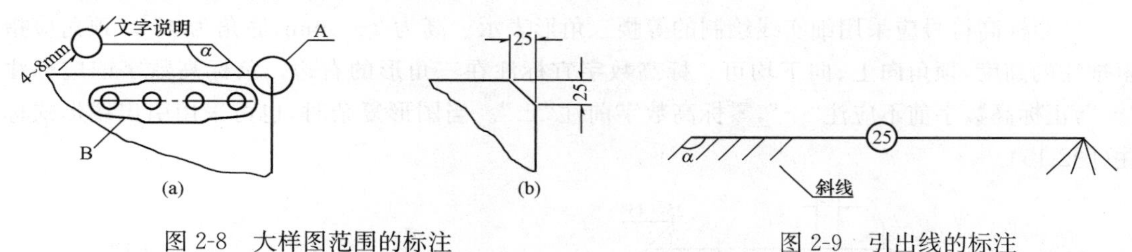

图 2-8 大样图范围的标注

(a)原图;(b)大样图 A

图 2-9 引出线的标注

(8)半径与直径可按图 2-10(a)标注。当圆的直径较小时,半径与直径可按图 2-10(b)标注;当圆的直径较大时,半径尺寸的起点可不从圆心开始,见图 2-10(c)。半径和直径的尺寸数字前,应标注"$r(R)$"或"$d(D)$",见图 2-10(b)。

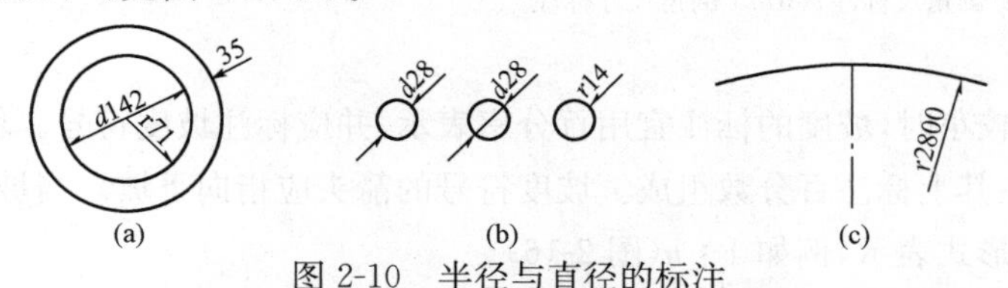

图 2-10 半径与直径的标注

(a)半径与直径尺寸标注;(b)较小圆半径与直径尺寸标注;(c)较大圆半径与直径尺寸标注

(9)圆弧尺寸宜按图 2-11(a)标注。当弧长分为数段标注时,尺寸界线也可沿径向引出,见图 2-11(b)。弦长的尺寸界线应垂直圆弧的弦,见图 2-11(c)。

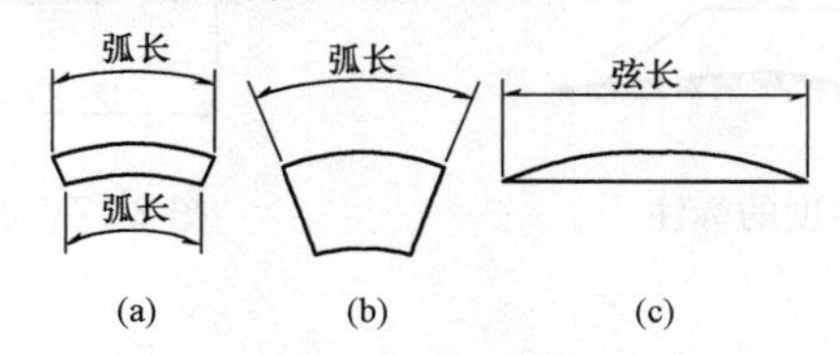

图 2-11 弧、弦的尺寸标注

(a)圆弧尺寸标注;(b)弧长分为数段时尺寸标注;(c)弦长尺寸标注

(10)角度尺寸线应以圆弧表示。角的两边为尺寸界线。角度数值宜写在尺寸线上方中部。当角度太小时,可将尺寸线标注在角的两条边的外侧。角度数字宜按图 2-12 标注。

(11)尺寸的简化画法应符合下列规定:

1)连续排列的等长尺寸可采用“间距数乘间距尺寸”的形式标注(图 2-13)。

2)两个相似图形可仅绘制一个。未示出图形的尺寸数字可用括号表示。如有数个相似图形,当尺寸数值各不相同时,可用字母表示,其尺寸数值应在图中适当位置列表示出。

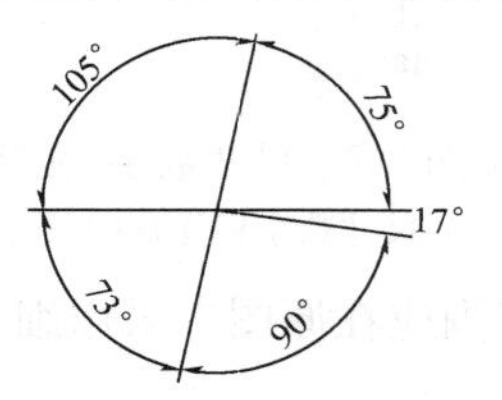

图 2-12 角度的标注

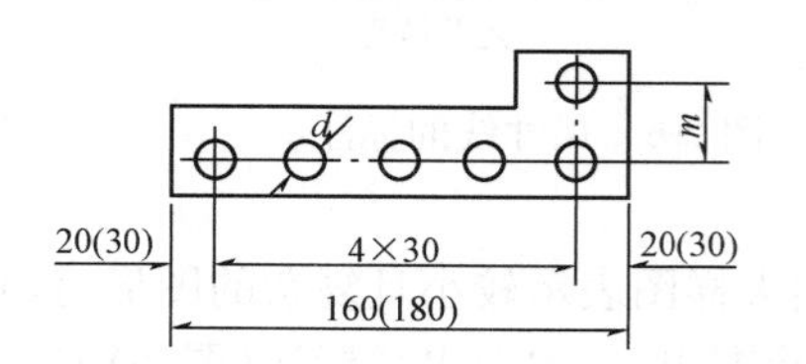

图 2-13 相似图形的标注

(12)倒角尺寸可按图 2-14(a)标注,当倒角为 45°时,也可按图2-14(b)标注。

(13)标高符号应采用细实线绘制的等腰三角形表示。高为 2～3mm,底角为 45°。顶角应指至被注的高度,顶角向上、向下均可。标高数字宜标注在三角形的右边。负标高数字前应标注“—”,正标高数字前不应注“+”,零标高数字前注“±”。当图形复杂时,也可采用引出线形式标注(图2-15)。

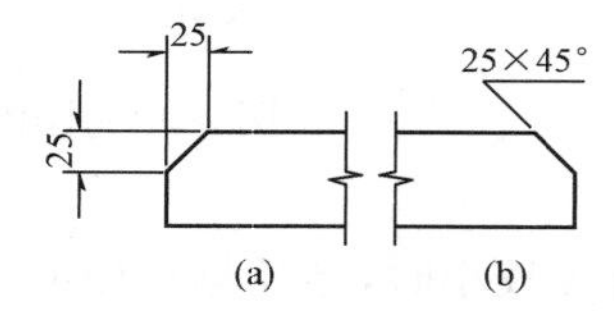

图 2-14 倒角的标注

(a)倒角尺标注;(b)45°倒角尺寸标注

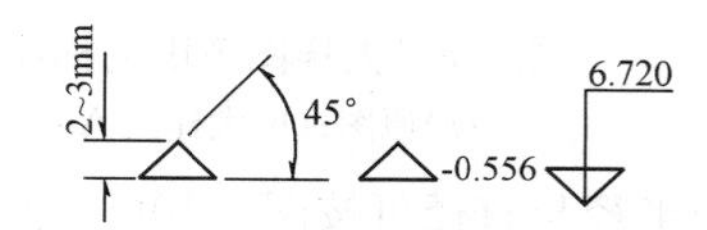

图 2-15 标高的标注

(14)当坡度值较小时,坡度的标注宜用百分率表示,并应标注坡度符号。坡度符号应由细实线、单边箭头以及在其上标注百分数组成。坡度符号的箭头应指向下坡。当坡度值较大时,坡度的标注宜用比例的形式表示,例如 1∶n(图 2-16)。

(15)水位符号应由数条上长下短的细实线及标高符号组成。细实线间的间距宜为1mm(图 2-17)。

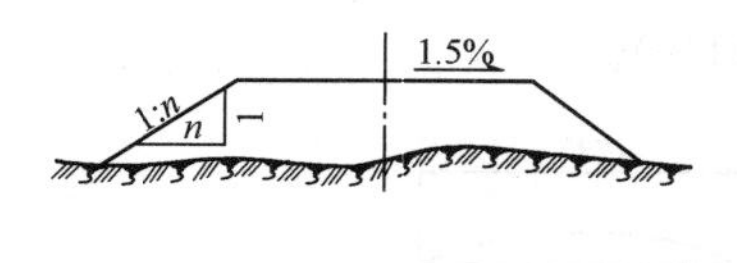

图 2-16 坡度的标注

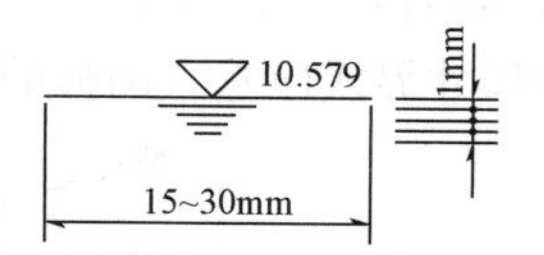

图 2-17 水位的标注

四、图例

市政工程常用图例见表 2-4～表 2-6。

表 2-4 市政工程常用图例

项 目	序号	名 称		图 例
平面	1	涵 洞		
	2	通 道		
	3	分离式立交	a. 主线上跨	
			b. 主线下穿	
	4	桥 梁 (大、中桥按实际长度绘)		
	5	互通式立交 (按采用形式绘)		
	6	隧 道		
	7	养护机构		
	8	管理机构		
	9	防护网		
	10	防护栏		
	11	隔离墩		
纵断面	12	箱 涵		
	13	管 涵		
	14	盖板涵		
	15	拱涵		
	16	箱形通道		
	17	桥梁		

续表

项目	序号	名称		图例
纵断面	18	分离式立交	a. 主线上跨	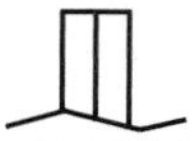
			b. 主线下穿	
	19	互通式立交	a. 主线上跨	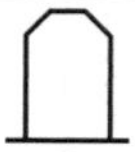
			b. 主线下穿	
材料	20	细粒式沥青混凝土		
	21	中粒式沥青混凝土		
	22	粗粒式沥青混凝土		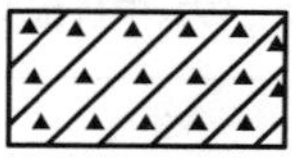
	23	沥青碎石		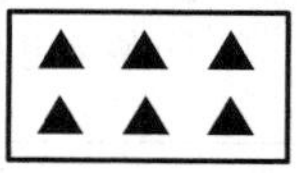
	24	沥青贯入碎砾石		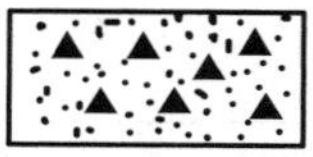
	25	沥青表面处置		
	26	水泥混凝土		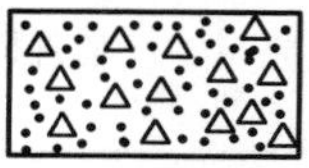
	27	钢筋混凝土		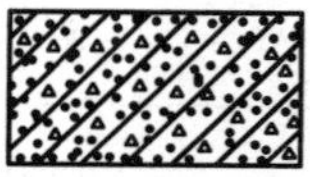
	28	水泥稳定土		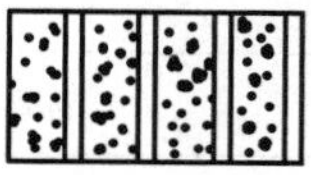
	29	水泥稳定砂砾		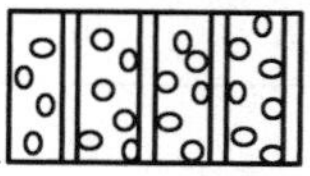
	30	水泥稳定碎砾石		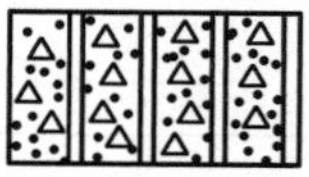
	31	石灰土		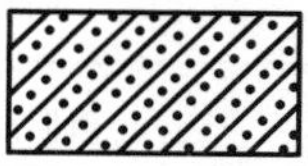
	32	石灰粉煤灰		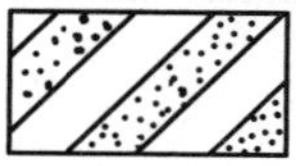

续表

材料	33	石灰粉煤灰土		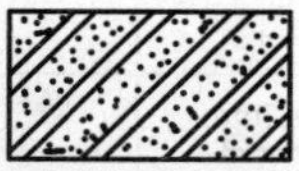
	34	石灰粉煤灰砂砾		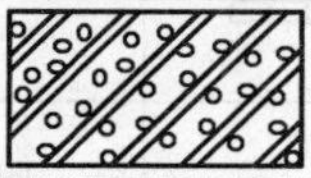
	35	石灰粉煤灰碎砾石		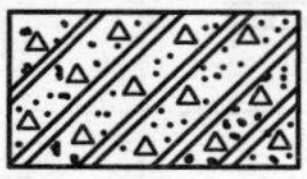
	36	泥结碎砾石		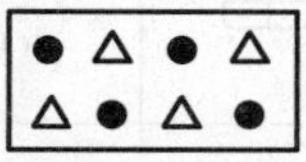
	37	泥灰结碎砾石		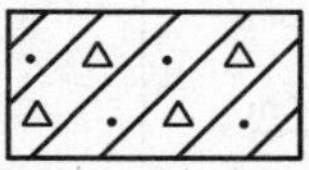
	38	级配碎砾石		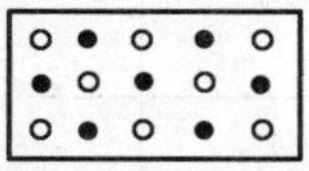
	39	填隙碎石		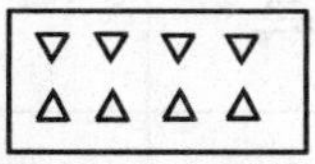
	40	天然砂砾		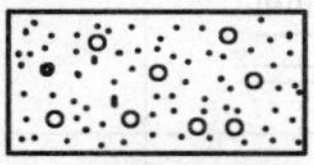
	41	干砌片石		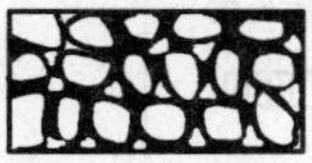
	42	浆砌片石		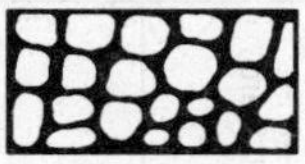
	43	浆砌块石		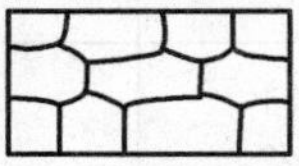
	44	木材	横	
			纵	
	45	金属		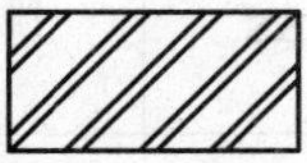
	46	橡胶		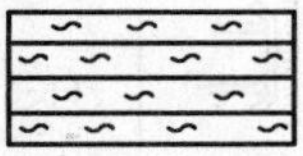
	47	自然土		
	48	夯实土		

表 2-5　　市政工程平面设计图图例

图　　例	名　　称	图　　例	名　　称
3mm　6mm　n×3mm　2mm	平箅式雨水口（单、双、多箅）	3mm	护　坡 边坡加固
	偏沟式雨水口（单、双、多箅）	6mm　2mm	边沟过道（长度超过规定时按实际长度绘）
	联合式雨水口（单、双、多箅）	实际长度　实际宽度	大、中小桥（大比例尺时绘双线）
DN××　L=××m	雨水支管	2mm	涵洞（一字洞口）（需绘洞口具体做法及导流措施时宽度按实际宽度绘制）
		2mm	涵洞（八字洞口）
4mm　1mm　1mm　4mm	标　　柱	4mm　实际长度　4mm　12mm	倒虹吸
1mm　10mm　10mm　1mm	护　　栏	实际长度　实际净跨　实际宽度	过水路面 混合式过水路面
实际长度　实际宽度　≥4mm	台阶、坡道	实际宽度　1.5mm　1.5mm	铁路道口
1.5mm	盲　　沟	实际长度　2mm　5mm　5mm	渡　　槽
实际长度　4mm　按管道图例	管道加固	2mm　起止桩号	隧　　道
	水簸箕、跌水	实际长度　2mm　起止桩号	明　　洞
1.5mm	挡土墙、挡水墙	实际长度	栈桥 （大比例尺时绘双线）
	铁路立交 （长、宽角按实际绘）	雨　升降标高	迁杆、伐树、迁移、 升降雨水口、探井等
	边沟、排水沟 及地区排水方向		迁坟、收井等（加粗）

续表

图　例	名　称	图　例	名　称
	干浆 砌片石(大面积)	12k d=10mm	整公里桩号
	拆房 (拆除其他建筑物及 刨除旧路面相同)		街道及公路立交按设计实际 形状(绘制各部组成)参用 有关图例

表 2-6　　市政路面结构材料断面图例

图　例	名　称	图　例	名　称	图　例	名　称
	单层式 沥青表面处理		水泥混凝土		石灰土
	双层式沥青 表面处理		加筋水泥混凝土		石灰焦渣土
	沥青砂黑色 石屑(封面)		级配砾石		矿　渣
	黑色 石屑碎石		碎石、破碎砾石		级配砂石
	沥青碎石		粗　砂		水泥稳定土 或其他加固土
	沥青混凝土		焦　渣		浆砌块石

第二节　道路工程制图与识图

一、道路工程平面图

(1)在道路工程平面图中设计路线应采用加粗的粗实线表示，比较线应采用加粗的粗虚线表示；道路中线应采用细点画线表示；中央分隔带边缘线应采用细实线表示；路基边缘线应采用粗实线表示；导线、边坡线、护坡道边缘线、边沟线、切线、引出线、原有道路边线等，应采用细实线表示；用地界线应采用中粗点画线表示；规划红线应采用粗双点画线表示。

(2)里程桩号的标注应在道路中线上从路线起点至终点，按从小到大，从左到右的顺序排列。公里桩宜标注在路线前进方向的左侧，用符号“○”表示；百米桩宜标注在路线前进方向的右侧，用垂直于路线的短线表示。也可在路线的同一侧，均采用垂直于路线的短线表示公里桩和百米桩。

(3)平曲线特殊点如第一缓和曲线起点、圆曲线起点、圆曲线中点，第二缓和曲线终点、第二缓和曲线起点、圆曲线终点的位置，宜在曲线内侧用引出线的形式表示，并应标注点的名称和桩号。

(4)在图纸的适当位置，应列表标注平曲线要素：交点编号、交点位置、圆曲线半径、缓和曲线长度、切线长度、曲线总长度、外距等。高等级公路应列出导线点坐标表。

(5)缩图(示意图)中的主要构造物可按图 2-18 标注。

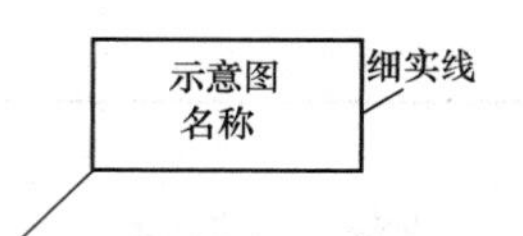

图 2-18　构造物的标注

(6)图中的文字说明除“注”外,宜采用引出线的形式标注(见图 2-19)。

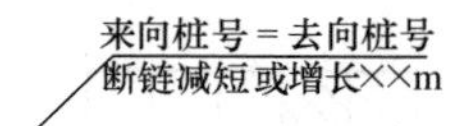

图 2-19　文字的标注

(7)图中原有管线应采用细实线表示,设计管线应采用粗实线表示,规划管线应采用虚线表示。边沟水流方向应采用单边箭头表示。水泥混凝土路面的胀缝应采用两条细实线表示;假缝应采用细虚线表示,其余应采用细实线表示。

二、道路工程纵断面图

(1)纵断面图的图样应布置在图幅上部。测设数据应采用表格形式布置在图幅下部。高程标尺应布置在测设数据表的上方左侧(见图 2-20)。

测设数据表宜按图 2-20 的顺序排列。表格可根据不同设计阶段和不同道路等级的要求而增减。纵断面图中的距离与高程宜按不同比例绘制。

(2)道路设计线应采用粗实线表示;原地面线应采用细实线表示;地下水位线应采用细双点画线及水位符号表示;地下水位测点可仅用水位符号表示(见图2-21)。

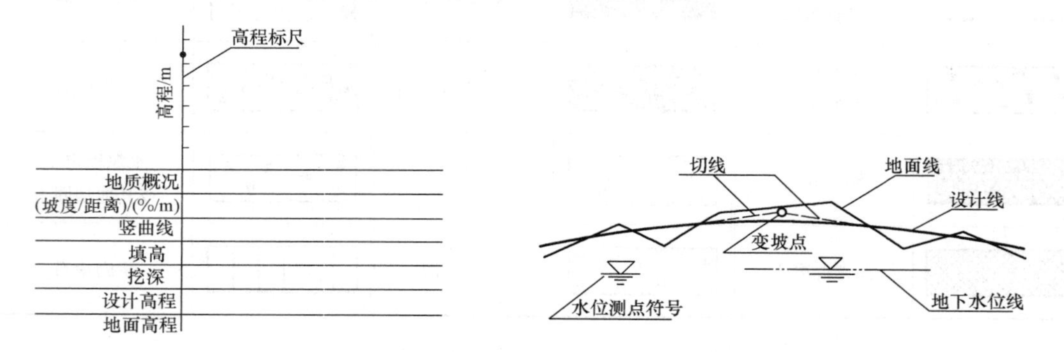

图 2-20　纵断面图的布置

图 2-21　道路设计线、原地面线、地下水位线的标注

(3)当路线短链时,道路设计线应在相应桩号处断开,并按图 2-22(a)标注。路线局部改线而发生长链时,可利用已绘制的纵断面图。当高差较大时,宜按图2-22(b)标注;当高差较小时,宜按图 2-22(c)标注。长链较长而不能利用原纵断面图时,应另绘制长链部分的纵断面图。

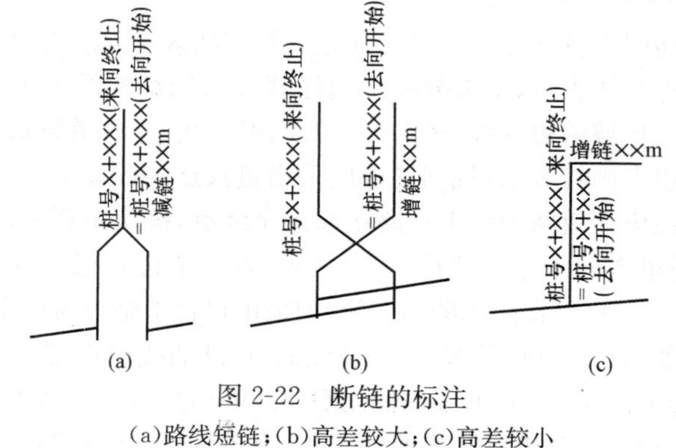

图 2-22　断链的标注

(a)路线短链;(b)高差较大;(c)高差较小

(4)当路线坡度发生变化时，变坡点应用直径为2mm中粗线圆圈表示；切线应采用细虚线表示；竖曲线应采用粗实线表示。标注竖曲线的竖直细实线应对准变坡点所在桩号，线左侧标注桩号；线右侧标注变坡点高程。水平细实线两端应对准竖曲线的始、终点。两端的短竖直细实线在水平线之上为凹曲线；反之为凸曲线。竖曲线要素（半径 R、切线长 T、外矩 E）的数值均应标注在水平细实线上方，见图2-23(a)。竖曲线标注也可布置在测设数据表内。此时，变坡点的位置应在坡度、距离栏内示出，见图 2-23(b)。

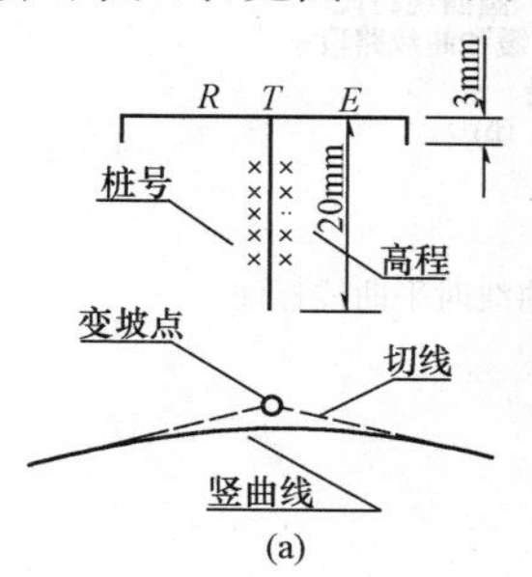

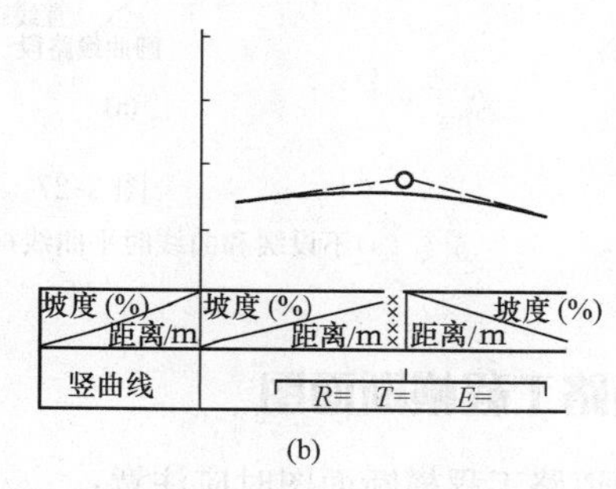

图 2-23　竖曲线的标注

(a)标注在水平细实线上方；(b)标注在测设数据表内

(5)道路沿线的构造物、交叉口，可在道路设计线的上方，用竖直引出线标注。竖直引出线应对准构造物或交叉口中心位置。线左侧标注桩号，水平线上方标注构造物名称、规格、交叉口名称（图 2-24）。

(6)水准点宜按图 2-25 标注。竖直引出线应对准水准点桩号，线左侧标注桩号，水平线上方标注编号及高程；线下方标注水准点的位置。

(7)在纵断面图中可根据需要绘制地质柱状图，并示出岩土图例或代号。各地层高程应与高程标尺对应。

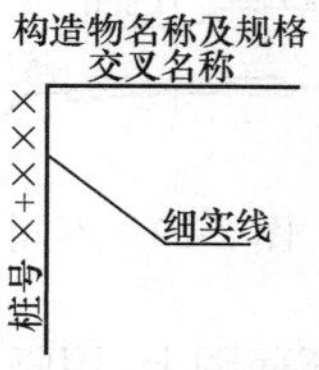

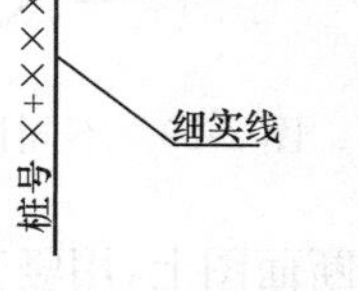

图 2-24　沿线构造物及交叉口标注

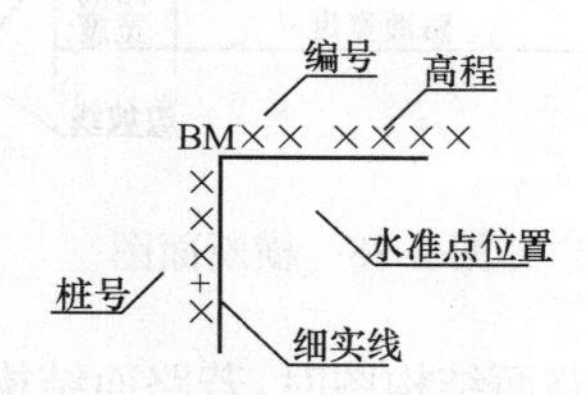

图 2-25　水准点的标注

探坑应按宽为 0.5cm、深为 1：100 的比例绘制，在图样上标注高程及土壤类别图例。钻孔可按宽 0.2cm 绘制，仅标注编号及深度，深度过长时可采用折断线示出。

(8)纵断面图中，给排水管涵应标注规格及管内底的高程。地下管线横断面应采用相应图例。无图例时可自拟图例，并应在图纸中说明。在测设数据表中，设计高程、地面高程、填高、挖深的数值应对准其桩号，单位以米计。

(9)里程桩号应由左向右排列。应将所有固定桩及加桩桩号示出。桩号数值的字底应与所表示桩号位置对齐。整公里桩应标注“K”，其余桩号的公里数可省略（图 2-26）。

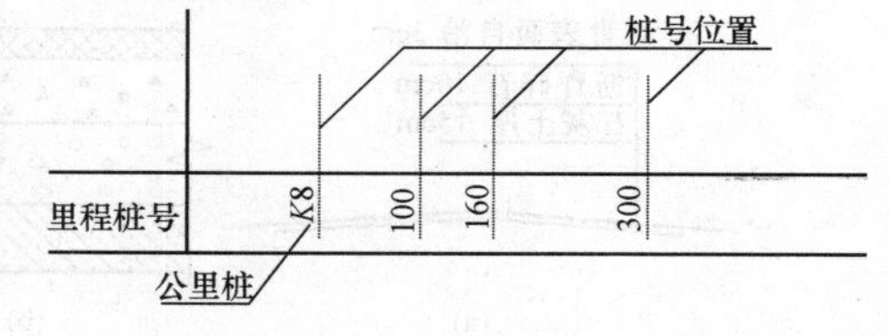

图 2-26　里程桩号的标注

(10)在测设数据表中的平曲线栏中，道路左、右转弯应分别用凹、凸折线表示。当不设缓和曲线段时，按图 2-27(a)标注；当设缓和曲线段时，按图 2-27(b)标注。在曲线的一侧标注交点编号、桩号、偏角、半径、曲线长。

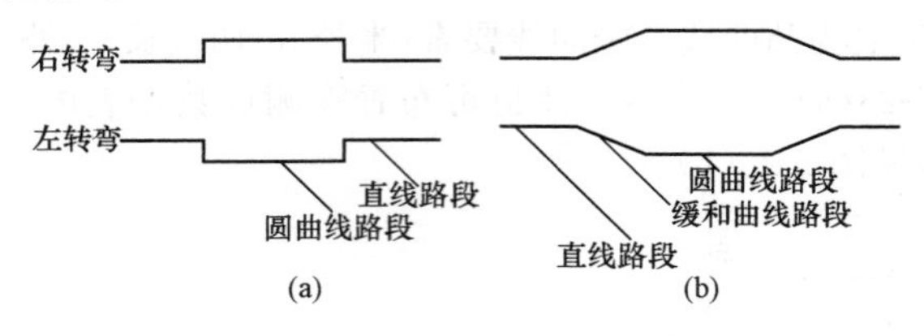

图 2-27 平曲线的标注

(a)不设缓和曲线时平曲线标注；(b)设缓和曲线时平曲线标注

三、道路工程横断面图

在绘制道路工程横断面图时应注意：

(1)路面线、路肩线、边坡线、护坡线均应采用粗实线表示；路面厚度应采用中粗实线表示；原有地面线应采用细实线表示，设计或原有道路中线应采用细点画线表示(图 2-28)。

(2)当道路分期修建、改建时，应在同一张图纸中示出规划、设计、原有道路横断面，并注明各道路中线之间的位置关系。规划道路中线应采用细双点画线表示。规划红线应采用粗双点画线表示。在设计横断面图上，应注明路侧方向(图 2-29)。

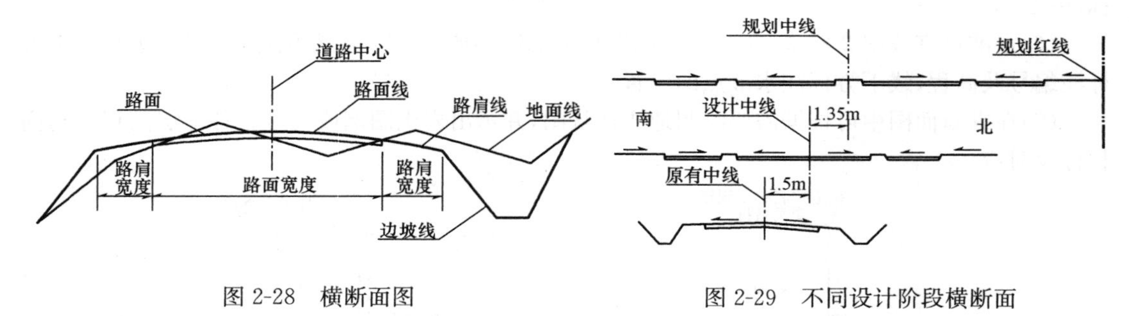

图 2-28 横断面图

图 2-29 不同设计阶段横断面

(3)绘制路面结构图时，若路面结构类型单一，可在横断面图上，用竖直引出线标注材料层次及厚度，见图 2-30(a)；路面结构类型较多，可按各路段不同的结构类型分别绘制，并标注材料图例(或名称)及厚度，见图 2-30(b)。

(4)在路拱曲线大样图的垂直和水平方向上，应按不同比例绘制(图 2-31)。

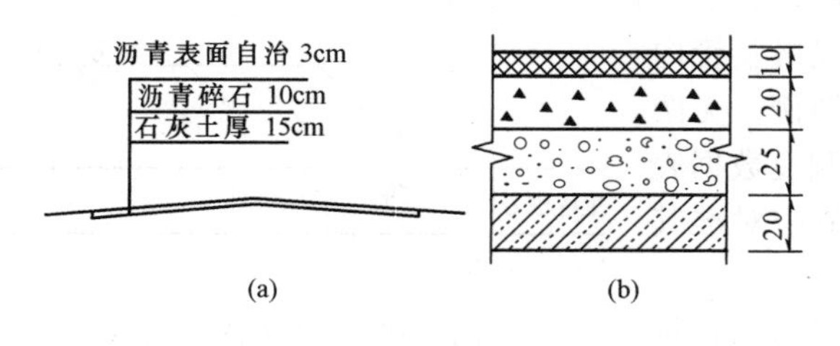

图 2-30 路面结构的标注

(a)标注材料图例；(b)标注厚度

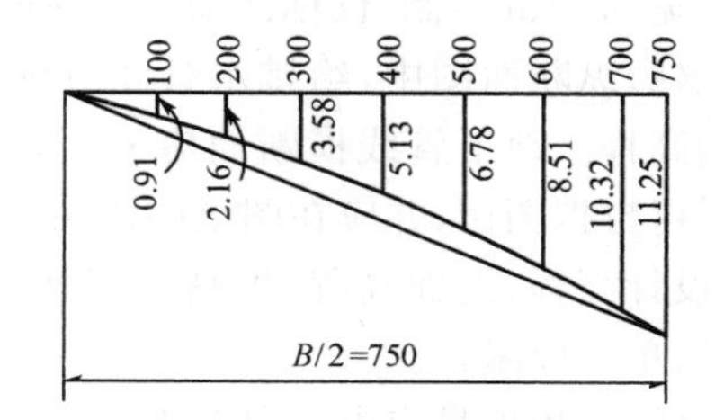

图 2-31 路拱曲线大样

(5)当采用徒手绘制实物外形时，其轮廓应与实物外形相近。当采用计算机绘制此类实物时，可用数条间距相等的细实线组成与实物外形相近的图样(图 2-32)。

(6)在同一张图纸上的路基横断面，应按桩号的顺序排列，并从图纸的左下方开始，先由下向上，再由左向右排列(图 2-33)。

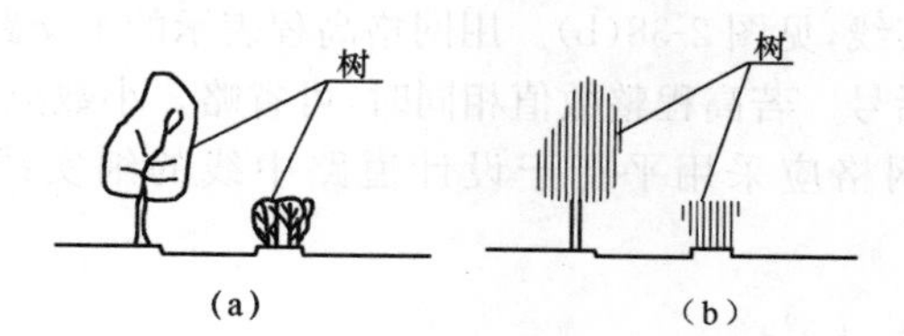

图 2-32　实物外形的绘制
(a)徒手绘制；(b)计算机绘制

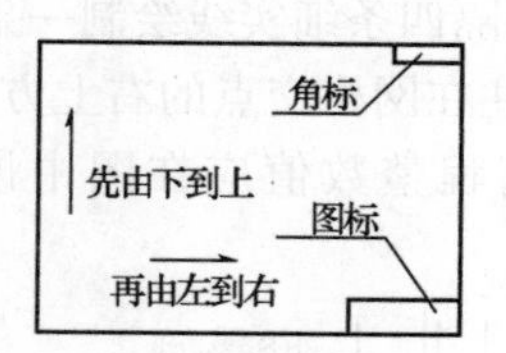

图 2-33　横断面的排列顺序

(7)横断面图中，管涵、管线的高程应根据设计要求标注。管涵、管线横断面应采用相应图例(图 2-34)。

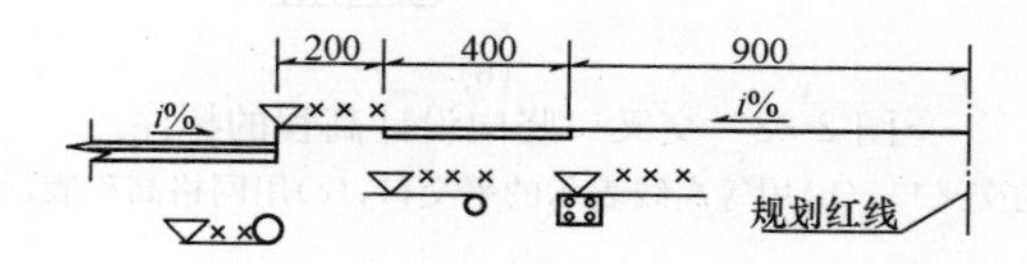

图 2-34　横断面图中管涵、管线的标注

(8)道路的超高、加宽应在横断面图中示出(图 2-35)。

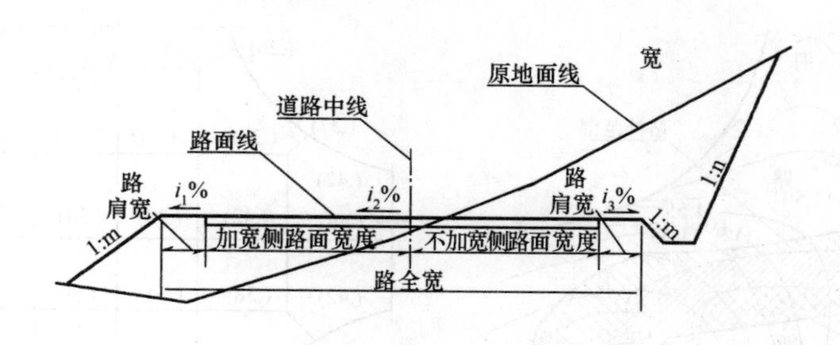

图 2-35　道路超高、加宽的标注

(9)用于施工放线及土方计算的断面图在图样下方标注桩号，图样右侧应标注填高、挖深、填方、挖土面积，并采用中粗点画线示出征地界线，如图 2-36 所示。当防护工程设施标注材料名称时，可不画材料图例，其断面阴影线可省略，如图 2-37 所示。

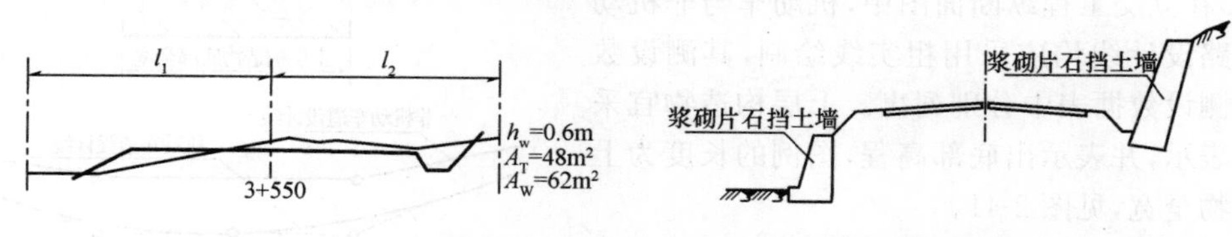

图 2-36　横断面图中填挖方的标注　　　图 2-37　防护工程设施的标注

四、道路的平交与立交

（1）在标注交叉口竖向的设计高程时，较简单的交叉口可仅标注控制点的高程、排水方向及其坡度，见图 2-38(a)，排水方向可采用单边箭头表示。用等高线表示的平交口，等高线宜用细实线表示，并每隔四条细实线绘制一条中粗实线，见图 2-38(b)。用网格高程表示的平交路口，其高程数值宜标注在网格交点的右上方，并加括号。若高程整数值相同时，可省略。小数点前可不加“0”定位。高程整数值应在图中说明。网格应采用平行于设计道路中线的细实线绘制，见图2-38(c)。

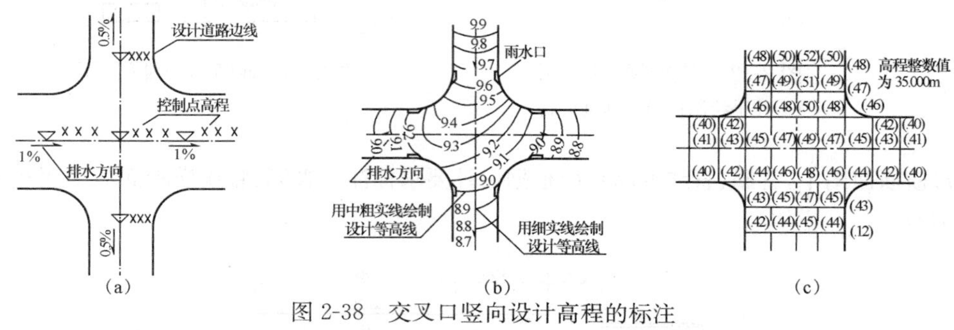

图 2-38　交叉口竖向设计高程的标注

(a)较简单的交叉口；(b)用等高线表示的平交口；(c)用网格高程表示的平交路口

（2）当交叉口改建(新旧道路衔接)及旧路面加铺新路面材料时，可采用图例表示不同贴补厚度及不同路面结构的范围(图2-39)。水泥混凝土路面的设计高程数值应标注在板角处，并加注括号。在同一张图纸中，当设计高程的整数部分相同时，可省略整数部分，但应在图中说明(图2-40)。

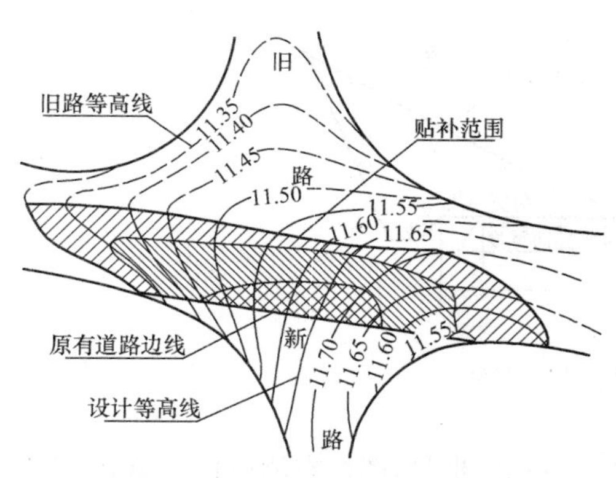

图 2-39　新旧路面的衔接

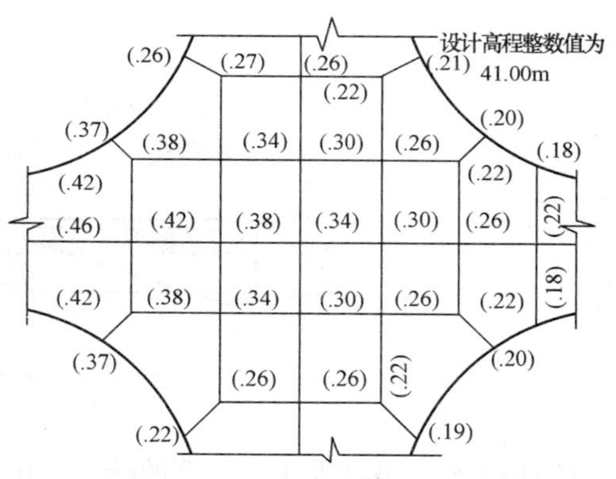

图 2-40　水泥混凝土路面高程标注

（3）在立交工程纵断面图中，机动车与非机动车的道路设计线均应采用粗实线绘制，其测设数据可在测设数据表中分别列出。上层构造物宜采用图例表示，并表示出底部高程，图例的长度为上层构造物全宽，见图 2-41。

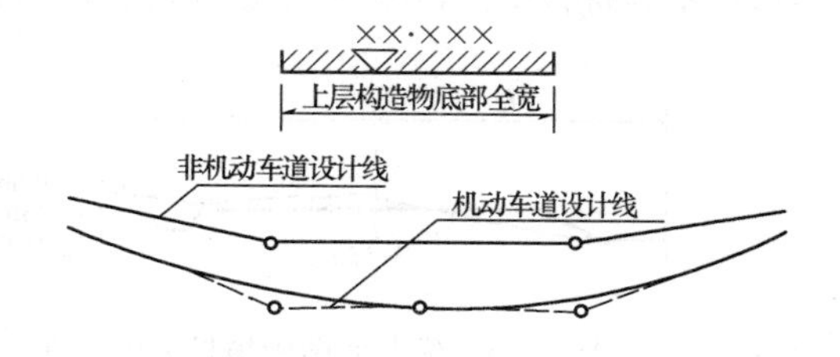

图 2-41　立交工程上层构造物的标注

（4）在互通式立交工程线形布置图中，匝道的设计线应采用粗实线表示，干道的道路中线应采用细点画线表示(图 2-42)。图中的交点、圆曲线半径、控制点位置、平曲线要素及匝道长度均应列表示出。在互通式立交工程纵断面图中,匝道端部的位置、框号应采用竖起引出线标注,并在图中适当位置中用中粗实线绘制线形示意图和标准各平交的代号(图 2-43)。

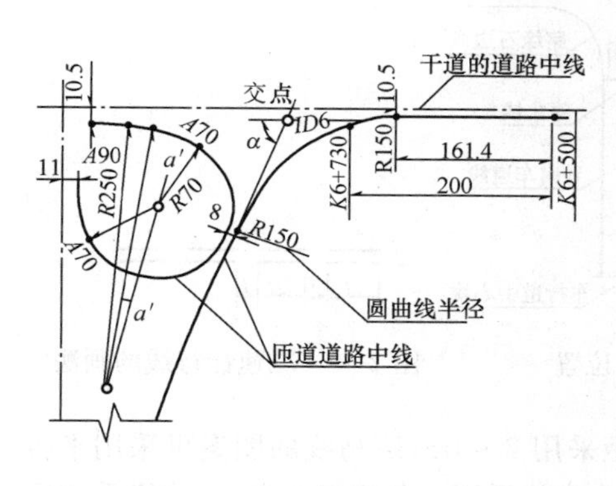

图 2-42　立交工程线形布置图

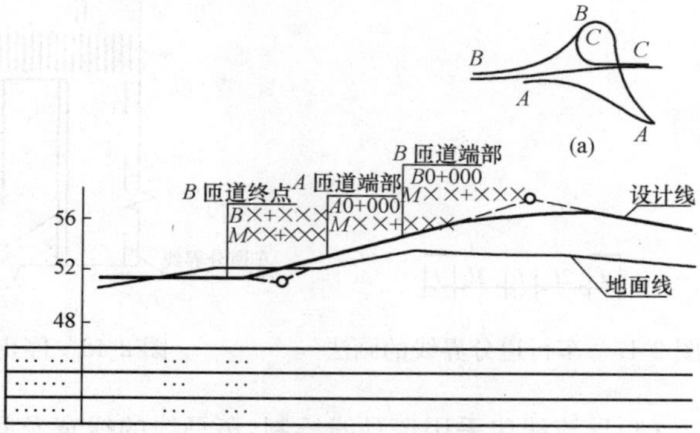

图 2-43　互通立交纵断面图匝道及线形示意

(5)在简单立交工程纵断面图中,应标注低位道路的设计高程;其所在桩号用引出线标注。当构造物中心与道路变坡点在同一桩号时,构造物应采用引出线标注(图 2-44)。

(6)在立交工程交通量示意图中(图 2-45),交通量的流向应采用涂黑的箭头表示。

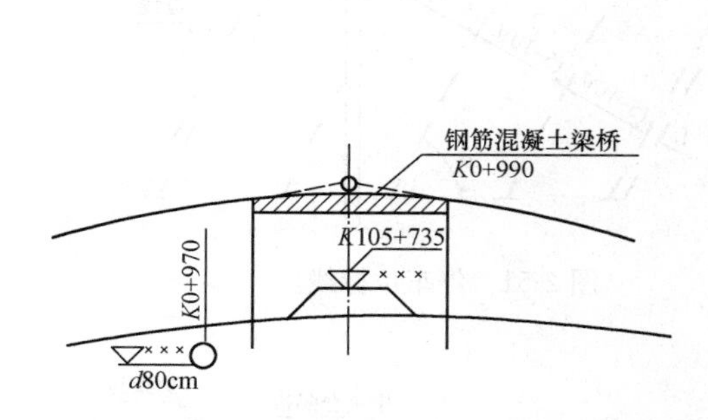

图 2-44　简单立交中低位道路及构造物标注

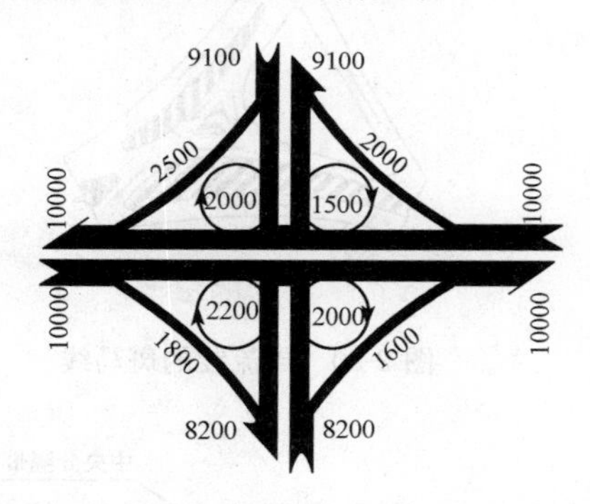

图 2-45　立交工程交通量示意图

第三节　交通工程制图与识图

一、交通标线

(1)交通标线应采用线宽为 1～2mm 的虚线或实线表示。在车行道中心线的绘制中,中心线应采用粗虚线绘制;中心单实线应采用粗实线绘制;中心双实线应采用两条平行的粗实线绘制,两线间净距为 1.5～2mm;中心虚、实线应采用一条粗实线和一条粗虚线绘制,两线间净距为1.5～2mm(图 2-46)。

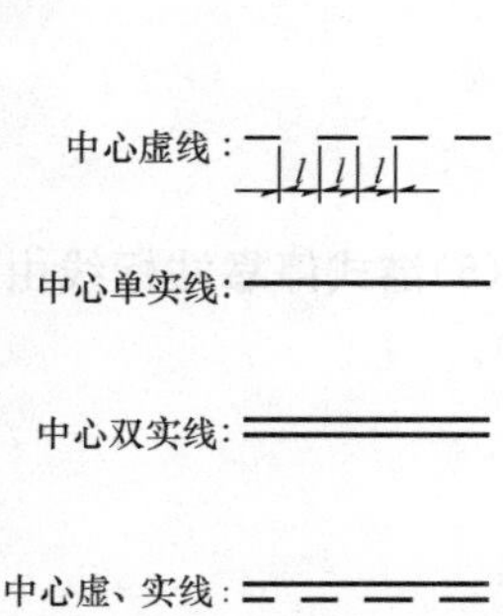

中心虚线:

中心单实线:

中心双实线:

中心虚、实线:

图 2-46　车行道中心线的画法

(2)车行道分界线用粗虚线表示,见图 2-47。

(3)车行道边缘线应采用粗实线表示。停止线应起于车行道中心线，止于路缘石边线。人行横道线应采用数条间隔 1～2mm 的平行细实线表示。减速让行线应采用两条粗虚线表示。粗虚线间净距宜采用 1.5～2mm。详图分别见图 2-48 和图 2-49。

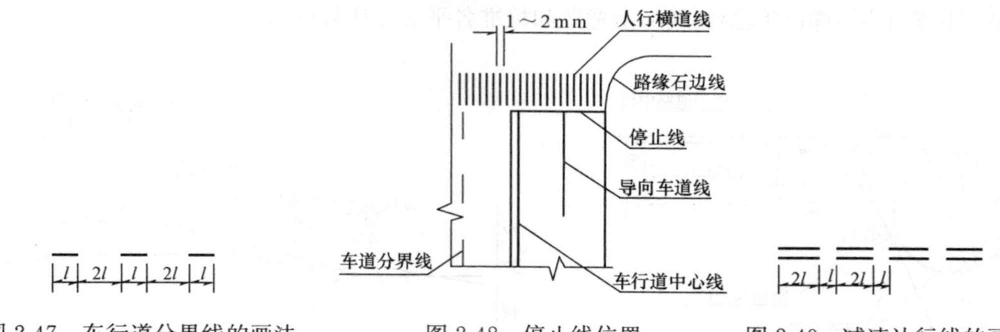

图 2-47 车行道分界线的画法　　图 2-48 停止线位置　　图 2-49 减速让行线的画法

(4)导流线应采用斑马线绘制，斑马线的线宽及间距采用 2～4m，斑马线的图案可采用平行式或折线式(图 2-50)；停车位标线应由中线与边线组成。中线采用一条粗虚线表示，边线采用两条粗虚线表示。中、边线倾斜的角度 α 值可按设计需要采用(图 2-51)；出口标线应采用指向匝道的黑粗双边箭头表示，见图 2-52(a)。入口标线应采用指向主干道的黑粗双边箭头表示，见图 2-52(b)。斑马线拐角尖的方向应与双边箭头的方向相反。

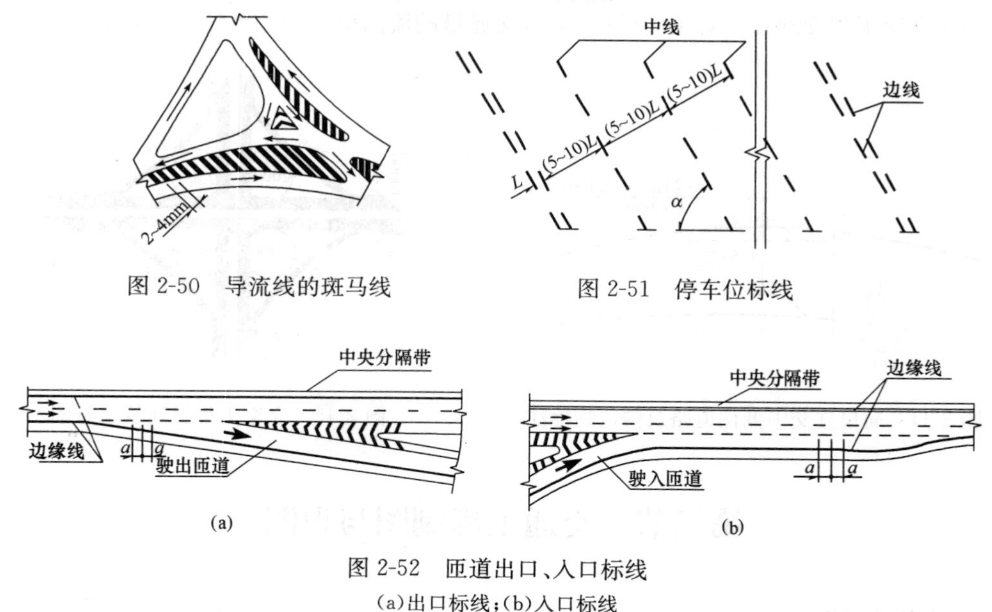

图 2-50 导流线的斑马线　　图 2-51 停车位标线

图 2-52 匝道出口、入口标线

(a)出口标线；(b)入口标线

(5)港式停靠站标线由数条斑马线组成(图 2-53)；车流向标线采用黑粗双边箭头表示(图 2-54)。

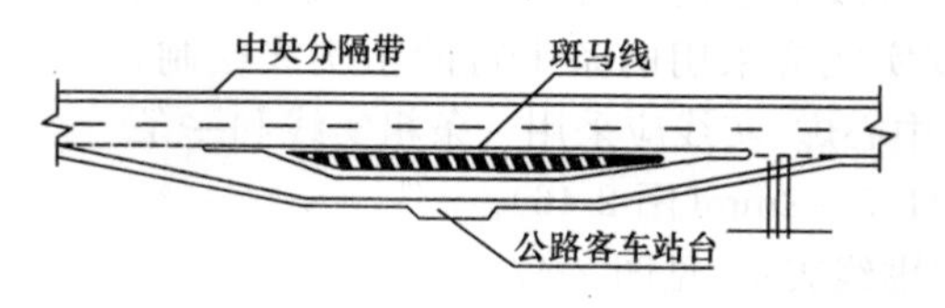

图 2-53 港式停靠站

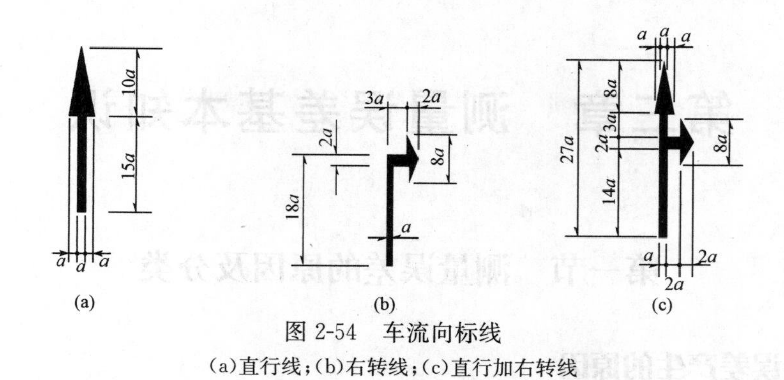

图 2-54 车流向标线

(a)直行线;(b)右转线;(c)直行加右转线

二、交通标志

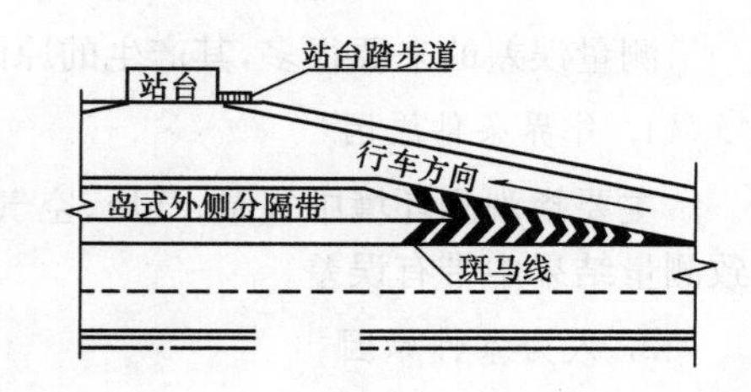

图 2-55 交通岛标志

在交通标志中交通岛用实线绘制，转角区用斑马线表示，见图 2-55，在路线式交叉口平面图中应表示出交通标志的位置，标志宜采用细实线绘制。标志的图号、图名，应采用现行的国家标准《道路交通标志和标线》(GB 5768—1999)规定的图号、图名。标志的尺寸及画法应符合表 2-7 的规定。

表 2-7 标志示意图的形式与尺寸

规格种类	形式与尺寸(mm)	画法
警告标志	(图号) (图名) 15~20	等边三角形采用细实线绘制，顶角向上
禁令标志	(图号) (图名) 45° 15~20	图采用细实线绘制，图内斜线采用粗实线绘制
指示标志	(图号) (图名) 15~20	图采用细实线绘制
指路标志	(图名) (图号) 9 9 25~50	矩形框采用细实线绘制
高速公路指路标志	××高速 (图名) (图名) a/3 a/3 a/3 a a	正方形外框采用细实线绘制，边长为 30～50mm。方形内的粗、细实线间距为 1mm
辅助标志	(图名) (图名) 9 9 30~50	长边采用粗实线绘制，短边采用细实线绘制

第三章　测量误差基本知识

第一节　测量误差的原因及分类

一、测量误差产生的原因

测量误差的来源很多，其产生的原因主要有以下三个方面。

1．外界条件原因

主要指观测环境中气温、气压、空气湿度和清晰度、风力以及大气折光等因素的不断变化，导致测量结果中带有误差。

2．人为条件原因

由于观测者感官鉴别能力所限以及技术熟练程度不同，也会在仪器对中、整平和瞄准等方面产生误差。

3．仪器条件原因

仪器在加工和装配等工艺过程中，不能保证仪器的结构能够满足各种几何关系，这样的仪器必然会给测量带来误差。

由于仪器、观测者和外界条件三方面因素综合影响观测结果，使其偏离真值而产生误差，因此，把三者合称为观测条件。

观测结果的质量与观测条件的好坏有着密切的关系。观测条件好，观测时产生的误差就可能小些，因而观测结果的质量就高些；相反，则观测结果的质量就低些。当观测条件相同时，观测结果的质量可以认为相同。在相同的观测条件下所进行的一组观测，称为等精度观测。在不相同的观测条件下进行的一组观测，称为不等精度观测。不论观测条件好坏，在整个观测过程中，测量误差总是不可避免的。在弄清其来源后，分析其对观测的影响，可以获得较好的观测结果。

在测量中，除了误差之外，有时还可能发生错误。例如测错、读错、算错等，这是由于观测者的疏忽大意造成的。只要观测者仔细认真地作业并采取必要的检核措施，错误就可以避免。

二、测量误差的分类

由于测量结果中含有各种误差，除需要分析其产生的原因，采取必要的措施消除或减弱对观测结果的影响之外，还要对误差进行分类。测量误差按照对观测结果影响的性质不同，可分为系统误差和偶然误差两大类。

1．系统误差

在相同观测条件下，对某量进行一系列的观测，如果误差的大小及符号表现出一致性倾向，即按一定的规律变化或保持为常数，这种误差称为系统误差。

系统误差对观测成果具有累积作用，因此，在测量工作中，应尽量设法部分或全部地消除系统误差。消除系统误差的方法有如下两种。

(1)在观测方法和观测程序上采取必要的措施，限制或削弱系统误差的影响。如水准测量中的前后视距应保持相等，分上下午进行往返观测。三角测量中的正、倒镜观测，盘左、盘右读数，分不同的时间段观测等。

(2)分别找出产生系统误差的原因，利用已有公式，对观测值进行改正，如对距离观测值进行必要的尺长改正、温度改正、地球曲率改正等。

2. 偶然误差

在相同的观测条件下，作一系列的观测，如果观测误差在大小和符号上都表现出随机性，即大小不等，符号不同，但统计分析的结果都具有一定的统计规律性。这种误差称为偶然误差。偶然误差是由于人的感觉器官和仪器的性能受到一定的限制，以及观测时受到外界条件的影响等原因造成的。如仪器本身构造不完善而引起的误差，观测者的估读误差，照准目标时的照准误差等，不断变化着的外界环境，温度、湿度的忽高忽低，风力的忽大忽小等，会使观测数据有时大于被观测量的真值，有时小于被观测量的真值。

由于偶然误差表现出来的随机性，所以偶然误差也称随机误差，单个偶然误差的出现不能体现出规律性，但在相同条件下重复观测某一量，出现的大量偶然误差都具有一定的规律性。

偶然误差是不可避免的。为了提高观测成果的质量，常用的方法是采用多余观测结果的算术平均值作为最后观测结果。

3. 偶然误差的特性

从单个偶然误差而言，其大小和符号均没有规律性，但就其总体而言，却呈现出一定的统计规律性。例如，在相同观测条件下，对一个三角形的内角进行观测，由于观测带有误差，其内角和观测值(l_i)不等于它的真值($X=180°$)，两者之差称为真误差(Δi)，即

$$\Delta i = l_i - X(i = 1,2\cdots\cdots n) \tag{3-1}$$

现观测 162 个三角形的全部三个内角，将其真误差按绝对值大小排列组成表 3-1。

表 3-1 **真误差绝对值大小排列表**

误差区间(3″)	正误差		负误差		合 计	
	个数 k	频率 k/n	个数 k	频率 k/n	个数 k	频率 k/n
0～3	21	0.130	21	0.130	42	0.260
3～6	19	0.117	19	0.117	38	0.234
6～9	12	0.074	15	0.093	27	0.167
9～12	11	0.068	9	0.056	20	0.124
12～15	8	0.049	9	0.056	17	0.105
15～18	6	0.037	5	0.030	11	0.067
18～21	3	0.019	1	0.006	4	0.025
21～24	2	0.012	1	0.006	3	0.018
24 以上	0	0	0	0	0	0
Σ	82	0.506	80	0.494	162	1.000

从上表可以看出，偶然误差具有以下几个特性：

(1)在一定的观测条件下，偶然误差的绝对值不会超过一定限制。

(2)绝对值较小的误差比绝对值较大的误差出现的机会多。

(3)绝对值相等的误差，正负误差出现的机会相等。

(4)随着观测次数增加,偶然误差的平均理论值趋近于零,即

$$\lim_{n\to\infty}\frac{[\Delta]}{n}=0 \tag{3-2}$$

式中 n——观测次数 $[\Delta]=\Delta_1+\Delta_2+\cdots+\Delta n$。

第二节 衡量精度的标准

精度,就是观测成果的精确程度。为了衡量观测成果的精度,必须建立衡量的标准,在测量工作中通常采用中误差、容许误差和相对误差作为衡量精度的标准。

一、中误差

在相同观测条件下,作一系列的观测,并以各个真误差的平方和的平均值的平方根作为评定观测质量的标准,称为中误差 m,即

$$m=\pm\sqrt{\frac{[\Delta\Delta]}{n}} \tag{3-3}$$

式中 m——中误差;

$[\Delta\Delta]$——一组等精度观测误差 Δ_i 自乘的总和;

n——观测数。

中误差不同于各个观测值的真误差,它是衡量一组观测精度的指标,它的大小反映出一组观测值的离散程度。中误差 m 值小,表明误差的分布较为密集,各观测值之间的差异也较小,这组观测的精度就高;反之,中误差 m 值较大,表明误差的分布较为离散,观测值之间的差异也大,这组观测的精度就低。

二、容许误差

在一定的观测条件下,偶然误差的绝对值不应超过的限值,称为容许误差,也称限差或极限误差。偶然误差的第一特性说明,在一定的观测条件下,误差的绝对值有一定的限值。根据误差理论和大量的实践证明,在等精度观测某量的一组误差中,大于两倍中误差的偶然误差,其出现的概率为4.6%,大于三倍中误差的偶然误差,其出现的概率为0.3%,0.3%是概率接近于零的小概率事件。因此,在测量规范中,为确保观测成果的质量,通常规定以其中误差的两倍或三倍为偶然误差的允许误差或限值。当精度要求较高时,采用两倍中误差作为容许误差。即

$$\Delta_{容}=2m \text{ 或 } \Delta_{容}=3m$$

超过上述限差的观测值应舍去不用,或返工重测。

三、相对误差

中误差和真误差都是绝对误差,误差的大小与观测量的大小无关。然而,有些量如长度,绝对误差不能全面反映观测精度,因为长度丈量的误差与长度大小有关。例如:分别丈量了两段不同长度的距离,一段为200m,另一段为300m,但中误差皆为±0.01m。显然不能认为这两段距离观测成果的精度相同。为此,需要引入“相对误差”的概念,以便能更客观地反映实际测量精度。相对误差测量中常用分子式为1的分式表示,因此相对误差 K、观测中误差 m、观测值 D 的关系为

$$K=\frac{|m|}{D}=\frac{1}{\frac{D}{|m|}} \tag{3-4}$$

在本例中 $K_1=\frac{|m_1|}{D_1}=\frac{0.01}{200}=\frac{1}{20000}$

$$K_2=\frac{|m_2|}{D_2}=\frac{0.01}{300}=\frac{1}{30000}$$

第三节 误差传播定律

在测量工作中，有些未知量往往不能直接测得，须借助其他的观测量按一定的函数关系间接计算而得。例如：高差 $h=x-b$，是独立观测值后视读数 a 和前视读数 b 的函数。这种函数关系的表现形式分为线性函数和非线性函数两种，阐述独立观测值中误差与观测值函数中误差之间的关系式定律，称为误差传播定律。

一、倍数函数

设函数 $$Z=kx$$

式中，k 为常数；x 为独立观测值；Z 为 x 的函数。当观测值 x 含有真误差 Δx 时，使函数 Z 也将产生相应的真误差 Δz，设 x 值观测了 n 次，则

$$\Delta Z_n = k\Delta x_n$$

将上式两端平方，求其总和，并除以 n，得

$$\frac{[\Delta Z\Delta Z]}{n}=k^2\frac{[\Delta x\Delta x]}{n}$$

根据中误差的定义，则有

$$m_Z^2 = k^2 m_x^2$$

或
$$m_Z=km_x \tag{3-5}$$

因此我们可以看出倍数函数的中误差是倍数与观测值中误差的乘积。

【例 3-1】 在 1：2000 地形图上，量得两点间的距离 $d=30\text{mm}$，其中误差 $m_d=\pm0.1\text{mm}$，求这两点间的实地距离 D 及其中误差 m_D。

【解】 实地距离 $D=2000\times30=60000\text{mm}=60\text{m}$

由 $D=2000d$ 知为倍数函数，按式(3-5)得：

$$m_D = 2000m_d = 2000\times0.1 =\pm 200\text{mm} =\pm 0.2\text{m}$$

二、和差函数

设有函数 $$Z=x\pm y$$

式中 x 和 y 均为独立观测值；Z 是 x 和 y 的函数。当独立观测值 x、y 含有真误差 $\Delta x\Delta y$ 时，函数 Z 也将产生相应的真误差 ΔZ，如果对 x、y 观测了 n 次，则

$$\Delta Z_n = \Delta x_n + \Delta y_n$$

将上式两端平方，求其总和，并除以 n，得

$$\frac{[\Delta z\Delta z]}{n}=\frac{[\Delta x\Delta x]}{n}+\frac{[\Delta y\Delta y]}{n}+\frac{2[\Delta z\Delta z]}{n}$$

根据偶然误差的抵消性和中误差定义，得

$$m_Z^2 = m_x^2 + m_y^2 \tag{3-6}$$

或
$$m_Z=\pm\sqrt{m_x^2+m_y^2}$$

由此得出结论：和差函数的中误差，等于各个观测值中误差平方和的平方根。

三、线性函数

设有线性函数：

$$Z = k_1 x_1 + k_2 x_2 + \cdots + k_n x_n$$

式中　$x_1, x_2, \cdots, x_n$——独立观测值；

$k_1, k_2, \cdots, k_n$——常数，根据式(3-5)和式(3-6)可得

$$m_Z^2 = (k_1 m_1)^2 + (k_2 m_2)^2 + \cdots + (k_n m_n)^2 \tag{3-7}$$

式中　$m_1, m_2, \cdots, m_n$ 分别是 $x_1, x_2, \cdots, x_n$ 观测值的中误差。

【例 3-2】 同精度观测一个三角形的三个内角 a、b、c，已知测角中误差 $m=\pm 15''$，求三角形角度闭合差的中误差。将角度闭合差平均分至三个内角上，求改正后三角形各内角的中误差。

【解】 角度闭合差函数式：

$$f = a + b + c - 180° \tag{3-8}$$

为和差函数。180°为常数，无误差。按式(3-6)得：

$$m_f^2 = m^2 + m^2 + m^2 = 3m^2$$

$$m_f = \sqrt{3} m = \pm 15''\sqrt{3} = \pm 25.9''$$

改正后三角形内角：

$$a' = a - \frac{f}{3} \tag{3-9}$$

由式(3-8)可知，a 与 f 不独立，式(3-9)不能直接应用误差传播定律，故将式(3-8)代入式(3-9)并合并同类项：

$$a' = a - \frac{1}{3}(a + b + c - 180°) = \frac{2}{3}a - \frac{1}{3}b - \frac{1}{3}c + 60°$$

此为线性函数，式中 60°无误差，按式(3-7)得：

$$m_{a'}^2 = \left(\frac{2}{3}\right)^2 m^2 + \left(\frac{1}{3}\right)^2 m^2 + \left(\frac{1}{3}\right)^2 m^2 = \frac{2}{3} m^2$$

$$m_a' = \sqrt{\frac{2}{3}} m = \pm 15''\sqrt{\frac{2}{3}} = \pm 12.2''$$

所以

$$m_b' = \pm 12.21''$$

$$m_c' = \pm 12.2''$$

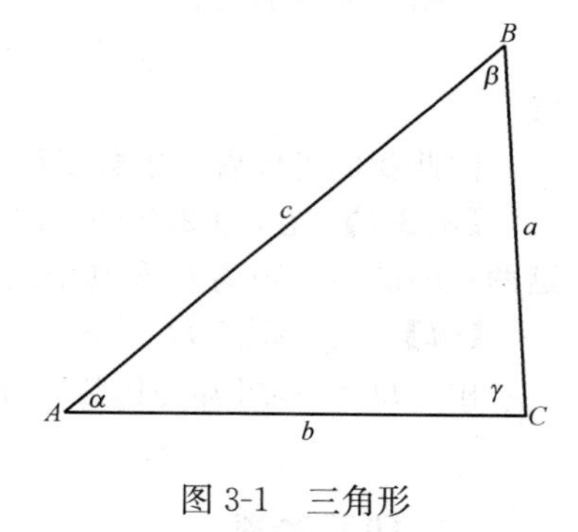

图 3-1　三角形

四、非线性函数

设有函数　　$Z = f(x_1, x_2, \cdots, x_n)$

上式中，$x_1, x_2, \cdots, x_n$ 为独立观测值，其中误差为 $m_1, m_2, \cdots, m_n$。当观测值 x_i 含有真误差 Δx_i 时，函数 Z 也必然产生真误差 ΔZ，但这些真误差都是很小值，故对上式全微分，并以真误差代替微分，即

$$\Delta z = \frac{\partial f}{\partial x_1}\Delta x_1 + \frac{\partial f}{\partial x_2}\Delta x_2 + \cdots + \frac{\partial f}{\partial x_n}\Delta x_n$$

上式中 $\frac{\partial f}{\partial x_1}, \frac{\partial f}{\partial x_2}, \cdots, \frac{\partial f}{\partial x_n}$ 是函数 Z 对 $x_1, x_2, \cdots, x_n$ 的偏导数，当函数值确定后，则偏导数值恒为常数，故上式可以认为是线性函数，于是有

$$m_Z = \pm\sqrt{\left(\frac{\partial F}{\partial x_1}\right)m_{x_1}^2 + \left(\frac{\partial F}{\partial x_2}\right)m_{x_2}^2 + \cdots + \left(\frac{\partial F}{\partial x_n}\right)m_{x_n}^2} \tag{3-10}$$

非线性函数中误差是该函数按每个观测值所求得的偏导数与相应观测值中误差乘积之和的平方根。

常用函数的中误差关系式均可由非线性函数中误差关系式导出。现将各种常见函数的中误差关系式统一列于表 3-2 中。

表 3-2　　观测函数中误差

函数名称	函数关系式	$\frac{\partial f}{\partial x_i}$	中误差关系式
倍数函数	$Z=kx$	k	$m_z=kx$
和差函数	$Z=x_1\pm x_2$	1	$m_z^2=m_1^2+m_2^2$ 或 $m_z=\sqrt{m_1^2+m_2^2}$
			$m_z=\sqrt{2}m$（当 $m_1=m_2=m$ 时）
	$Z=x_1\pm x_2\pm\cdots\pm x_n$	1	$m_z^2=m_1^2+m_2^2+\cdots+m_n^2$
			$m_z=\pm\sqrt{n}m$（当 $m_1=m_2=\cdots=m_n=m$ 时）
线性函数	$Z=k_1x_1+k_2x_2+\cdots+k_nx_n$	k_i	$m_z^2=k_1^2m_1^2+k_2^2m_2^2+\cdots+k_n^2m_n^2$
非线性函数	$Z=f(x_1,x_2,\cdots,x_n)$	$\frac{\partial f}{\partial x_i}$	$m_z^2=\left(\frac{\partial f}{\partial x_1}\right)^2m_1^2+\left(\frac{\partial f}{\partial x_2}\right)^2{m_2}^2+\cdots+\left(\frac{\partial f}{\partial x_n}\right)m_n^2$

第四章　常用测量仪器的构造和使用

第一节　水准仪的构造和使用

一、DS_3 型微倾水准仪的构造

水准测量的主要功能是提供一条水平视线，并能照水准尺进行读数。一般地，水准仪（DS_3 型微倾水准仪）主要由望远镜、水准器、水准尺及基座三部分组成，如图 4-1 所示。

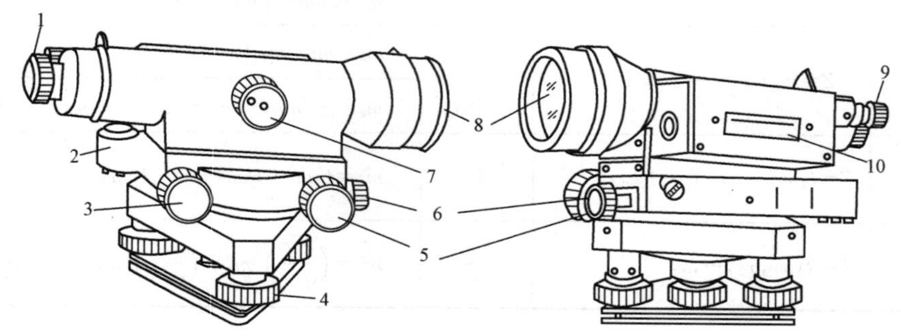

图 4-1　DS_3 型水准仪

1—目镜；2—圆水准器；3—微倾螺旋；4—脚螺旋；5—微动螺旋；6—制动螺旋；7—对光螺旋；8—物镜；9—水准管气泡观察窗；10—管水准器

1. 望远镜

望远镜是用来瞄准不同距离的水准尺并进行读数的。如图 4-2 所示，它由物镜、对光透镜、对光螺旋、十字丝分划板以及目镜等组成。

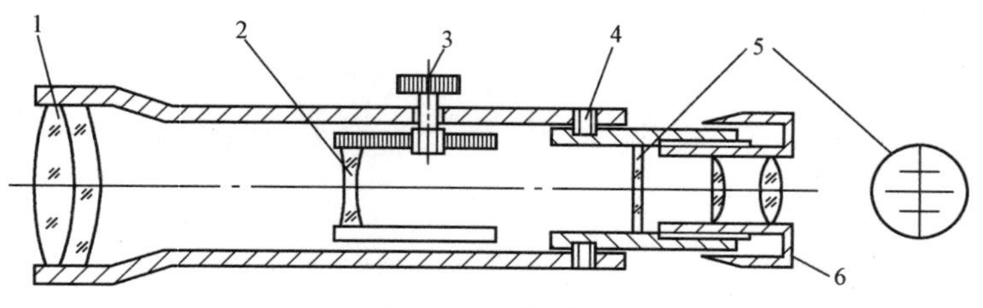

图 4-2　望远镜

1—物镜；2—对光透镜；3—对光螺旋；4—固定螺丝；5—十字丝分划板；6—目镜

物镜是用两片以上的透镜组组成，作用是目标成像在十字丝平面上，形成缩小的实像。旋转对光螺旋，可使不同距离目标的像清晰地位于十字丝分划板上。目镜也是由一组复合透镜组成，作用是将物镜所成的实像连同十字丝一起放大成虚像，转动目镜调焦螺旋，可使十字丝影像清晰，称为目镜调焦。

从望远镜内所看到的目标放大虚像的视角 β 与眼睛直接观察该目标的视角 α 的比值，称为望远镜的放大率，一般用 V 表示，即：

$$V = \beta / \alpha \tag{4-1}$$

DS_3 型水准仪望远镜的放大率一般为 25～30 倍。

十字丝分划板是一块安装在金属环内的刻有分划线的圆形光学玻璃板，所刻有的相互垂直的两条长丝，称为十字丝，竖直的一条为纵丝（竖丝），另一条为横丝（中丝），与横丝平行的上、下两条对称的短线称为视距丝，用以视定距离。

对光透镜是安装在物镜与十字丝分划板之间的凹透镜。当旋转调焦螺旋，前后移动凹透镜时，可以改变由物镜与调焦透镜组成的复合透镜的等效焦距，从而使目标的影响像正好落在十字丝分划板平面上，再通过目镜的放大作用，就可以清晰地看到放大了的目标影像以及十字丝。

2. 水准器

水准器是水准仪的重要部件，借助于水准器才能使视准轴处于水平位置。水准器分为管水准器和圆水准器，管水准器又称为水准管。

（1）管水准器（水准管）。水准管是由玻璃圆管制成，上部内壁的纵向按一定半径磨成圆弧。如图 4-3 所示，管内注满酒精和乙醚的混合液，经过加热、封闭、冷却后，管内形成一个气泡。水准管内表面的中点 O 为零点，通过零点作圆弧的纵向切线 LL 称为水准管轴。从零点向两侧每隔 2mm 刻一个分划，每 2mm 弧长所对的圆心角称为水准管分划值（或灵敏度）：

$$\tau = \frac{2\rho''}{R} \tag{4-2}$$

$$\rho'' = 206265''$$

分划值的意义，可理解为当气泡移动 2mm 时，水准管轴所倾斜的角度，如图 4-4 所示。DS3 型水准仪的水准分划值为 20″/2mm。

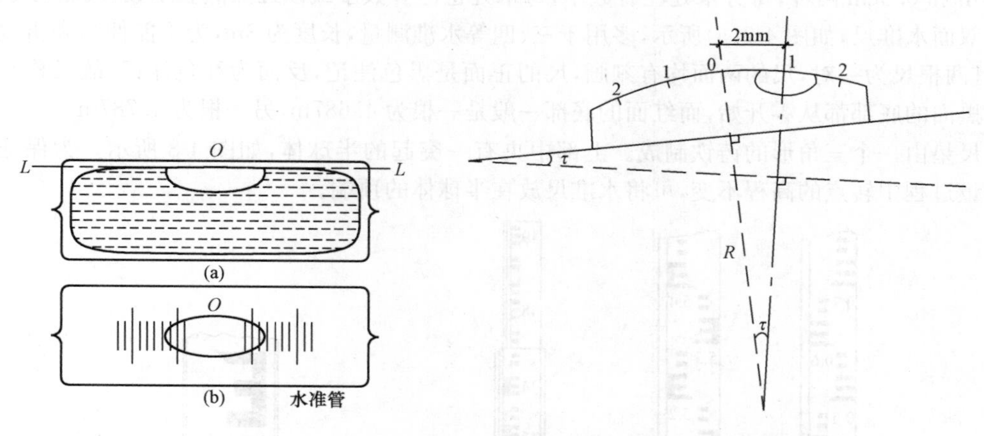

图 4-3　水准管　　　　图 4-4　水准管分划值

为了提高精度，在水准管上装有符合棱镜，如图 4-5(a)所示，这样可使水准管气泡两端的半个气泡影像反映到望远镜旁的观察窗内，两边气泡平行时，则气泡居中，如图 4-5(c)所示，气泡影像错开时，表示没有居中，如图 4-5(b)所示。这时旋转微倾螺旋可使气泡居中，直至两端的半个气泡影像对齐，如图 4-5(c)所示。这种具有棱镜装置的水准管又称为符合水准管，它能提高气泡居中的精度。

（2）圆水准器。圆水准器是由玻璃制成，呈圆柱状，如图 4-6 所示，上部的内表面为一个半径为 R 的圆球面，中央刻有一个小圆圈，它的圆心 O 是圆水准器的零点，通过零点和球心的连线（O 点的法线）LL'，称为圆水准器轴。当气泡居中时，圆水准器轴即处于铅垂位置。圆水准器的分划值一般为 $5'/2\text{mm} \sim 10'/2\text{mm}$，灵敏度较低，只能用于粗略整平仪器，使水准仪的纵轴大至处于铅垂位置，便于用微倾螺旋使水准管的气泡精确居中。

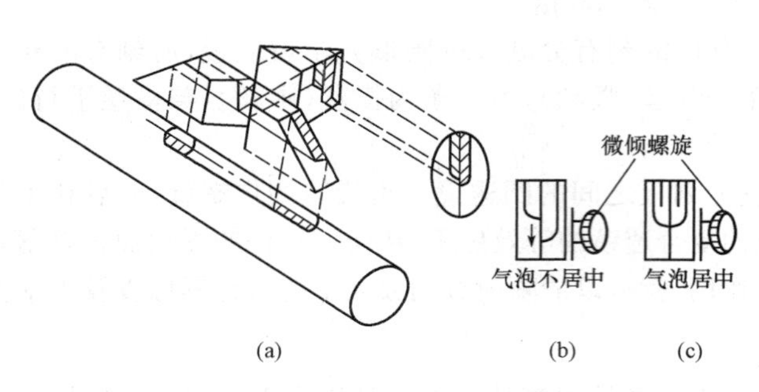

图 4-5 水准管的符合棱镜系统

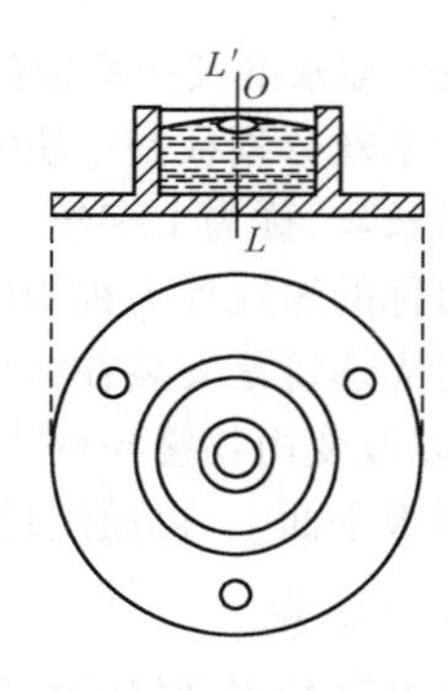

图 4-6 圆水准盒

3. 基座

基座呈三角形是由轴座、三个脚螺旋和连接板组成。仪器上部通过竖轴插入轴座内，由基座承托。转动脚螺旋调节圆水准器使气泡居中。整个仪器通过连接螺旋与三脚架相连接。

为了控制望远镜在水平方向转动，仪器还装有制动螺旋和微动螺旋。当旋紧制动螺旋时，仪器就固定不动，此时转动微动螺旋，可使望远镜在水平方向作微小的转动，用以精确瞄准目标。

4. 水准尺

水准尺是由干燥的优质木材、玻璃钢或铝合金等材料制成。水准尺分为双面尺和塔尺两种，如图 4-7(a)、(b)所示。塔尺一般用于等外水准测量，长度有 2m 和 5m 两种，可以伸缩，尺面分划为 1cm 和 0.5cm 两种，每分米处注有数字，每米处也注有数字或以红黑点表示数，尺底为零。

双面水准尺，如图 4-7(a)所示，多用于三、四等水准测量，长度为 3m，为不能伸缩和折叠的板尺，且两根尺为一对，尺的两面均有刻画，尺的正面是黑色注记，反面为红色注记，故又称红黑面尺。黑面的底部都从零开始，而红面的底部一般是一根为 4.687m，另一根为 4.787m。

尺垫由一个三角形的铸铁制成。上部中央有一突起的半球体，如图 4-8 所示。为保证在水准测量过程中转点的高程不变，可将水准尺放在半球体的顶端。

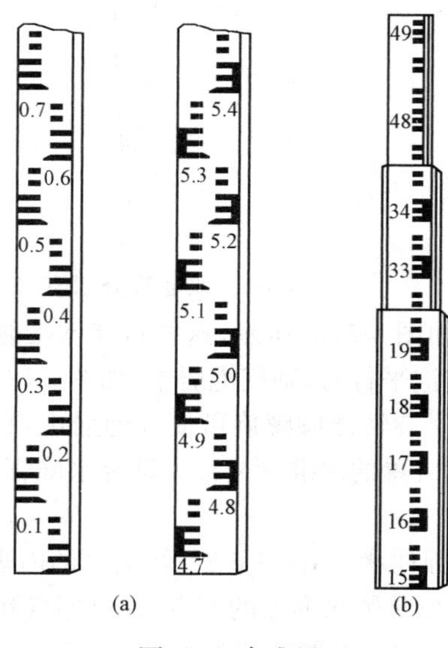

图 4-7 水准尺

(a)双面尺；(b)塔尺

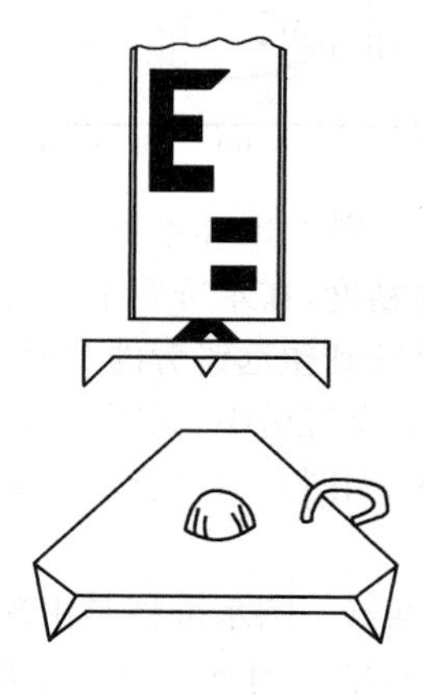

图 4-8 尺垫

二、DS_3 型微倾水准仪的使用

在进行水准仪使用的时候，应按照以下的几个操作步骤依次进行。

1. 架设仪器

在架设仪器处，打开三脚架，通过目测，使架头大致水平且高度适中（约在观测者的胸颈部），将仪器从箱中取出，用连接螺旋将水准仪固定在三脚架上。然后，根据圆水准器气泡的位置，上、下推拉，左、右微转脚架的第三只腿，使圆水准器的气泡尽可能位于靠近中心圈的位置，在不改变架头高度的情况下，放稳脚架的第三只腿。

2. 粗略平整

调节仪器脚螺旋使圆水准气泡居中，以达到水准仪的竖轴铅垂，把线轴粗略水平。其具体做法是：如图 4-9（a）所示，设气泡偏离中心于 a 处时，可以先选择一对脚螺旋①、②，用双手以相对方向转动两个脚螺旋，使气泡移至两脚螺旋连线的中间 b 处，如图 4-9 所示；然后，再转动脚螺旋③使气泡居中，如图 4-9（b）所示。如此反复进行，直至气泡严格居中。在整平中气泡移动方向始终与左手大拇指（或右手食指）转动脚螺旋的方向一致。

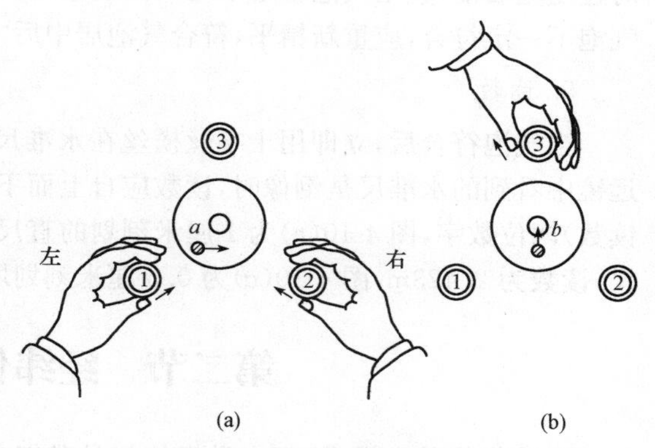

图 4-9　圆水准器整平方法

在整平过程中要注意，气泡的移动方向与左手大拇指方向一致，左右两手的旋转方向相反。

3. 照准水准尺

仪器粗略平整后，即用望远镜照准水准尺。其操作步骤如下：

（1）目镜对光。将望远镜对向较明亮处，转动目镜对光螺旋，使十字丝调至最为清晰为止。

（2）初步照准。放松照准部的制动螺旋，利用望远镜上部的照门和准星，对准水准尺，然后拧紧制动螺旋。最后精确照准，使水准尺分划清晰，再转动微动螺旋，使十字竖丝靠近水准尺边缘部位，如图 4-10 所示。

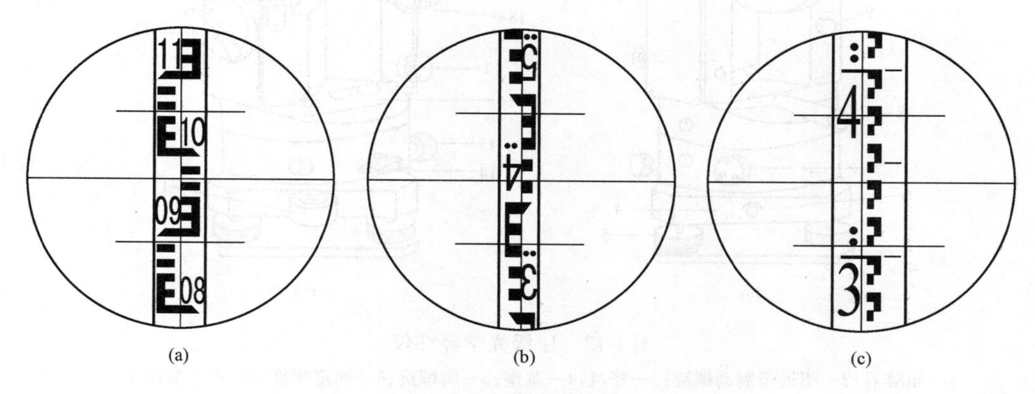

图 4-10　照准水准尺

（3）消除视差。物镜对光后，眼睛在目镜端上、下微微地移动，因为十字丝和水准尺的像有相互移动的现象，这种现象称为视差。视差产生的原因是水准尺没有成像在十字丝平面上，如图

4-11所示。视差的存在会影响观测读数的正确性，必须加以消除。消除视差的方法是先进行目镜调焦，使十字丝清晰，然后转动对光螺旋进行物镜对光，使水准尺像清晰。

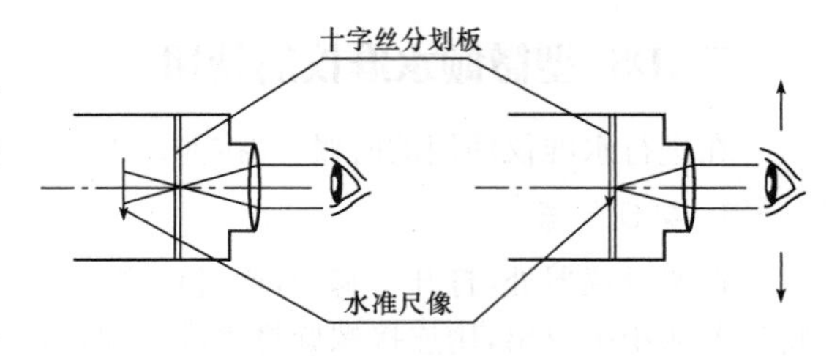

图 4-11 视差产生原因

4. 精确整平

精平是在读数前转动微倾螺旋使气泡居中，从而得到精确的水平视线。转动微倾螺旋时速度应缓慢，直至气泡稳定不动而又居中时为止。必须注意，当望远镜转到另一方向观测时，气泡不一定符合，应重新精平，符合气泡居中后才能读数。

5. 读数

当气泡符合后，立即用十字丝横丝在水准尺上读数。读数前要认清水准尺的注记特征。望远镜中看到的水准尺是倒像时，读数应自上而下，从小到大读取，直接读取 m、dm、cm、mm(为估读数)四位数字，图 4-10(a)为 1 厘米刻划的直尺，读数为 0.976m，图 4-10(b)为 1 厘米刻划的塔尺，读数为 2.423m，图 4-10(c)为 0.5 厘米刻划塔尺的另一面，读数为 2.338m。

第二节 经纬仪的构造和使用

经纬仪的种类繁多，而光学经纬仪是我们在测量工作中广泛采用的测量仪器，在这里我们主要介绍 J_6 和 DJ_2 光学经纬仪(D、J 分别是大地和经纬汉语拼音的第一个字母，下标是精度指标)。

一、光学经纬仪的构造

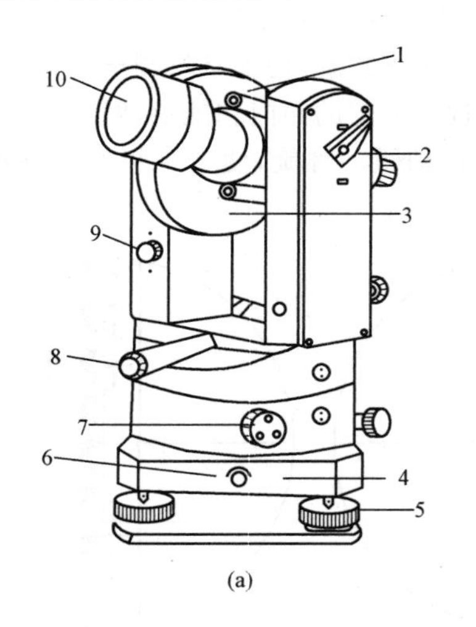

(a)

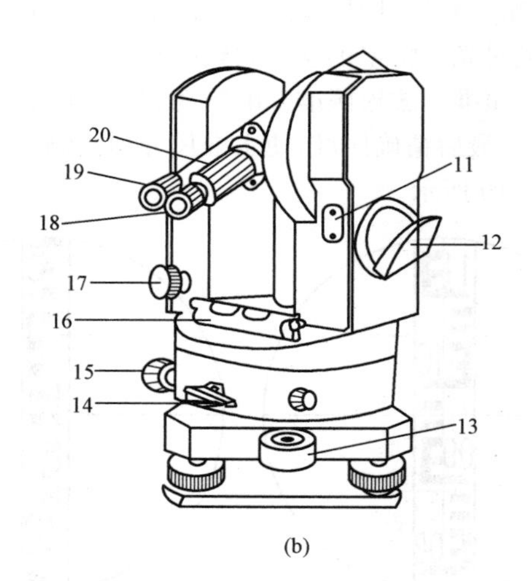

(b)

图 4-12 J_6 级光学经纬仪

1—粗瞄器；2—望远镜制动螺旋；3—竖盘；4—基座；5—脚螺旋；6—固定螺旋；7—度盘变换手轮；8—光学对中器；9—自动归零旋钮；10—望远镜物镜；11—指标差调位盖板；12—反光镜；13—圆水准器；14—水平制动螺旋；15—水平微动螺旋；16—照准部水准管；17—望远镜微动螺旋；18—望远镜目镜；19—读数显微镜；20—对光螺旋

1. J_6 光学经纬仪

有些 J_6 光学经纬仪的水平制动螺旋与微动螺旋是通过圆轴套在一起的(图 4-13)，使用过程中要注意避免损坏。

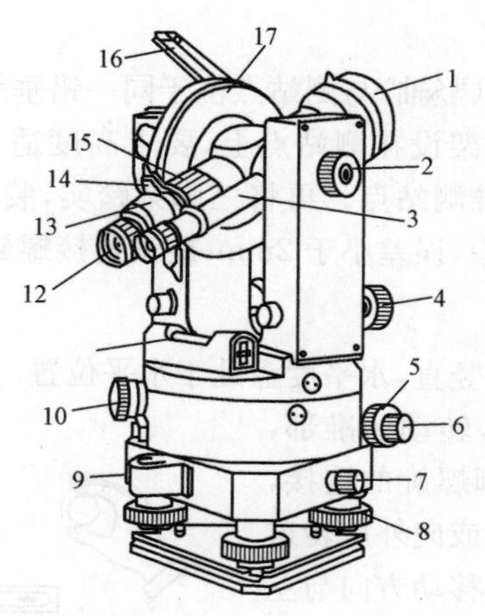

图 4-13　水平制动与微动螺旋套在一起的 J_6 光学经纬仪

1—望远镜物镜；2—望远镜制动螺旋；3—读数显微镜；4—望远镜微动螺旋；
5—水平微动螺旋；6—水平制动螺旋；7—中心紧固螺旋；8—基座螺旋；
9—圆水准器；10—度盘变换手轮；11—照准部水准管；12—望远镜目镜；
13—十字丝分划板护罩；14—粗瞄准照门；15—望远镜调焦螺旋；16—指标水准器反光镜

2. DJ_2 经纬仪的构造

DJ_2 经纬仪的构造如图 4-14 所示。

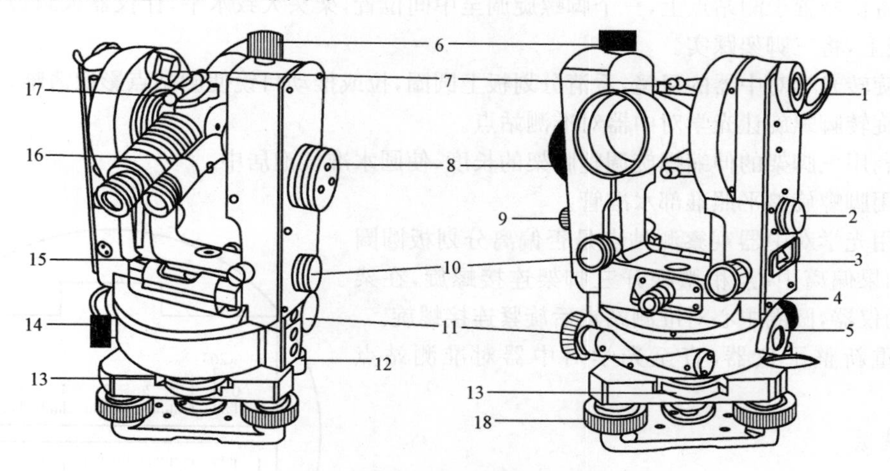

图 4-14　DJ_2 型光学经纬仪

1—竖盘反光镜；2—竖盘指标水准管观察镜；3—竖盘指标水准管微动螺旋；
4—光学对中器目镜；5—水平度盘反光镜；6—望远镜制动螺旋；
7—光学瞄准器；8—测微轮；9—望远镜微动螺旋；10—换像手轮；
11—水平微动螺旋；12—水平度盘变换手轮；13—中心锁紧螺旋；
14—水平制动螺旋；15—照准部水准管；16—读数显微镜；
17—望远镜反光扳手轮；18—脚螺旋

二、光学经纬仪的使用

经纬仪的使用应按下列步骤进行。

1. 对中

对中的目的是使仪器的中心(竖轴)与测站点位于同一铅垂线上。

对中时，应先把三脚架张开，架设在测站点上，要求高度适宜，架头大致水平。然后挂上垂球，平移三脚架使垂球尖大致对准测站点。再将三脚架踏实，装上仪器，同时应把连接螺旋稍微松开，在架头上移动仪器精确对中，误差小于2mm，旋紧连接螺旋即可。

2. 整平

整平的目的是使仪器的竖轴竖直，水平度盘处于水平位置。

整平时，松开水平制动螺旋，转动照准部，让水准管大致平行于任意两个脚螺旋的连接，如图4-15(a)所示，两手同时向内或向外旋转这两个脚螺旋使气泡居中。气泡的移动方向与左手大拇指(或右手食指)移动的方向一致。将照准部旋转90°，水准管处于原位置的垂直位置，如图4-15(b)所示，用另一个脚螺旋使气泡居中。反复操作，直至照准部转到任何位置，气泡都居中为止。

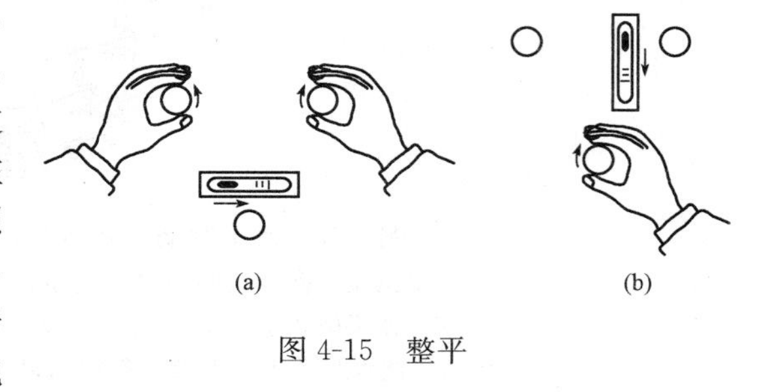

图4-15 整平

3. 使用光学对中器对中和整平

使用光学对中器对中，应与整平仪器结合进行。其操作步骤如下。

(1)将仪器置于测站点上，三个脚螺旋调至中间位置，架头大致水平，让仪器大致位于测站点的铅垂线上，将三脚架踩实。

(2)旋转光学对中器的目镜，看清分划板上圆圈，拉或推动目镜使测站点影像清晰。

(3)旋转脚螺旋让光学对中器对准测站点。

(4)利用三脚架的伸缩螺旋调整脚架的长度，使圆水准气泡居中。

(5)用脚螺旋整平照准部水准管。

(6)用光学对中器观察测站点是否偏离分划板圆圈中心。如果偏离中心，稍微松开三脚架连接螺旋，在架头上移动仪器，圆圈中心对准测站点后旋紧连接螺旋。

(7)重新整平仪器，直至光学对中器对准测站点为止。

4. 读数

(1)分微尺测微器及其读数方法。J_6级光学经纬仪采用分微尺测微器进行读数。这类仪器的度盘分划值为1°，按顺时针方向注记每度的度数。在读数显微镜的读数窗上装有一块带分划的分微尺，度盘上的分划线间隔经显微物镜放大后成像于分微尺上。图4-16读数显微镜内所看到的度盘和分微尺的影像，上面注有“H”(或

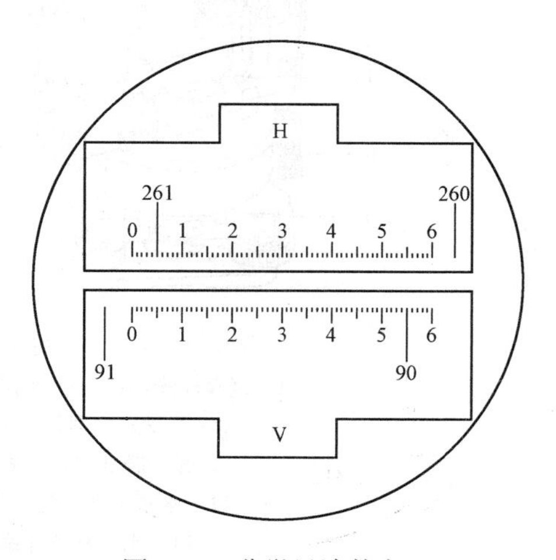

图4-16 分微尺读数窗

水平)为水平度盘读数窗，注有“V”(或竖直)为竖直度盘读数窗，分微尺的长度等于放大后度盘分划线间隔1°的长度，分微尺分为60个小格，每小格为1′。分微尺每10小格注有数字，表示0′、10′、20′、…、60′，注记增加方向与度盘相反。读数装置直接读到1′，估读到0.1′(6″)。

读数时，分微尺上的0分划线为指标线，它是度盘上的位置就是度盘读数的位置。如在水平度盘的读数窗中，分微尺的0分划线已超过261°，水平度盘的读数应该是261°多。所多的数值，再由分微尺的0分划线至度盘上261°分划线之间有多少小格来确定。图中为4.4格，故为04′24″。水平度盘的读数应是261°04′24″。

(2)单平板玻璃测微器及其读数方法。它的组成部分主要包括平板玻璃、测微尺、连接机构和测微轮。当转动测微轮时，平板玻璃和测微尺即绕同一轴作同步转动。如图4-17(a)所示，光线垂直通过平板玻璃，度盘分划线的影像未改变原来位置，与未设置平板玻璃一样，此时测微尺上读数为零，如按设在读数窗上的双指标线读数应为92°＋a。转动测微轮，平板玻璃随之转动，度盘分划线的影像也就平行移动，当92°分划线的影像夹在双指标线的中间时，如图4-17(b)所示，度盘分划线的影像正好平行移动一个a，而a的大小则可由与平板玻璃同步转动的测微尺上读出，其值为18′20″。所以整个读数为92°＋18′20″＝92°18′20″。

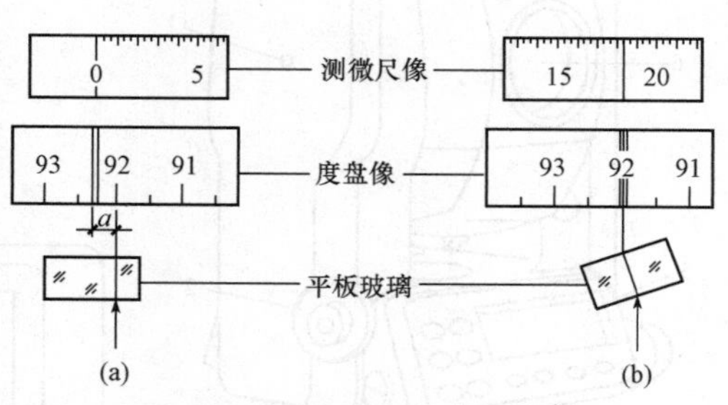

图4-17　单平板玻璃测微器原理

第三节　全站仪的构造和使用

全站仪是一种智能光电测量仪器，主要由电子测距仪、电子经纬仪、电子记录装置与机载软件组合而成。它具有如下几个特点。

(1)采用先进的同轴双速制、微动机构，使照准更加快捷、准确。

(2)具有完善的人机对话控制面板，由键盘和显示窗组成，除照准目标以外的各种测量功能和参数均可通过键盘来实现。仪器两侧均有控制面板，操作方便。

(3)设有双轴倾斜补偿器，可以自动对水平和竖直方向进行补偿，以消除对竖轴倾斜误差的影响。

(4)机内设有测量应用软件，能方便地进行三维坐标测量、放线测量、后方交会、悬高测量、对边测量等多项工作。

(5)具有双路通视功能，仪器将测量数据传输给电子手簿式计算机，也可接受电子手簿和计算机的指令和数据。

一、全站仪的构造

1. 全站仪的外貌及组成装置

图4-18所示为GTS-310型全站仪，其结构与经纬仪相似。

2. 显示屏

显示屏采用点阵式液晶显示，可显示4行，每行20个字符，前三行显示的是测量数据，最后一行显示的是随测量模式变化的按键功能。

3. 操作键

显示屏上的各操作键具体名称和功能见图 4-19 和表 4-1 所示。

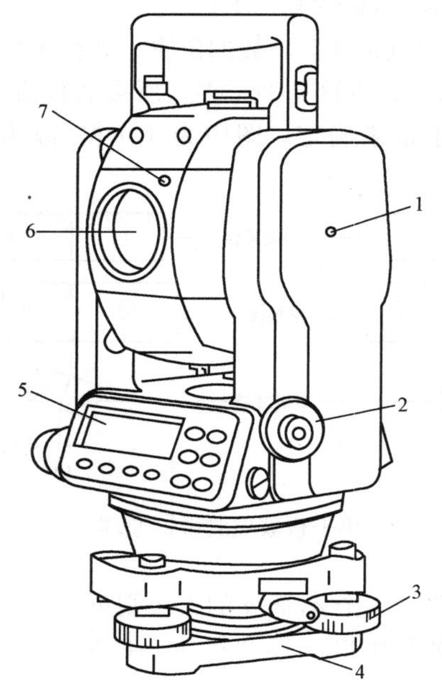

图 4-18 GTS-310 型全站仪

1—仪器中心标志；2—光学对中器；3—脚螺旋；4—底板；5—显示屏；6—物镜；7—定点指示器

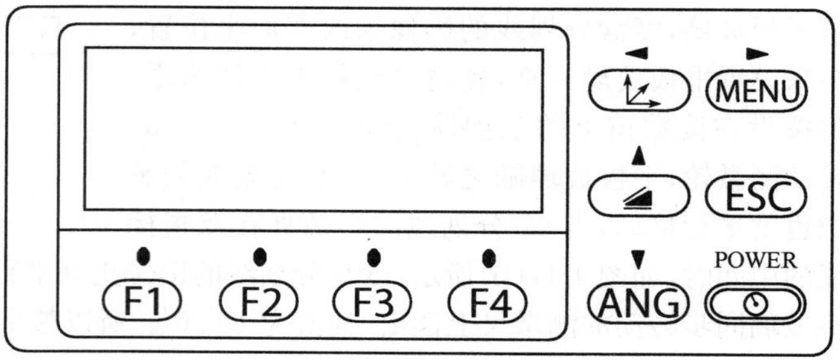

图 4-19 全站仪键盘

表 4-1 操 作 键

按键	名 称	功 能
	坐标测量键	坐标测量模式
	距离测量键	距离测量模式
ANG	角度测量键	角度测量模式
MENU	菜单键	在菜单模式和正常测量模式之间切换，在菜单模式下设置应用测量与照明调节方式
ESC	退出键	·返回测量模式或上一层模式 ·从正常测量模式直接进入数据采集模式或放线模式
POWER	电源键	电源接通/切断 ON/OFF
F1～F4	软键(功能键)	相当于显示的软键信息

4. 功能键

软键 F_1、F_2、F_3、F_4 的功能随着测量模式的不同会有所不同：图 4-20 分别表示角度测量模式、坐标测量模式和距离测量模式下 F_1、F_2、F_3、F_4 软键的不同含义。表 4-2 中详细列出了角度测量模式下各软键的功能。

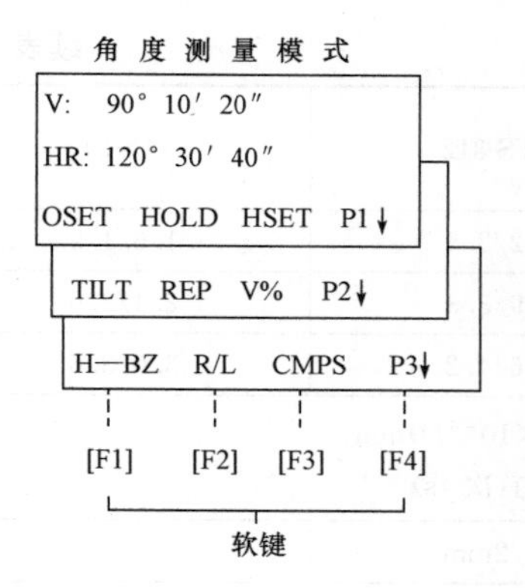

距离测量模式
HR: 120° 30′ 40″
HD* [r] 《 m
VD: m
MEAS MODE S/A P1↓
OFSET S.O m/f/i P2↓

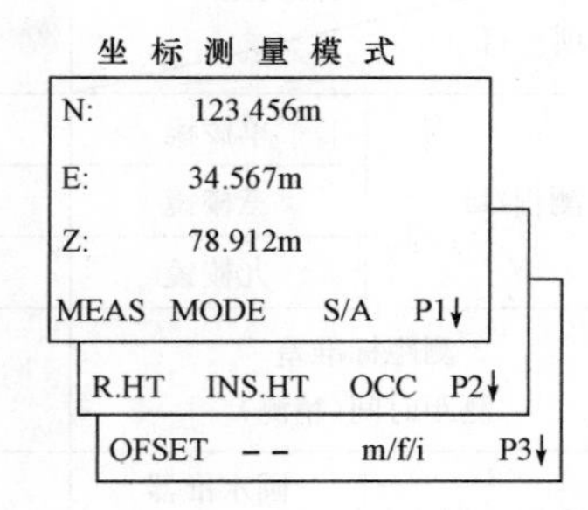

图 4-20 全站仪功能键

表 4-2 **角度测量模式**

页数	软键	显示符号	功能
1	F1	OSET	水平角置为 0°00′00″
	F2	HOLD	水平角读数锁定
	F3	HSET	用数字输入设置水平角
	F4	P1↓	显示第 2 页软键功能
2	F1	TLLT	设置倾斜改正开或关(ON/OFF)(若选择 ON,则显示倾斜改正值)
	F2	REP	重复角度测量模式
	F3	V%	垂直角/百分度/(%)显示模式
	F4	P2↓	显示第 3 页软键功能
3	F1	H－BZ	仪器每转动水平角 90°是否要发出蜂鸣声的设置
	F2	R/L	水平角右/左方向计数转换
	F3	CMPS	垂直角显示格式(高度角/天顶距)的切换
	F4	P3↓	显示下一页(第 1 页)软键功能

5. 全站仪的主要技术指标

全站仪的主要技术指标见表 4-3。

表 4-3 **GTS-310 系列全站仪的主要技术指标**

项目 \ 仪器类型	GTS-311	GTS-312	GTS-313
放大倍数	30X	30X	30X
成像方式	正像	正像	正像
视场角	1°30′	1°30′	1°30′
最短视距	1. 3m	1. 3m	1. 3m
角度(水平角、竖直角)最小显示	1″	1″	5″
角度(水平角、竖直角)标准差	±2″	±3″	±5″
自动安平补偿范围	±3′	±3′	±3′

续表

项目 \ 仪器类型		GTS-311	GTS-312	GTS-313
测程/km	单棱镜	2.4/2.7	2.2/2.5	1.6/1.9
	三棱镜	3.1/3.6	2.9/3.3	2.4/2.6
	九棱镜	3.7/4.4	3.6/4.2	3.0/3.6
测距标准差		$\pm(2+2\times10^{-6}D)$mm		
测距时间(精测)		3.0s(首次 4s)		
水准器分划值	圆水准器	10′/2mm		
	长水准器	30″/2mm		
使用温度范围		−20～+50℃		

表 4-4　　坐标测量模式

页数	软键	显示符号	功　　能
1	F1	MEAS	进行测量
	F2	MODE	设置测距模式,Fine/Coarse/Tracking(精测/粗测/跟踪)
	F3	S/A	设置音响模式
	F4	P1↓	显示第 2 页软键功能
2	F1	R. HT	输入棱镜高
	F2	INS. HT	输入仪器高
	F3	OCC	输入仪器站坐标
	F4	P2↓	显示第 3 页软键功能
3	F1	OFSET	选择偏心测量模式
	F3	m/f/i	距离单位米/英尺/英尺、英寸切换
	F4	P3↓	显示下一页(第 1 页)软键功能

表 4-5　　距离测量模式

页数	软键	显示符号	功　　能
1	F1	MEAS	进行测量
	F2	MODE	设置测距模式,Fine/Coarse/Tracking(精测/粗测/跟踪)
	F3	S/A	设置音响模式
	F4	P1↓	显示第 2 页软键功能
2	F1	OFSET	选择偏心测量模式
	F2	S. O	选择放线测量模式
	F3	m/f/i	距离单位米/英尺/英尺、英寸切换
	F4	P2↓	显示下一页(第 1 页)软键功能

二、全站仪的使用

(一)全站仪的使用步骤

在对全站仪进行使用的过程应按照以下步骤进行：

(1)仪器的安置。全站仪的安置同样包括对仪器的对中、整平等操作具体方法，与经纬仪的安置方法相同，但是在对中过程中要利用光学对中器完成。

(2)仪器的开机。仪器整平后，接通电源，通过调整望远镜和照准部，使各显示盘的读数进入测量工作的正确状态，然后根据需要进行各项工作的测量。

(二)全站仪在角度测量中的应用

在角度测量中全站仪和经纬仪的使用不同点只在于水平度盘的配置方法上，其中包括水平度盘起始方向为0°时的操作方法和水平度盘起始方向值为某一“设定值”时的操作方法。

(1)水平度盘起始方向为0°时的操作。第一，先在主菜单下点击测量键，进入标准的测量模式，即角度测量、距离测量或者坐标测量，然后照准第一个目标A。第二，按置零键，将A目标的水平度盘读数置零(图4-21)，并按设置键确认设定(图4-22)。最后照准第二个目标(B)，仪器显示目标B的竖直角(V:)和水平方向值(HR:)(图4-23)。

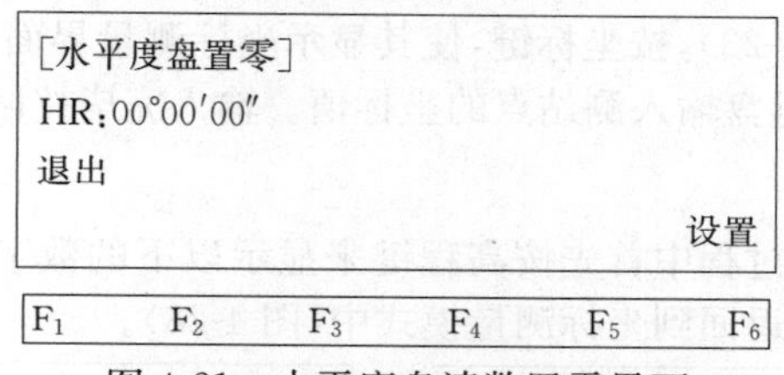

图4-21　水平度盘读数置零界面

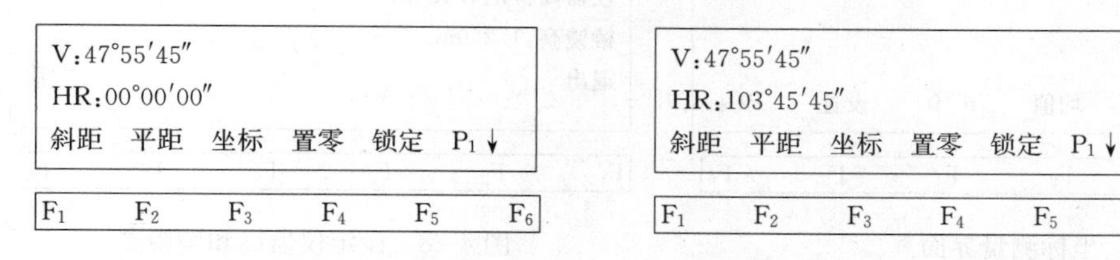

图4-22　A目标水平度盘置零　　图4-23　竖直角、水平方向值显示

(2)水平度盘起始方向值为某一“设定值”时的操作。前两步同上述水平度盘起始方向为0°时的操作方法，按翻页键进入第二页功能(图4-24)。利用数字键盘输入所需的角值，如需设定的水平角值为60°30′40″，则从数字键盘上输入603040(如图4-25)，按回车键[ENT]确认。回车前可利用[F6](左移)键修正输入，取消设值可按[F1](退出)键；最后按回车键后返回到测角模式中，即可进行角度的测量工作。

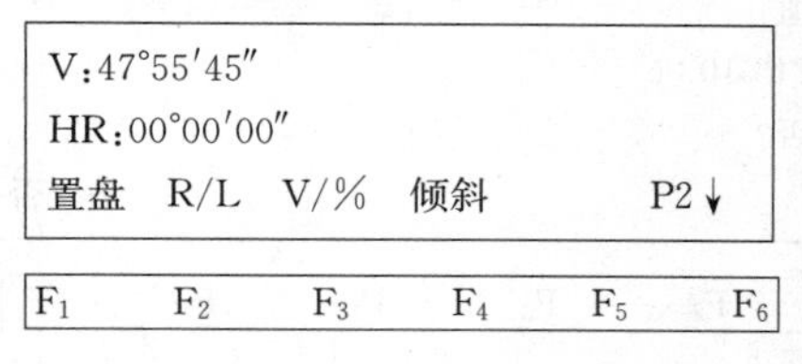

图4-24　第二页功能

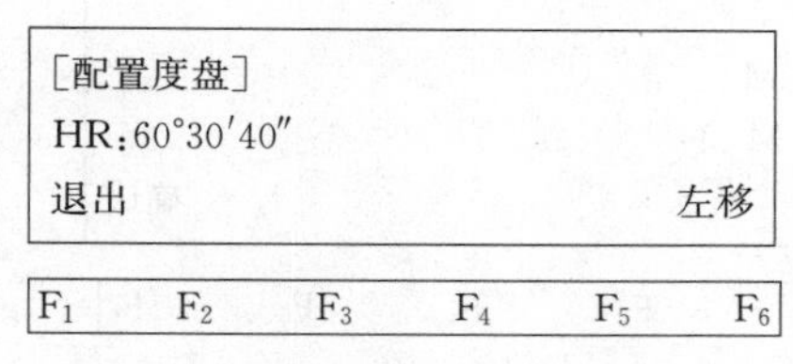

图4-25　输入所需角值

(三)全站仪在距离测量中的应用

在使用全站仪进行距离测量的时候，首先进入到角度测量模式，再照准棱镜中心，这时按斜距键或平距键即可进行相应的距离测量工作，在经过数秒以后，即可显示距离测量的结果，如图 4-26。

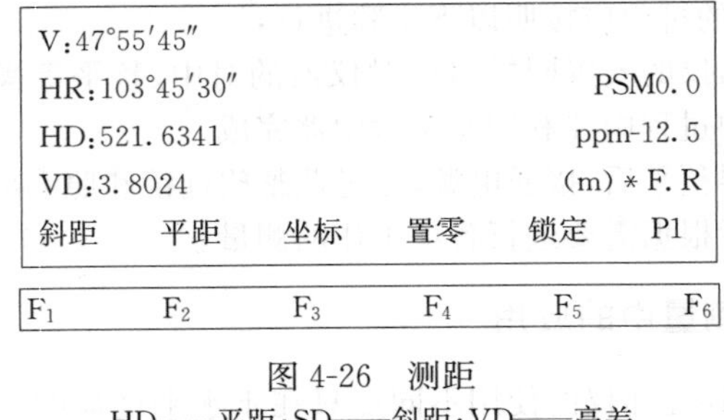

图 4-26 测距

HD——平距；SD——斜距；VD——高差

(四)使用全站仪进行坐标测量

在使用全站仪进行坐标测量时，按下面操作依次进行。

1. 设定测站点坐标

在角度测量模式下(图 4-23)，按坐标键，使其显示坐标测量界面(4-27)；按设置键，闪烁显示以前的坐标数据，利用数字键盘输入测站点的坐标值。输入完毕按回车键确认。

2. 设定仪器高和棱镜高

在设定仪器高和棱镜高过程中首先按高程键来显示以下的数字，再输入仪器高，按确认键，最后输入棱镜高并按确定键返回到坐标测量模式中(图 4-28)。

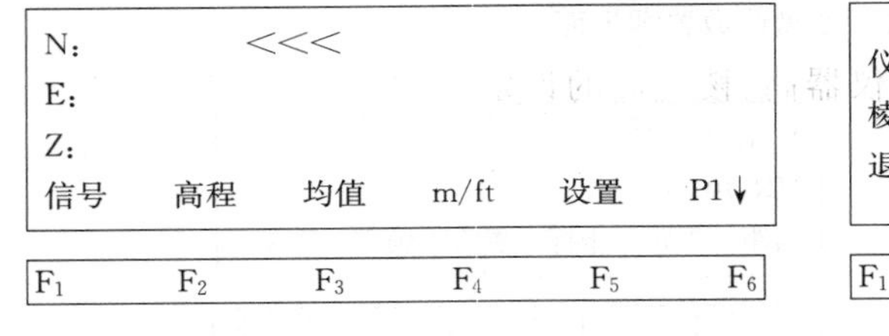

图 4-27 坐标测量界面

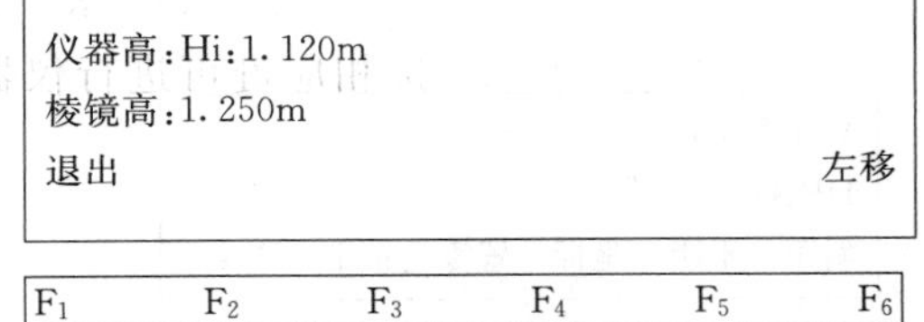

图 4-28 设定仪器高和棱镜高

3. 设定起始方位角

返回主菜单后进入到程序测量模式，选择显示仪器提供的测量程序项，再选择“设置方向”的程序项，将显示器当前的数据最后确认进入视点坐标输入界面，用数字键盘输入当前后视点坐标(图 4-29)，完成后确认，出现方向设置界面(图 4-30)。

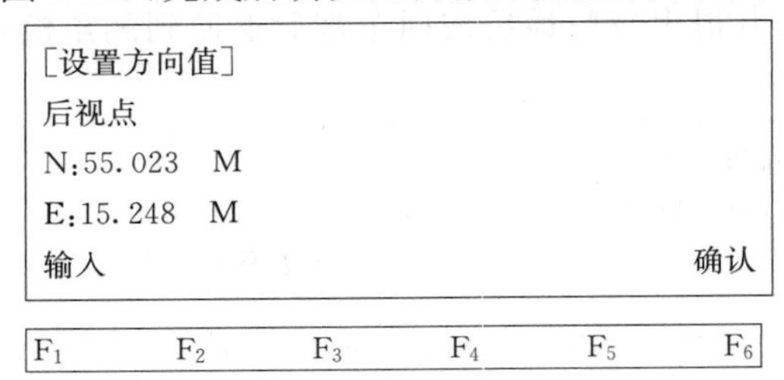

图 4-29 输入后视点坐标

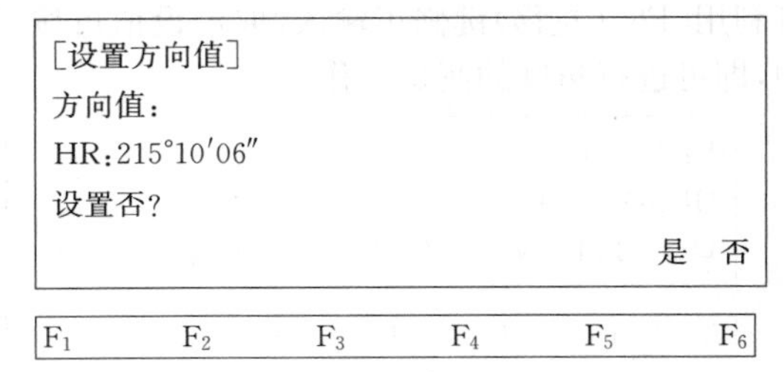

图 4-30 方向设置界面

4. 测量坐标

当所有准备工作都完成后，返回到主菜单，转动仪器精确瞄准待定点棱镜后，进入标准测量模式；进行坐标测量，数秒后显示镜站点的坐标；迁移镜站可进行其他点的坐标测量。

（五）使用全站仪进行导线测量

如图 4-31 所示，假设仪器由已知点 A_0 依次到未知点 A_1、A_2、A_3 并测定 A_1、A_2、A_3 各点的坐标，则从坐标原点开始每次移动仪器之后，前一点的坐标在内存中均可恢复出来。具体方法按下面步骤进行：

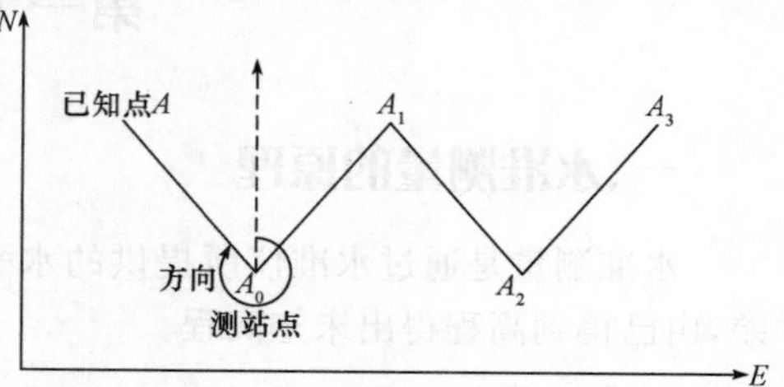

图 4-31　导线测量

（1）在导线起始点 A_0 上安置仪器，并对测站点进行坐标设定、仪器高输入、仪器定向等工作。然后在主菜单下按程序键，进入程序测量模式。

（2）选择"导线测量"菜单和"存储坐标"菜单将分别显示出导线测量界面和存储坐标界面（图4-32和图 4-33）。

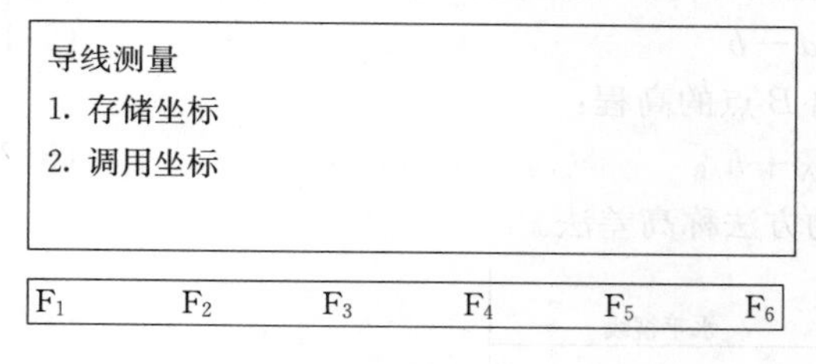

图 4-32　导线测量界面

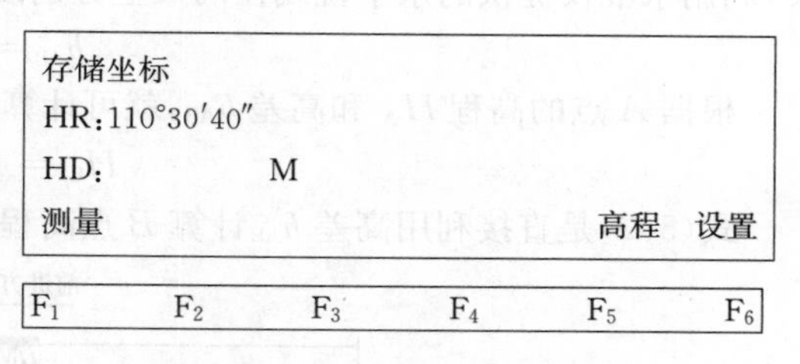

图 4-33　存储坐标

（3）照准待定点 A_1，按相应键可进行仪器高、棱镜高的设定，同时进行观测，数秒后显示 A_0A_1 点间水平距离（HD）与 A_0、A_1 的方位角（图 4-34）。

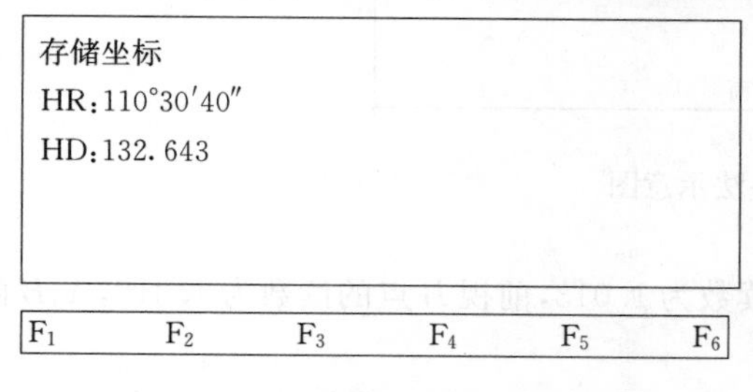

图 4-34　水平距离显示

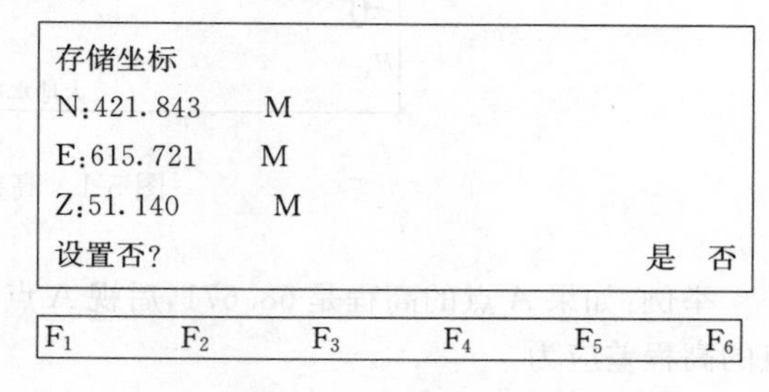

图 4-35　方位角显示

（4）按设置键，显示出 A_1 点的坐标值（图 4-33）按"是"键存储显示 A_1 点的坐标，仪器设置在 A_1 后，再打开电源进入到程序的测量模式，即可进行观测。

第五章　常见测量方式

第一节　水 准 测 量

一、水准测量的原理

水准测量是通过水准仪所提供的水平视线，对地面两点的水准尺分别读数，计算两点的高差，由已得到高程得出未知高程。

1. 高差法

如图 5-1 所示，要测出 B 点的高程 H_B，则在已知高程点 A 和待求高程点 B 上分别竖立水准尺，利用水准仪提供的水平视线在两尺上分别读数 a、b。a、b 的差值就是 A、B 两点间的高差，即：

$$h_{AB} = a - b \tag{5-1}$$

根据 A 点的高程 H_A 和高差 h_{AB}，就可计算出 B 点的高程：

$$H_B = H_A + h_{AB} \tag{5-2}$$

式(5-2)是直接利用高差 h_{AB} 计算 B 点高程的方法称高差法。

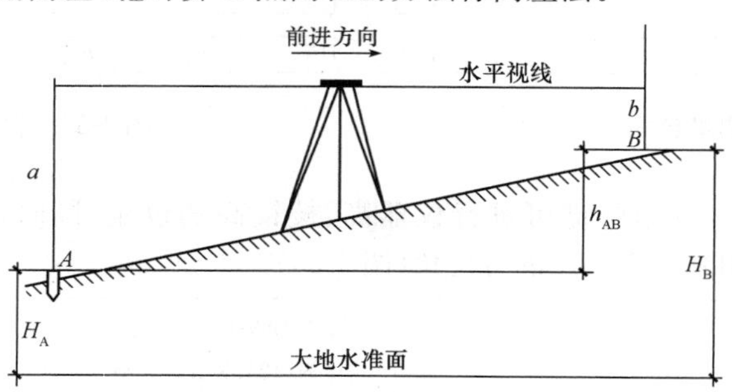

图 5-1　高差法示意图

举例：如果 A 点的高程是 58.671，后视 A 点读数为 1.013，前视 B 点的读数为 1.312，A、B 两点的高程差应为

$$h_{AB}=a-b=1.013-1.312=-0.299\text{m}$$

B 点高程是 58.671+(−0.299)=58.382m

2. 仪高法

当要在一个测站上同时观测多个地面点的高程时，先观测后视读数，然后依次在待测点竖立水准尺，分别用水准仪读出其读数，再用上式计算各点高程。为简化计算，可把上式变换成

$$H_B=(H_A+a)-b \tag{5-3}$$

式中 H_A+a 实际上是水平视线的高程，称为仪器高，用上式计算高程的方法称为仪器高法，通过仪高法测量我们得出：

视线高程：$H_i=H_A+G$

B点高程：$H_B=H_i-b$

当安置一次仪器要求测出若干个前视点的高程时，应采用仪高法，此法在建筑工程测量中被广泛应用。

根据对水准测量原理和结果的研究得出这样的规律。

(1)每站高差等于水平视线的后视读数减去前视读数。

(2)起点到闭点的高差等于各站高差的总和，也等于各站后视读数的总和减去前视读数的总和。

二、水准仪的检验和校正

(一)轴线之间应满足的条件

1. 水准仪应满足的主要条件

水准仪应满足两个主要条件：①水准管轴应与望远镜的视准轴平行，如图 5-2(a)$LL/\!/CC$；②望远镜的视准轴不因调焦而变动位置。

第一个主要条件如不满足，那么水准管气泡居中后，水准管轴已经水平而视准轴却未水平，则不符合水准测量的基本原理。

第二个主要条件是为满足第一个条件而提出的。当望远镜在调焦时视准轴位置发生变动，就不能设想在不同位置的许多条视线都能够与一条固定不变的水准管轴平行。望远镜调焦在水准测量中是不可避免的，所以必须提出此项要求。

2. 水准仪应满足的次要条件

水准仪应满足两个次要条件：①圆水准器轴应与水准仪的竖轴平行，如图 5-2(a)$LL/\!/VV$；②十字丝的横丝应垂直于仪器的竖轴。

第一个次要条件的满足在于能迅速地整置好仪器，提高作业速度；也就是在圆水准器的气泡居中时，仪器的竖轴已基本处于竖直状态，使仪器旋转至任何位置都易于使水准管的气泡居中。

第二个次要条件的满足是当仪器竖轴已经竖直，在读取水准尺上的读数时就不必严格用十字丝的交点，用交点附近的横丝读数也可以。如图 5-2(a)所示。

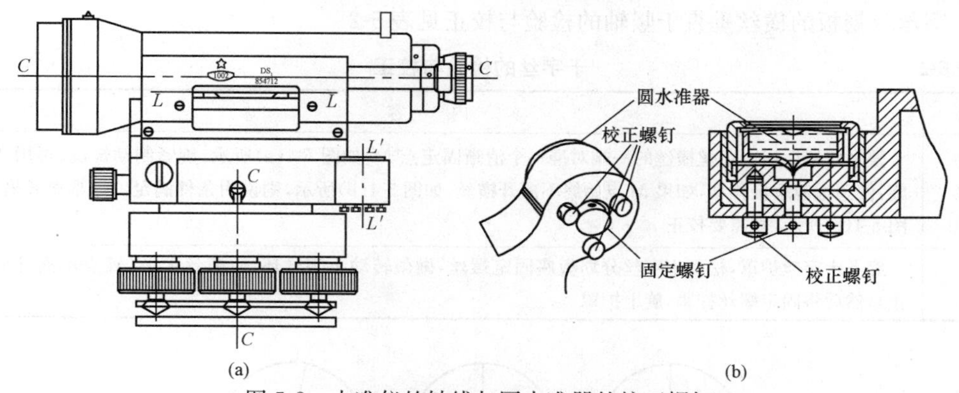

图 5-2 水准仪的轴线与圆水准器的校正螺钉

(二)检验与校正

1. 圆水准器平行于竖轴的检验与校正

圆水准器平行于竖轴的检验与校正见表 5-1。

表 5-1　　圆水准器轴的检验与校正

项目	内　　容
检验	安置仪器后，转动脚螺旋使圆水准器气泡居中，如图 5-3(a)所示，此时，圆水准器轴处于铅垂。然后将望远镜绕竖轴旋转 180°，如果气泡仍居中，说明条件满足。如果气泡偏离中心，如图 5-3(b)所示，则需要校正
校正	首先转动脚螺旋使气泡向中心方向移动偏距的一半，即 VV 处于铅垂位置，如图 5-3(c)所示。其余的一半用校正针拨动圆水准器的校正螺丝使气泡居中，则 $L'L'$ 也处于铅垂位置，如图 5-3(d)所示，则满足条件 $L'L' \parallel VV$

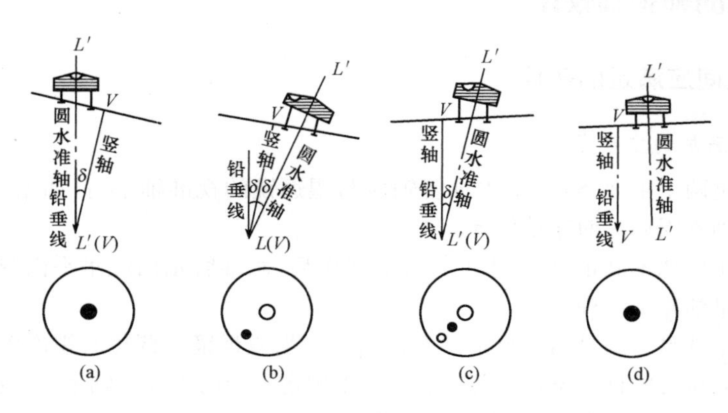

图 5-3　圆水准器轴的检验与校正

圆水准器下面有一个中心固定螺丝，在拨动校正螺丝之前，应该先稍松该螺丝后再按照圆水准器粗平的方法，用校正针拨动相邻的两个，再拨动另一个校正螺丝，见图 5-2(b)所示，使气泡居中。

此项校正一般都难以一次完成，因为校正量是目估的，则需反复检校，直到仪器旋转到任何方向，气泡均基本居中为止。校正完毕后务必将中心固定螺丝拧紧。

2. 横丝垂直于竖轴的检验与校正

十字丝分划板的横丝垂直于竖轴的检验与校正见表 5-2。

表 5-2　　十字丝的检验与校正

项目	内　　容
检验	整平仪器后用十字丝横丝的一端对准一个清晰固定点 M，如图 5-4(a)所示，旋紧制动螺旋，再用微动螺旋，使望远镜缓慢移动，如果 M 点始终不离开横丝，如图 5-4(b)所示，则说明条件满足。如果离开横丝，如图 5-4(c)所示，则需要校正
校正	旋下十字丝护罩，松开十字丝分划板座固定螺丝，微微转动十字丝环，使横丝水平(M 点不离开横丝为止)，然后将固定螺丝拧紧，旋上护罩

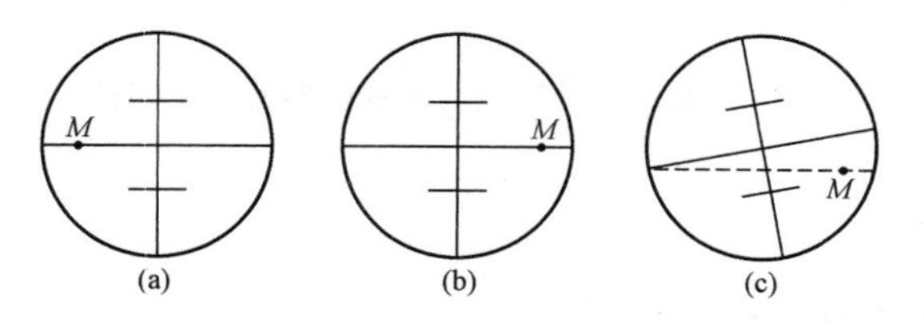

图 5-4　十字丝的检验与校正

此项误差不明显时，可不必进行校正。工作中利用横丝的中央部分读数，以减少该项误差的影响。

3. 管水准轴平行于视准轴的检验与校正

管水准轴平行于视准轴的检验与校正见表 5-3。

表 5-3　　水准管的检验与校正

项目	内　容
检验	如图 5-5(a)所示，在较平坦地段，相距约 80m 左右选择 A、B 两点，打下木桩标定点位，并立水准尺。用皮尺丈量定出 AB 的中间点 M，并在 M 点安置水准仪，用双仪高法两次测定 A 至 B 点的高差。当两次高差的较差不超过 3mm 时，取两次高差的平均值 $h_{平均}$ 作为两点高差的正确值。 然后将仪器置于距 A(后视点)2～3m 处，再测定 AB 两点间高差，如图 5-5(b)所示。因仪器离 A 点很近，故可以忽略 i 角对 a_2 的影响，A 尺上的读数 a_2 可以视为水平视线的读数。因此视线水平时的前视读数 b_2 可根据已知高差 $h_{平均}$ 和 A 尺读数 a_2 计算求得：$b_2=a_2-h_{AB}$。如果望远镜瞄准 B 点尺，视线精平时的读数 b'_2 与 b_2 相等，则条件满足，如果 $i''=\frac{b'_2-b_2}{D_{AB}}\times\rho''$ 的绝对值大于 20″时，则仪器需要校正
校正	转动微倾螺旋使横丝对准的读数为 b_2，然后放松水准管左右两个校正螺丝，再一松一紧调节上，下两个校正螺丝，使水准管气泡居中(符合)，最后再拧紧左右两个校正螺丝，此项校正仍需反复进行，直至达到要求为止

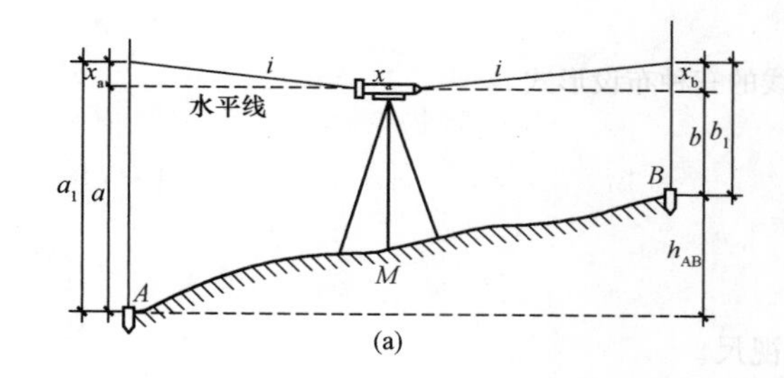

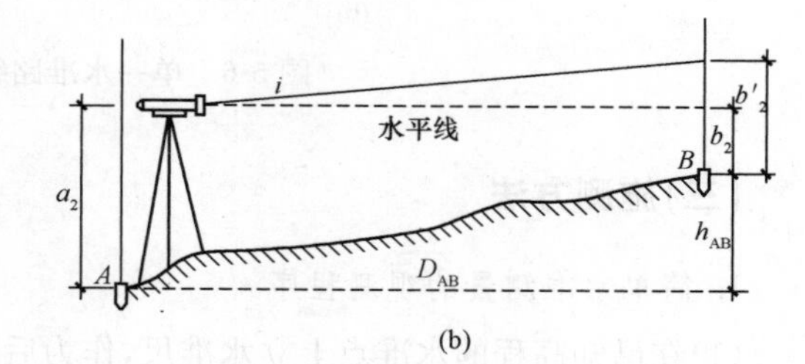

图 5-5　水准管的检验与校正

三、水准测量的方法

(一)水准点

用水准测量的方法测定的高程控制点称为水准点，简记 BM。水准点可作为引测高程的依据。水准点永久性和临时性两种。永久性水准点是国家有关专业测量单位，按统一的精度要求在全国各地建立的国家等级的水准点。建筑工程中，通常需要设置一些临时性的水准点，这些点可用木桩打入地下，桩顶钉一个顶部为半球状的圆帽铁钉，也可以利用稳固的地物，如坚硬的岩石、房角等，作为高程起算的基准。

(二)水准路线

由一系列水准点间进行水准测量所经过的路线，称为水准路线。根据测区情况和作业要求，水准路线基本形式有闭合水准路线、附合水准路线和支水准路线。

(1)附合水准路线。在两个已知点之间布设的水准路线，如图 5-6(a)所示。

(2)闭合水准线。如图 5-6(b)所示,它是从一个已知高程的水准点 BM_5 出发,沿各高程待定点 1、2、3、4、5 进行水准测量,最后返回到原水准点 BM_5 上,各站所测高差之和的理论值应等于零,即有

$$\sum h_{理论} = 0 \tag{5-4}$$

(3)支水准路线。由一个已知水准点出发,而另一端为未知点的水准路线。该路线既不自行闭合,也不附合到其他水准点上,如图 5-6(c)所示。为了成果检核,支水准路线必须进行往、返测量。

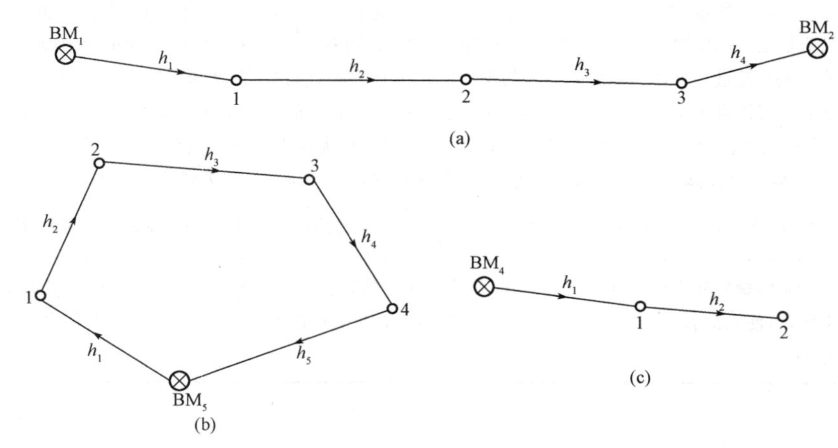

图 5-6 单一水准路线的三种布设形式

(三)施测方法

1. 简单水准测量的观测程序

(1)在已知高程的水准点上立水准尺,作为后视尺。

(2)在路线的前进方向上的适当位置放置尺垫,在尺垫上竖立水准尺作为前视尺。仪器距两水准尺间的距离基本相等,最大视距不大于 150m。

(3)安置仪器,使圆水准器气泡居中。照准后视标尺,消除视差,用微倾螺旋调节水准管气泡并使其精确居中,用中丝读取后视读数,记入手簿。

(4)照准前视标尺,使水准管气泡居中,用中丝读取前视读数,并记入手簿。

(5)将仪器迁至第二站,同时,第一站的前视尺不动,变成第二站的后视尺,第一站的后视尺移至前面适当位置成为第二站的前视尺,按第一站相同的观测程序进行第二站测量。

(6)如此连续观测、记录,直至终点。

2. 复合水准测量的施测方法

在实际测量中,由于起点与终点间距离较远或高差较大,一个测站不能全部通视,需要把两点间距分成若干段,然后连续多次安置仪器,重复一个测站的简单水准测量过程,这样的水准测量称为复合水准测量,它的特点就是工作的连续性。

(四)记录与计算

1. 高差法记录与计算

由图 5-7 可知,每安置一次仪器,便可测得一个高差,即:

$$h_1 = a_1 - b_1 = 1.429 - 0.928 = 0.501(\text{m})$$
$$h_2 = a_2 - b_2 = 1.408 - 1.185 = 0.223(\text{m})$$
$$h_3 = a_3 - b_3 = 1.365 - 1.654 = -0.289(\text{m})$$
$$h_4 = a_4 - b_4 = 0.918 - 1.274 = -0.356(\text{m})$$

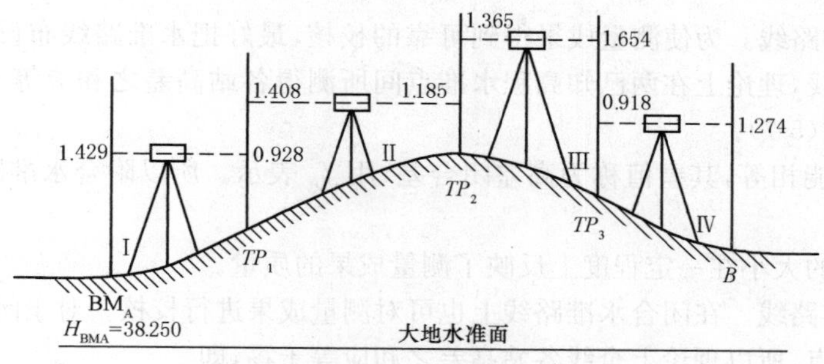

图 5-7　高差法计算

将以上各式相加，则：

$$\sum h = \sum a - \sum b \tag{5-5}$$

即 A、B 两点的高差等于各段高差的代数和，也等于后视读数的总和减去前视读数的总和。根据 BM_A 点高程和各站高差，可推算出各转点高程和 B 点高程：

$$H_{TP1} = 38.250 + 0.501 = 38.751(\text{m})$$
$$H_{TP2} = 38.751 + 0.223 = 38.974(\text{m})$$
$$H_{TP3} = 38.974 - 0.289 = 38.685(\text{m})$$
$$H_B = 38.685 - 0.356 = 38.329(\text{m})$$

最后由 B 点高程 H_B 减去 A 点高程 H_A，应等于 $\sum h$，即

$$H_B - H_A = \sum h \tag{5-6}$$

因而有

$$\sum a - \sum b = \sum h = H_{终} - H_{始} \tag{5-7}$$

2. 仪高法记录与计算

仪高法的施测步骤与高差法基本相同。

仪高法的计算方法与高差法不同，须先计算仪高 H_i，再推算前视点和中间点的高程。为了防止计算上的错误，还应进行计算检核，方法是：

$$\sum a - \sum b(\text{不包括中间点}) = H_{终} - H_{始} \tag{5-8}$$

(五)水准测量的检核

1. 计算检核

式(5-7)和式(5-8)分别为记录中的计算检核式，若等式成立，说明计算正确，否则说明计算有错误。

2. 测站检核

(1)双面尺法。在同一个测站上，仪器高度不变，分别利用黑、红两面水准尺测高差，若两次高差之差的绝对值不超过 5mm，则取平均值作为该站的高差，否则重测。

(2)变动仪器高度法。在每个测站上,读后尺和前尺的读数,计算交差后,重新安置仪器(一般将仪器升高或者降低 10cm)再测一次高差,两次高差的允许值与双面尺法相同,取两点之间的平均值作为高差。

3. 路线成果检核

(1)附合水准路线。为使测量成果得到可靠的校核,最好把水准路线布设成附合水准路线。对于附合水准路线,理论上在两已知高程水准点间所测得各站高差之和应等于起讫两水准点间的高程之差,即式(5-7)。

如果它们不能相等,其差值称为高差闭合差,用 f_h 表示。所以附合水准路线的高差闭合差为式(5-8)。

高差闭合差的大小在一定程度上反映了测量成果的质量。

(2)闭合水准路线。在闭合水准路线上也可对测量成果进行校核。对于闭合不准路线,因为它起始于同一个点,所以理论上全线各站高差之和应等于零,即

$$\sum h = 0 \tag{5-9}$$

如果高差之和不等于零,则其差值即 $\sum h$ 就是闭合水准路线的高差闭合差,即

$$f_h = \sum h \tag{5-10}$$

(3)支水准线路。支水准线路必须在起点、终点间用往返测进行校核。理论上往返测所得高差的绝对值应相等,但符号相反,或者是往返测高差的代数和应等于零,即

$$\sum h_{往} = -\sum h_{返} \tag{5-11}$$

或

$$\sum h_{往} + \sum h_{返} = 0$$

如果往返测高差的代数和不等于零,其值即为支水准线路的高差闭合差,即

$$f_h = \sum h_{往} + \sum h_{返} \tag{5-12}$$

有时也可以用两组并测来代替一组的往返测以加快工作进度。两组所得高差应相等,若不等,其差值即为支水准线路的高差闭合差。故

$$f_h = \sum h_1 - \sum h_2 \tag{5-13}$$

闭合差的大小反映了测量成果的精度。在各种不同性质的水准测量中,都规定了高差闭合差的限值即容许高差闭合差,用 $f_{h容}$ 表示。一般图根水准测量的容许高差闭合差为

$$\left.\begin{aligned} 平地: f_{h容} &= \pm 40\sqrt{L}\,\text{mm} \\ 山地: f_{h容} &= \pm 12\sqrt{n}\,\text{mm} \end{aligned}\right\} \tag{5-14}$$

式中 L 为附合水准路线或闭合水准路线的总长;对于支水准线路,L 为测段的长,均以千米为单位,n 为整个线路的总测站数。

四、水准测量的误差及消减方法

水准测量的误差来源主要受以下三方面的影响。

1. 仪器误差

(1)水准仪的误差。仪器经过检验校正后,还会存在残余误差,如微小的 i 角误差。当水准管气泡居中时,由于 i 角误差使视准轴不处于精确水平的位置,会造成在水准尺上的读数误差。在一个测站的水准测量中,如果使前视距与后视距相等,则 i 角误差对高差测量的影响可以消除。严格地检校仪器和按水准测量技术要求限制视距差的长度,是降低本项误差的主要措施。

(2)水准尺测量。由于水准尺分划不准确、尺长变化、尺弯曲等原因而引起的水准尺分划误差会影响水测量的精度,因此须检验水准尺每米间隔平均真长与名义长之差。规范规定,对于区格式木质标尺,不应大于 0.5mm,否则,应在所测高差中进行米真长改正。一对水准尺的零点差,可在一水准测段的观测中安排数个测站予以消除。

2. 观测误差

(1)整平误差。水准测量是利用水平视线测定高差的,当仪器没有精确整平,则倾斜的视线将使标尺读数产生误差。

$$\Delta=\frac{i}{\rho}\times D \tag{5-15}$$

由图 5-8 可知,设水准管的分划值为 30″,如果气泡偏离半格(即 $i=15''$),则当距离为 50m时,$\Delta=2.4$mm;当距离为 100m 时,$\Delta=4.8$mm;误差随距离的增大而变大。

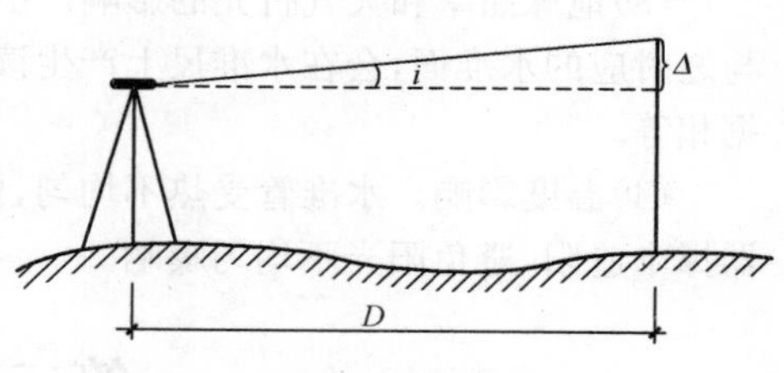

图 5-8　整平误差对读数的影响

消减这种误差的方法只能是在每次读尺前进行精平操作时使管水准气泡严格居中。

(2)读数误差。由于存在视差和估读毫米数的误差,其与人眼的分辨力、望远镜的放大倍数及视线的长度有关,所以要求望远镜的放大倍率在 20 倍以上,视线长度一般不得超过 100m。

(3)水准尺倾斜。读数时,水准尺必须竖直。如果水准尺前后倾斜,在水准仪望远镜的视场中不会察觉,但由此引起的水准尺读数总是偏大,且视线高度愈大,误差就愈大。在水准尺上安装圆水准器是保证尺子竖直的主要措施。

(4)视差。水准尺的像没有准确地成在十字分划板上,由此产生的读数误差。

3. 仪器和标准的升沉误差

(1)仪器下沉(或上升)所引起的误差。仪器下沉(或上升)的速度与时间成正比,如图5-9(a)所示,从读取后视读数 a 到读取前视读数 b 时,仪器下沉了 Δ,则有:

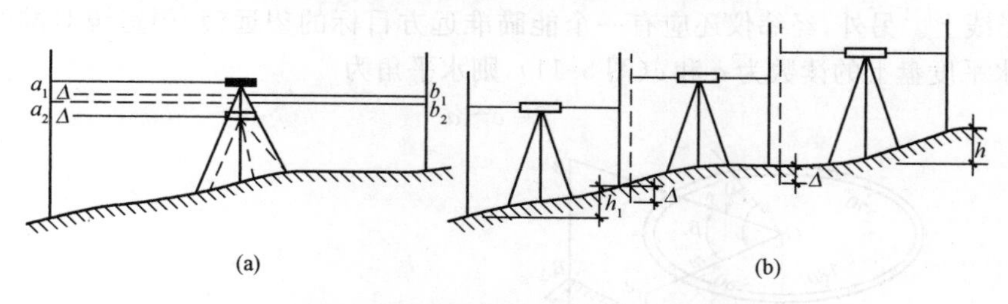

图 5-9　仪器和标尺升沉误差的影响

(a)仪器下沉;(b)尺子下沉

$$h_1=a_1-(b_1+\Delta) \tag{5-16}$$

为了减弱此项误差的影响,可以在同一测站进行第二次观测,而且第二次观测应先读前视读数 b_2,再读后视读数 a_2。则:

$$h_2=(a_2+\Delta)-b_2 \tag{5-17}$$

取两次高差的平均值,即:

$$h=\frac{h_1+h_2}{2}=\frac{(a_1-b_1)+(a_2-b_2)}{2} \tag{5-18}$$

(2)尺子下沉(或上升)引起的误差。当往测与返测尺子下沉量是相同的,则由于误差符号相同,而往测与返测高差符号相反,因此,取往测和返测高差的平均值可消除其影响[图 5-9(b)]。

4. 外界环境的影响

(1)转点下沉的影响。仪器搬到下一站尚未读后视读数一段时间内,转点下沉,使该站后视点读数增大,从而引起高差误差。所以,应将转点设在坚硬的地方,或用尺垫。

(2)仪器下沉的影响。由于测站处土质松软使仪器下沉,视线降低,从而引起高差误差。减小这种误差的方法可采用:一是尽可能将仪器安置在坚硬的地面处,并将脚架踏实;二是加快观测速度,尽量缩短前、后视读数时间差;三是采用后、前、前、后的观测程序。

(3)地球曲率和大气折光的影响。由于地球曲率和大气折光的影响,水准仪的水平视线相对与之对应的水准面,会在水准尺上产生读数误差,视线越长,误差越大,消减的办法是保持前后数据相等。

(4)温度影响。水准管受热不均匀,使气泡向温度高的方向移动。因此,观测时应注意给仪器撑伞遮阳,避免阳光不均匀曝晒。

第二节 角度测量

角度测量是确定地面点位的三项基本测量工作之一,角度测量分为水平角测量和竖直角测量两种,水平角测量是为了确定地面点的平面位置,竖直角测量是为了确定地面的高程。常用的测角仪器虽经纬仪,它既可测量水平角,又可测量竖直角。

一、水平角测量原理

水平角是指地面上一点到两个目标的方向线在同一水平面上的垂直投影间的夹角,或是经过两条方向线的竖直面所夹的两面角。如图 5-10 所示,A、B、C 为地面三点,将 A、B、C 三点投影到水平面 P 上得到 $A_1B_1C_1$ 三点,则直线 B_1A_1 与直线 B_1C_1 的夹角 β 就是直线 AB 和 AC 之间的水平角,在测量水平角过程中,应首先在 B 点处安置水平度盘,水平度盘的中心在通过 B 点的水平面的投影线上。另外,经纬仪还应有一个能瞄准远方目标的望远镜,望远镜对准的目标 A 和 C,如果在水平度盘上的读数为 a 和 c(图 5-11),则水平角为

$$\beta = c - a$$

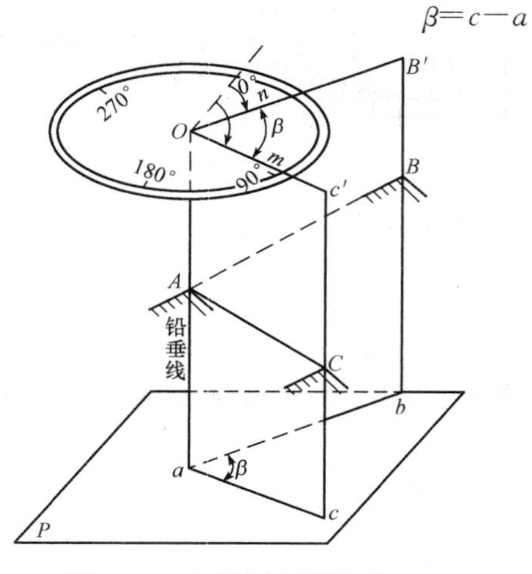

图 5-10 水平角的测量原理

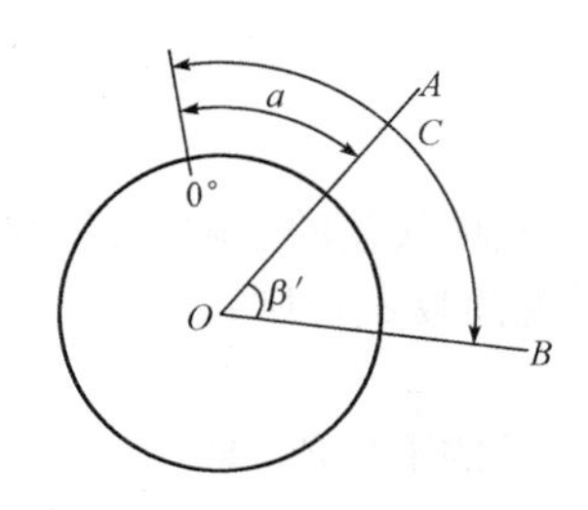

图 5-11 测回法

二、竖直角测量原理

竖直角(垂直角)——观测目标的方向线与水平面间在同一竖直面内的夹角,通常用 α 表示,如图 5-12 所示。

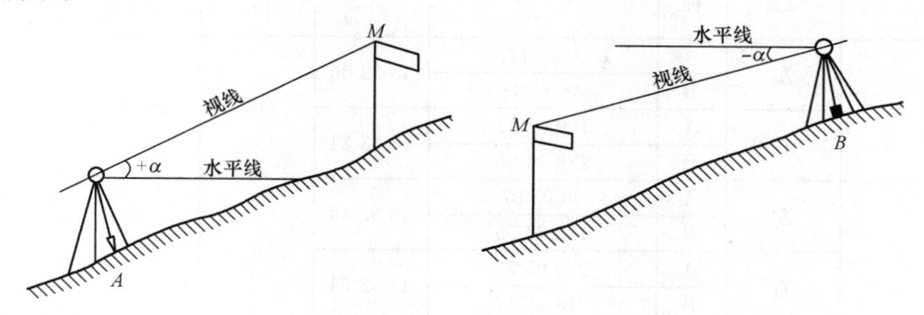

图 5-12 竖直角观测原理

(1)视线方向在水平线之上,竖直角为仰角,用 $+\alpha$ 表示。

(2)视线方向在水平线之下,竖直角为俯角,用 $-\alpha$ 表示。

竖直角值范围在 $-90°\sim+90°$ 之间。

三、水平角观测

水平角的观测方法,一般根据观测目标的多少,测角精度的要求和施测时所用的仪器来确定。常用的观测方法有测回法和方向法两种。测回法适用于观测两个方向之间的单角,方向法适用于观测两个以上的方向。目前在普通测量和市政工程测量中,主要采用测回法观测。

1. 测回法

测回法的具体观测步骤如下(图 5-11)。

(1)盘左位置:松开照准部制动螺旋,瞄准左边的目标 A,对望远镜应进行调焦并消除视差,使测钎和标杆准确的夹在双竖丝中间,为了降低标杆或测钎竖立不直的影响,应尽量瞄准测钎和标杆的根部。读取水平度盘读数 $a_{左}$,并记录。

(2)顺时针方向转动照准部,用同样的方法瞄准目标 B,读取水平度盘读数 $b_{左}$。

(3)盘右位置:倒转望远镜,使盘左变成盘右。按上述方法先瞄准右边的目标 B,读记水平度盘读数 $b_{右}$。

(4)逆时针方向转动照准部,瞄准左边的目标 A,读记水平度盘读数 $a_{右}$。

以上操作为盘右半测回或下半测回,测得的角值为:

$$\beta_{右}=b_{右}-a_{右} \tag{5-19}$$

盘左和盘右两个半测回合在一起叫做一测回。两个半测回测得的角值的平均值就是一测回的观测结果,即:

$$\beta=(\beta_{左}+\beta_{右})/2 \tag{5-20}$$

当水平角需要观测几个测回时,为了减低度盘分划误差的影响,在每一测回观测完毕之后,应根据测回数 n,将度盘起始位置读数变换 $180°/n$。再开始下一测回的观测。如果要测三个测回,第一测回开始时,度盘读数可配置在 0°稍大一些,在第二测回开始时,度盘读数可配置在 60°左右,在第三测回开始时,度盘读数应配置在 120°左右。

测回法观测记录见表 5-4。

表 5-4　　　　　　测回法观测手簿

仪器等级:DJ6　　仪器编号:　　观测者:　　观测日期　　天　气:晴　　记录者:

测站	测回数	竖盘位置	目标	水平度盘读数 (° ′ ″)	半测回角值 (° ′ ″)	半测回互差 (″)	一测回角值 (° ′ ″)	各测回平均角值 (° ′ ″)
O	1	左	A	0 02 17	48 33 06	18	48 33 15	48 33 03
			B	48 35 23				
		右	A	180 02 31	48 33 24			
			B	228 35 55				
	2	左	A	90 05 07	48 32 48	6	48 32 51	
			B	138 37 55				
		右	A	270 05 23	48 32 54			
			B	318 38 17				

2. 方向观测法

方向观测法,适用于3个以上方向所形成的多个角度测量。如图5-13所示,在测站O上,用方向观测法观测A、B、C、D各方向之间的水平角,可按下述操作步骤进行。

(1)盘左位置:先观测所选定的起始方向(又称零方向)A,再按顺时针方向依次观测B、C、D各方向,每观测一个方向均读取水平度盘读数并记入观测手簿。如果方向数超过三个最后还要回到起始方向A,并读数记录。最后一步称为归零,A方向两次读数之差称为归零差。目的是为了检查水平度盘的位置在观测过程中是否发生变动。为盘左半测回或上半测回。

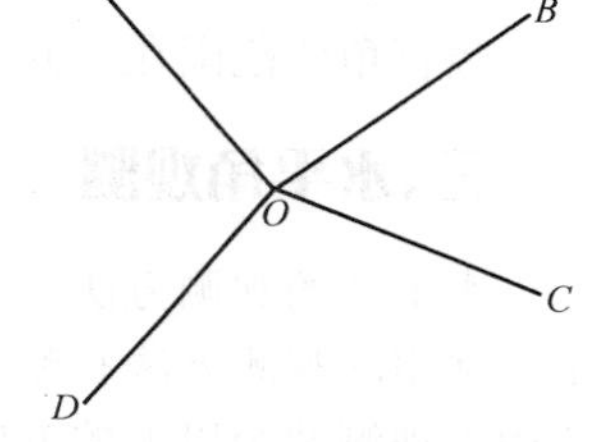

图5-13　方向观测法

(2)盘右位置:倒转望远镜,按逆时针方向依次照准A、D、B、C、A各方向,并读取水平度盘读数,并记录。此为盘右半测回或下半测回。上、下半测回合起来为一测回,如果要观测n个测回,每测回仍应按$180°/n$的差值变换水平度盘的起始位置。

方向观测法记录见表5-5。

表 5-5　　　　　　方向观测法观测手簿

仪器等级:DJ2　　仪器编号:　　观测者:　　观测日期　　天　气:晴　　记录者:

测站	测回数	目标	读数 盘左 (° ′ ″)	读数 盘右 (° ′ ″)	2c (″)	平均读数 (° ′ ″)	归零方向值 (° ′ ″)	各测回归零方向值之平均值 (° ′ ″)
1	2	3	4	5	6	7	8	9
O	1					(0 01 45)		
		A	0 01 27	180 01 51	−24	0 01 42	0 00 00	
		B	43 25 17	223 25 37	−20	43 25 26	43 23 41	
		C	95 34 56	275 35 24	−28	95 35 08	95 33 23	
		D	150 00 33	330 01 02	−29	150 00 50	149 59 05	0 00 00
		A	0 01 37	180 02 01	−24	0 01 48		43 23 40
	2					(90 00 47)		95 33 20
		A	90 00 38	270 01 07	−29	90 00 50	0 00 00	149 59 04
		B	133 24 13	313 24 41	−28	133 24 26	43 23 39	
		C	185 33 53	5 34 15	−22	185 34 05	95 33 18	
		D	239 59 36	60 00 00	−24	239 59 50	149 59 03	
		A	90 00 26	270 00 58	−32	90 00 44		

四、竖直角观测

1. 竖直度盘的构造

图 5-14 为 DJ_6 及光学经纬仪的竖直盘构造图。

(1)竖盘固定在望远镜横轴的一端，垂直于横轴，竖盘随望远镜的上下转动而转动。

(2)竖盘读数指标线不随望远镜的转动而变化。为使竖盘指标线在读数时处于正确位置，竖盘读数指标线与竖盘水准管固连在一起，由指标水准管微动螺旋控制。转动指标水准管微动螺旋可使竖盘水准管气泡居中，达到指标线处于正确位置的目的。

(3)通常情况下，水平方向(指标线处于正确位置的方向)都是一个已知的固定值(0°、90°、180°、270°四个值中的一个)。

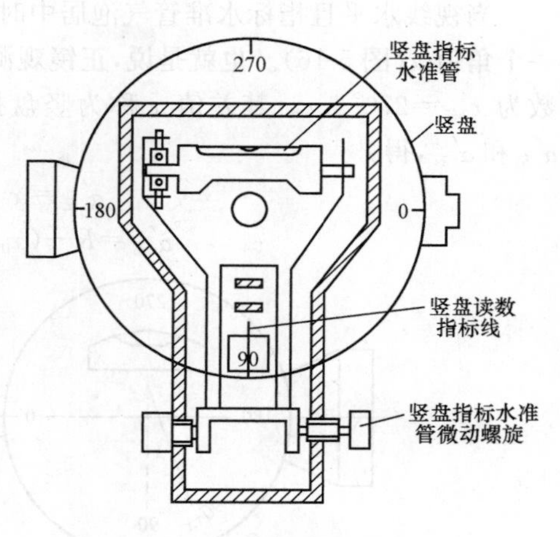

图 5-14　竖直度盘构造

2. 竖直角的计算

(1)计算平均竖直角：盘左、盘右对同一目标各观测一次，组成一个测回。一测回竖直角值(盘左、盘右竖直角值的平均值即为所测方向的竖直角值)：

$$\alpha=\frac{\alpha_{左}+\alpha_{右}}{2} \tag{5-21}$$

(2)竖直角 $\alpha_{左}$ 与 $\alpha_{右}$ 的计算：如图 5-15 所示，竖盘注记方向有全圆顺时针和全圆逆时针两种形式。竖直角是倾斜视线方向读数与水平线方向值之差，根据所用仪器竖盘注记方向形式来确定竖直角计算公式。

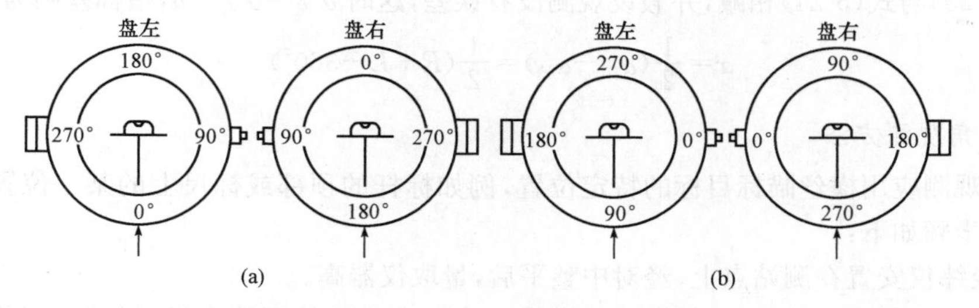

图 5-15　竖盘注记示意图
(a)全图顺时针；(b)全图逆时针

确定方法是：盘左位置，将望远镜大致放平，看一下竖盘读数接近 0°、90°、180°、270°中的那一个，盘右水平线方向值为 270°，然后将望远镜慢慢上仰(物镜端抬高)，看竖盘读数是增加还是减少，如果是增加，则为逆时针方向注记 0°～360°，竖直角计算公式为：

$$\left.\begin{aligned}\alpha_{左}&=L-90^\circ\\ \alpha_{右}&=270^\circ-R\end{aligned}\right\} \tag{5-22}$$

如果是减少，则为顺时针方向注记 0°～360°，竖直角计算公式为：

$$\left.\begin{aligned}\alpha_{左}&=90^\circ-L\\ \alpha_{右}&=R-270^\circ\end{aligned}\right\} \tag{5-23}$$

3. 竖盘指标差

当视线水平且指标水准管气泡居中时，指标所指读数不是90°或270°，而是与90°或270°相差一个角值x(图5-16)。也就是说，正镜观测时，实际的始读数为$x_{0左}=90°+x$，倒镜观测时，始读数为$x_{0右}=270°+x$。其差值x称为竖盘指标差，简称指标差。设此时观测结果的正确角值为$\alpha'_{左}$和$\alpha'_{右}$，得：

$$\alpha'_{左}=x_{0左}-L=(90°+x)-L \tag{5-24}$$

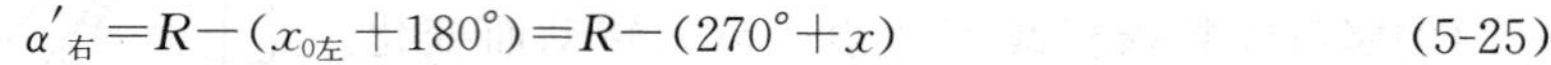

$$\alpha'_{右}=R-(x_{0左}+180°)=R-(270°+x) \tag{5-25}$$

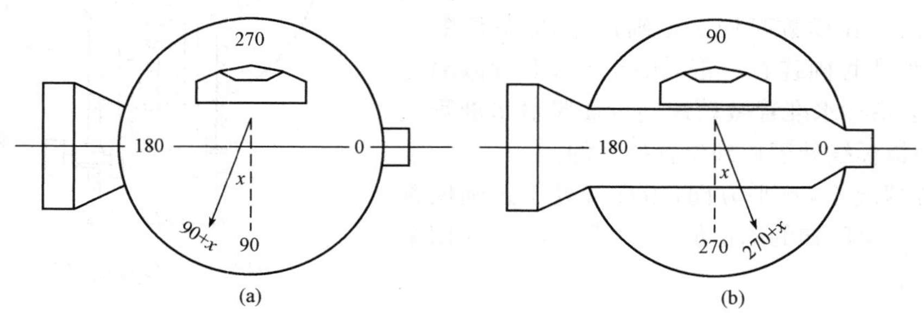

图5-16 竖盘指标差

(a)盘左位置；(b)盘右位置

$$\alpha'_{左}=\alpha_{左}+x \tag{5-26}$$

$$\alpha'_{右}=\alpha_{右}-x \tag{5-27}$$

将$\alpha'_{左}$与$\alpha'_{右}$取平均值，得：

$$\alpha=\frac{1}{2}(\alpha'_{左}+\alpha'_{右})=\frac{1}{2}(\alpha_{左}+\alpha_{右}) \tag{5-28}$$

将式(5-25)与式(5-24)相减，并假设观测没有误差，这时$\alpha'_{左}=\alpha'_{右}=\alpha$，指标差则为

$$x=\frac{1}{2}(\alpha_{右}-\alpha_{左})=\frac{1}{2}(R+L-360°) \tag{5-29}$$

4. 竖直角观测方法

竖直角观测应用横丝瞄标目标的特定位置，例如标杆的顶部或标尺上的某一位置。竖直角观测的操作步骤如下：

(1)将经纬仪安置在测站点上，经对中整平后，量取仪器高。

(2)用盘左位置瞄准目标点，使十字丝中横丝确切准目标的顶端或指定位置，调节竖盘指标水准管微动螺旋，使竖盘指标水准管气泡严格居中，并读取盘左读数L并记入手簿，为上半测回。

(3)纵转望远镜，用盘右位置再瞄准目标点相同位置，调节竖盘指标水准管微动螺旋，使竖盘指标水准管气泡居中，读取盘右读数R。

例如观测一高处目标，盘左时读数为81°46′30″，盘右时读数为278°7′40″，可得：

$$\begin{aligned}\alpha&=\frac{1}{2}(\alpha_{左}+\alpha_{右})=\frac{1}{2}(R-L-180°)\\&=\frac{1}{2}\times(218°7'40''-81°46'30''-180°)\\&=-21°44'25''\end{aligned}$$

其指标差：$x=\frac{1}{2}(L+R-360°)$

$$=\frac{1}{2}\times(81°46'30''+218°7'40''-360°)$$

$$=-0°0'0''$$

又例如观测一低处目标，盘左时读数为 96°26′40″，盘右时读数为 263°34′01″，可得：

$$\alpha=\frac{1}{2}(\alpha_{左}+\alpha_{右})=\frac{1}{2}(R-L-180°)$$

$$=\frac{1}{2}\times(263°34'01''-96°26'40''-180°)$$

$$=-6°26''19.5''$$

其指标差：$x=\frac{1}{2}(L+R-360°)$

$$=\frac{1}{2}\times(96°26'40''+263°34'01''-360°)$$

$$=+0°00'20.5''$$

竖直角的记录计算见表 5-6。

表 5-6　　竖直角观测手簿

测站	目标	竖盘位置	竖盘读(° ′ ″)	半测回竖直角(° ′ ″)	指标差(″)	一测回竖直角(° ′ ″)
A	B	左	81 46 30	−21 44 25	−10″	−21 44 35
		右	278 10 30	+8 12 24		
	C	左	96 26 40	−62 61 95	+205	−6 25 59
		右	263 34 01	−6 26 21		

5. 竖直角的应用

(1)用视距法测定平距和高差。

视线倾斜时的平距公式：

$$D=KL\cos^2\alpha \tag{5-30}$$

视线倾斜时的高差公式：

$$h=\frac{1}{2}KL\sin2\alpha+i-v \tag{5-31}$$

式中　K——视距乘常数，一般 $K=100$；

L——尺间隔(上、下丝读数之差)；

i——仪高；

v——中丝读数；

α——竖直角。

(2)间接求高程。在地形起伏较大不便于水准测量时或者工程中求其高大构筑物高程时，常采用三角高程测量法。如图 5-17 所示，要求烟囱 HF 的标高，可在离开烟囱底部 30m 左右的 E 点安置经纬仪，仰视望远镜，用中丝瞄准烟囱顶端 H 点，并测得竖直角 α_1，然后根据 EF 两点间距 D，即可求得高差 $h_1=D\tan\alpha_1$，再把望远镜俯视，用中丝瞄准烟囱底部 F 点，并测得竖直角 α_2，则高差为 $h_2=$

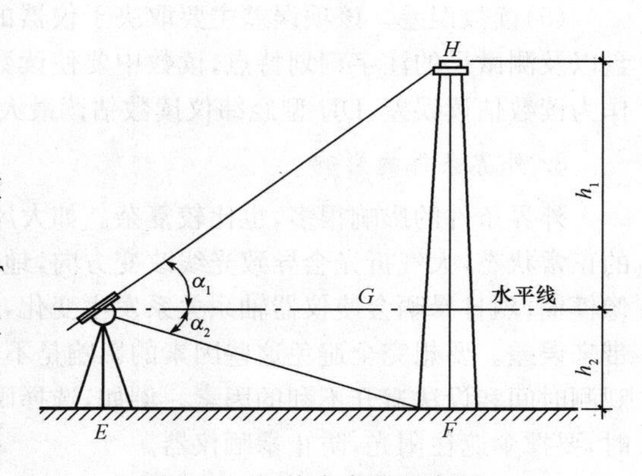

图 5-17　间接求高程示意图

$D\tan\alpha_2$，则烟囱高度 $H=h_1+h_2$。

五、角度测量的误差及消减方法

在水平角测量的过程当中，仪器误差、观测误差，以及外界条件会对测量精度有较大的影响。

1. 仪器误差

仪器误差可分为两个方面。

(1)仪器制造加工不完善而引起的误差，主要有度盘刻划不均匀误差、照准部偏心差(照准部旋转中心与度盘刻划中心不一致)和水平度盘偏心差(度盘旋转中心与度盘刻划中心不一致)，此类误差一般都很小，并且大多数都可以在观测过程中采取相应的措施消除或减弱它们的影响。

(2)仪器检验校正后的残余误差。它主要是仪器的三轴误差(即视准轴误差、横轴误差和竖轴误差)，其中，视准轴误差和横轴误差，可通过盘左、盘右观测取平均值消除，而竖轴误差不能用正、倒镜观测消除。故在观测前除应认真检验、校正照准部水准管外，还应仔细地进行整平。

2. 观测误差

(1)仪器对中误差。仪器对中时，垂球尖没有对准测站点标志中心，产生仪器对中误差。对中误差对水平角观测的影响与偏心距成正比，与测站点到目标点的距离成反比，所以要尽量减少偏心距，对边长越短且转角接近 180°的观测更应注意仪器的对中。

(2)仪器整平误差。因为照准部水准管气泡不居中，将导致竖轴倾斜而引起的角度误差，此项误差不能通过正倒镜观测消除。竖轴倾斜对水平角的影响，和测站点到目标点的高差成正比。所以，在观测过程中，特别是在山区作业时，应特别注意整平。

(3)目标偏心误差。测角时，通常用标杆或测钎立于被测目标点上作为照准标志，若标杆倾斜，而又瞄准标杆上部时，则使瞄准点偏离被测点产生目标偏心误差。目标偏心对水平角观测的影响与测站偏心距影响相似。测站点到目标点的距离越短，瞄准点位置越高，引起的测角误差越大。

为减小目标偏心对水平方向观测的影响，作为照准标志的标杆应竖直，水平角观测时，应尽量瞄准标杆的底部。当目标较近，又不能瞄准其底部时，最好采用悬吊垂球，瞄准垂球线。

(4)瞄准误差。照准误差与人眼的分辨能力和望远镜放大率有关。一般，人眼的分辨率为 60″。若借助于放大率为 V 倍的望远镜，则分辨能力就可以提高 V 倍，故照准误差为$60''/V$。DJ6 型经纬仪放大倍率一般为 28 倍，故照准误差大约为±2.1″。在观测过程中，若观测员操作不正确或视差没有消除，都会产生较大的照准误差。故观测时应仔细地做好调焦和照准工作。

(5)读数误差。该项误差主要取决于仪器的读数设备及读数的熟练程度。读数前要认清度盘以及测微尺的注字刻划特点，读数中要使读数显微镜内分划注字清晰。通常是以最小估读数作为读数估读误差，DJ_6 型经纬仪读数估读最大误差为±6″(或者±5″)。

3. 外界条件的影响

外界条件的影响很多，也比较复杂。如大风会影响仪器和标杆的稳定，温度变化会影响仪器的正常状态，大气折光会导致光线改变方向，地面辐射又会加剧大气折光的影响，雾气使目标成像模糊，烈日暴晒会使仪器轴系关系发生变化，地面土质松软会影响仪器的稳定等，都会给测量带来误差。要想完全避免这些因素的影响是不可能的，为了削弱此类误差的影响，应选择有利的观测时间和设法避开不利的因素。例如，选择雨后多云的微风天气下观测最为适宜，在晴天观测时，要撑伞遮住阳光，防止暴晒仪器。

第六章　距离测量与直线定向

距离测量是指测量地面上两点的连线投影到指定水平面上的长度，也称水平距离或平距。同理，高程不同的两点的长度通称斜距，距离测量的主要有钢尺量距，视距测量直线定中大多是用方位角表示直线的方向，它是指确定的地面两点铅垂投影到水平连线上的方向。

第一节　钢尺量距

一、钢尺量距工具

1. 钢尺

钢尺是用宽10～15cm、厚0.4mm的低碳薄钢带制成。其表面刻有每隔1mm刻划的并在10cm有数字标记的卷式量距尺，通过手柄卷入尺盒或带有手把的金属架上，端部有铜环，以便丈量时拉尺之用。使用时可从尺盒中拉出任意长度，用完后卷入盒内，如图6-1所示。

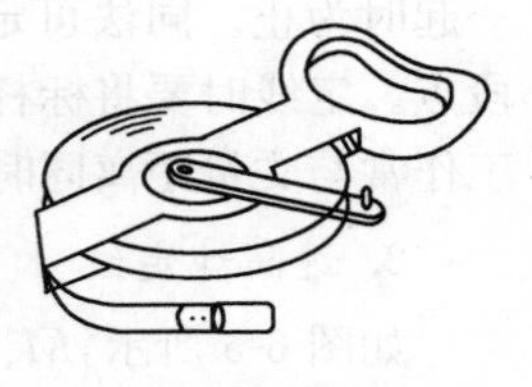

图6-1　钢尺

钢尺长度有20m、30m、50m三种。使用钢尺量距时要有经纬仪、花杆和测钎的配合进行。

钢尺因材质引起的伸缩性小，故一般量距精度比较高。一般常用于精密基线丈量，且丈量时分别在每尺段端点处钉木桩，并在桩顶上钉以用小刀刻痕的锌铁皮来准确读数，并在钢尺的两端使用拉力计。

2. 花杆

图6-2　花杆

花杆是定位放线工作中必不可少的辅助工具(图6-2)，作用是标定点位和指引方向。它的构造为空心铝合金圆杆或实心圆木杆，直径约为3cm左右，长度为1.5～3m不等，杆的下部为锥形铁脚，以便标定点位或插入地面，杆的外表面每隔20cm分别涂成红色和白色，称花杆。

在实际测量中花杆常被用于指引目标(标点)、定向、穿线。例如地面上有一点，以钉小钉的木桩标定在地面上，从较远处是无法看到此点的，那么在点上立一花杆并使锥尖对准该点，花杆竖直时，从远处看到花杆就相当于看到了该点，起到了导引目标的作用(标点)。

3. 测钎

由8号铅丝制成，长度为40cm左右，下部削尖以便插入地面，上部为6cm左右的环状，以便于手握。每12根为一束，测钎用于记录整尺段和卡链及临时标点使用，如图6-3所示。

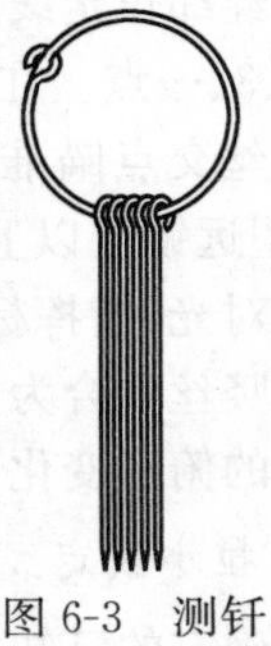

图6-3　测钎

4. 弹簧秤

用于对钢尺施加规定的拉力，避免因拉力太小或太大造成的量距误差。

5. 温度计

用于钢尺量距时测定温度，以便对钢尺长度进行温度改正，消除或减小因温度变化使尺长改变而造成的量距误差。

二、直线定线

1. 目测定线

目测定线就是用目测的方法，用标杆将直线上的分段点标定出来。如图 6-4 所示，MN 是地面上互相通视的两个固定点，C、D……为待定分段点。定线时，先在 M、N 点上竖立标杆，测量员位于 M 点后 1～2 m 处，视线将 M、N 两标杆同一侧相连成线，然后指挥测量员乙持标杆在 C 点附近左右移动标杆，直至三根标杆的同侧重合到一起时为止。同法可定出 MN 方向上的其他分段点。定线时要将标杆竖直。在平坦地区，定线工作常与丈量距离同时进行，即边定线边丈量。

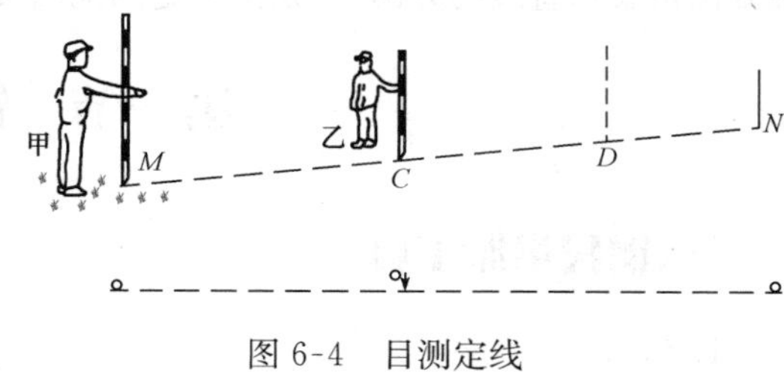

图 6-4　目测定线

2. 过高地定线

如图 6-5 所示，M、N 两点在高地两侧，互不通视，欲在 MN 两点间标定直线，可采用逐渐趋近法。先在 M、N 两点上竖立标杆，甲、乙两人各持标杆分别选择 O_1 和 P_1 处站立，要求 N、P_1、O_1 位于同一直线上，且甲能看到 N 点，乙能看到 M 点。可先由甲站在 O_1 处指挥乙移动至 NO_1 直线上的 P_1 处。然后，由站在 P_1 处的乙指挥甲移动至 AP_1 直线上的 O_2 点，要求 O_2 能看到 N 点，接着再由站在 O_2 处的甲指挥乙移至能看到 M 点的 P_2 处，这样逐渐趋近，直到 O、P、N 在一直线上，同时 M、O、P 也在一直线上，这时说明 M、O、P、N 均在同一直线上。

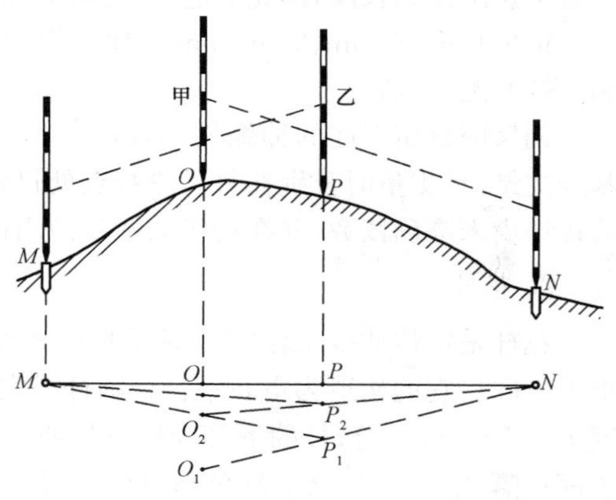

图 6-5　过高地定线

3. 经纬仪定线

若量距的精度要求较高或两端点距离较长时，宜采用经纬仪定线，如图6-6所示，欲在 MN 直线上定出 1、2、3、…点。在 M 点安置经纬仪，对中、整平后，用十字丝交点瞄准 N 点标杆根部尖端，然后制动照准部，望远镜可以上、下移动，并根据定点的远近进行望远镜对光，指挥标杆左右移动，直至 1 点标杆下部尖端与竖丝重合为止。其他 2、3、…点的标定，只需将望远镜的俯角变化，即可定出。

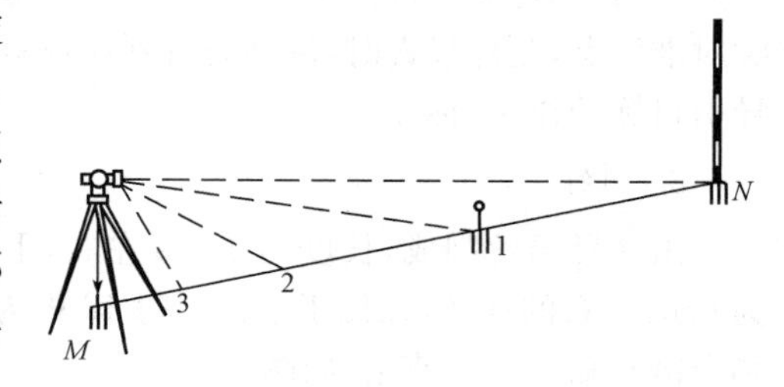

图 6-6　经纬仪定线

4. 拉小线定线

在确定的已知两点间拉一细绳，然后沿着细绳按照定线点间的间距要小于一整尺段定出各点，作出标记。

三、钢尺量距的一般方法

1. 平坦地面的距离丈量

沿地面直接丈量水平距离，可先在地面定出直线方向，然后逐段丈量，则直线的水平距离按下式计算：

$$D=nl+q \tag{6-1}$$

式中　l——钢尺的一整尺段长(m)；

n——整尺段数；

q——不足一整尺的零尺段的长(m)。

丈量时后尺手持钢尺零点一端，前尺手持钢尺末端，常用测钎标定尺段端点位置。丈量时应注意沿着直线方向，钢尺须拉紧伸直而无卷曲。直线丈量时尽量以整尺段丈量，最后丈量余长，以方便计算。丈量时应记清楚整尺段数，或用测钎数表示整尺段数。

在平坦地面丈量所得的长度即为水平距离。为了防止错误和提高丈量距离的精度，需要从 N 至 M 按上述同样方法，边定线边丈量，进行返测。以往、返各丈量一次称为一个测回。

在检核过程中还需要往返丈量进行比较，当符合精度要求时，取往返丈量的平均值作为最终结果。

$$D=\frac{1}{2}(D_{往}+D_{返})$$

距离丈量精度，用相对误差 K 表示。

$$K=\frac{|D_{往}-D_{返}|}{D}$$

相对误差分母越大，则 K 值越小，精度越高；反之，精度越低。量距精度取决于工程的要求和地面起伏的情况，在平坦地区，钢尺量距的相对误差一般不应大于 1/2000；在量距较困难的地区，其相对误差也不应大于 1/1000。

2. 倾斜地面的距离丈量

(1)平量法。如图 6-7 所示，丈量由 M 向 N 进行，后尺手将尺的零端对准 M 点，前尺手将尺抬高，并且目估使尺子水平，用垂球尖将尺段的末端投于 MN 方向线地面上，再插以测钎。依次进行，丈量 MN 的水平距离。若地面倾斜较大，将钢尺整尺拉平有困难时，可将一尺段分成几段来平量。

(2)斜量法。当倾斜地面的坡度比较均匀且较大时，如图 6-8 所示，可沿斜面直接丈量出 MN 的倾斜距离 D'，测出地面倾斜角 α 或 MN 两点间的高差 h，按下式计算 MN 的水平距离 D。

$$D=D'\cos\alpha \tag{6-2}$$

$$D=\sqrt{D'^2-h^2} \tag{6-3}$$

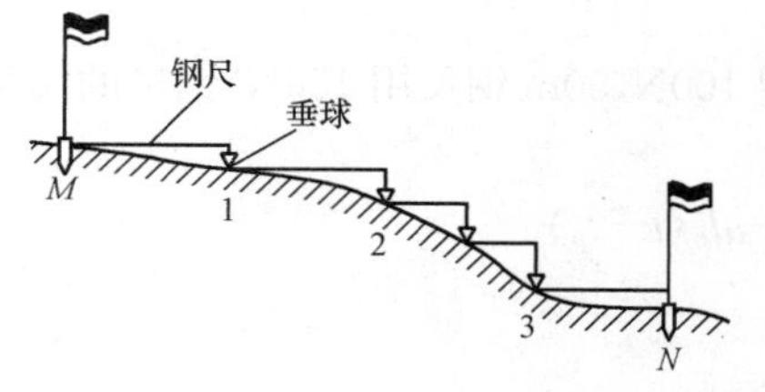

图 6-7　平量法

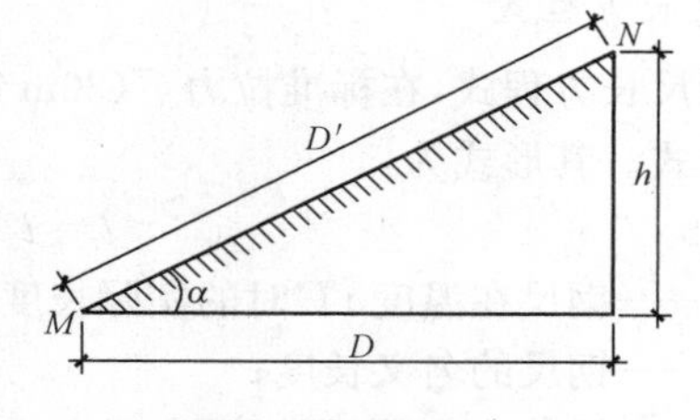

图 6-8　斜量法

四、钢尺量距的误差分析

1. 尺长误差

由于钢尺的名义长度和实际长度不一致，丈量时就会产生误差。设钢尺在标准温度，标准拉力下的实际长度为 l，名义长度为 l_0，则一整尺的尺长改正数为：

$$\Delta l = l - l_0$$

每量 1m 的尺长改正数为：

$$\Delta l_{米} = \frac{l - l_0}{l_0}$$

丈量 D'距离的尺长改正数为：

$$\Delta l_l = \frac{l - l_0}{l_0} \cdot D' \tag{6-4}$$

钢尺的实长大于名义长度时，尺长改正数为正，反之为负。

2. 温度误差

钢尺量距时的温度和标准温度不同引起的尺长变化进行的距离改正称温度改正。

一般钢尺的线膨胀系数采用 $\alpha = 1.2 \times 10^{-5}$ 或者写成 $\alpha = 0.000012/(m \cdot ℃)$，表示钢尺温度每变化 1℃时，每 1m 钢尺将伸长(或缩短)0.000012m，所以尺段长 L_i 的温度改正数为：

$$\Delta L_i = \alpha(t - t_0)L_i \tag{6-5}$$

3. 钢尺倾斜误差

设量得的倾斜距离为 D'，两点间测得高差为 h，将 D'改算成水平距离 D 需加倾斜改正 Δl_h，一般用下式计算：

$$\Delta l_h = -\frac{h^2}{2D'} \tag{6-6}$$

倾斜改正数 Δl_h 永远为负值。

4. 定线误差

丈量时钢尺没有准确在所量距离的直线方向上，导致量取的距离变成折线，如丈量 30m 的距离，若偏差为 0.2m 时，则量距偏大 1mm 左右。

5. 计算全长

将改正后的各尺段长度加起来即得 MN 段的往测长度，同样还需返测 MN 段长度并计算相对误差，以衡量丈量精度。

五、钢尺的检定

1. 尺长方程式

所谓尺长方程式，在标准拉力下(30m 钢尺用 100N，50m 钢尺用 150N)钢尺的实长与温度的函数关系式。其形式为：

$$l_t = l_0 + \Delta l + \alpha l_0(t - t_0) \tag{6-7}$$

式中 l_t——钢尺在温度 t℃时的实际长度；

l_0——钢尺的名义长度；

Δl——尺长改正数，即钢尺在温度 t_0 时的改正数，等于实际长度减去名义长度；

α——钢尺的线膨胀系数，其值取为 $1.2 \times 10^{-5}/℃$；

t_0——钢尺检定时的标准温度(20℃)；

t——钢尺使用时的温度。

2. 尺长检定方法

(1)与标准尺比长。钢尺检定最简单的方法:将欲检定的钢尺与检定过的已有尺长方程式的钢尺进行比较(认定它们的线膨胀系数相同),求出尺长改正数,再进一步求出欲检定钢尺的尺长方程式。

【例 6-1】 设标准尺的尺长方程式为 $L_{t标}=30+0.004+1.2\times10^{-5}\times30(t-20℃)(m)$

被检定的钢尺,多次丈量标准长度为 29.998m,从而求得被检定钢尺的尺长方程式:

$L_{t检}=L_{t标}+(30-29.998)=30+0.004+1.2\times10^{-5}\times30(t-20℃)+0.002$

$=30+0.006+1.2\times10^{-5}\times30(t-20℃)(m)$

(2)将被检定钢尺与基准线长度进行实量比较。在测绘单位已建立的校尺场上,利用两固定标志间的已知长度 D 作为基准线来检定钢尺的方法是:将被检定钢尺在规定的标准拉力下多次丈量(至少往返各三次)基线 D 的长度,求得其平均值 D'。测定检定时的钢尺温度,然后通过计算即可求出在标准温度 $t_0=25℃$时的尺长改正数,并求得该尺的尺长方程式。

【例 6-2】 设已知基准线长度为 125.582m,用名义长度为 30m 的钢尺在温度 $t=9℃$时,多次丈量基准线长度的平均值为 125.596m,试求钢尺在 $t_0=25℃$的尺长方程式。

【解】 被检定钢尺在 9℃时,整尺段的尺长改正数 $\Delta L=\frac{125.582-125.596}{125.596}\times30=-0.0033m$,则被检定钢尺在 9℃时的尺长方程式为:$L_t=30-0.0033+1.2\times10^{-5}\times30(t-10)$;然后求被检定钢尺在 25℃时的长度为:$L_{20}=30-0.0033+1.2\times10^{-5}\times30\times(25-10)=30-0.0021$,则被检定钢尺在 25℃时的尺长方程式为:

$$L_t=30-0.0021+1.2\times10^{-5}\times30(t-20)$$

钢尺送检后,根据给出的尺长方程式,利用式中的第二项可知实际作业中,整尺段的尺长改正数。利用式中第三项可求出尺段的温度改正数。

第二节　视距测量

视距测量是用经纬仪、水准仪测量距离的一种间接测量方法,其测量的精度较低,约为 1/300。

一、视距测量原理

1. 视准轴水平时的视距计算公式

根据相似三角形的原理,由图 6-9 可以得出:

$$\frac{d}{L}=\frac{f}{P}$$

则

$$d=\frac{f}{P}L$$

由图形得出

$$D=d+f+\delta$$

则

$$D=\frac{f}{P}L+f+\delta$$

令

$$f/P=K,f+\delta=C$$

则 $$D=KL+C \tag{6-8}$$

$$h=i-v \tag{6-9}$$

式中 D——仪器到立尺点间的水平距离；

C——视距常数；

K——视距乘常数，通常为100；

L——望远镜上下丝在标尺上读数的差值，称视距间隔或尺间隔；

h——A、B点间高差(测站点与立尺点之间的高差)；

i——仪器高(地面点至经纬仪横轴或水准仪视准轴的高度)；

v——十字丝中丝在尺上读数。

水准仪视线水平是根据水准管气泡居中来确定。经纬仪视线水平，是根据在竖盘水准管气泡居中时，用竖盘读数为90°或270°来确定。

2. 视准轴倾斜时的视距计算公式

根据相似三角形原理，由图6-10可以得出

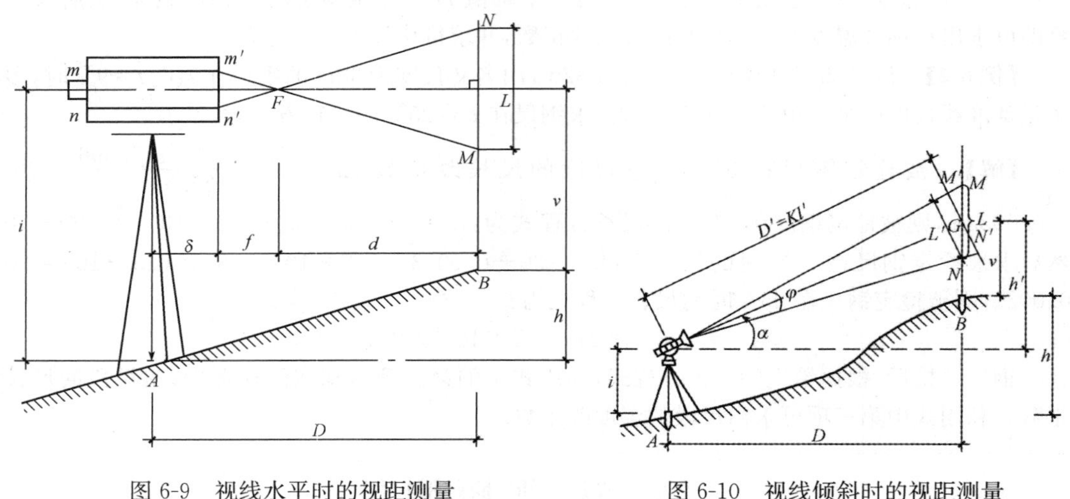

图6-9 视线水平时的视距测量　　图6-10 视线倾斜时的视距测量

$$M'N'=M'G+GN'=MG\cos\alpha+GN\cos\alpha$$
$$=MN\cos\alpha$$

即 $$L'=L\cos\alpha$$

将$L'=L\cos\alpha$代入水平时数距公式得出：$D'=KL'=KL\cos\alpha$

推出： $$D=KL\cos^2\alpha \tag{6-10}$$

$$h=\frac{1}{2}KL\sin 2\alpha+i-v \tag{6-11}$$

式中 α——视线倾斜角(竖直角)。其他符号与前面所讲意义相同。

二、测量方法

1. 量仪高(i)

在测站上安置经纬仪，对中、整平，用皮尺量取仪器横轴至地面点的铅垂距离，取至厘米。

2. 求视距间隔(L)

对准B点竖立的标尺，读取上、中、下三丝在标尺的读数，读至毫米。上、下丝相减求出视距

间隔 L 值。中丝读数 v 用以计算高差。

3. 计算(α)

转动竖盘水准管微动螺旋，使竖盘水准管气泡居中，读取竖盘读数，并计算 α。

4. 计算(D 和 h)

最后将上述 i、L、v、α 四个量代入式(6-10)和式(6-11)，计算 AB 两点间的水平距离 D 和高差 h。

三、视距测量误差及注意事项

1. 视距丝读取的误差

视距丝的读数是影响视距精度的重要因素，视距丝的读数误差与尺子最小分划的宽度、距离的远近、成像清晰情况有关。在视距测量中一般根据测量精度要求来限制最远视距。

另外，由上丝对准整分米数，由下丝直接读出视距间隔可减小读数误差。

2. 视距乘常数 K 的误差

通常认定视距乘常数 $K=100$，但由于视距丝间隔有误差，视距尺有系统性刻划误差，以及仪器检定的各种因素影响，都会使 K 值不为 100。K 值一旦确定，误差对视距的影响是系统性的。若 K 值在 100 ± 0.1 时，便可视其为 100。

3. 标尺倾斜误差

视距计算的公式是在视距尺严格垂直的条件下得到的。如果视距尺发生倾斜，将给测量带来不可忽视的误差影响，故测量时立尺要尽量竖直。在山区作业时，由于地表有坡度而给人以一种错觉，使视距尺不易竖直，因此，应采用带有水准器装置的视距尺。

4. 外界条件的影响

(1)大气竖直折光的影响。大气密度分布是不均匀的，特别在晴天接近地面部分密度变化更大，使视线弯曲，给视距测量带来误差。根据试验，只有在视线离地面超过 1m 时，折光影响才比较小。

(2)空气对流使视距尺的成像不稳定。此现象在晴天，视线通过水面上空和视线离地表太近时较为突出，成像不稳定造成读数误差的增大，对视距精度影响很大。

(3)风力使尺子抖动。如果风力较大使尺子不易立稳而发生抖动，分别用两根视距丝读数又不可能严格在同一个时候进行，所以对视距间隔将产生影响。

第三节　直线定向

一、标准方向

1. 真子午线方向

通过地面上一点并指向地球南北极的方向线，称为该点的真子午线方向。真子午线方向是用天文测量方法测定的。指向北极星的方向可近似地作为真子午线的方向。如图 6-11(a)。

2. 磁子午线方向

通过地面上一点的磁针，在自由静止时其轴线所指的方向(磁南北方向)，称为磁子午线方向。磁子午线方向可用罗盘仪测定。

由于地磁两极与地球两极不重合，至使磁子午线与真子午线之间形成一个夹角 δ，称为磁偏角。磁子午线北端偏于真子午线以东为东偏，δ 为正；以西为西偏，δ 为负。如图 6-11(a)。

3. 坐标纵轴方向

测量中通常以通过测区坐标原点的坐标纵轴为准，测区内通过任一点与坐标纵轴平行的方向线，称为该点的坐标纵轴方向。如图 6-11(b)。

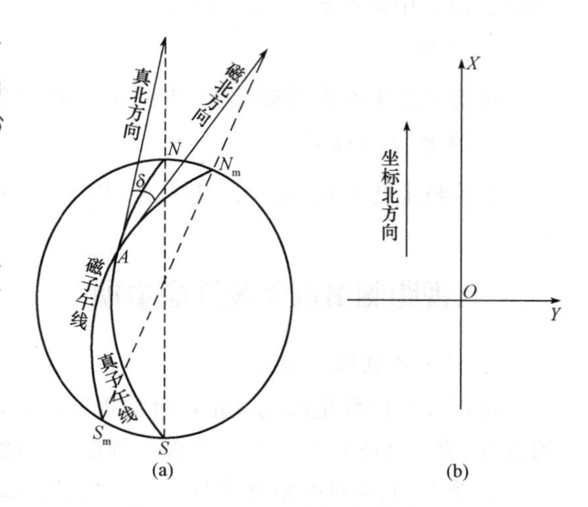

图 6-11　三个北方向及其关系

二、方位角

通过测站的子午线与测线间顺时针方向的水平夹角。由于子午线方向有真北、磁北和坐标北(轴北)之分，故对应的方位角分别称为真方位角(用 A 表示)、磁方位角(用 A_m 表示)和坐标方位角(用 α 表示)，如图 6-12 所示。为了标明直线的方向，通常在方位角的右下方标注直线的起终点，如 α_{12} 表示直线起点是 1，终点是 2，直线 1 到 2 的坐标方位角。方位角角值范围从 0°～360°恒为正值。

三、正、反坐标方位角

直线是有向线段，在平面上一直线的正、反坐标方位角如图 6-13 所示，地面上 1、2 两点之间的直线 1－2，可以在两个端点上分别进行直线定向。在 1 点上确定 1－2 直线的方位角为 α_{12}，在 2 点上确定 2－1 直线的方位角则为 α_{21}。称 α_{12} 为直线 1－2 的正方位角，α_{21} 为直线1－2的反方位角。同样，也可称 α_{21} 为直线 2－1 的正方位角，而 α_{12} 为直线 2－1 的反方位角。一般在测量工作中常以直线的前进方向为正方向，反之称为反方向。在平面直角坐标系中通过直线两端点的坐标纵轴方向彼此平行，因此正、反坐标方位角之间的关系式为：

$$\alpha_{2,1}=\alpha_{1,2}\pm180° \tag{6-12}$$

当 $\alpha_{1,2}<180°$时，上式用加 180°；

当 $\alpha_{1,2}$正$>180°$时，上式用减 180°。

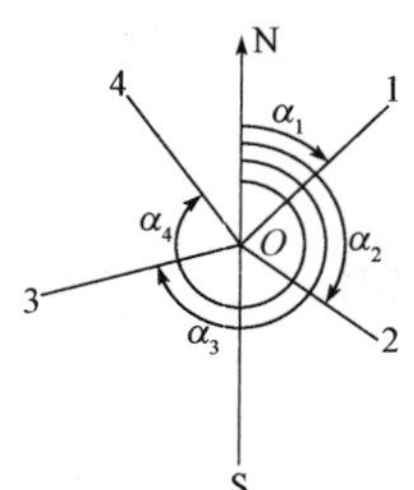

图 6-12　方位角示意图

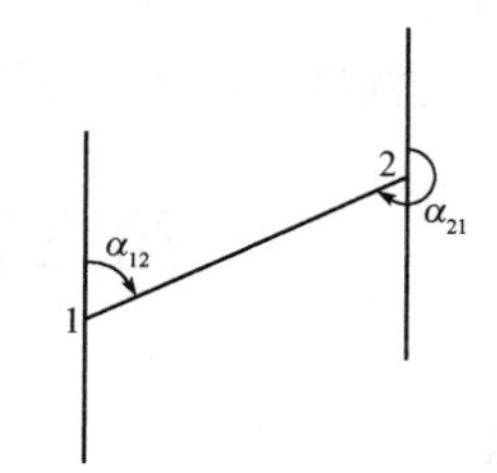

图 6-13　正反方位角示意图

例如若 $\alpha_{12}=75°$则其反方位角为

$$\alpha_{21}=75+180=205°$$

若 $\alpha_{AB}=320°281'20''$则其反方位角为

$$\alpha_{BA}=320°38'20''-180°=140°38'20''$$

四、象限角

由坐标纵轴的北端或南端起，顺时针或逆时针至某直线间所夹的锐角如图6-14，并注出象限名称，称为该直线的象限角，以R表示，角值范围为$0°\sim90°$，见表6-1。

表6-1　　坐标方位角与象限角的换算关系表

直线方向	由坐标方位角推算象限角	由象限角推算坐标方位角
北东，第Ⅰ象限	$R=\alpha$	$\alpha=R$
南东，第Ⅱ象限	$R=180°-\alpha$	$\alpha=180°-R$
南西，第Ⅲ象限	$R=\alpha-180°$	$\alpha=180°+R$
北西，第Ⅳ象限	$R=360°-\alpha$	$\alpha=360°-R$

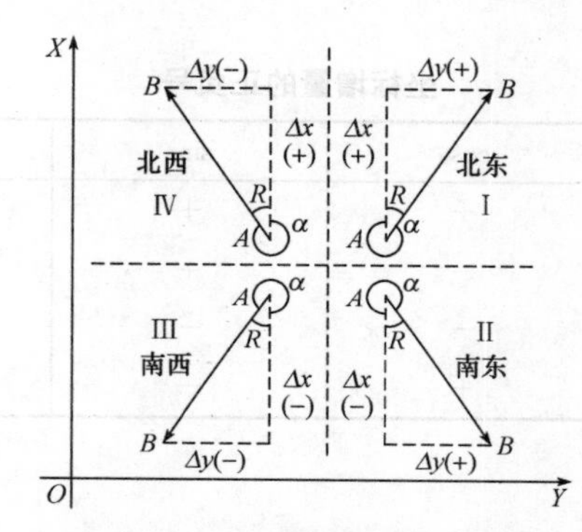

图6-14　象限角与方位角的关系

第四节　坐标正算与反算

一、坐标正算

坐标正算计算方法见表6-2。

表6-2　　坐标正算

项目	内　　容
定义	根据已知点的坐标，已知边长及该边的坐标方位角，计算未知点的坐标的方法，称为坐标正算
公式	如图6-15所示，A为已知点，坐标为x_A、y_A，已知AB边长为D_{AB}，坐标方位角为α_{AB}，要求B点坐标x_B、y_B。由图6-15可知 $$\left.\begin{aligned}x_B&=x_A+\Delta x_{AB}\\y_B&=y_A+\Delta y_{AB}\end{aligned}\right\}\quad(6\text{-}13)$$ 其中 $$\left.\begin{aligned}\Delta x_{AB}&=D_{AB}\cdot\cos\alpha_{AB}\\\Delta y_{AB}&=D_{AB}\cdot\sin\alpha_{AB}\end{aligned}\right\}\quad(6\text{-}14)$$ 式中，sin和cos的函数值随着α所在象限的不同有正、负之分，因此，坐标增量同样具有正、负号。其符号与α角值的关系见表6-3

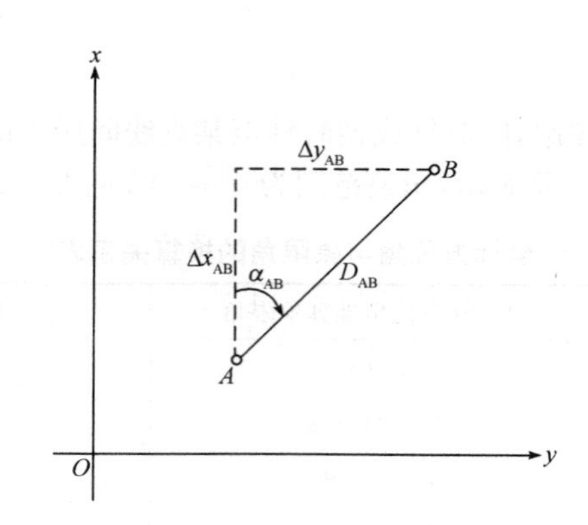

图 6-15　坐标正、反算

表 6-3　　坐标增量的正负号

象限	方向角 α	$\cos\alpha$	$\sin\alpha$	ΔX	ΔY
Ⅰ	0°～90°	+	+	+	+
Ⅱ	90°～180°	−	+	−	+
Ⅲ	180°～270°	−	−	−	−
Ⅳ	270°～360°	+	−	+	−

二、坐标反算

坐标反算计算方法见表 6-4。

表 6-4　　坐标反算

项目	内　　容
定义	根据两个已知点的坐标求算出两点间的边长及其方位角，称为坐标反算
公式	由图 6-15 可知 $$D_{AB}=\sqrt{\Delta x_{AB}^2+\Delta y_{AB}^2}=\sqrt{(x_B-x_A)^2+(y_B-y_A)^2} \quad (6\text{-}15)$$ $$\alpha_{AB}=\arctan\frac{\Delta y_{AB}}{\Delta x_{AB}}=\arctan\frac{y_B-y_A}{x_B-x_A} \quad (6\text{-}16)$$ 注意，在用计算器按式(6-16)计算坐标方位角时，得到的角值只是象限角，还必须根据坐标增量的正负，按表 6-3 决定坐标方位角所在象限，再将象限角换算为坐标方位角

第五节　距离测量和直线定向应注意的事项

一、距离测量时应注意的事项

(1)要量取两点之间的直线长度，在量线过程中要确保准直，量取两点间的距离时，要确保尺身水平，读数投点要确保准确无误。

(2)在测量的操作过程中，确保前后尺动作要协调。

(3)精密丈量所用的钢尺,一定要经过检定。

二、直线定向应注意的事项

(1)确认罗盘仪刻度上的读数。

(2)在测定磁方位角前,应对罗盘仪进行检验和校正,避开铁质物体。

(3)使用结束后,必须将磁针顶起,确保磁针的灵活性。

第七章　控 制 测 量

第一节　控制测量概述

测量工作应遵循“从整体到局部，先控制后碎部”的原则。这里的“整体”是指控制测量，其意义为控制测量应按由高等级到低等级逐级加密进行，直至最低等级的图根控制测量，再在图根控制点上安置仪器进行碎部测量或测设工作。控制测量包括平面控制测量和高程控制测量，测定点位的 x、y 坐标称为平面控制测量，测定点位的 H 坐标称为高程控制测量。

一、平面控制测量

我国的国家平面控制网主要用三角测点法布设（国家控制网是指在全国范围内建立的控制网），在西部困难地区采用导线法。

1. 三角测量

三角测量是在地面上选择一系列具有控制作用的控制点，组成互相连接的三角形并且扩展成网状，称为三角网，如图 7-1 所示。在控制点上，用精密仪器将三角形的三个内角测定出来，并测定其中一条边长，再根据三角公式解算出各点的坐标。用三角测量方法确定的平面控制点，称为三角点。

2. 导线测量

导线测量是在地面上选择一系列控制点，将相邻点连成直线而构成折线形，称为导线网，如图 7-2 所示。在控制点上，用精密仪器依次测定所有折线的边长和转折角，根据解析几何的知识解算出各点的坐标。用导线测量方法确定的平面控制点，称为导线点。

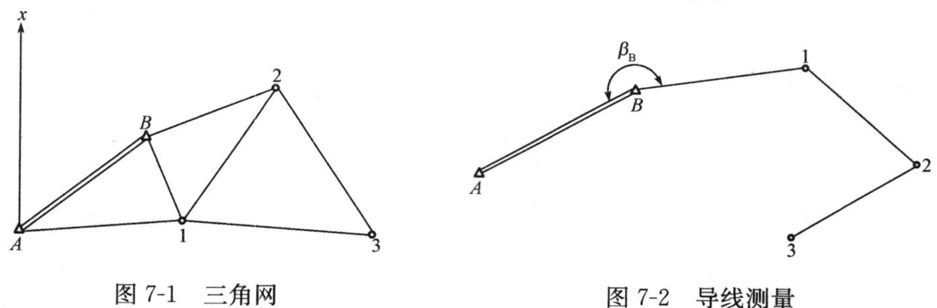

图 7-1　三角网　　图 7-2　导线测量

二、高程控制测量

高程测量方法主要有水准测量和三角高程测量两种。

高程控制测量精度等级的划分，依次为二、三、四、五等。各等级高程控制宜采用水准测量，四等及以下等级可采用电磁波测距三角高程测量，五等也可采用 GPS 拟合高程测量。首级高程控制网的等级，应根据工程规模、控制网的用途和精度要求合理选择首级网应布设成环形网，加密网宜布设成附合路线或结点网。测区的高程系统，宜采用 1985 国家高程基准。在已有高程控制网的地区测量时，可沿用原有的高程系统；当小测区联测有困难时，也可采用假定高程系统。

高程控制点间的距离，一般地区应为 1～3km，工业厂区、城镇建筑区宜小于 1km。但一个测区及周围至少应有 3 个高程控制点。

三、小区域控制测量

为满足小区域测图和施工所需要而建立的平面控制网，称为小区域平面控制网。

小区域平面控制网亦应由高级到低级分级建立。测区范围内建立最高一级的控制网，称为首级控制网；最低一级的即直接为测图而建立的控制网，称为图根控制网。首级控制与图根控制的关系见表 7-1。

表 7-1　首级控制与图根控制的关系

测区面积(km^2)	首　级　控　制	图　根　控　制
1～10	一级小三角或一级导线	两级图根
0.5～2	二级小三角或二级导线	两级图根
0.5 以下	图根控制	

直接用于测图的控制点，称为图根控制点。图根点的密度取决于地形条件和测图比例尺，见表 7-2。

表 7-2　图根点的密度

测图比例尺	1∶500	1∶1000	1∶2000	1∶5000
图根点密度(点/km^2)	150	50	15	5

第二节　城市平面控制测量

城市平面控制网的布设应遵循从整体到局部、分级布网的原则。首级网应一次全面布设，加密网视城市建设的主次缓急，可分期分批局部布设。建立城市平面控制网可采用全球定位系统(GPS 定位)、三角测量、各种形式的边角组合测量和导线测量。

一、平面控制网

1. 平面控制网的布设原则

平面控制网的原则中指出首级控制网的布设，应因地制宜，且适当考虑发展，当与国家坐标系统联测时，应同时考虑联测方案；首级控制网的等级，应根据工程规模、控制网的用途和精度要求合理确定；加密控制网，可越级布设或同等级扩展；城市平面控制网的等级划分，GPS 网、三角网和边角组合网依次为二、三、四等和一、二级；导线网则依次为三、四等和一、二、三级。当需布设一等网时，应另行设计，经主管部门审批后实施。各等级平面控制网，根据城市或测区的规模均可作为首级网。首级网下用次级网加密时，视条件许可，可以越级布网。

2. 城市的坐标系统

一个城市只应建立一个与国家坐标系统相联系的、相对独立和统一的城市坐标系统，并经上级行政主管部门审查批准后方可使用。城市平面控制测量坐标系统的选择应以投影长度变形值不大于 2.5cm/km 为原则，并根据城市地理位置和平均高程而定。

(1)当长度变形值不大于 2.5cm/km 时，应采用高斯正形投影统一 3°带的平面直角坐标系统。统一3°带的主子午线经度由东经75°起，每隔3°至东经135°。

(2)当长度变形值大于2.5cm/km时，可依次采用：

1)投影于抵偿高程面上的高斯正形投影3°带的平面直角坐标系统；

2)高斯正形投影任意带的平面直角坐标系统，投影面可采用黄海平均海水面或城市平均高程面；

3)面积小于25km² 的城镇，可不经投影采用假定平面直角坐标系统在平面上直接进行计算。

3. 城市平面控制网的精度

(1)四等网中最弱相邻点的相对点位中误差 M_{ij} 不得大于5cm。

(2)四等以下网中最弱点的点位中误差 M_w(相对于起算点)不得大于5cm。

(3)点位中误差可根据点位误差椭圆的长半轴 a_w 和短半轴 b_w，或点位在坐标轴方向的误差 m_x、m_y 来计算；相对点位中误差可根据两点的相对点位误差椭圆的长半轴 a_{ij} 和短半轴 b_{ij}，或坐标增量的误差 $m_{\Delta x}$ 和 $m_{\Delta y}$，或边长误差 m_s 和方向角误差 m''_a 及边长 S 来计算。

即：

$$M_w = \sqrt{a_w^2 + b_w^2} = \sqrt{m_x^2 + m_y^2} \tag{7-1}$$

$$M_{ij} = \sqrt{a_{ij}^2 + b_{ij}^2} = \sqrt{m_{\Delta x}^2 + m_{\Delta y}^2} = \sqrt{m_s^2 + \left(\frac{m''_a}{\rho''}S\right)^2} \tag{7-2}$$

二、技术、设计、选点、造标与埋石

1. 技术设计的资料收集

技术设计前，应收集城市各项有关资料和进行现场踏勘，在周密调查研究的基础上进行控制网的图上设计。收集的资料应包括：

(1)城市各种比例尺地形图(以1：1000～1：100000为宜)和交通图，以及有关气象和地质等方面的资料。

(2)城市总体规划和近期建设开发方面的资料。

(3)城市内已有的控制测量资料，包括平面控制网图、水准路、线图、点之记、成果表、技术总结等。

2. 图上设计的程序

(1)在适当比例尺的地形图上展绘出城市原有的控制点、国家控制点以及起始边的位置。

(2)按照技术规定设计城市新网(锁)的控制点、起始边的位置，并拟定对旧网或国家控制网的联测方案。

(3)在地形图上判断和检查各相邻点间的通视情况，不能确保通视的方向，应根据障碍物的高度和在视线上的位置，计算及拟定两端点觇标最经济合理的高度。对没有确实把握的点位或方向，应设计几个备用方案。如为GPS网，则不需要每边都通视。

(4)估算控制网中各推算元素的精度，如提出多种布网方案，应充分利用电算技术，算出各方案中的技术经济指标，然后比较选择，进行控制网最优化设计。

(5)按照三角高程控制网对高程起算点的密度要求，拟定各等三角点的水准联测路线。

(6)根据对测区的情况调查和图上设计的结果，编写技术设计书并拟定作业计划。

3. 各等级控制点位置的选定

选定各等级控制点位置应符合下列规定：

(1)相邻点之间应通视良好，视线超越(或旁离)障碍物的高度(或距离)，二等不宜小于

1.5m；三、四等及一、二级小三角以能保证成像清晰、便于观测为原则；一、二、三级导线不宜小于0.5m。采用光电测距时，选点要求应符合规定。

(2)点位应选在土质坚实的地方或坚固稳定的高建筑物顶面上，便于造标、埋石和观测，并能永久保存。各级导线亦可布设墙上标志。

(3)觇标高度合理，作业安全，便于低等点的加密，边缘点位应照顾日后扩展应用的便利。

(4)宜利用城市原有控制点和国家控制点的点位，各级导线也应充分利用已埋设永久性标志的规划道路中线点。

(5)二、三等控制点应建造觇标，四等控制点可视需要而定，一、二级小三角不建立觇标。

觇标类型可采用寻常标、双锥标、复合标、屋顶观测台和墩标等，应因地制宜选用钢材、木材和钢筋混凝土建造，各等平面控制点觇标规格应符合规定。

(6)各类觇标的照准标的可采用标心柱或微相位式照准圆筒，其直径大小按 $\phi=\frac{10''}{\rho''}\cdot S$ 算得（S 为控制网的边长）。

(7)各等级控制点均应埋设永久性的标石，平面控制点标志、标石及其造埋的规格应符合规定。坑底填以砂石，捣固夯实或浇灌混凝土底层。二、三、四等点应埋设盘石和柱石，两层标石中心的偏离值应小于3mm；其他平面控制点，宜埋设柱石。

三、四等导线点和各级平面控制点的标石，亦可兼做低等水准点用(此时标志应为圆包，标石底层应浇灌混凝土)。标志中心应具有明显、耐久的中心点。

(8)各等级三角点、边角组合网点与GPS点宜取村名、山名、地名、单位名作为点名，并应向当地政府和人民群众进行仔细调查后确定。同一测区有相同的点名应加以区别。新旧点重合时宜采用旧点名，不宜随便更改。各等级导线点可按区域或线路命名编号。

(9)点位选定后，宜逐点标定，绘制选点图。

(10)造标、埋石工作结束后，各等级控制点均应绘制点之记。二、三、四等控制点应办理标志委托保管手续，其他埋石点可视需要而定。觇标和标石应定期巡视检查和维修。

三、导线测量

(一)关于导线测量

导线测量是建立小地区平面控制网的常用方法。将相邻两控制点连成直线而构成的折线称为导线，控制点称为导线点。导线测量是依次测定导线边的水平距离和两相邻导线边的水平夹角，然后根据起算数据，推算各边的坐标方位角，最后求出导线点的平面坐标。

水平角可使用经纬仪测量，边长可使用光电测距仪测量或钢尺丈量，也可使用全站仪测量水平角与边长。

(二)导线的布设

导线的布设形式有闭合导线、附合导线、支导线和无定向附合导线四种。

1. 闭合导线

如图7-3所示，从一个已知点 B 出发，经过若干个导线点1、2、3、4，又回到原已知点 B 上，形成一个闭合多边形，称为闭合导线。

2. 附合导线

如图7-4所示，从一个已知点 B 和已知方向 AB 出发，经过若干个导线点1、2、3，最后附合到

另一个已知点 C 和已知方向 CD 上，称为附合导线。

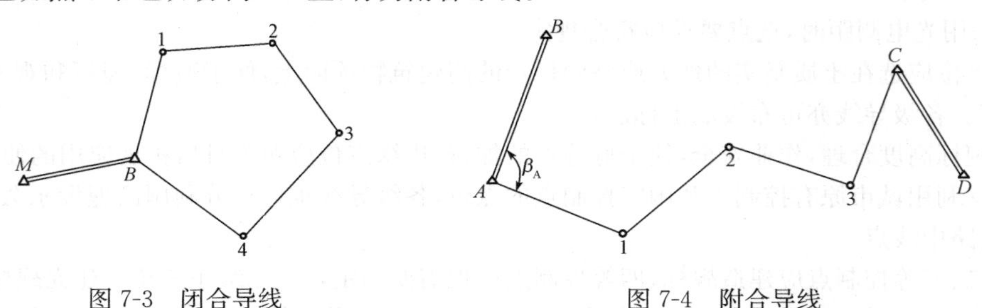

图 7-3　闭合导线　　　　图 7-4　附合导线

3. 支导线

如图 7-5 所示，导线从一个已知点出发，经过 1～2 个导线点既不回到原已知点上，又不附合到另一已知点上，称为支导线。由于支导线无检核条件，故导线点不宜超过 2 个。

4. 无定向附合导线

如图 7-6 所示，由一个已知点 A 出发，经过若干个导线点 1、2、3，最后附合到另一个已知点 B 上，但起始边方位角不知道，且起、终两点 A、B 不通视，只能假设起始边方位角，这样的导线称为无定向附合导线。其适用于狭长地区。

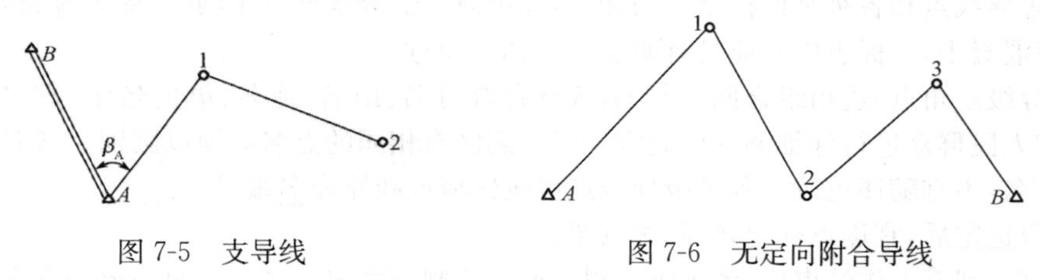

图 7-5　支导线　　　　图 7-6　无定向附合导线

(三)导线测量中的水平角测量和距离观测

1. 导线测量的技术要求

(1)各等级导线测量的主要技术要求应符合表 7-3 的规定。

表 7-3　导线测量的主要技术要求

等级	导线长度(km)	平均边长(km)	测角中误差(″)	测距中误差(mm)	测距相对中误差	测回数			方位角闭合差(″)	导线全长相对闭合差
						1″级仪器	2″级仪器	6″级仪器		
三等	14	3	1.8	20	1/150000	6	10	—	$3.6\sqrt{n}$	≤1/55000
四等	9	1.5	2.5	18	1/80000	4	6	—	$5\sqrt{n}$	≤1/35000
一级	4	0.5	5	15	1/30000	—	2	4	$10\sqrt{n}$	≤1/15000
二级	2.4	0.25	8	15	1/14000	—	1	3	$16\sqrt{n}$	≤1/10000
三级	1.2	0.1	12	15	1/7000	—	1	2	$24\sqrt{n}$	≤1/5000

注：1. 表中 n 为测站数。

2. 当测区测图的最大比例尺为 1∶1000 时，一、二、三级导线的导线长度、平均边长可适当放长，但最大长度不应大于表中规定相应长度的 2 倍。

(2)当导线平均边长较短时，应控制导线边数不超过表 7-3 相应等级导线长度和平均边长算得的边数；当导线长度小于表 7-3 规定长度的 1/3 时，导线全长的绝对闭合差不应大于 13cm。导线网中，结点与结点、结点与高级点之间的导线段长度不应大于表 7-3 中相应等级规定长度的

0.7 倍。在导线网的布设过程中导线网用作测区的首级控制时，应布设成环形网，且宜联测 2 个已知方向；加密网可采用单一附合导线或结点导线网形式。结点间或结点与已知点间的导线段宜布设成直伸形状，相邻边长不宜相差过大，网内不同环节上的点也不宜相距过近。

2. 水平角的观测

(1)在水平角观测中对仪器的调整规定。

1)照准部旋转轴正确性指标：管水准器气泡或电子水准器长气泡在各位置的读数较差，1″级仪器不应超过 2 格，2″级仪器不应超过 1 格，6″级仪器不应超过 1.5 格。

2)光学经纬仪的测微器行差及隙动差指标：1″级仪器不应大于 1″，2″级仪器不应大于 2″。

3)水平轴不垂直于垂直轴之差指标：1″级仪器不应超过 10″，2″级仪器不应超过 15″，6″级仪器不应超过 20″。

4)补偿器的补偿要求，在仪器补偿器的补偿区间，对观测成果应能进行有效补偿。

5)垂直微动旋转使用时，视准轴在水平方向上不产生偏移。

6)仪器的基座在照准部旋转时的位移指标：1″级仪器不应超过 0.3″，2″级仪器不应超过 1″，6″级仪器不应超过 1.5″。

7)光学(或激光)对中器的视轴(或射线)与竖轴的重合度不应大于 1mm。

(2)水平角观测前的准备工作。

1)应检查觇标是否稳固安全，确认其稳固后，方可进行观测。

2)整置仪器，按选点图或概略方向值找到观测方向，辨认照准目标附近的地形特征，以便观测时能顺利找到目标。并检查视线超越或旁离障碍物的距离应符合规定。方向观测要选择一个距离适中、通视良好、成像清晰的方向作为零方向。

3)为消除或减弱度盘分划长短周期误差、测微器分划误差及行差的影响，应使水平角观测各测回均匀地分配在度盘和测微器的不同位置上。

(3)水平角观测的条件。水平角观测均应在通视良好、成像清晰稳定时进行。晴天的日出、日落和中午前后，如果成像模糊或跳动剧烈时，不应进行观测。

水平角观测一般在白天进行。二等点上的全部测回，应在两个以上时间段(上午、下午、夜间各为一个时间段)完成。

每个间段观测的基本测回数不应多于全部基本测回数的 2/3；按全组合测角法观测时，同一角度各测回不得连续观测。二等以下各等级控制点上的全部测回，可以在一个时间段内测完。

(4)水平角观测中的方向观测法。

1)方向观测法的技术要求。

①方向观测法的技术要求，不应超过表 7-4 的规定。

表 7-4 水平角方向观测法的技术要求

等级	仪器精度等级	光学测微器两次重合读数之差(″)	半测回归零差(″)	一测回内 2C 互差(″)	同一方向值各测回较差(″)
四等及以上	1″级仪器	1	6	9	6
	2″级仪器	3	8	13	9
一等及以下	2″级仪器	—	12	18	12
	6″级仪器	—	18	—	24

注：1. 全站仪、电子经纬仪水平角观测时不受光学测微器再次重合读数之差指标的限制。

2. 当观测方向的垂直角超过±3°的范围时，该方向 2C 互差可按相邻测回同方向进行比较，其值应满足表中一测回内 2C 互差的限值。

②当观测方向不多于3个时,可不归零。

③当观测方向多于6个时,可进行分组观测。分组观测应包括两个共同方向(其中一个为共同零方向)。其两组观测角之差,不应大于同等级测角中误差的2倍。分组观测的最后结果,应按等权分组观测进行测站平差。

④各测回间应配置度盘。

⑤水平角的观测值应取各测回的平均数作为测站成果。

2)方向观测法测器的观测程序。方向观测法一测回的操作程序为:

①将仪器照准零方向标的,按观测度盘对好度盘和测微器。

②顺时针方向旋转照准部1～2周后精确照准零方向标的,进行水平度盘测微器读数(重合对径分划线二次)。

③顺时针方向旋转照准部,精确照准2方向标的,进行读数;顺时针方向旋转照准部依次进行3、4、……、n方向的观测,最后闭合至零方向。

④纵转望远镜,逆时针方向旋转照准部1～2周后,精确照准零方向,进行读数。

⑤逆时针方向旋转照准部,按上半测回观测的相反次序依次观测至零方向。

(5)在观测过程中,如遇某些方向目标暂不清晰时,可先放弃,待清晰时补测。一测回中放弃的方向数不应超过方向总数的1/3,放弃方向补测时,可只联测零方向。如全部测回已测完,某些方向尚未观测过,对这些方向的观测应按分组观测处理。

(6)在高等级控制点上设站观测低等级方向时,应联测两个高等级方向,且宜是与低等级方向构成图形的高等级方向。高等级方向间夹角的观测值和原观测角值(当查不到原观测成果时,则用原平差值)之差不应超过$\pm 2\sqrt{m_n^2+m_o^2}$,式中的m_n、m_o为相应于新、旧成果等级规定的测角中误差。

(7)三、四等导线的水平角观测,当测站只有两个方向时,应在观测总测回中以奇数测回的度盘位置观测导线前进方向的左角,以偶数测回的度盘位置观测导线前进方向的右角。左右角的测回数为总测回数的一半。但在观测右角时,应以左角起始方向为准变换度盘位置,也可用起始方向的度盘位置加上左角的概值在前进方向配置度盘。

左角平均值与右角平均值之和与360°之差,不应大于表7-3中相应等级导线测角中误差的2倍。

(8)水平角观测的测站作业,应符合下列规定:

1)仪器或反光镜的对中误差不应大于2mm。

2)水平角观测过程中,气泡中心位置偏离整置中心不宜超过1格。四等及以上等级的水平角观测,当观测方向的垂直角超过±3°的范围时,宜在测回间重新整置气泡位置。有垂直轴补偿器的仪器,可不受此款的限制。

3)如受外界因素(如震动)的影响,仪器的补偿器无法正常工作或超出补偿器的补偿范围时,应停止观测。

4)当测站或照准目标偏心时,应在水平角观测前或观测后测定归心元素。测定时,投影示误三角形的最长边,对于标石、仪器中心的投影不应大于5mm,对于照准标志中心的投影不应大于10mm。投影完毕后,除标石中心外,其他各投影中心均应描绘两个观测方向。角度元素应量至15′,长度元素应量至1mm。

(9)水平角观测成果的重测和取舍应符合下列规定:

1)凡超出规定限差的结果,均应进行重测。重测应在基本测回完成并对成果综合分析后再进行。

2)2C 较差或各测回较差超限时，应重测超限方向并联测零方向。因测回较差超限重测时，除明显孤值外，原则上应重测观测结果中最大和最小值的测回。

3)零方向的 2C 较差或下半测回的归零差超限，该测回应重测。方向观测法一测回中，重测方向数超过所测方向总数的 1/3 时(包括观测三个方向有一个方向重测)，该测回应重测。

4)采用方向观测法时，每站基本测回重测的方向测回数，不应超过全部方向测回总数的1/3，否则整站重测。

方向观测法重测数的计算，在基本测回观测结果中，重测一个方向算作一个方向测回；因零方向超限而重测的整个测回算作(n_d-1)个方向测回. 每站全部方向测回总数按(n_d-1)n_o 计算，n_d 为该站方向总数，n_o 为测回数。

5)基本测回成果和重测成果，应载入记簿。重测与基本测回结果不取中数，每一测回只取一个符合限差的结果。

6)因三角形闭合差、极条件、基线条件、方位角条件自由项超限而重测时，应进行认真分析择取有关测站整站重测。

(10)归心元素的测定方法和要求应符合下列规定：

1)归心元素测定，宜用经纬仪置于三个仪器位置上按盘左、盘右投影，投影面的交角应接近60°或 120°。如因地形限制，也可在交角约为 90°的两个位置上连续投影两次(两次间须稍变动仪器位置)。

2)投影应在专用投影纸上(如用透明纸需投影后贴在投影纸上)进行，投影完毕应描绘本点的两个观测方向，其中一个宜为零方向。其观测值与描绘值之差，当偏心距小于 0.3m 时，不应超过 2°；偏心距大于 0.3m 时，不应超过 1°。

3)在不设测站观测的点上进行照准点投影时，描绘方向包括测站点方向，同时用仪器观测两个描绘方向间的夹角记于投影纸上。

(11)二等观测，测站点和照准点归心元素应在水平角观测前、后各测定一次；三、四等观测归心元素宜测定一次。

照准点投影距观测的时间：二等观测 8m 及 8m 以上觇标不应超过一个月，二等观测 8m 以下觇标和三、四等观测不应超过两个月。对于高标或不稳固的觇标，应根据实际情况，适当增加投影次数。当遇大风等特殊情况时，应及时投影。

(12)二、三等网的方向观测值应按下式进行高斯投影的方向改化计算：

$$\left.\begin{aligned}\delta_{1,2}&=\frac{\rho''}{6R_m^2}(x_1-x_2)(2y_1+y_2)\\\delta_{2,1}&=\frac{\rho''}{6R_m^2}(x_2-x_1)(y_1+2y_2)\end{aligned}\right\}\tag{7-3}$$

四等网的方向观测值的方向改化可采用下列近似公式计算：

$$\delta_{1,2}=-\delta_{2,1}=\frac{\rho''}{2R_m^2}(x_1-x_2)y_m\tag{7-4}$$

式中　$\delta_{1,2}$——测站点 1 向照准点 2 观测方向的方向改化值(″)；

$\delta_{2,1}$——测站点 2 向照准点 1 观测方向的方向改化值(″)；

x_1、x_2、y_1、y_2——1、2 两点的坐标值(m)；

R_m——参考椭球面在 1、2 两点中点的平均曲率半径(m)；

y_m——1、2 两点的横坐标平均值(m)。

3. 距离测量

城市各等级平面控制网、工程平面控制网和图根控制网的起始边和边长，均可采用相应精度的光电测距仪测定。

(1)测距仪器的标称精度,按式(7-5)表示。

$$m_D = a + b \times D \tag{7-5}$$

式中 m_D——测距中误差(mm);

a——标称精度中的固定误差(mm);

b——标称精度中的比例误差系数/(mm/km);

D——测距长度(km)。

(2)各等级控制网边长测距的主要技术要求,应符合表7-5的规定。

表7-5 测距的主要技术要求

平面控制网等级	仪器精度等级	每边测回数		一测回读数较差(mm)	单程各测回较差(mm)	往返测距较差(mm)
		往	返			
三等	5mm级仪器	3	3	≤5	≤7	$\leq 2(a+b\times D)$
	10mm级仪器	4	4	≤10	≤15	
四等	5mm级仪器	2	2	≤5	≤7	
	10mm级仪器	3	3	≤10	≤15	
一级	10mm级仪器	2	—	≤10	≤15	—
二、三级	10mm级仪器	1	—	≤10	≤15	

注:1. 测回是指照准目标一次,读数2～4次的过程。

2. 困难情况下,边长测距可采取不同时间段测量代替往返观测。

(3)测距边的选择。对测距边的选择,测距边的长度宜在各等级控制网平均边长(1±30%)的范围内选择,并顾及所用测距仪的最佳测程;测线宜高出地面和离开障碍物1m以上;测线应避免通过发热体(如散热塔、烟囱等)的上空及附近;安置测距仪的测站应避开受电磁场干扰的地方,离开高压线宜大于5m;应避免测距时的视线背景部分有反光物体。

(4)光电测距时,气象数据的测定应符合表7-6的规定。

表7-6 气象数据的测定要求

等级	最小读数		测定的时间间隔	气象数据的取用
	温度(℃)	气压(Pa)		
二、三、四等网的起始边和边长	0.2	50(0.5mmHg)	一测站同时段观测的始末	测边两端的平均值
一级网和起始边和边长	0.5	100(或1mmHg)	每边测定一次	观测一端的数据
二级网的起始边和边长,以及三级导线边长	0.5	100(或1mmHg)	一时段始末各测定一次	取平均值作为各边测量的气象数据

1)气象仪表宜选用通风干湿温度表和空盒气压表在测距时使用的温度表及气压表宜和测距仪检定时一致。

2)到达测站后应立刻打开装气压表的盒子置平气压表,避免受日光曝晒。温度表应悬挂在与测距视线同高、不受日光辐射影响和通风良好的地方,待气压表和温度表与周围温度一致后,才能正式测记气象数据。

(5)测距观测时间的选择应符合下列规定：

1)应在大气稳定和成像清晰的气象条件下进行观测晴天日出后与日落前半小时内不宜观测，中午可根据地区、季节和气象情况留有适当的间歇时间。阴天有微风时，可以全天观测。

2)在雷雨前后、大雾、大风、雨、雪天气及大气透明度很差的情况下不应作业。

(6)测距的作业要求应符合下列规定：

1)严格执行仪器说明书中规定的操作程序。

2)测距前应先检查电池电压是否符合要求。在气温较低时作业，应有一定的预热时间，使仪器各电子部件达到正常稳定的工作状态时方可正式测距。读数时，信号指示器指针应在最佳回光信号范围内。

3)在晴天作业时仪器须打伞，严禁将照准头对向太阳，亦不宜顺光、逆光观测。仪器的主要电子附件也不应曝晒。

4)宜按仪器性能在规定的测程范围内使用规定的棱镜个数，作业中使用的棱镜宜与检验时使用的棱镜一致。

5)严禁有另外的反光镜位于测线或测线延长线上。对讲机亦应暂时停止通话。

4. 导线测量数据的处理

当观测数据中含有偏心测量成果时，应先进行归心改正计算。水平距离计算中测量的斜距，须经气象改正和仪器的加、乘常数改正后才能进行水平距离计算；两点间的高差测量，宜采用水准测量。当采用电磁波测距三角高程测量时，其高差应进行大气折光改正和地球曲率改正。水平距离可按下式计算：

$$D_p=\sqrt{S^2-h^2} \tag{7-6}$$

式中 D_p——测线的水平距离(m)；

S——经气象及加、乘常数等改正后的斜距(m)；

h——仪器的发射中心与反光镜的反射中心之间的高差(m)。

(1)导线网水平角观测的测角中误差。导线网水平角观测的测角中误差，应按式(7-5)计算：

$$m_\beta=\sqrt{\frac{1}{N}\left[\frac{f_\beta f_\beta}{n}\right]} \tag{7-7}$$

式中 f_β——导线环的角度闭合差或附合导线的方位角闭合差(″)；

n——计算 f_β 时的相应测站数；

N——闭合环及附合导线的总数。

(2)测距边的精度评定。测距边的精度评定，应按式(7-8)、式(7-9)计算；当网中的边长相差不大时，可按式(7-10)计算网的平均测距中误差。

1)单位权中误差：

$$\mu=\sqrt{\frac{[Pdd]}{2n}} \tag{7-8}$$

式中 d——各边往、返测的距离较差(mm)；

n——测距边数；

P——各边距离的先验权，其值为$\frac{1}{\sigma_D^2}$，σ_D 为测距的先验中误差，可按测距仪器的标称精度计算。

2)任一边的实际测距中误差：

$$m_{Di}=\mu\sqrt{\frac{1}{P_i}} \tag{7-9}$$

式中 m_{Di}——第 i 边的实际测距中误差(mm)；

P_i——第 i 边距离测量的先验权。

3)网的平均测距中误差：

$$m_{Di}=\sqrt{\frac{[dd]}{2n}} \tag{7-10}$$

式中 m_{Di}——平均测距中误差(mm)。

(3)测距边长度的归化投影计算。测距边长度的归化投影计算，应符合下列规定。

1)归算到测区平均高程面上的测距边长度，应按下式计算：

$$D_H=D_p\left(1+\frac{H_p-H_m}{R_A}\right) \tag{7-11}$$

式中 D_H——归算到测区平均高程面上的测距边长度(m)；

D_P——测线的水平距离(m)；

H_P——测区的平均高程(m)；

H_m——测距边两端点的平均高程(m)；

R_A——参考椭球体在测距边方向法截弧的曲率半径(m)。

2)归算到参考椭球面上的测距边长度，应按下式计算：

$$D_0=D_P\left(1-\frac{H_m+h_m}{R_A+H_m+h_m}\right) \tag{7-12}$$

式中 D_0——归算到参考椭球面上的测距边长度(m)；

h_m——测区大地水准面高出参考椭球面的高差(m)。

3)测距边在高斯投影面上的长度，应按下式计算：

$$D_g=D_0\left(1+\frac{y_m^2}{2R_m^2}+\frac{\Delta y^2}{24R_m^2}\right) \tag{7-13}$$

式中 D_g——测距边在高斯投影面上的长度(m)；

y_m——测距边两端点横坐标的平均值(m)；

R_m——测距边中点处在参考椭球面上的平均曲率半径(m)；

Δy——测距边两端点横坐标的增量(m)。

(4)导线网平差。导线网平差时，角度和距离的先验中误差，可分别按式(7-7)～式(7-10)计算，也可用数理统计等方法求得的经验公式估算先验中误差的值，并用以计算角度及边长的权。平差计算时，对计算略图和计算机输入数据应进行仔细校对，对计算结果应进行检查。打印输出的平差成果，应包含起算数据、观测数据以及必要的中间数据。平差后的精度评定，应包含有单位权中误差、点位误差椭圆参数或相对点位误差椭圆参数、边长相对中误差或点位中误差等。当采用简化平差时，平差后的精度评定，可作相应简化。

(四)导线测量外业

导线测量外业工作包括：错勘选点、测角量边、埋设标志。

1. 踏勘选点

在去测区踏勘选点之前，先到有关部门收集原有地形图，高一级控制点的坐标和高程，以及这些已知点的位置详图。在原有地形图上拟定导线布设的初步方案，然后到实地踏勘修改并确定导线点位，选点时应合理确定点位，注意以下几点：

(1)导线点间应通视良好，地势平坦，便于测角量边。

(2)导线点应选在土质坚实处，便于保存标志和安置仪器。

(3)视野开阔，便于扩展加密控制点和施测碎部。

(4)导线点应有足够的密度，分布要均匀，便于控制整个测区。

(5)导线边长应大致相等，尽量避免相邻边长相差悬殊，最长不应超平均边长两倍，以保证和提高测角精度。

2. 边角观测

边角观测的工作内容包括测边、测角、定向三部分。

(1)测边。导线边长可用电磁波测距仪或全站仪单向施测完成，也可用经检定过的钢尺往返丈量完成。

(2)测角。导线的转折角有左、右之分，以导线为界，按编号顺序方向前进，在前进方向左侧的角称为左角，在前进方向右侧的角称为右角。对于附合导线，可测左角，也可测右角，但是全线要统一。对于闭合地线，可测其内角，也可测其外角，若测其内角并按逆时针方向编号，其内角均为左角，反之均为右角。角度观测采用测回法，各等级导线的测角要求。

(3)定向。为了控制导线的方向，在导线起、止的已知控制点上，必须测定连接角，此项工作称为导线定向，或称导线连接测量。定向的目的是为了确定每条导线边的方位角。

3. 埋设标志

导线点位置选定后，若为长期保存的控制点，应埋设图 7-7 所示的混凝土标石，中心钢筋顶面刻有交叉线，其交点即为永久标志。若导线点为临时控制点，则只需在点位上打一木桩，桩顶面钉一小铁钉，铁钉之几何中心即为导线点中心标志。

4. 导线点连测

如图 7-8 所示，导线与高级控制网连接时，需观测连接角 β_A、β_1 和连接边 D_{A1}，用于传递坐标方位角和坐标。若测区及附近无高级控制点，在经过主管部门同意后，可用罗盘仪观测导线起始边的方位角，并假定起始点的坐标为起算数据。

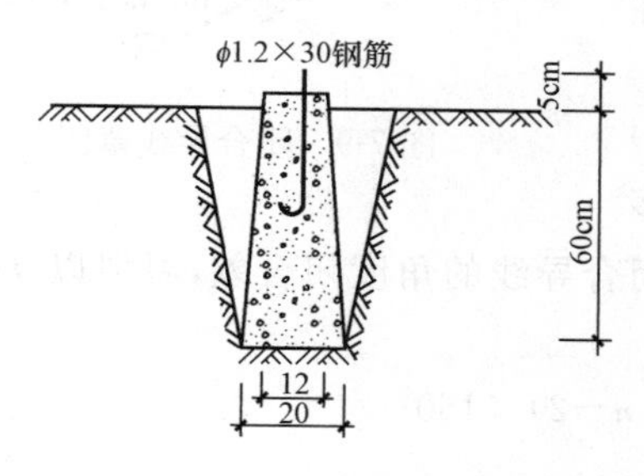

图 7-7 埋设标志示意图

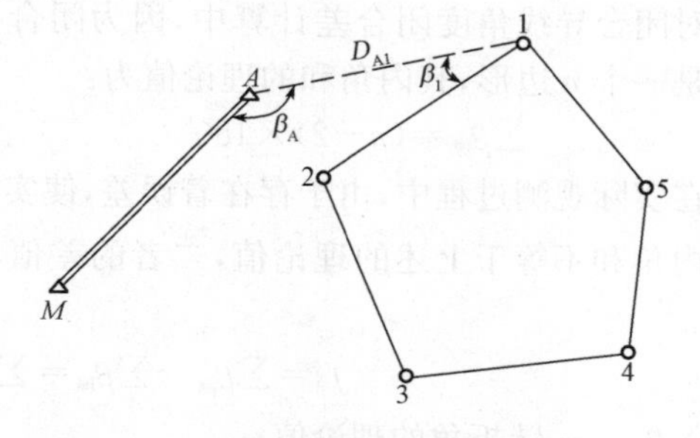

图 7-8 连测示意图

(五)闭合导线测量内业计算

导线测量内业计算的目的是计算各导线点的坐标，计算前应全面检查各导线测点的外业记录。如图 7-9 所示的闭合导线，其内业计算的具体运作过程及结果见表 7-7。

表 7-7　　闭合导线坐标计算表

点号	观测角 β (° ′ ″)	改正数 (″)	改正后角值 (° ′ ″)	坐标方位角 α(° ′ ″)	距离 D (m)	纵坐标增量 Δx 计算值 (m)	纵坐标增量 Δx 改正数 (cm)	纵坐标增量 Δx 改正后 (m)	横坐标增量 Δy 计算值 (m)	横坐标增量 Δy 改正数 (cm)	横坐标增量 Δy 改正后 (m)	坐标值 x(m)	坐标值 y(m)	点号
1	2	3	4	5	6	7	8	9	10	11	12	13	14	15
1												320.00	280.00	1
				45 30 00	78.16	+54.78	+2	+54.80	+55.75	−1	55.74			
2	89 33 45	+18	89 34 03									374.80	335.74	2
				135 55 57	129.34	−92.93	+3	−92.90	+89.96	−3	+89.93			
3	73 00 11	+18	73 00 29									281.90	425.67	3
				242 55 28	80.18	−36.50	+2	−36.48	−71.39	−1	−71.40			
4	107 48 22	+18	107 48 40									245.42	354.27	4
				315 06 48	105.22	+74.55	+3	+74.58	−74.25	−2	−74.27			
1	89 36 30	+18	89 36 48									320.00	280.00	1
				45 30 00										
$\sum$	359 58 48	+72	360 00 00		392.90	−0.10	+0.10	0.00	+0.07	−0.07	0.00			
辅助计算	$f_\beta=\sum\beta_{\text{测}}-\sum\beta_{\text{理}}=359°58'48''-360°=-72''$ $f_{\beta\text{容}}=\pm60''\sqrt{4}=\pm120''(f_\beta<f_{\beta\text{容}})$ $f_x=\sum\Delta_x=-0.10\text{m}$ $f_y=\sum\Delta_y=+0.07\text{m}$ $f_D=\sqrt{f_x^2+f_y^2}=0.12\text{m}$ $K=\frac{\mid f_D\mid}{\sum D}=\frac{0.12}{392.90}\approx\frac{1}{3270}(K<K_{\text{容}})$								N 2 89°33′45″ 129.34 78.16 45°30′00″ 1 89°36′30″ 73°00′11″ 3 105.22 107°48′22″ 80.18 4					

计算之前，首先将导线草图中的点号、角度的观测值、边长的量测值以及起始边的方位角、起始点的坐标等填入“闭合导线坐标计算表”中，见表 7-7 中的第 1 栏、第 2 栏、第 6 栏、第 5 栏的第一项、第 13、14 栏的第一项所示。然后按以下步骤进行计算。

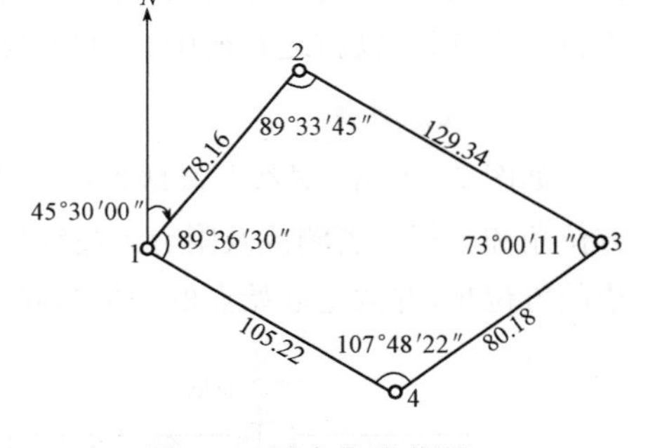

图 7-9　闭合导线草图

1. 角度闭合差的计算与调整

在对闭合导线角度闭合差计算中，因为闭合导线在几何上是一个 n 边形，其内角和的理论值为：

$$\sum\beta_{\text{理}}=(n-2)\times180° \tag{7-14}$$

但在实际观测过程中，由于存在着误差，使实测的多边形的内角和不等于上述的理论值，二者的差值称为闭合导线的角度闭合差，习惯以 f_β 表示。即有：

$$f_\beta=\sum\beta_{\text{测}}-\sum\beta_{\text{理}}=\sum\beta_{\text{测}}-(n-2)\times180° \tag{7-15}$$

式中　$\sum\beta_{\text{理}}$——转折角的理论值；

$\sum\beta_{\text{测}}$——转折角的外业观测值。

如果 $f_\beta>f_{\beta\text{容许}}$，则说明角度闭合差超限，不满足精度要求，应返工重测直到满足精度要求；如果 $f_\beta\leqslant f_{\beta\text{容许}}$，则说明所测角度满足精度要求，在此情况下，可将角度闭合差进行调整。因为各角观测均在相同的观测条件下进行，所以可认为各角产生的误差相等。因此，角度闭合差调整的原则是：将 f_β 以相反的符号平均分配到各观测角中，若不能均分，一般情况下，将余数分配给短边的夹角，即各角度的改正数为：

$$v_\beta = -f_\beta / n$$

则各转折角调整以后的值（又称为改正值）为：

$$\beta = \beta_{测} + v_\beta \tag{7-16}$$

调整后的内角和必须等于理论值，即$\sum\beta = (n-2) \times 180°$。

2. 导线边坐标方位角的推算

在对闭合导线坐标角的推算中，根据起始边的已知坐标方位角及调整后的各内角值，可以推导出，前一边的坐标方位角 $\alpha_{前}$ 与后一边的坐标方位角 $\alpha_{后}$ 的关系式：

$$\alpha_{前} = \alpha_{后} \pm \beta \mp 180° \tag{7-17}$$

但在具体推算时要注意以下几点。

(1)上式中的"$\pm\beta\mp 180°$"项，若 β 角为左角，则应取 $+\beta - 180°$；若 β 角为右角，则应取"$-\beta + 180°$"。

(2)如用公式推导出来的 $\alpha_{前} < 0°$则应加上 360°；若 $\alpha_{前} > 360°$，则应减去 360°，使各导线边的坐标方位角在 0°～360°的取值范围内。

(3)起始边的坐标方位角最后也能推算出来，推算值应与原已知值相等，否则推算过程有误。

3. 坐标增量的计算

在对闭合导线坐标增量计算中，一导线边两端点的纵坐标（或横坐标）之差，称为该导线边的纵坐标（或横坐标）增量，常以 Δx（或 Δy）表示。

设 i、j 为两相邻的导线点，量两点之间的边长为 D_{ij}，已根据观测角调整后的值推出了坐标方位角为 α_{ij}，应当由三角几何关系可计算出 i、j 两点之间的坐标增量（在此称为观测值）Δx_{ij} 和 Δy_{ij}，分别为：

$$\left.\begin{aligned} \Delta x_{ij测} &= D_{ij} \cdot \cos\alpha_{ij} \\ \Delta y_{ij测} &= D_{ij} \cdot \sin\alpha_{ij} \end{aligned}\right\} \tag{7-18}$$

4. 坐标增量闭合差的计算与调整

在进行闭合导线坐标增量闭合差的计算与调整过程中，因闭合导线从起始点出发经过若干个导线点以后，最后又回到了起始点，其坐标增量之和的理论值为零，如图 7-10(a)所示。

即：

$$\left.\begin{aligned} \sum\Delta x_{ij理} &= 0 \\ \sum\Delta y_{ij理} &= 0 \end{aligned}\right\} \tag{7-19}$$

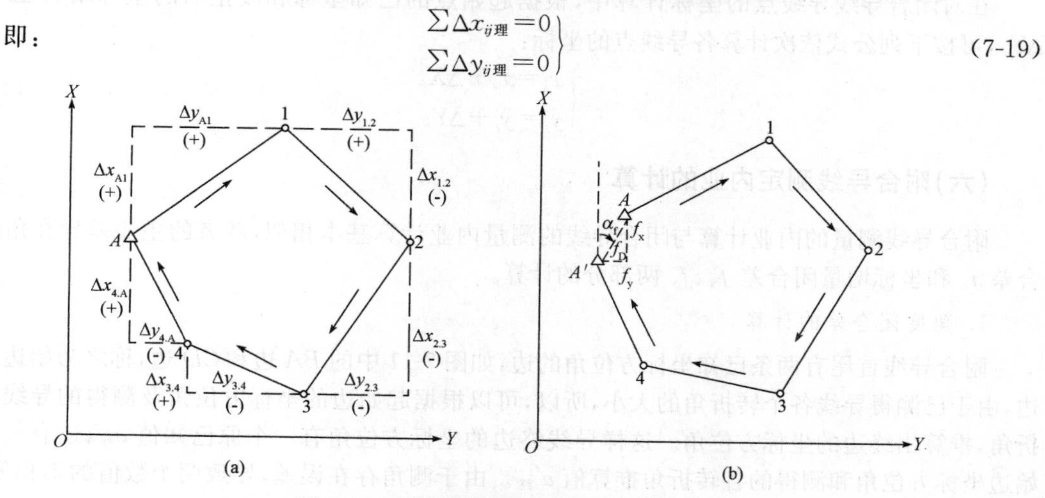

图 7-10　闭合导线坐标增量及闭合差

实际上从式(7-18)中可以看出,坐标增量由边长 D_{ij} 和坐标方位角 α_{ij} 计算而得,但是边长同样存在误差,从而导致坐标增量带有误差,即坐标增量的实测值之和 $\sum \Delta x_{ij测}$ 和 $\sum \Delta y_{ij测}$ 一般情况下不等于零,这就是坐标增量闭合差,通常以 f_x 和 f_y 表示,如图 7-10(b)所示,即:

$$\begin{cases} f_x = \sum \Delta x_{ij测} \\ f_y = \sum \Delta y_{ij测} \end{cases} \tag{7-20}$$

由于坐标增量闭合差存在,根据计算结果绘制出来的闭合导线图形不能闭合,如图 7-10(b)所示,不闭合的缺口距离,称为导线全长闭合差,通常以 f_D 表示。按几何关系,用坐标增量闭合差可求得导线全长闭合差 f_D。

$$f_D = \sqrt{f_x^2 + f_y^2} \tag{7-21}$$

导线全长闭合差 f_D 是随着导线的长度增大而增大,导线测量的精度是用导线全长相对闭合差 K(即导线全长闭合差 f_D 与导线全长 $\sum D$ 之比值)来衡量的,即:

$$K = \frac{f_D}{\sum D} = \frac{1}{\sum D / f_D} \tag{7-22}$$

导线全长相对闭合差 K 常用分子是 1 的分数形式表示。

若 $K \leqslant K_{容}$ 表明测量结果满足精度要求,可将坐标增量闭合差反符号后,按与边长成正比的方法分配到各坐标增量上去,从而得到各纵、横坐标增量的改正值,以 ΔX_{ij} 和 ΔY_{ij} 表示:

$$\begin{cases} \Delta X_{ij} = \Delta x_{ij测} + v_{\Delta x_{ij}} \\ \Delta Y_{ij} = \Delta y_{ij测} + v_{\Delta y_{ij}} \end{cases} \tag{7-23}$$

式中的 $v_{\Delta x_{ij}}$、$v_{\Delta y_{ij}}$ 分别称为纵、横坐标增量的改正数,即:

$$\begin{cases} v_{\Delta x_{ij}} = -\dfrac{f_x}{\sum D} D_{ij} \\ v_{\Delta y_{ij}} = -\dfrac{f_y}{\sum D} D_{ij} \end{cases} \tag{7-24}$$

5. 导线点坐标计算

在对闭合导线导线点的坐标计算中,根据起始点的已知坐标和改正后的坐标增量 ΔX_{ij} 和 ΔY_{ij},可按下列公式依次计算各导线点的坐标:

$$\begin{cases} x_j = x_i + \Delta X_{ij} \\ y_j = y_i + \Delta Y_{ij} \end{cases} \tag{7-25}$$

(六)附合导线测定内业的计算

附合导线测量的内业计算与闭合导线的测量内业计算基本相似,两者的主要差异在角度闭合差 f_β 和坐标增量闭合差 f_x、f_y 两部分的计算。

1. 角度闭合差的计算

附合导线首尾有两条已知坐标方位角的边,如图 7-11 中的 BA 边和 CD 边,称之为始边和终边,由于已测得导线各个转折角的大小,所以,可以根据起始边的坐标方位角及测得的导线各转折角,推算出终边的坐标方位角。这样导线终边的坐标方位角有一个原已知值 $\alpha_{终}$,还有一个由始边坐标方位角和测得的各转折角推算值 $\alpha'_{终}$。由于测角存在误差,导致两个数值的不相等,二值之差即为附合导线的角度闭合差 f_β。

即：
$$f_\beta = \alpha'_{终} - \alpha_{终} = \alpha_{始} - \alpha_{终} \pm \sum\beta \mp n \times 180° \tag{7-26}$$

2. 坐标增量闭合差的计算

在附合导线坐标增量闭合差计算中，附合导线的首尾各有一个已知坐标值的点，如图7-11所示的A点和C点，称之为始点和终点。附合导线的纵、横坐标增量的代数和，在理论上应等于终点与终点的纵、横坐标差值，即：

$$\begin{cases} \sum \Delta x_{ij理} = x_{终} - x_{始} \\ \sum \Delta y_{ij理} = y_{终} - y_{始} \end{cases} \tag{7-27}$$

但由于量边和测角有误差，根据观测值推算出来的纵、横坐标增量之代数和：$\sum\Delta x_{ij测}$ 和 $\sum\Delta_{ij测}$，与理论值通常是不相等的，二者之差即为纵、横坐标增量闭合差：

$$\begin{cases} f_x = \sum \Delta x_{ij测} - (x_{终} - x_{始}) \\ f_y = \sum \Delta y_{ij测} - (y_{终} - y_{始}) \end{cases} \tag{7-28}$$

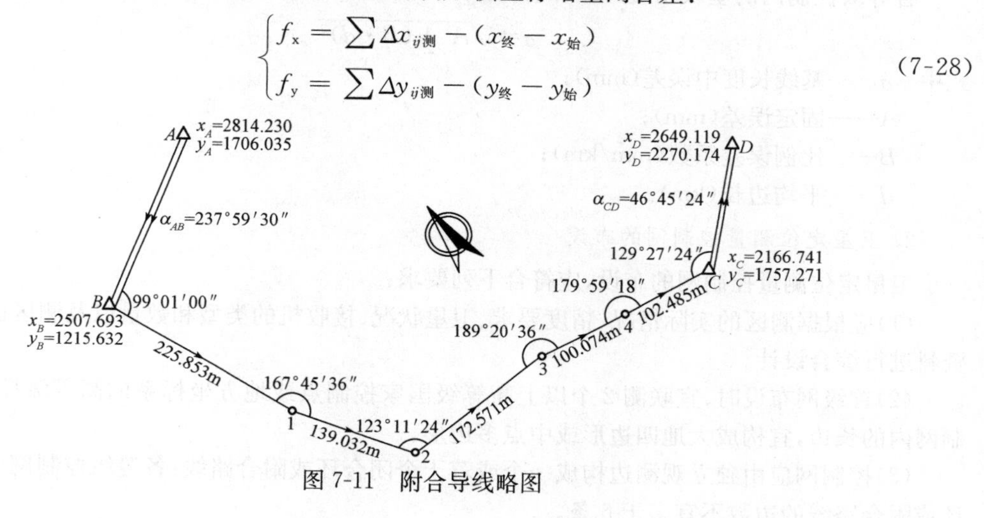

图 7-11　附合导线略图

(七)支导线的计算

由于支导线既不回到原起始点上，又不附合到另一个已知点上，所以在支导线计算中也就不会出现两种矛盾：

(1)观测角的总和与导线几何图形的理论值不符的矛盾，即角度闭合差。

(2)从已知点出发，逐点计算各点坐标，最后闭合到原出发点或附合到另一个已知点时，其推算的坐标值与已知坐标值不符的矛盾，即坐标增量闭合差。支导线没有检核限制条件，不需要计算角度闭合差和坐标增量闭合差，只要根据已知边的坐标方位角和已知点的坐标，把外业测定的转折角和转折边长，直接代入式(7-17)和式(7-18)计算出各边方位角及各边坐标增量，最后推算出待定导线点的坐标。

所以，支导线只适用于图根控制补点使用。

四、卫星定位测量

(一)卫星定位测量的主要技术要求

1. 卫星定位测量的技术指标

(1)各等级卫星定位测量控制网的主要技术指标，应符合表7-8的规定。

表 7-8 卫星定位测量控制网的主要技术要求

等级	平均边长（km）	固定误差 A（mm）	比例误差系数 B（mm/km）	约束点间的边长相对中误差	约束平差后最弱边相对中误差
二等	9	≤10	≤2	≤1/250000	≤1/120000
三等	4.5	≤10	≤5	≤1/150000	≤1/70000
四等	2	≤10	≤10	≤1/100000	≤1/40000
一级	1	≤10	≤20	≤1/40000	≤1/20000
二级	0.5	≤10	≤40	≤1/20000	≤1/10000

各等级控制网的基线精度，按下式计算

$$\sigma=\sqrt{A^2+(B\cdot d)^2} \tag{7-29}$$

式中 σ——基线长度中误差（mm）；

A——固定误差（mm）；

B——比例误差系数（mm/km）；

d——平均边长（km）。

2. 卫星定位测量控制网的布设

卫星定位测量控制网的布设，应符合下列要求：

（1）应根据测区的实际情况、精度要求、卫星状况、接收机的类型和数量以及测区已有的测量资料进行综合设计。

（2）首级网布设时，宜联测 2 个以上高等级国家控制点或地方坐标系的高等级控制点；对控制网内的长边，宜构成大地四边形或中点多边形。

（3）控制网应由独立观测边构成一个或若干个闭合环或附合路线：各等级控制网中构成闭合环或附合路线的边数不宜多于 6 条。

（4）各等级控制网中独立基线的观测总数，不宜少于必要观测基线数的 1.5 倍。

（5）加密网应根据工程需要，在满足精度要求的前提下可采用比较灵活的布网方式。

（6）对于采用 GPS-RTK 测图的测区，在控制网的布设中应顾及参考站点的分布及位置。

控制网的测量中误差，按下式计算：

$$m=\sqrt{\frac{1}{3N}\left[\frac{WW}{n}\right]} \tag{7-30}$$

式中 m——控制网的测量中误差（mm）；

N——控制网中异步环的个数；

n——异步环的边数；

W——异步环环线全长闭合差（mm）。

控制网的测量中误差，应满足相应等级控制网的基线精度要求，并符合下式的规定。

$$m\leqslant\sigma \tag{7-31}$$

3. 卫星定位控制点位的选定

（1）点位应选在土质坚实、稳固可靠的地方，同时要有利于加密和扩展，每个控制点至少应有一个通视方向。

（2）点位应选在视野开阔，高度角在 15°以上的范围内，应无障碍物；点位附近不应有强烈干扰接收卫星信号的干扰源或强烈反射卫星信号的物体。

(3)充分利用符合要求的旧有控制点。

(二)GPS观测

GPS控制测量作业的基本技术要求，应符合表7-9的规定；GPS观测和记录应符合下列规定：

(1)各等级GPS网的观测应选用双频或单频GPS接收机，接收机标称精度：二等应优于(10mm+2ppm)，二等以下各等级应优于(10mm+5ppm)；同步观测接收机数：二、三等不应少于3台，三等以下各等级不应少于2台。

(2)施测前，按照测区的平均经度、纬度和作业日期编制GPS卫星可见性预报表，根据该表进行同步观测环图形设计和时段设计，编制出作业计划进度表。

(3)观测前，应对接收机进行预热和静置，同时应检查电池的容量、接收机的内存和可储存空间是否充足。

(4)城市GPS网测量不观测气象元素，只记录天气状况。

(5)天线定向标志线应指向正北，对于定向标志不明显的天线，按统一规定的记号安置天线并指向正北。天线安置需严格对中。每时段观测前后各量取天线高一次，量至毫米，两次量高较差不应大于3mm，取平均值作为最后天线高。若较差超限，应查明原因，提出处理意见并记录在观测手簿记事栏内。

(6)观测组应严格按调度表规定的时间同步观测同一组卫星。

(7)观测中，应避免在接收机近旁使用无线电通信工具。

(8)作业同时，应做好测站记录，包括控制点点名、接收机序列号、仪器高、开关机时间等相关的测站信息。不得事后补记或追记。

(9)接收机内存数据文件在卸到外存介质上时，不得进行任何剔除或删改，不得调用任何对数据实施重新加工组合的操作指令。

表7-9　　GPS控制测量作业的基本技术要求

等级		二等	三等	四等	一级	二级
接收机类型		双频	双频或单频	双频或单频	双频或单频	双频或单频
仪器标称精度		10mm+2ppm	10mm+5ppm	10mm+5ppm	10mm+5ppm	10mm+5ppm
观测量		载波相位	载波相位	载波相位	载波相位	载波相位
卫星高度角(°)	静态	≥15	≥15	≥15	≥15	≥15
	快速静态	—	—	—	≥15	≥15
有效观测卫星数	静态	≥5	≥5	≥4	≥4	≥4
	快速静态	—	—	—	≥5	≥5
观测时段长度(min)	静态	30～90	20～60	15～45	10～30	10～30
	快速静态	—	—	—	10～15	10～15
数据采样间隔(s)	静态	10～30	10～30	10～30	10～30	10～30
	快速静态	—	—	—	5～15	5～15
点位几何图形强度因子PDOP		≤6	≤6	≤6	≤8	≤8

(三)GPS测量数据处理

GPS测量数据处理包括的内容有基线解算、GPS控制测量外业观测、GPS控制网的无约束平差和约束平差。

1. 基线解算

基线解算时应满足起算点的单点定位观测时间,不宜少于30min;解算模式可采用单基线解算模式,也可采用多基线解算模式;解算成果,应采用双差固定解。

2. GPS控制测量外业观测

GPS控制测量外业观测的全部数据应经同步环、异步环和复测基线检验,同步环各坐标分量闭合差及环线全长闭合差应满足式(7-32)~式(7-36)要求:

$$W_x \leqslant \frac{\sqrt{n}}{5}\sigma \tag{7-32}$$

$$W_y \leqslant \frac{\sqrt{n}}{5}\sigma \tag{7-33}$$

$$W_z \leqslant \frac{\sqrt{n}}{5}\sigma \tag{7-34}$$

$$W=\sqrt{W_x^2+W_y^2+W_z^2} \tag{7-35}$$

$$W \leqslant \frac{\sqrt{3n}}{5}\sigma \tag{7-36}$$

式中 n——同步环中基线边的个数;

W——同步环环线全长闭合差(mm)。

异步环各坐标分量闭合差及环线全长闭合差,应满足式(7-37)~式(7-41)的要求;复测基线的长度较差,应满足式(7-42)的要求。

$$W_x \leqslant 2\sqrt{n}\sigma \tag{7-37}$$

$$W_y \leqslant 2\sqrt{n}\sigma \tag{7-38}$$

$$W_z \leqslant 2\sqrt{n}\sigma \tag{7-39}$$

$$W=\sqrt{W_x^2+W_y^2+W_z^2} \tag{7-40}$$

$$W \leqslant 2\sqrt{3n}\sigma \tag{7-41}$$

式中 n——异步环中基线边的个数;

W——异步环环线全长闭合差(mm)。

$$\Delta d \leqslant 2\sqrt{2}\sigma \tag{7-42}$$

3. GPS测量控制网的无约束平差与约束平差

GPS测量控制网的无约束平差应符号以下的规定。

(1)应在WGS-84坐标系中进行三维无约束平差。并提供各观测点在WGS-84坐标系中的三维坐标、各基线向量三个坐标差观测值的改正数、基线长度、基线方位及相关的精度信息等。

(2)无约束平差的基线向量改正数的绝对值,不应超过相应等级的基线长度中误差的3倍。

GPS测量控制网的约束平差,应符合下列规定:

(1)应在国家坐标系或地方坐标系中进行二维或三维约束平差。

(2)对于已知坐标、距离或方位,可以强制约束,也可加权约束。约束点间的边长相对中误差，应满足表 7-10 中相应等级的规定。

(3)平差结果，应输出观测点在相应坐标系中的二维或三维坐标、基线向量的改正数、基线长度、基线方位角等，以及相关的精度信息。需要时，还应输出坐标转换参数及其精度信息。

(4)控制网约束平差的最弱边边长相对中误差，应满足表 7-10 中相应等级的规定。

五、三角形网测量

(一)三角形网测量的要求

1. 各等级三角形网测点的技术要求

各等级三角形网测点的主要技术应符合表 7-10 的规定。

表 7-10　　三角形网测量的主要技术要求

等级	平均边长(km)	测角中误差(″)	测边相对中误差	最弱边边长相对中误差	测回数			三角形最大闭合差(″)
					1″级仪器	2″级仪器	6″级仪器	
二等	9	1	≤1/250000	≤1/120000	12	—	—	3.5
三等	4.5	1.8	≤1/150000	≤1/70000	6	9	—	7
四等	2	2.5	≤1/100000	≤1/40000	4	6	—	9
一级	1	5	≤1/40000	≤1/20000	—	2	4	15
二级	0.5	10	≤1/20000	≤1/10000	—	1	2	30

注：当测区测图的最大比例尺为 1∶1000 时，一、二级网的平均边长可适当放长，但不应大于表中规定长度的 2 倍。

2. 三角形网中的角度及边长

三角形网中的角度宜全部观测，边长可根据需要选择观测或全部观测；观测的角度和边长均应作为三角形网中的观测量参与平差计算。

3. 不同等级三角网的布设

(1)首级网应布设为近似等边三角形的网(锁)。三角形内角不宜于 30°，当受地形限制时，个别角亦不应小于 25°。

(2)当三角网估算精度偏低时，宜适当加测对角线或增设测距边以提高网的精度。

(3)加密网可采用插网(锁)或插点的方法，一、二级小三角可布设成线形锁。不论采用插网或插点的方法，因故未作联测的相邻点的距离，三等不应小于 3.5km，四等不应小于1.5km，否则应改变设计方案。

(4)各等级交会插点点位应在高等三角形的中心附近，同一插点各方向距离之比不得超过 1∶3。对于单插点，三等点应有 6 个内外交会方向测定，其中至少有两个交角为 60°～120°的外方向；四等点应有 5 个交会方向，图形欠佳时其中应有外方向。对于双插点，交会方向数应两倍于上述规定(其中包括两待定点间的对向观测方向)。当采用边角组合交会时，多余观测数应与上述各等插点规定相同。

(二)三角形网观测

三角形网的水平角观测，宜采用方向观测法。二等三角形网也可采用全组合观测法，其测量除满足表 7-10 的要求外，其他要求可参照导线测量的相关规定执行；二等三角形网测距边的边长测量除满足表 7-10 和表 7-11 的要求外，其他技术要求可参照导线测量的相关规定执行。三等及以下等级的三角形网测距边的边长测量，除满足表 7-10 的要求外，其他技术要求可参照导线测量的相关规定执行。

表 7-11　　二等三角形网边长测量主要技术要求

平面控制网等级	仪器精度等级	每边测回数		一测回读数较差(mm)	单程各测回较差(mm)	往返较差(mm)
		往	返			
二　等	5mm 级仪器	3	3	≤5	≤7	$\leqslant 2(a+b\cdot D)$

注：1. 测回是指照准目标一次，读数 2～4 次的过程。
2. 根据具体情况，测边可采取不同时间段测量代替往返观测。

(三)三角形网测量数据处理

(1)当观测数据中含有偏心测量成果时，应首先进行归心改正计算。

(2)三角形网的测角中误差，应按下式计算：

$$m_\beta=\sqrt{\frac{[WW]}{3n}} \tag{7-43}$$

式中　m_β——测角中误差(″)；

W——三角形闭合差(″)；

n——三角形的个数。

(3)当测区需要进行高斯投影时，四等及以上等级的方向观测值，应进行方向改化计算。四等网也可采用简化公式。

方向改化计算公式：

$$\delta_{1,2}=\frac{\rho}{6R_m^2}(x_1-x_2)(2y_1+y_2) \tag{7-44}$$

$$\delta_{2,1}=\frac{\rho}{6R_m^2}(x_2-x_1)(y_1+2y_2) \tag{7-45}$$

方向改化简化计算公式：

$$\delta_{1,2}=-\delta_{2,1}=\frac{\rho}{2R_m^2}(x_1-x_2)y_m \tag{7-46}$$

式中　$\delta_{1,2}$——测站点 1 向照准点 2 观测方向的方向改化值(″)；

$\delta_{2,1}$——测站点 2 向照准点 1 观测方向的方向改化值(″)；

x_1、y_1，x_2、y_2——1、2 两点的坐标值(m)；

R_m——测距边中点处在参考椭球面上的平均曲率半径(m)；

y_m——1、2 两点的横坐标平均值(m)。

(4)高山地区二、三等三角形网的水平角观测，如果垂线偏差和垂直角较大，其水平方向观测值应进行垂线偏差的修正。

(5)三角形网外业观测结束后，应计算网的各项条件闭合差。各项条件闭合差不应大于相应的限值。

1)角—极条件自由项的限值。

$$W_j=2\frac{m_\beta}{\rho}\sqrt{\sum\cot^2\beta} \tag{7-47}$$

式中　W_j——角—级条件自由项的限值；

m_β——相应等级的测角中误差(″)；

β——求距角。

2)边(基线)条件自由项的限值。

$$W_b = 2\sqrt{\frac{m_\beta^2}{\rho^2}\sum\cot^2\beta + \left(\frac{m_{S_1}}{S_1}\right)^2 + \left(\frac{m_{S_2}}{S_2}\right)^2} \tag{7-48}$$

式中　W_b——边(基线)条件自由项的限值；

$\frac{m_{S_1}}{S_1}$、$\frac{m_{S_2}}{S_2}$——起始边边长相对中误差。

3)方位角条件自由项的限值。

$$W_f = 2\sqrt{m_{\alpha1}^2 + m_{\alpha2}^2 + nm_\beta^2} \tag{7-49}$$

式中　W_f——方位角条件自由项的限值(″)；

$m_{\alpha1}$、$m_{\alpha2}$——起始方位角中误差(″)；

n——推算路线所经过的测站数。

4)固定角自由项的限值。

$$W_g = 2\sqrt{m_g^2 + m_\beta^2} \tag{7-50}$$

式中　W_g——固定角自由项的限值(″)；

m_g——固定角的角度中误差(″)。

5)边—角条件的限值。

三角形中观测的一个角度与由观测边长根据各边平均测距相对中误差计算所得的角度限差，应按下式进行检核：

$$W_r = 2\sqrt{2\left(\frac{m_D}{D}\rho\right)^2(\cot^2\alpha + \cot^2\beta + \cot\alpha\cot\beta) + m_\beta^2} \tag{7-51}$$

式中　W_r——观测角与计算角的角值限差(″)；

$\frac{m_D}{D}$——各边平均测距相对中误差；

α、β——三角形中观测角之外的另两个角；

m_β——相应等级的测角中误差(″)。

6)边—极条件自由项的限值。

$$W_r = 2\rho\frac{m_D}{D}\sqrt{\sum\alpha_W^2 + \sum\alpha_f^2} \tag{7-52}$$

$$\alpha_W = \cot\alpha_i + \cot\beta_i \tag{7-53}$$

$$\alpha_f = \cot\alpha_i \pm \cot\beta_{i-1} \tag{7-54}$$

式中　W_Z——边—极条件自由项的限值(″)；

α_W——与极点相对的外围边两端的两底的余切函数之和；

α_f——中点多边形中与极点相连的辐射边两侧的相邻底角的余切函数之和；四边形中内辐射边两侧的相邻底角的余切函数之和以及外侧的两辐射边的相邻底角的余切函数之差；

i——三角形编号。

第三节　城市高程控制测量

在大城市或有地面沉降的城市应建立基岩水准标石作为地方水准原点，并应与国家水准点联测。一般城市可选择一个较为稳固并便于长期保存的国家水准点作为城市水准网的起算点。同时应充分利用测区内的水准点标石。与国家水准点联结时，其联测精度不应低于城市首级水准网的观测精度。城市高程控制网的布设，首级网应布设成闭合环线，加密网可布设成附合路线、结点网和闭合环。只有在特殊情况下，才允许布设水准支线。城市首级水准网等级的选择应根据城市面积的大小、城市的远景规划、水准路线的长短而定。各等水准网中最弱点的高程中误差(相对于起算点)不得大于±20mm。水准路线宜以起止地点的简称为线名，起止地名的顺序为“起西止东”或“起北止南”。环线名称取环线内最大的地名后加“环”字命名。水准路线的等级，分别以Ⅱ、Ⅲ、Ⅳ书写于线名之前表示。水准点编号应自路线的起点开始，按1、2、3……顺序编定点号。环线上点号顺序取顺时针方向，点号书于线名之后。

一个城市只应建立一个统一的高程系统。城市高程控制网的高程系统，应采用1985国家高程基准或沿用1956年黄海高程系统。

在远离国家水准点的新设城市或在改造旧有水准网因高程变动而影响使用时，经上级行政主管部门批准后，可暂时建立或沿用地方高程系统，但应争取条件归算到1985国家高程基准上来。

一、水准测量

(一)水准测量的技术要求

1. 水准测量主要技术要求

水准测量的主要技术要求，应符合表7-12的规定。

表7-12　水准测量的主要技术要求

等级	每千米高差全中误差(mm)	路线长度(km)	水准仪型号	水准尺	观测次数		往返较差、附合或环线闭合差	
					与已知点联测	附合或环线	平地(mm)	山地(mm)
二等	2	—	DS_1	因瓦	往返各一次	往返各一次	$4\sqrt{L}$	—
三等	6	≤50	DS_1	因瓦	往返各一次	往一次	$12\sqrt{L}$	$4\sqrt{n}$
			DS_3	双面		往返各一次		
四等	10	≤16	DS_3	双面	往返各一次	往一次	$20\sqrt{L}$	$6\sqrt{n}$
五等	15	—	DS_3	单面	往返各一次	往一次	$30\sqrt{L}$	—

注：1. 结点之间或结点与高级点之间，其路线的长度，不应大于表中规定的0.7倍。

2. L为往返测段、附合或环线的水准路线长度(km)；n为测站数。

3. 数字水准仪测量的技术要求和同等级的光学水准仪相同。

2. 水准测量使用的仪器及水准尺标准

(1)水准仪视准轴与水准管轴的夹角i，DS_1型不应超过15″；DS_3型不应超过20″。

(2)补偿式自动安平水准仪的补偿误差$\Delta\alpha$对于二等水准不应超过0.2″，三等不应超过0.5″。

(3)水准尺上的米间隔平均长与名义长之差，对于因瓦水准尺，不应超过0.15mm；对于条形码尺，不应超过0.10mm；对于木质双面水准尺，不应超过0.5mm。

3. 水准点的布设与埋石

(1)地面水准点位应选设在坚实稳固与安全僻静之处，墙脚水准点位应选设于永久性和半永久性的建筑或构筑物上，点位应便于寻找、长期保存和引测。即将进行建筑的位置或准备拆修的建筑物上。低湿、易于淹没之处。不良地质条件（如土崩、滑坡等）之处及地下管线之上。

附近有剧烈震动的地点。地势隐蔽不便于观测之处。

（2）各等水准点均应埋设永久性标石或标志。

4. 水准观测

水准观测，应在标石埋设稳定后进行。各等级水准观测的主要技术要求，应符合表 7-13 的规定。

表 7-13　　水准观测的主要技术要求

等级	水准仪型号	视线长度(m)	前后视的距离较差(m)	前后视的距离较差累积(m)	视线离地面最低高度(m)	基、辅分划或黑、红面读数较差(mm)	基、辅分划或黑、红面所测高差较差(mm)
二等	DS1	50	1	3	0.5	0.5	0.7
三等	DS1	100	3	6	0.3	1.0	1.5
	DS3	75				2.0	3.0
四等	DS3	100	5	10	0.2	3.0	5.0
五等	DS3	100	近似相等	—	—	—	—

注：1. 二等水准视线长度小于 20m 时，其视线高度不应低于 0.3m。

2. 三、四等水准采用变动仪器高度观测单面水准尺时，所测两次高差较差，应与黑面、红面所测高差之差的要求相同。

3. 数字水准仪观测，不受基、辅分划或黑、红面读数较差指标的限制，但测站两次观测的高差较差，应满足表中相应等级基、辅分划或黑、红面所测高差较差的限值。

5. 跨河水准测量

当水准路线需要跨越江河（湖塘、宽沟、洼地、山谷等）时，应符合下列规定：

（1）水准作业场地应选在跨越距离较短、土质坚硬、密实便于观测的地方；标尺点须设立木桩。

（2）两岸测站和立尺点应对称布设。当跨越距离小于 200m 时，可采用单线过河；大于 200m 时，应采用双线过河并组成四边形闭合环。往返较差、环线闭合差应符合表 7-12 的规定。

（3）跨河水准观测的主要技术要求，应符合表 7-14 的规定。

表 7-14　　跨河水准测量的主要技术要求

跨越距离(m)	观测次数	单程测回数	半测回远尺读数次数	测回差(mm)		
				三等	四等	五等
＜200	往返各一次	1	2	—	—	—
200～400	往返各一次	2	3	8	12	25

注：1. 一测回的观测顺序：先读近尺，再读远尺；仪器搬至对岸后，不动焦距先读远尺，再读近尺。

2. 当采用双向观测时，两条跨河视线长度宜相等，两岸岸上长度宜相等，并大于 10m；当采用单向观测时，可分别在上午、下午各完成半数工作量。

（4）当跨越距离小于 200m 时，也可采用在测站上变换仪器高度的方法进行，两次观测高差较差不应超过 7mm，取其平均值作为观测高差。

6. 水准测量的观测方法

水准测量的观测方法应符合下列规定，以免造成不必要的误差，水准测量的转点尺承台可以采用尺桩或尺台，用于二等水准测量的尺台重量不应小于5kg。

(1)对二等水准测量采用光学测微法，进行往返观测，其观测顺序如下：

1)往测：奇数站为后—前—前—后；

偶数站为前—后—后—前。

2)返测：奇数站为前—后—后—前；

偶数站为后—前—前—后。

(2)对于二等水准测量，在两个基本标石之间的区段内，可划分成长度为20～30km的几个分段，在每一分段内先连续进行所有测段的往测或返测，随后连续进行该分段的返测或往测。观测时间宜使该分段中每一测段的往测或返测，分别在上午与下午进行，同时段观测的测站数不应超过该分段总测站数的30%。

(3)对三等水准测量采用中丝读数法，进行往返观测。当使用DS_1级仪器和因瓦标尺进行观测时，可采用光学测微法进行单程双转点观测。两种方法每站观测顺序为后—前—前—后。

(4)对四等水准测量采用中丝读数法，直读距离，观测顺序为后—后—前—前。当水准路线为附合路线或闭合环时采用单程测量；当采用单面标尺时；应变动仪器高度，并观测两次。水准支线应进行往返观测或单程双转点法观测。

(5)使用补偿式自动安平水准仪观测的操作程序与气泡式水准仪相同，观测前圆水准器应精确校正，观测时应严格置平。

(6)水准观测应符合下列规定：

1)观测前，应使仪器与外界气温趋于一致。观测时，应用白色测伞遮蔽阳光。迁站时，宜罩以白色仪器罩；

2)在连续各测站上安置水准仪的三脚架时，应使其中两脚与水准路线的方向平行，而第三脚轮换置于路线方向的左侧与右侧；

3)同一测站上观测时，不得两次调焦；

4)观测中不得为了增加标尺读数而把尺桩(台)安置在沟边或壕坑中的方法；

5)每测段的往测和返测的测站数应为偶数。由往测转向返测时，两根标尺应互换位置，并应重新整置仪器。

(7)间歇与检测应按现行国家标准《国家一、二等水准测量规范》(GB 12897—2006)和《国家三、四等水准测量规范》(GB 12898—1991)的有关规定执行。

(二)关于水准测量成果的重测和取舍问题

(1)凡超出规定限差的结果均应进行重测。

(2)因测站观测限差超限，在本站观测时发现，应立即重测；迁站后发现，则应从水准点或间歇点(须经检测符合限差)开始重测。

(3)测段往返测高差不符值超限，应先就可靠性较小的往测或返测进行整测段重测。当重测的高差与同方向原测高差的不符值超过往返测高差不符值的限差，但与另一单程的高差不符值未超出限差时，则取用重测结果；当同方向两高差的不符值未超出限差，且其中数与另一单程原测高差的不符值亦不超出限差时，则取同方向中数作为该单程的高差；当重测高差或同方向两高差中数与另一单程高差的不符值超出限差时，则应重测另一单程；当出现同向不超限，而异向超限的分群现象时，如果同方向高差不符值小于限差之半，则取原测的往返高差中数作往测结果，取重测的往返高差中数作为返测结果。

(4)单程双转点观测中，当测段的左右路线高差不符值超限时，可只重测一个单线，并与原测结果中符合限差的一个单线取用中数;当重测结果与原测结果均符合限差时,则取三个单线的中数;当重测结果与原测两个单线结果均超限时,则应再重测一个单线。

(三)关于水准测量的数据处理

(1)当每条水准路线分测段施测时,应按式(7-55)计算每千米水准测量的高差偶然中误差,其绝对值不应超过表7-12中相应等级每千米高差全中误差的1/2。

$$M_{\Delta}=\sqrt{\frac{1}{4n}\left[\frac{\Delta\Delta}{L}\right]} \tag{7-55}$$

式中 M_{Δ}——高差偶然中误差(mm);

Δ——测段往返高差不符值(mm);

L——测段长度(km);

n——测段数。

(2)水准测量结束后,应按式(7-56)计算每千米水准测量高差全中误差,其绝对值不应超过表7-13中相应等级的规定。

$$M_{W}=\sqrt{\frac{1}{N}\left[\frac{WW}{L}\right]} \tag{7-56}$$

式中 M_W——高差全中误差(mm);

W——附合或环线闭合差(mm);

L——计算各W时,相应的路线长度(km);

N——附合路线和闭合环的总个数。

(3)当二、三等水准测量与国家水准点附合时,高山地区除应进行正常位水准面不平行修正外,还应进行其重力异常的归算修正。

(4)各等级水准网,应按最小二乘法进行平差并计算每千米高差全中误差。

(5)高程成果的取值,二等水准应精确至0.1mm,三、四、五等水准应精确至1mm。

(四)四等水准测量

小地区一般以三等或四等水准网作为首级高程控制,地形测量时,再用图根水准测量或三角高程测量进行加密。三、四等水准测量,能够应用于建立小区域首级高程控制网。三、四等水准测量的起算点高程应尽量从附近的一、二等水准点引测,如果测区附近没有国家一、二等水准点,则在小区域范围内可采用闭合水准路线建立独立的首级高程控网,假定起算点的高程。

1. 三、四等水准测量的技术要求

三、四等水准测量所用仪器及主要技术要求见表7-15,每站观测的技术要求见表7-16。

表7-15 三、四等水准测量技术要求

等级	每千米高差中数中误差(mm)	附合路线长度(km)	水准仪的级别	测段往返测高差不符值(mm)	附合路线或环线闭合差(mm)
二等	≤±2	400	DS1	≤$\pm4\sqrt{R}$	≤$\pm4\sqrt{L}$
三等	≤±6	45	DS3	≤$\pm12\sqrt{R}$	0≤$\pm12\sqrt{L}$
四等	≤±10	15	DS3	≤$\pm20\sqrt{R}$	0≤$\pm20\sqrt{L}$
图根	≤±20	8	DS10		0≤$\pm40\sqrt{L}$

注:R为测段的长度,L为附合路线或环线的长度,均以“km”为单位。

表 7-16　三、四等水准测量的测站技术要求

等级	视线长度(m)	前后视距差(m)	前后视距累积差(m)	红黑面读数差(mm)	红黑面所测高差之差(mm)
三等	≤65	≤3	≤6	≤2	≤3
四等	≤80	≤5	≤10	≤3	≤5

2. 三、四等水准测量的观测程序

(1)三等水准测量每测站照准标尺分划顺序。

1)后视标尺黑面,精平,读取上、下、中丝读数,记为(A)、(B)、(C)。

2)前视标尺黑面,精平,读取上、下、中丝读数,记为(D)、(E)、(F)。

3)前视标尺红面,精平,读取中丝读数,记为(G)。

4)后视标尺红面,精平,读取中丝读数,记为(H)。

三等水准测量测站观测顺序简称为:"后—前—前—后"(或黑—黑—红—红),其优点是可消除或减弱仪器和尺垫下沉误差的影响。

(2)四等水准测量每测站照准标尺分划顺序。

1)后视标尺黑面,精平,读取上、下、中丝读数,记为(A)、(B)、(C)。

2)后视标尺红面,精平,读取中丝读数,记为(D)。

3)前视标尺黑面,精平,读取上、下、中丝读数,记为(E)、(F)、(G)。

4)前视标尺红面,精平,读取中丝读数,记为(H)。

四等水准测量测站观测顺序简称为:"后—后—前—前"(或黑—红—黑—红)。

3. 三、四等水准测量的测站计算与校核

(1)视距计算。

后视距离:　　(I)=[(A)-(B)]×100

前视距离:　　(J)=[(D)-(E)]×100

前、后视距差:　　(K)=(I)-(J)

前、后视距累积差:　　本站(L)=本站(K)+上站(L)

(2)同一水准尺黑、红面中丝读数校核。

前尺:　　(M)=(F)+K_1-(G)

后尺:　　(N)=(C)+K_2-(H)

(3)高差计算及校核。

黑面高差:　　(O)=(C)-(F)

红面高差:　　(P)=(H)-(G)

校核计算:红、黑面高差之差　　(Q)=(O)-[(P)±0.100]

或　　(Q)=(N)-(M)

高差中数:　　(R)=[(O)+(P)±0.100]/2

在测站上,当后尺红面起点为 4.687m,前尺红面起点为 4.787 时,取+0.1000;反之,取-0.1000。

(4)每页计算校核。

1)高差部分。每页上,后视红、黑面读数总和与前视红、黑面读数总和之差,应等于红、黑面高差之和,还应等于该页平均高差总和的两倍,即

对于测站数为偶数的页为

$$\sum[(C)+(H)]-\sum[(F)+(G)]=\sum[(O)+(P)]=2\sum(R)$$

对于测站数为奇数的页为：

$$\sum[(C)+(H)]-\sum[(F)+(G)]=\sum[(O)+(P)]=2\sum(R)\pm0.100$$

2)视距部分。末站视距累积差值：

$$末站(L)=\sum(I)-\sum(J)$$

$$总视距=\sum(I)+\sum(J)$$

4. 成果计算与校核

在每个测站计算无误后，并且各项数值都在相应的限差范围之内时，根据每个测站的平均高差，利用已知点的高程，推算出各水准点的高程。

二、三角高程测量

1. 一般规定

(1)三角高程测量，宜在平面控制网的基础上布设成高程导线附合路线、闭合环线或三角高程网。有条件的城市，可布设成光电测距三维控制网。高程导线各边的高差测定应采用对向观测。当仅布设高程导线时，也可采用在两标志点中间设站观测的形式(即中间法)。

(2)代替四等水准的光电测距高程导线，应起闭于不低于三等的水准点上。其边长不应大于1km，高程导线的最大长度不应超过四等水准路线的最大长度。

(3)经纬仪三角高程导线，应起闭于不低于四等水准联测的高程点上。三角高程网中应有一定数量的高程控制点作为高程起算数据。高程起算点宜布设在锁的两端或网的边缘，三角高程网中任意一点与最近高程起算点最多间隔边数应符合表7-17的规定。

表7-17　三角高程网中任一点与最近高程起算点的最多间隔边数

边数 / 平均边长(km) / 等高距(m)	1	2	3	4	5	7	9	平差后平面控制点高程中误差(m)
1	10	4	2	—	—	—	—	≤±0.05
2	—	10	7	4	3	—	—	≤±0.10
3	—	—	—	—	10	8	5	≤±0.25

(4)垂直角观测宜在9时至15时内目标成像清晰稳定时进行，在日出后和日落前2h内不宜观测。

(5)进行垂直角观测时，目标的照准位置均应记于观测手簿中。由不同方向观测同一点时宜照准同一位置，遇特殊情况可另行选择照准位置，但应在手簿中图示注明。

(6)垂直角观测应按下列程序操作：

1)在盘左位置上，将望远镜的一根或三根水平丝依次照准该组中的每一标的，并进行垂直度盘读数(重合对径分划线两次)。

2)纵转望远镜，盘右位置依相反的照准次序进行垂直度盘的另一位置观测，即完成该组中每一方向一测回的操作。

3)盘左、盘右两位置照准目标时,目标的成像应位于垂直丝左、右附近的对称位置。用三丝法观测时,纵转望远镜前后,水平丝照准应一律按上、中、下丝的次序进行。

(7)各等级平面控制网用经纬仪三角高程测量测定高程时,垂直角观测的测回数与限差应符合表 7-18 的规定。

表 7-18　　垂直角观测的测回数与限差

<table>
<tr><th colspan="2" rowspan="2">平面网等级
项　目</th><th colspan="2">二、三等</th><th colspan="2">四等,一、二级小三角</th><th colspan="2">一、二、三级导线</th></tr>
<tr><th>DJ_1</th><th>DJ_2</th><th>DJ_2</th><th>DJ_6</th><th>DJ_2</th><th>DJ_6</th></tr>
<tr><td rowspan="2">测回数</td><td>中丝法</td><td colspan="2">4</td><td>2</td><td>4</td><td>1</td><td>2</td></tr>
<tr><td>三丝法</td><td colspan="2">2</td><td>1</td><td>2</td><td>—</td><td>1</td></tr>
<tr><td colspan="2">垂直角测回差(″)</td><td rowspan="2">10</td><td rowspan="2">15</td><td rowspan="2">15</td><td rowspan="2">25</td><td rowspan="2">15</td><td rowspan="2">25</td></tr>
<tr><td colspan="2">指标差较差(″)</td></tr>
</table>

注:1. 垂直角测回差指同一方向由各测回各丝所得的全部垂直角结果互相比较;

2. 指标差较差在分组观测时,仅在一测回内各方向按同一根水平丝计算的结果比较;单独方向连续观测时,则按同方向各测回同一根水平丝计算的结果比较。

垂直度盘光学测微器两次读数较差:DJ_1 级仪器不应大于 1″,DJ_2 级仪器不应大于 3″。

(8)觇标高度和仪器高度均应用钢尺丈量二次,读至 5mm,两次较差不大于 1cm 时取用中数。量取觇标高度的位置应与观测时照准的位置相一致。

(9)各等级平面控制网用三角高程测量测定高程时,计算的高差经地球曲率和大气折光改正后,应符合下列规定:

1)由两个单方向算得的高程不符值不应大于 $0.07\sqrt{S_1^2+S_2^2}$(m)(S_1、S_2 为两个单方向的边长,km)。

2)由对向观测所求得高差较差不应大于 $0.1S$(m)(S 为边长,km)。

3)由对向观测所求得的高差中数,计算闭合环线或附合路线的高程闭合差不应大于 $\pm 0.05\sqrt{[S^2]}$(m)。

2. 三角高程测量原理

三角高程测量,是根据两点间的水平距离和竖直角计算两点的高差,然后求出所求点的高程。

如图 7-9 所示,在 M 点安置仪器,用望远镜中丝瞄准 N 点觇标的顶点,测得竖直角 α,并量取仪器高 i 和觇标高 v,若测出 M、N 两点间的水平距离 D,则可求得 M、N 两点间的高差,即:

$$h_{MN}=D\tan\alpha+i-v \tag{7-57}$$

N 点高程为:

$$H_N=H_M+D\tan\alpha+i-v \tag{7-58}$$

三角高程测量一般应采用对向观测法,如图 7-12 所示,即由 M 向 N 观测称为直觇,再由 N 向 M 观测称为反觇,直觇和反觇称为对向观测。采用对向观测的方法可以减弱地球曲率和大气折光的影响。对向观测所求得的高差较差不应大于 $0.1D$(D 为水平距离,以 km 为单位,其结果以 m 为单位)。取对向观测的高差中数为最后结果,即:

$$h_{中}=\frac{1}{2}(h_{AB}-h_{BA}) \tag{7-59}$$

公式(7-58)适用于 M、N 两点距离较近(小于 300m)的三角高程测量,此时水准面可近似看成平面，视线视为直线。当距离超过 300m 时，就要考虑地球曲率及观测视线受大气折光的影响。

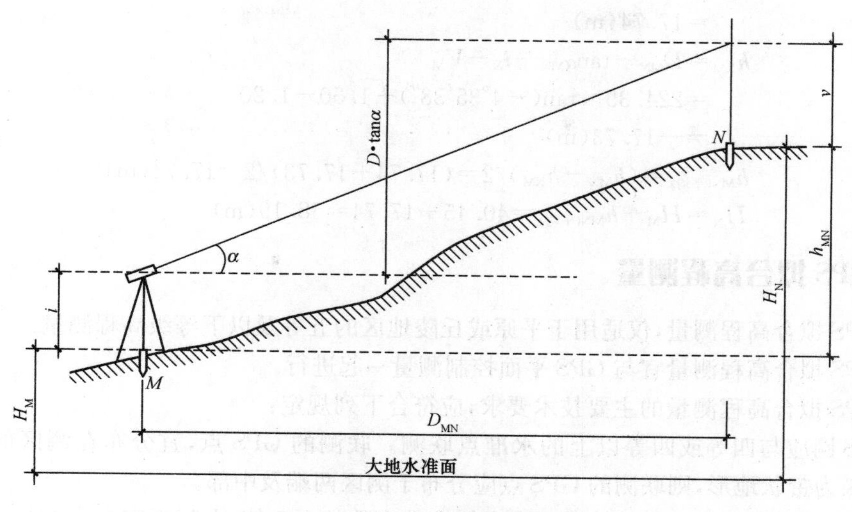

图 7-12　三角高程测量原理

当考虑地球曲率和大气折光影响，单向观测时的高差可根据采用斜距或平距分别按下列公式计算：

$$h=S\cdot\sin\alpha_v+(1-k)\frac{S^2\cdot\cos^2\alpha_v}{2R}+i-v \tag{7-60}$$

$$h=D\cdot\tan\alpha_v+(1-k)\frac{D^2}{2R}+i-v \tag{7-61}$$

式中　h——高程导线边两端点的高差(m)；

S——高程导线边的倾斜距离(m)；

D——高程导线边的水平距离(m)；

α_v——垂直角；

k——当地的大气折光系数；

R——地球平均曲率半径(m)；

i——仪器高(m)；

v——觇标高(m)。

3. 观测与计算

三角高程测量的观测与计算按下面步骤进行：

(1)安置仪器于测站上，量出仪器高 i；觇标立于测点上，量出觇标高 v。

(2)用经纬仪或测距仪采用测回法观测竖直角 α，取其平均值为最后观测成果。

(3)采用对向观测，其方法同前两步。

(4)用式(7-5)和式(7-58)或式(7-60)和式(7-61)计算。

4. 计算实例

如图 7-8 所示，设 M、N 两点的水平距离为 $D_{MN}=224.350$m，M 点的高程为 $H_M=40.45$m，M 点设站照准 N 点测得竖直角 $\alpha_{MN}=4°25'17''$，仪器高 $i_M=1.50$m，觇标高 $v_N=1.10$m；N 点测得竖直角 $\alpha_{NM}=-4°35'38''$，仪器高 $i_N=1.50$m，觇标高 $v_M=1.20$m，求 N 点高程 H_N。

【解】 由公式：$h_{MN}=D_{MN}\cdot \tan\alpha_{MN}+i_M-v_N$

$=224.35\times \tan4°25'17''+1.50-1.10$

$=17.74(m)$

$h_{NM}=D_{MN}-\tan\alpha_{MN}+i_N-V_M$

$=224.35\times \tan(-4°35'38'')+1.50-1.20$

$=-17.73(m)$

$h_{MN(平均)}=(h_{MN}-h_{NM})/2=(17.74+17.73)/2=17.74(m)$

$H_N=H_M+h_{MN(平均)}=40.45+17.74=58.19(m)$

三、GPS拟合高程测量

(1)GPS拟合高程测量，仅适用于平原或丘陵地区的五等及以下等级高程测量。

(2)GPS拟合高程测量宜与GPS平面控制测量一起进行。

(3)GPS拟合高程测量的主要技术要求，应符合下列规定：

1)GPS网应与四等或四等以上的水准点联测。联测的GPS点，宜分布在测区的四周和中央。若测区为带状地形，则联测的GPS点应分布于测区两端及中部。

2)联测点数，宜大于选用计算模型中未知参数个数的1.5倍，点间距宜小于10km。

3)地形高差变化较大的地区，应适当增加联测的点数。

4)地形趋势变化明显的大面积测区，宜采取分区拟合的方法。

5)GPS观测的技术要求，应按相关规定执行；其天线高应在观测前后各量测一次，取其平均值作为最终高度。

(4)GPS拟合高程计算，应符合下列规定：

1)充分利用当地的重力大地水准面模型或资料。

2)应对联测的已知高程点进行可靠性检验，并剔除不合格点。

3)对于地形平坦的小测区，可采用平面拟合模型；对于地形起伏较大的大面积测区，宜采用曲面拟合模型。

4)对拟合高程模型应进行优化。

5)GPS点的高程计算，不宜超出拟合高程模型所覆盖的范围。

(5)对GPS点的拟合高程成果，应进行检验。检测点数不少于全部高程点的10%且不少于3个点；高差检验，可采用相应等级的水准测量方法或电磁波测距三角高程测量方法进行，其高差较差不应大于$30\sqrt{D}$mm(D为检查路线的长度，单位为km)。

第八章　地形图的测绘与应用

第一节　地形图的基本知识

一、地形图与比例尺

(一)比例尺的表示方法

地形图上任一线段的长度 d 与地面上相应线段的实际水平距离 D 之比，称为地形图比例尺。地形图比例尺通常用分子为1的分数式 $1/M$ 来表示，其中"M"称为比例尺分母。显然有：

$$\frac{d}{D}=\frac{1}{M}=\frac{1}{D/d} \tag{8-1}$$

式中，M 越小，比例尺越大，图上所表示的地物、地貌越详尽；相反，M 越大，比例尺越小，图上所表示的地物、地貌越粗略。

(二)比例尺的分类

1. 数字比例尺

数字比例尺即在地形图上直接用数字表示的比例尺，如上所述，用 $1/M$ 表示的比例尺。数字比例尺一般注记在地形图下方中间部位。数字比例尺通常可以表达为1∶500、1∶1000、1∶2000等。

2. 图示比例尺

图式比例尺常绘制在地形图的下方，用以直接量度图内直线的水平距离，根据量测精度又可分为直线比例尺和复式比例尺，如图8-1所示。

采用图式比例尺的优点是：量距直接方便而不必再进行换算；比例尺随图纸按同一比例伸缩，从而明显减小因图纸伸缩而引起的量距误差。地形图绘制时所采用的三棱比例尺也属于图式比例尺。

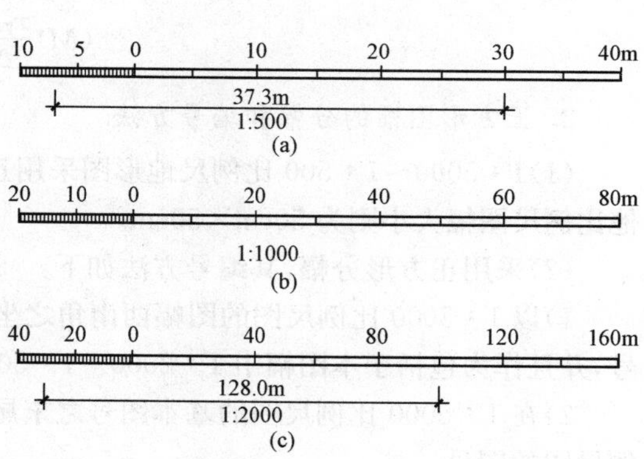

图8-1　直线比例尺

(三)比例尺精度

人们用肉眼能分辨的图上最小距离是0.1mm。所以，地形图上0.1mm所代表的实地水平距离，称为比例尺精度。比例尺精度＝0.1mm×比例尺分母。

几种常用大比例尺地形图的比例尺精度，见表8-1所列。可以看出，比例尺越大，其比例尺精度越小，地形图的精度就越高。

表 8-1　　大比例尺地形图的比例尺精度

比例尺	1∶500	1∶1000	1∶2000	1∶5000
比例尺精度	0.05	0.10	0.20	0.50

(四)地形图测图比例尺的选用

市政地形图测图比例尺可根据城市的大小和不同阶段的用途按表 8-2 采用。

表 8-2　　测图比例尺的选用

比例尺	用　　途
1∶10000	城市规划设计(城市总体规划、厂址选择、区域位置、方案比较)等
1∶5000	
1∶2000	城市详细规划和工程项目的初步设计等
1∶1000	城市详细规划、管理、地下管线和地下普通建(构)筑工程的现状图、工程项目的施工图设计等
1∶500	

二、地形图的分幅和编号

为了方便测绘、管理和使用地形图,需要将各种比例尺的地形图进行统一的分幅与编号,并注在地形图上方的中间部位。地形图宜采用矩形分幅或正方形分幅与编号。

1. 矩形图幅的分幅和编号方法

(1)1∶5000～1∶500 比例尺地形图采用矩形分幅时,其图幅大小均为 40cm×50cm。

(2)矩形分幅的编号,现推荐一种方法:以图西南角 x、y 坐标分别除以图廓 X、Y 方向的坐标差 Δx、Δy 作为该比例尺图的图号,在前面冠以测图比例尺分母 M 加圆括号,即:

$$(M)\frac{x_{西南角}}{\Delta x}-\frac{y_{西南角}}{\Delta y}$$

2. 正方形图幅的分幅和编号方法

(1)1∶5000～1∶500 比例尺地形图采用正方形分幅时,1∶5000 图幅大小 40cm×40cm,其他比例尺图幅大小则为 50cm×50cm。

(2)采用正方形分幅,其编号方法如下:

1)以 1∶5000 比例尺图的图幅西南角之坐标数字(用阿拉伯数字,以 km 为单位)作为它的图号,并且作为包括于本图幅中 1∶2000～1∶500 比例尺图的基本图号。

2)在 1∶5000 比例尺图的基本图号之末尾,附加一个子号数字(用罗马数字)作为1∶2000比例尺图的图号。

3)同样在 1∶2000、1∶1000 比例尺图的图号末尾附加一个子号数字(用罗马数字)作为 1∶1000、1∶500 比例尺图的图号。

三、地形及地形图的分类

1. 地形的分类

地形按地面倾角(α)的大小,可分为平坦地、丘陵地、山地、高山地。

(1)平坦地:$\alpha<3°$。

(2)丘陵地：$3° \leqslant \alpha \leqslant 10°$。

(3)山地：$10° \leqslant \alpha \leqslant 25°$。

(4)高山地：$\alpha \geqslant 25°$。

2. 地形图的分类

地形图可分为数字地形图和纸质地形图，其特征见表 8-3。

表 8-3　**地形图的分类特征**

特　征	分类	
	数字地形图	纸质地形图
信息载体	适合计算机存取的介质等	纸质
表达方法	计算机可识别的代码系统和属性特征	线划、颜色、符号、注记等
数字精度	测量精度	测量及图解精度
测绘产品	各类文件：如原始文件、成果文件、图形信息数据文件等	纸图、必要时附细部点成果表
工程应用	借助计算机及其外部设备	几何作图

四、地形图的其他要素

1. 图廓

图廓是地形图的边界线，由内、外图廓线组成。外图廓线是一幅图的最外边界线，以粗实线表示；内图廓线是测量边界线是图幅的实际范围，内图廓之内绘有 10cm 间隔互相垂直交叉的 5mm 短线，称为坐标格网线。内外图廓线间隔 12mm，其间注明坐标值，如图 8-1 所示。

2. 图名

地形图应标注图名，通常以图幅内最著名的地名、厂矿企业或村庄的名称作为图名。图名一般标注在地形图北图廓外上方中央。

3. 图号

图号是保管和使用地形图时，为使图纸有序存放、检索和使用而将地形图按统一规定进行编号。大比例尺地形图通常是以该图幅西南角点的纵、横坐标公里数编号。对测区较小且只测一种比例尺图时，通常采用数字顺序编号，数字编号顺序是由左到右，由上到下的顺序编号。图号注记在图名的正下方。

4. 接图表

接图表是本图幅与相邻图幅之间位置关系的示意简表，表上注有邻接图幅的图名或图号，读图或用图时根据接合图表可迅速找到与本图幅相邻的有关地形图，并可用它来拼接相邻图幅。

5. 注记

在外图廓线之外，应当注记测量所使用的平面坐标系统、高程系统、比例尺、测绘单位、测绘者、测绘日期等。

五、地形图测量的要求

(1)地形测量的基本精度要求，应符合下列规定：

1)地形图图上地物点相对于邻近图根点的点位中误差，不应超过表 8-4 的规定。

表 8-4　　图上地物点的点位中误差

区域类型	点位中误差(mm)
一般地区	0.8
城镇建筑区、工矿区	0.6
水域	1.5

注:1. 隐蔽或施测困难的一般地区测图,可放宽 50%。
2. 1∶500 比例尺水域测图、其他比例尺的大面积平坦水域或水深超出 20m 的开阔水域测图,根据具体情况,可放宽至 2.0mm。

2)等高(深)线的插求点或数字高程模型格网点相对于邻近图根点的高程中误差,不应超过表 8-5 的规定。

表 8-5　　等高(深)线插求点或数字高程模型格网点的高程中误差

一般地区	地形类别	平坦地	丘陵地	山　地	高山地
	高程中误差(m)	$\frac{1}{3}h_d$	$\frac{1}{2}h_d$	$\frac{2}{3}h_d$	$1h_d$
水域	水底地形倾角 α	$\alpha<3°$	$3°\leqslant\alpha<10°$	$10°\leqslant\alpha<25°$	$\alpha\geqslant25°$
	高程中误差(m)	$\frac{1}{2}h_d$	$\frac{2}{3}h_d$	$1h_d$	$\frac{3}{2}h_d$

注:1. h_d 为地形图的基本等高距/m。
2. 对于数字高程模型,h_d 的取值应以模型比例尺和地形类别按表 8-6 取用。
3. 隐蔽或施测困难的一般地区测图,可放宽 50%。
4. 当作业困难、水深大于 20m 或工程精度要求不高时,水域测图可放宽 1 倍。

3)工矿区细部坐标点的点位和高程中误差,不应超过表 8-6 的规定。

表 8-6　　细部坐标点的点位和高程中误差

地　物　类　别	点位中误差(cm)	高程中误差(cm)
主要建(构)筑物	5	2
一般建(构)筑物	7	3

4)地形点的最大点位间距,不应大于表 8-7 的规定。

表 8-7　　地形点的最大点位间距　　(单位:m)

比　例　尺		1∶500	1∶1000	1∶2000	1∶5000
一　般　地　区		15	30	50	100
水域	断面间	10	20	40	100
	断面上测点间	5	10	20	50

注:水域测图的断面间距和断面的测点间距,根据地形变化和用图要求,可适当加密或放宽。

5)地形图上高程点的注记,当基本等高距为 0.5m 时,应精确至 0.01m;当基本等高距大于 0.5m 时,应精确至 0.1m。

(2)地形图图式和地形图要素分类代码的使用,应满足下列要求:

1)地形图图式,应采用现行国家标准《国家基本比例尺地图图式　第 1 部分:1∶500 1∶1000 1∶2000 地形图图式》(GB/T 20257.1—2007)和《国家基本比例尺地图图式　第 2 部分:1∶5000 1∶10000 地形图图式》(GB/T 20257.2—2006)。

2)地形图要素分类代码,宜采用现行国家标准《基础地理信息要素分类与代码》(GB/T

13923—2006)。

3)对于图式和要素分类代码的不足部分可自行补充,并应编写补充说明。对于同一个工程或区域,应采用相同的补充图式和补充要素分类代码。

(3)地形测图,可采用全站仪测图、GPS-RTK 测图和平板测图等方法,也可采用各种方法的联合作业模式或其他作业模式。在网络 RTK 技术的有效服务区作业,宜采用该技术,但应满足地形测量的基本要求。

(4)数字地形测量软件的选用,宜满足下列要求:

1)适合工程测量作业特点。

2)满足精度要求、功能齐全、符号规范。

3)操作简便、界面友好。

4)采用常用的数据、图形输出格式。对软件特有的线型、汉字、符号,应提供相应的库文件。

5)具有用户开发功能。

6)具有网络共享功能。

(5)计算机绘图所使用的绘图仪的主要技术指标,应满足大比例尺成图精度的要求。

(6)地形图应经过内业检查、实地的全面对照及实测检查。实测检查量不应少于测图工作量的 10%,检查的统计结果,应满足表 8-4～表 8-6 的规定。

第二节　地物与地貌在图上的表示方法

一、地物符号的表示方法

地物在图中用地物符号表示,地物符号分为非比例符号、注记符号、比例符号、半比例符号。

1. 非比例符号

有些重要地物,因为其尺寸较小,无法按照地形图比例尺缩小并表示到地形图上,只能用规定的符号来表示,称为非比例符号。如测量控制点、独立树、电杆、水塔、水井等。显然,非比例符号只能表示地物的实地位置,而不能反映出地物的形状与大小,见表 8-8。

表 8-8　　地　物　符　号

符　号　名　称		1∶500　1∶1000　1∶2000
高程点及其注记		0.5· 63.2　75.4
山洞	依比例尺的	
	不依比例尺的	2.0　2.0
地类界		1.5　0.25
独立树	阔叶	1.5　3.0　0.7
	针叶	3.0　0.7

续表

符号名称			1∶500 1∶1000 1∶2000
行树			10.0 1.0
耕地	水稻田		0.2 2.0 10.0 10.0
	旱地		1.0 2.0 10.0 10.0
菜地			2.0 2.0 10.0 10.0
三角点	凤凰山—点名 394.468—高程		凤凰山 394.468 3.0
小三角点	横　山—点名 95.93—高程		3.0 横山 95.93
图根点	埋石的	N16——点号 84.46——高程	2.0 N16 84.46
	不埋石的	25——点号 62.74——高程	1.5 25 62.74 2.5
水准点	Ⅱ京石5—点名 32.804—高程		2.0 Ⅱ京石5 32.804
台阶			0.5 0.5 0.5
温室、菜窖、花房			温
纪念像、纪念碑			1.5 4.0 1.5 3.0
烟囱			3.5 1.0
电力线	高压		4.0
	低压		4.0

续表

符　号　名　称		1：500　1：1000	1：2000
消火栓		1.5 1.5 2.0	
管线—地下检修井	上水	2.0	
	下水	2.0	
	不明用途	2.0	
围墙	砖、石及混凝土墙	10.0	0.5 0.3 10.0
	土墙	10.0 0.5	
栅栏、栏杆		1.0 10.0	
铁路		10.0 0.2 0.2 0.5 0.5	10.0 0.8

2. 注记符号

地物注记就是用文字、数字或特定的符号对地形图上的地物作补充和说明，如图上注明的地名、控制点名称、高程、房屋层数、河流名称、深度、流向等。

3. 比例符号

将地物按照地形图比例尺缩绘到图上的符号，称为比例符号。例如房屋、农田、湖泊、草地等。显然，比例符号不仅能反映出地物的平面位置，而且能反映出地物的形状与大小。

4. 半比例符号

对于地面上的某些线状地物，如围墙、栅栏、小路、电力线、管线等，其长度可以按测图比例尺绘制，而宽度不能按比例尺绘制，表示这种地物的符号称为半比例符号。半比例符号的中心线就是实际地物中心线。

二、地貌符号的表示方法

地形图上表示地貌的主要方法为画等高线。

1. 等高线的概念

等高线是地面上高程相等的各相邻点连成的闭合曲线。如图 8-2 所示，有一高地被等间距的水平面 P_1、P_2 和 P_3 所截，故各水平面与高地的相应的截线，就是等高线。将各水平面上的等高线沿铅垂方向投影到一个水平面上，并按规定的比例尺缩绘到图纸上，便得到用等高线来表示的该高地的地貌图。等高线的形状是由高地表面形状来决定的，用等高线来表示地貌是一种很形象的方法。

2. 等高距与等高线平距

相邻两条等高线之间的高差，称为等高距，用 h 表示。在同一幅图内，等高距一定是相同的。等高距的大小是根据地形图的比例尺，地面坡度及用图目的而选定的。等高线的高程必须是所采用的等高距的整数倍，如果某幅图采用的等高距为 3m，则该幅图的高程必定是 3m 的整数倍，如 30m、60m……而不能是 31m、61m 或 66.5m 等。

地形图中的基本等高距，应符合表 8-9 的规定。

表 8-9　地形图的基本等高距　（单位：m）

地形类别	比例尺			
	1∶500	1∶1000	1∶2000	1∶5000
平坦地	0.5	0.5	1	2
丘陵地	0.5	1	2	5
山地	1	1	2	5
高山地	1	2	2	5

注：1. 一个测区同一比例尺，宜采用一种基本等高距。
2. 水域测图的基本等深距，可按水底地形倾角所比照地形类别和测图比例尺选择。

相邻等高线之间的水平距离，称为等高线平距，用 d 表示。在不同地方，等高线平距不同，它决定于地面坡度的大小，地面坡度感大，等高线平距感小，相反，坡度感小，等高线平距感大；若地面坡度均匀，则等高线平距相等。如图 8-3 所示。

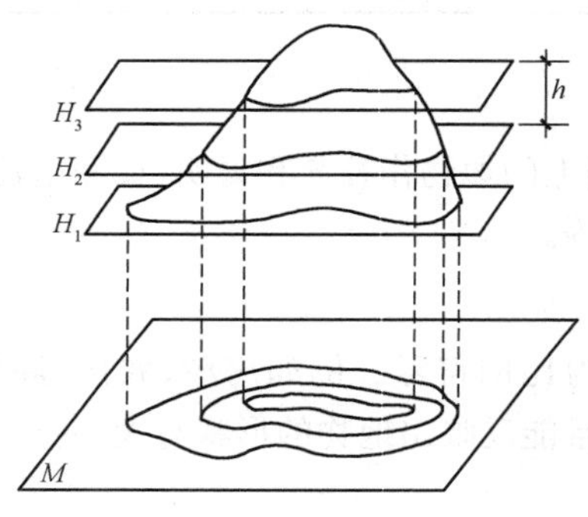

图 8-2　等高线示意图

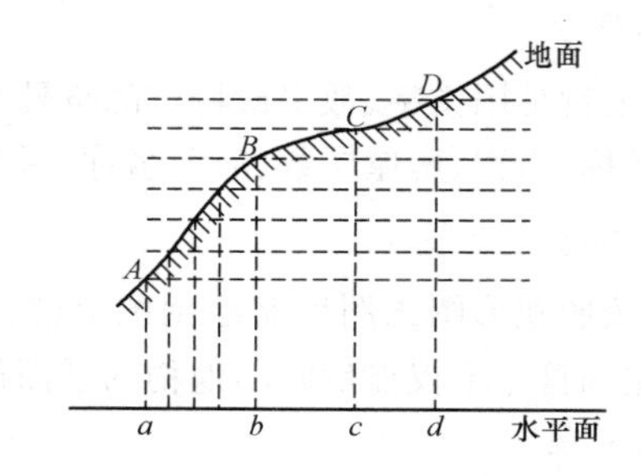

图 8-3　等高距与地面坡度的关系

三、等高线的种类

1. 基本等高线

基本等高线是按基本等高距测绘的等高线（称首曲线）通常在地形图中用细实线描绘。

2. 加粗等高线

为了计算高程方便起见，每隔 4 条首曲线（每 5 倍基本等高距）加粗描绘一条等高线，叫做加粗等高线，又称计曲线。

3. 半距等高距

当首曲线不足以显示局部地貌特征时，可以按 1/2 基本等高距描绘等高线，叫作半距等高线，又称间曲线。以长虚线表示，描绘时可不闭合。

4. 辅助等高线

当首曲线和间曲线仍不足以显示局部地貌特征时，还可以按 1/4 基本等高距描绘等高线，叫做辅助等高线，又称助曲线。常用短虚线表示，描绘时也可不闭合。

四、等高线的特性

(1)同一条等高线上各点的高程必相等。

(2)等高线为一闭合曲线，如不在本幅图内闭合，则在相邻的其他图幅内闭合。但间曲线和助曲线作为辅助线，可以在图幅内中断。

(3)除悬崖、峭壁外，不同高程的等高线不能相交。

(4)山脊与山谷的等高线与山脊线和山谷线成正交关系，即过等高线与山脊线或山谷线的交点作等高线的切线，始终与山脊线或山谷线垂直。

(5)在同一幅图内，等高线平距的大小与地面坡度成反比。平距大，地面坡度缓；平距小，则地面坡度陡；平距相等，则坡度相同。倾斜地面上的等高线是间距相等的平行直线。

五、典型等高线

1. 山头和洼地的等高线

等高线上所注明的高程，内圈等高线比外圈等高线所注的高程大时，表示山头，如图 8-4 所示。山头和洼地的等高线都是一组闭合的曲线组成的，地形图上区分它们的方法是：内圈等高线比外圈等高线所注高程小时，表示洼地，如图 8-5 所示。另外，还可使用示坡线表示，示坡线是指示地面斜坡下降方向的短线，一端与等高线连接并垂直于等高线，表示此端地形高，不与等高线连接端地形低。

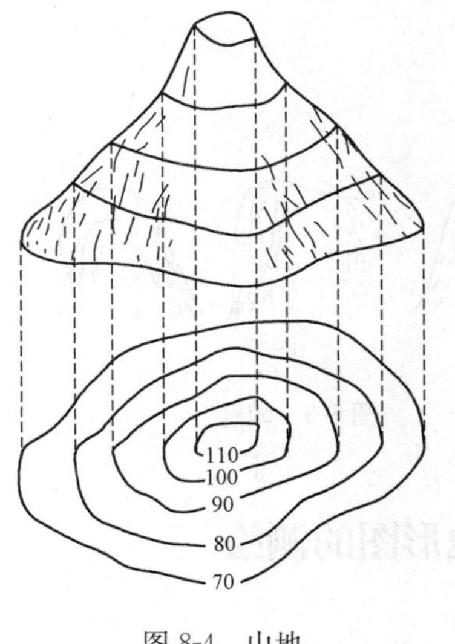

图 8-4　山地

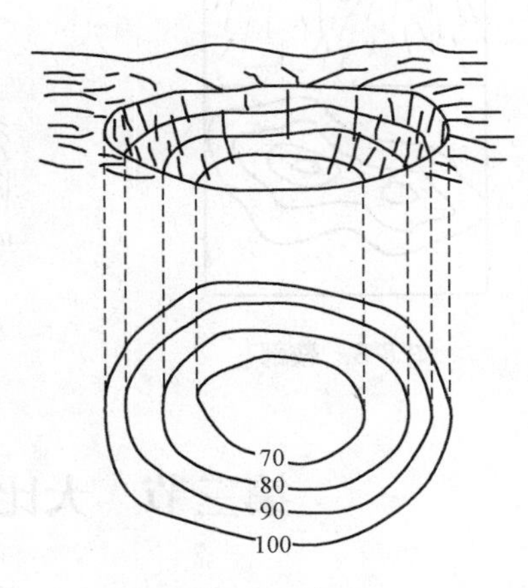

图 8-5　洼地

2. 山脊和山谷的等高线

山脊是从山顶到山脚凸起部分。山脊最高点的连线称为山脊线或分水线，如图 8-6 所示。两山脊之间延伸而下降的凹棱部分称为山谷。山谷内最低点的连线称为山谷线或合水线，如图 8-7 所示。

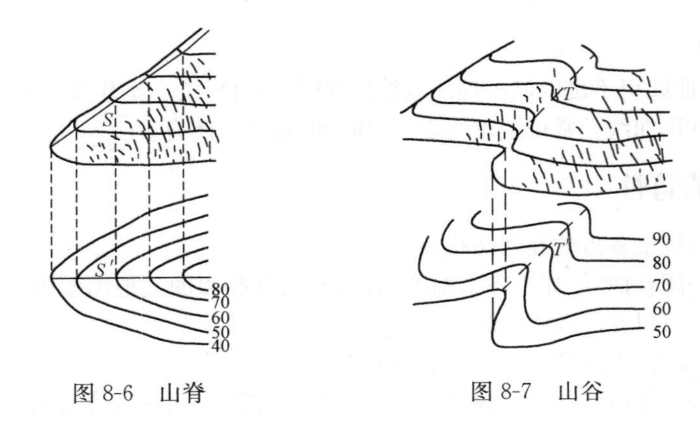

图 8-6 山脊　　图 8-7 山谷

3. 鞍部的等高线

相邻两个山头之间的低凹处形似马鞍状的部分，称为鞍部。通常来说，鞍部既是山谷的起始高点，又是山脊的终止低点。所以，鞍部的等高线是两组相对的山脊与山谷等高线的组合，如图8-8所示。

4. 悬崖与陡崖

峭壁是山区的坡度极陡处，如果用等高线表示非常密集，因此采用峭壁符号来代表这一部分等高线，如图8-9(a)所示。垂直的陡坡叫断崖，这部分等高线几乎重合在一起，因此在地形图上通常用锯齿形的符号来表示，如图8-9(b)所示。山头上部向外凸出，腰部洼进的陡坡称为悬崖，它上部的等高线投影在水平面上与下部的等高线相交，下部凹进的等高线用虚线来表示，如图8-9(c)所示。

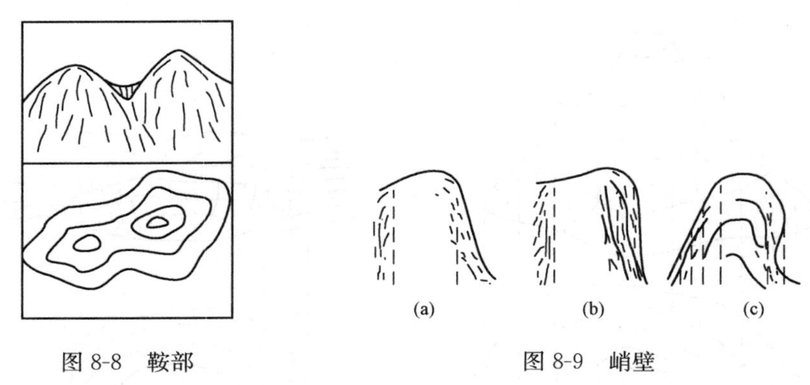

图 8-8 鞍部　　图 8-9 峭壁

第三节 大比例地形图的测绘

一、测图前的准备

1. 图纸准备

由于测绘地形图时是将地形情况按比例缩绘在图纸上，使用地形图时也是按比例在图上量出相应地物之间的关系。故，测图用纸的质量要高，伸缩性要小。否则，图纸的变形就会使图上地物、地貌及其相互位置产生变形。现在，测图多用聚酯薄膜，其主要优点是透明度好、伸缩性小、不怕潮湿和牢固耐用，并可直接在底图上着墨复晒蓝图，加快出图速度。若没有聚酯薄膜，应选用优质绘图纸测图。

2. 坐标网格绘制

为了把控制点准确地展绘在图纸上，应先在图纸上精确地绘制 10cm×10cm 的直角坐标方格网，然后根据坐标方格网展绘控制点。坐标格网的绘制常用对角线法如图 8-10 所示。

坐标格网绘成后，应立即进行检查，各方格网实际长度与名义长度之差不应超过 0.2mm，图廓对角线长度与理论长度之差不应超过 0.3mm。如超过限差，应重新绘制。

3. 控制点展绘

展绘时，先根据控制点的坐标，确定其所在的方格，如图 8-11 所示，控制点 A 点的坐标为 $x_A=647.44$m，$y_A=634.90$m，由其坐标值可知 A 点的位置在 $plmn$ 方格内。然后用 1∶1000 比例尺从 P 和 n 点各沿 pl、nm 线向上量取 47.44m，得 c、d 两点；从 p、l 两点沿 pn、lm 量取 34.90m，得 a、b 两点；连接 ab 和 cd，其交点即为 A 点在图上的位置。同法，将其余控制点展绘在图纸上，并按《地形图图式》的规定，在点的右侧画一横线，横线上方注点名，下方注高程，如图 8-11 中的 1、2、3……各点。

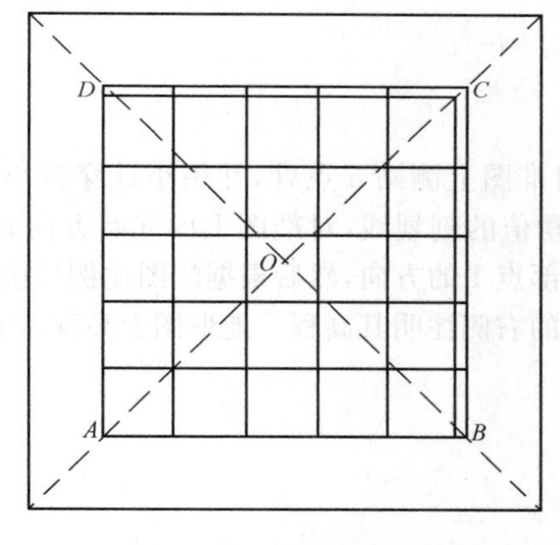

图 8-10 绘制坐标格网示意图

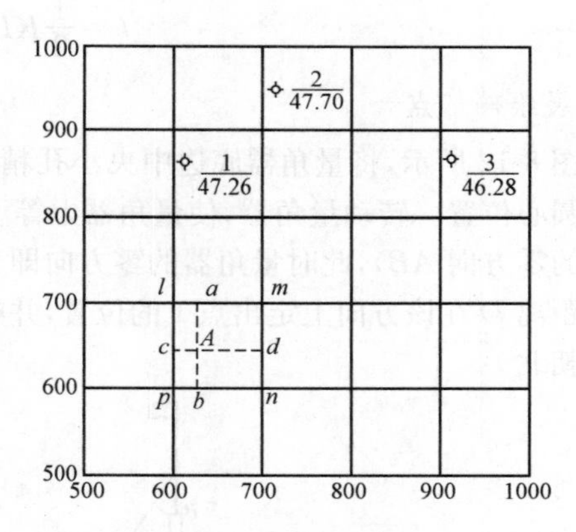

图 8-11 展点示意图

控制点展绘完成后，必须进行校核。其方法是用比例尺量出各相邻控制点之间的距离，与控制测量成果表中相应距离比较，其差值在图上不得超过 0.3mm，否则应重新展点。

二、经纬仪测图

(一)碎部点的选择

碎部点的正确选择是保证成图质量和提高测图效率的关键。碎部点应尽量选在地物、地貌的特征点上。

测量地貌时，碎部点应选择在最能反映地貌特征的山脊线、山谷线等地性线上，根据这些特征点的高程勾绘等高线，就能得到与地貌最为相似的图形。

测量地物时，碎部点应选择在决定地物轮廓线上的转折点、交叉点、弯曲点及独立地物的中心点等，如房的角点、道路的转折点、交叉点等。这些点测定之后，将它们连接起来，即可得到与地面物体相似的轮廓图形。由于地物的形状极不规则，故一般规定主要地物凹凸部分在图上大于 0.4mm 均应表示出来。在地形图上小于 0.4mm，可用直线连接。

(二)碎部测量步骤

1. 安置仪器

如图 8-12 所示,在测站点 A 上安置经纬仪(包括对中、整平),测定竖盘指标差 x(一般应小于 $1'$),量取仪器高 i,设置水平度盘读数为 $0°00'00''$,后视另一控制点 B,则 AB 称为起始方向,记入手簿。

将图板安置在测站近旁,目估定向,以便对照实地绘图。连接图上相应控制点 A、B,并适当延长,得图上起始方向线 AB。然后,用小针通过量角器圆心的小孔插在 A 点,使量角器圆心固定在 A 点上。

2. 经纬仪观测与计算

观测员将经纬仪瞄准碎部点上的标尺,使中丝读数 v 在 i 值附近,读取视距间隔 KL,然后使中丝读数 v 等于 i 值,再读竖盘读数 L 和水平角 β,记入测量手簿,并依据下列公式计算水平距离 D 与高差 h:

$$D=KL\cos^2\alpha \tag{8-2}$$

$$h=\frac{1}{2}KL\sin 2\alpha+i-v \tag{8-3}$$

3. 展绘碎部点

如图 8-12 所示,将量角器底边中央小孔精确对准图上测站 a 点处,并用小针穿过小孔固定量角器圆心位置。转动量角器,使量角器上等于 β 角值的刻划线,对准图上的起始方向 ab(相当于实地的零方向 AB),此时量角器的零方向即为碎部点 1 的方向,然后根据测图比例尺按所测得的水平距离 D 在该方向上定出点 1 的位置,并在点的右侧注明其高程。地形图上高程点的注记,字头应朝北。

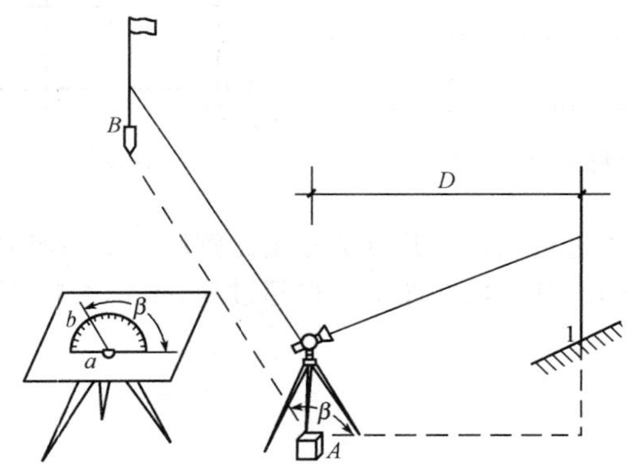

图 8-12 经纬仪测绘法示意图

三、地形图的拼接、检查与整饰

1. 地形图的拼接

当测图面积大于一幅地形图的面积时,要分成多幅施测,由于测绘误差的存在,相邻地形图测完后应进行拼接。拼接时,如偏差在规定限值内,则取其平均位置修整相邻图幅的地物和地貌位置。否则,应进行检查、修测,直至符合要求。

2. 地形图的检查

为保证成图质量，在地形图测完后，还必须进行全面的自检和互检，检查工作一般分为室内检查和野外检查两部分。

3. 地形图的整饰

原地形图的薄绘和整饰工作，使图面更加合理、清晰、美观。

整饰应按下列要求进行：先图框内、后图框外，先地物、后地貌，先注记、后符号。

四、地面数字化测图

存于计算机中的地图称为数字地图。它是一组地理空间数据的集合，即是用数字形式描述地图要素的属性、定位和关系信息的数据集合。

数字地图的成图系统分为 3 个子系统：数据采集系统软件、数据处理与控制系统和图形输出系统。每个子系统均由软件与硬件两部分组成。系统流程如图 8-13 所示。

图 8-13 数字地图的成图系统

输入设备在数据采集软件的配合下完成数据采集工作。数字地图的数据源大致有 3 种：实测数据源、图形数据源和图像数据源。

处理控制设备是核心设备，它是由计算机承担的。计算机和处理软件完成对原始数据的存储、处理，形成图形文件。

成品输出设备主要有产生电子地图的显示器，绘制纸质地图的绘图仪，存储图形数据的磁盘、光盘等存储设备。

第四节 地形图的识读与应用

一、地形图的识读

1. 图廓外的注记识读

根据图外的注记，了解图名、编号、图的比例尺、所采用的坐标和高程系统、图的施测时间等内容，确定图幅所在位置，图幅所包括的长、宽和面积等，根据施测时间可以确定该图幅是否能全面反映现实状况，是否需要修测与补测等。

2. 地貌和地物的识读

地物和地貌是地形图阅读的重要事项。读图时应先了解和记住部分常用的地形图图式，熟悉各种符号的确切含义，掌握地物符号的分类；要能根据等高线的特性及表示方法判读各种地貌，将其形象化、立体化；读图时应当纵观全局，仔细阅读地形图上的地物，如控制点、居民点、交通路线、通讯设备、农业状况和文化设施等，了解这些地物的分布、方向、面积及性质。

二、地形图的基本应用

1. 在图上确定某点坐标

在大比例尺地形图上画有 10cm×10cm 的坐标方格网，并在图廓西、南边上注有方格的纵横坐标值，如图 8-14 所示，要求 p 点的平面直角坐标（x_p，y_p），可先将 p 点所在坐标方格网用直线连接，得正方形 $abcd$，过 p 点分别作平行于 x 轴和 y 轴的两条直线 mn 和 kl，然后用分规截取 ak 和 an 的图上长度，再依比例尺算出 ak 和 an 的实地长度值。

设算出 $ak=520\text{m}$，$an=260\text{m}$，则 p 点的坐标为：

$$x_p=x_a+ak=2200+520=2720\text{m}$$

$$y_p=y_a+an=1700+260=1960\text{m}$$

为了检核，还应量出 dk 和 bn 的长度。如果考虑到图纸伸缩的影响，可按内插法计算：

$$\left.\begin{aligned}x_p=x_a+(10/ad)\times ak\\y_p=y_a+(10/ad)\times an\end{aligned}\right\}\tag{8-4}$$

2. 图上两点间的水平距离

（1）直接量测。用卡规在图上直接卡出线段长度，再与图示比例尺比量，即可得其水平距离。也可以用毫米尺量取图上长度并按比例尺换算为水平距离，但后者会受图纸伸缩的影响，误差相应较大。但图纸上绘有图示比例尺时，用此方法较为理想。

（2）根据直线两端点的坐标计算水平距离。为了消除图纸变形和量测误差的影响，尤其当距离较长时，可用两点的坐标计算距离，以提高精度。如图 8-15 所示，欲求直线 mn 的水平距离，首先按式（8-4）求出两点的坐标值 x_m，y_m 和 x_n，y_n，然后按下式计算水平距离

$$D_{mn}=\sqrt{(x_n-x_m)^2+(y_n-y_m)^2}\tag{8-5}$$

3. 坐标方位角的测量

如图 8-15 所示，欲求图上直线 mn 的坐标方位角，有下列两种方法。

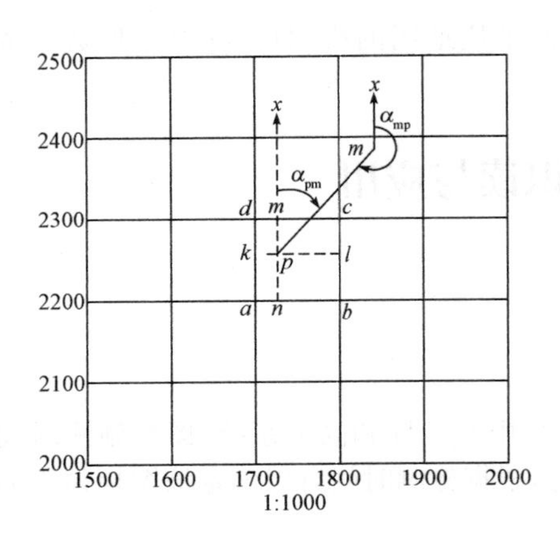

图 8-14　地形图基本应用示意图（一）

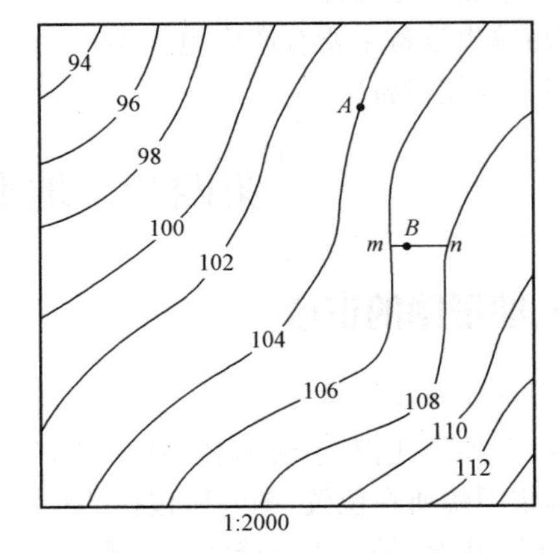

图 8-15　地形图基本应用示意图（二）

（1）图解法。当精度要求不高时，可用图解法用量角器在图上直接量取坐标方位角。如图所示，先过 m、n 两点分别精确地作坐标方格网纵线的平行线，然后用量角器的中心分别对中 m、n 两点量测直线 mn 的坐标方位角 α'_{mn} 和 nm 的坐标方位角 α'_{nm}。

同一直线的正、反坐标方位角之差为 180°，所以可按下式计算

$$\alpha_{mn}=\frac{1}{2}(\alpha'_{mn}+\alpha'_{nm}\pm180^\circ)\tag{8-6}$$

上述方法中，通过量测其正、反坐标方位角取平均值是为了减小量测误差，提高量测精度。

（2）解析法。先求出 m、n 两点的坐标，然后再按下式计算直线 mn 的坐标方位角：

$$\alpha_{mn}=\arctan\frac{x_n-y_m}{x_n-x_m}=\arctan\frac{\Delta y_{mn}}{\Delta x_{mn}} \tag{8-7}$$

当直线较长时，解析法可取得较好的结果。

4. 图上点高程的确定

地形图上任一点的高程，可以根据等高线及高程标记来确定，如图 8-15 所示，如果某点 A 正好在等高线上，则其高程与所在的等高线高程相同，即 $H_A=104.0$m。如果所求点不在等高线上，如图 8-15 中的 B 点，而位于 106m 和 108m 两条等高线之间，则可过 B 点作一条大致垂直于相邻等高线的线段 mn，量取 mn 的长度，再量取 mB 的长度，若分别为 9.5mm 和 3mm，已知等高距 $h=2$m，则 B 点的高程 H_B 可按比例内插求得：

$$H_B=H_m+\frac{mB}{mn}\cdot h=106+\frac{3}{9.5}\times 2=106.6\text{m} \tag{8-8}$$

在图上求某点的高程时，通常可以根据相邻两等高线的高程目估确定。例如图 8-15 中 mB 约为 mn 的 3/10，故 B 点高程可估计为 106.6m。因为，《工程测量规范》(GB 50026—2007)中规定，在平坦地区，等高线的高程中误差不应超过 1/3 等高距；丘陵地区，不应超过 1/2 等高距；山地，不应超过 2/3 等高距；高山地，不应超过一个等高距。也就是说，如果等高距为 1m，则平坦地区等高线本身的高程误差允许到 0.3m，丘陵地区为 0.5m，山地为 0.667m，高山地区可达 1m。显然，所求高程精度低于等高线本身的精度，而目估误差与此相比，是微不足道的。所以，用目估确定点的高程是可行的。

5. 确定图上直线的坡度

在图上求得直线的长度以及两端点的高程后，可按下式计算该直线的平均坡度 i。

$$i=\frac{h}{dM}=\frac{h}{D} \tag{8-9}$$

式中 d——指图上量得的长度；

h——指直线两端点的高差；

M——指地形图比例尺分母；

D——指该直线的实地水平距离。

坡度通常用千分率或百分率表示，"＋"为上坡，"－"为下坡。

高差的符号是不确定的，距离的符号是确定的，所以说坡度的符号和高差的符号是相同的。

三、地形图在市政工程施工中的应用

(一)沿指定方向绘制纵断面图

如图 8-16(a)所示，欲沿地形图上 AB 方向绘制断面图，可首先在绘图纸或方格纸上绘制 AB 水平线，如图 8-16(b)，过 A 点作 AB 的垂线作为高程轴线。然后在地形图上用卡规自 A 点分别卡出 M 点至 1、2、3……B 各点的水平距离，并分别在图 8-16 上自 A 点沿 AB 方向截出相应的 1、2……B 等点。再在地形图上读取各点的高程，按高程比例尺向上作垂线。最后，用光滑的曲线将各高程顶点连接起来，即得 AB 方向的纵断面图。

纵断面图是显示沿指定方向地球表面起伏变化的剖面图。在各种线路工程设计中，为了进行填挖土(石)方量的概算，以及合理地确定线路的纵坡等，都需要了解沿线路方向的地面起伏情况，而利用地形图绘制沿指定方向的纵断面图最为简便，因而得到广泛应用。

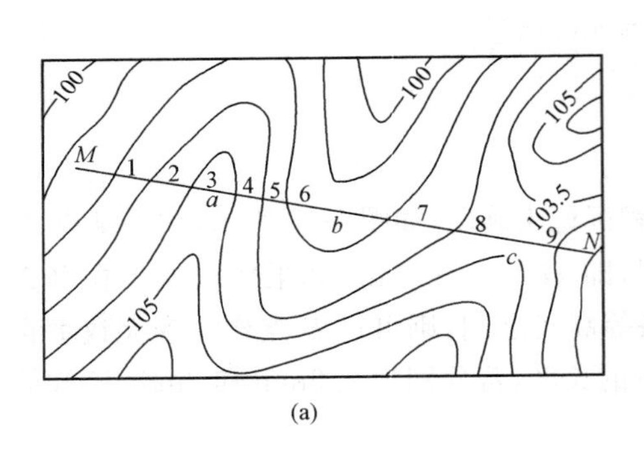

(a)

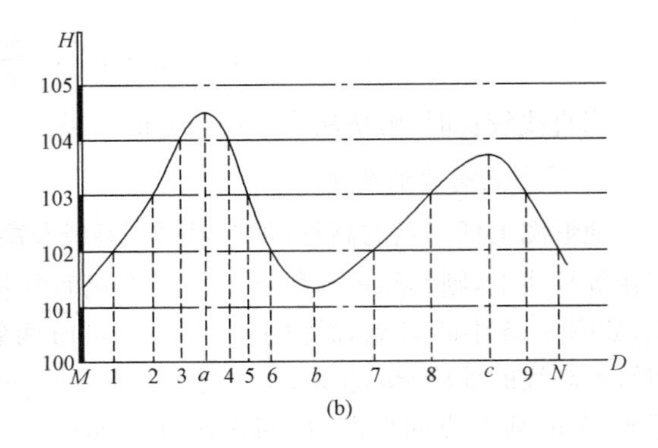

(b)

图 8-16 按预定方向绘制纵断面图

(二)在图上按指定坡度选择最短路线

如图 8-17 所示,设从 M 点到高地 N 点要选择一条路线,要求其坡度不大于 5%(限制坡度)。设计用的地形图比例尺为 1∶2000,等高距为 1m。为了满足限制坡度的要求,根据公式计算出该路线经过相邻等高线之间的最小水平距离 d 为

$$d=\frac{h}{iM}=\frac{1}{0.05\times2000}=0.01\text{m}=1\text{cm}$$

于是,以 M 点为圆心,以 d 为半径画弧交 81m 等高线于点 1,再以点 1 为圆心,以 d 为半径画弧,交 82m 等高线于点 2,依此类推,直到 N 点附近为止。然后连接 M、1、2……N,便在图上得到符合限制坡度的路线。这只是 M 到 N 点的路线之一,为了便于选线比较,还需另选一条路线,如 M、1′、2′……N。同时考虑其他因素,如少占或不占农田,建筑费用最少,避开不良地质等进行修改,以便确定线路的最佳方案。

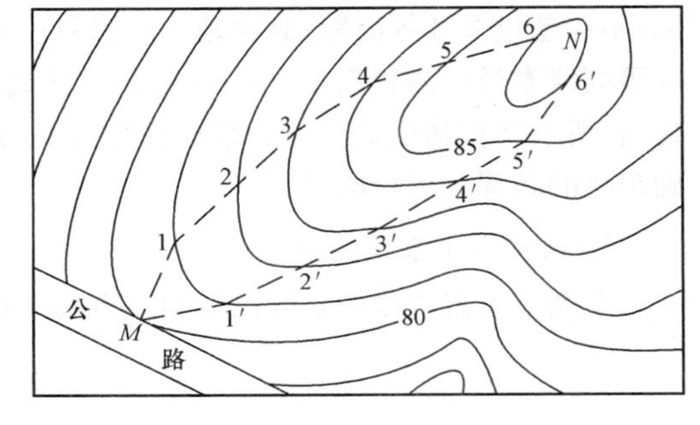

图 8-17 按限制坡度选择最短线路示意图

(三)汇水面积的确定与计算

汇水面积用于桥梁、涵洞等工程的建设中计算水流量大小。要确定汇水面积,应在地形图上画相应的特征线,然后确定汇水区域,下面是量算图形面积的几种方法。

1. 透明方格网法

如图 8-18 所示,对于曲线包围的不规则图形,可利用绘有边长为 1mm(或 2mm)正方形格网的透明纸蒙在图纸上,统计出图形所围的方格整数格和不完整格数,一般将不完整格作半格计,从而算出图形在地形图上的面积,最后依据地形图比例尺计算出该图形的实地面积。

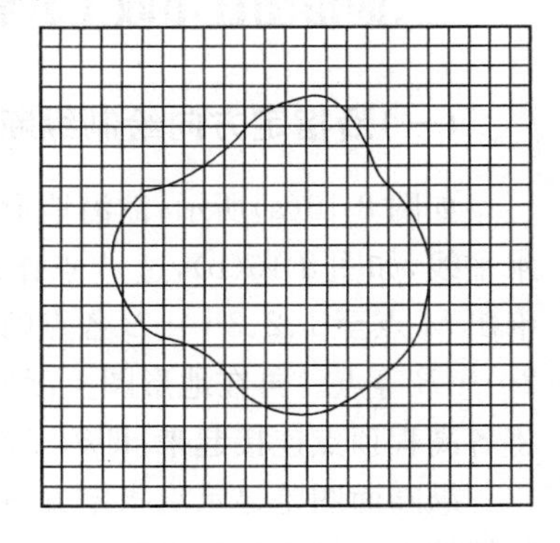
图 8-18 透明方格网法

2. 条分线法

如图 8-19 所示,利用绘有间隔 h 为 1mm 或 2mm 平行线的透明纸,覆盖在地形图上,则图形被分割成许多高为 h 的等高近似梯形,端部近似地看成三角形再量测各梯形的中线 l(图中虚

线）的长度，则该图形面积为：

$$S=h\sum l_i \tag{8-10}$$

式中　h——近似梯形的高；

　　　l_i——各方格的中线长。

最后将图上面积 S 依比例尺换算成实地面积。

3. 几何图形法

如图 8-20 所示，如果图形是由直线连接而成的闭合多边形，则可将多边形分割成若干个三角形或梯形，利用三角形或梯形计算面积的公式计算出各简单图形的面积，最后求得各简单图形的面积总和即为多方形的面积。

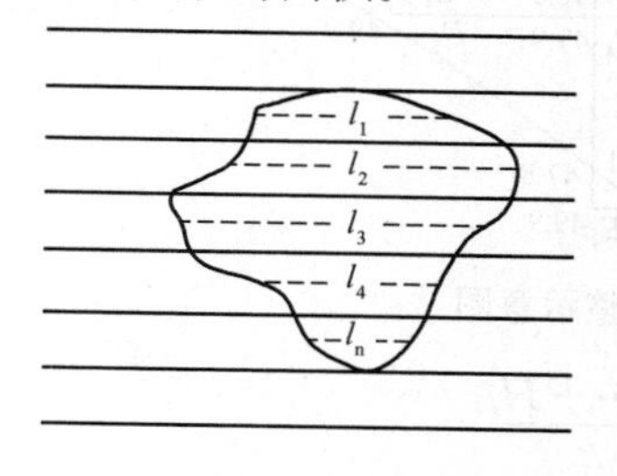

图 8-19　条分线法

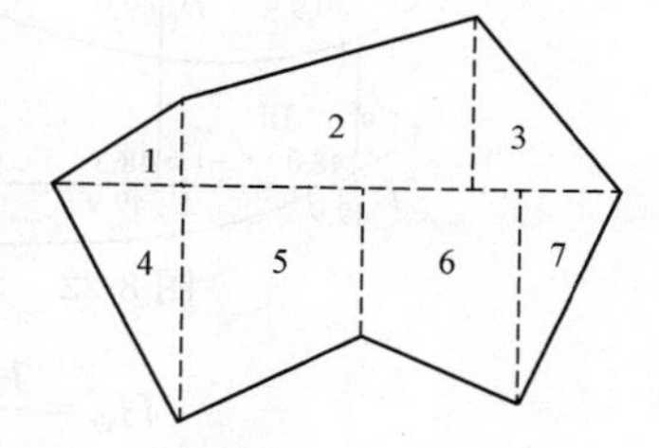

图 8-20　几何图形法

4. 求积仪法

求积仪是一种专门供图上量算面积的仪器，其优点是操作简便、速度快、适用于任意曲线图形的面积量算，且能保证一定的精度。

求积仪的种类繁多，这里不作一一介绍，使用前请仔细阅读使用说明书。

（四）确定汇水区面积

山脊线又称为分水线，即落在山脊上的雨水必然要向山脊两旁流下。根据这种原理，只要将某地区的一些相邻山脊线连接起来就构成汇水面积的界线，它所包围的面积就称为汇水面积。如图 8-21 所示，由山脊线 AB、BC、CD、DE、EA 所围成的面积就是汇水面积。

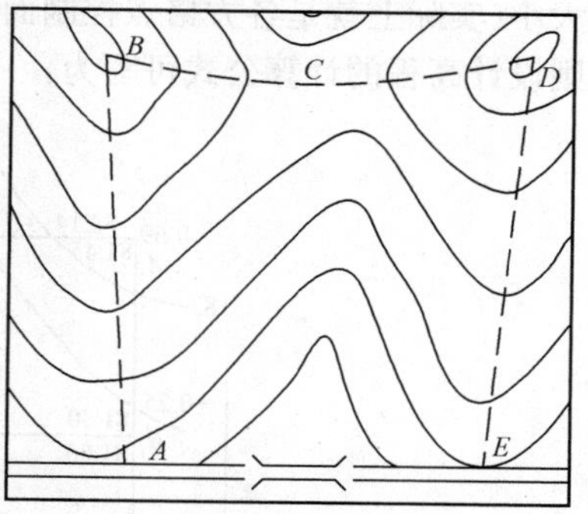

图 8-21　汇水区面积的确定

（五）场地平整时的填挖边界确定与土方量计算

场地平整有平整为水平场地和整理为倾斜界面两种类型。

1. 平整为水平场地

如图 8-22 为一幅 1∶1000 比例尺的地形图，假设要求将原地貌按挖填土方量平衡的原则改造成平面，其步骤如下：

（1）在地形图上绘制方格网。方格网大小取决于地形图的复杂程度、地形图比例尺的大小和土方计算精度，方格边长为图上 2cm。

（2）计算设计高程。

1）先将每一方格顶点的高程加起来除以 4，得到各方格的平均高程，再把每个方格的平均高程相加除以方格总数，就得到设计高程 $H_{设}$，即：

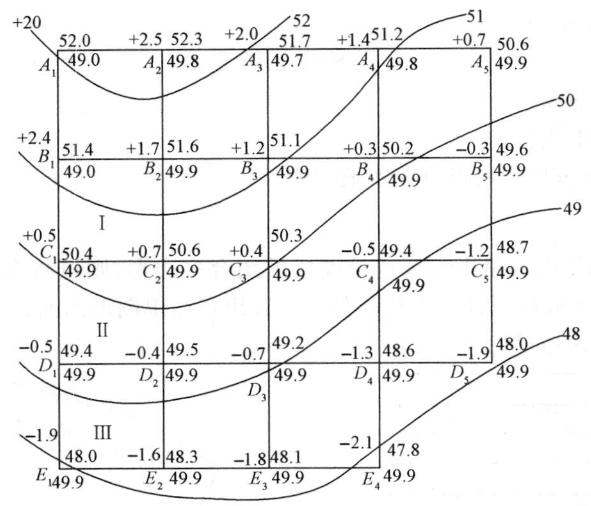

图 8-22 水平场地平整示意图

$$H_{设}=\frac{H_1+H_2+\cdots+H_i}{H} \tag{8-11}$$

式中 H_i——每一方格的平均高程；

i——方格总数。

2)从设计高程 $H_{设}$ 的计算方法和图 8-23 可以看出：方格网的角点 A_1、A_5、D_5、E_4、E_1 的高程只用了一次，边点 A_2、A_3、A_4、B_1、B_5、C_1、C_5、D_1、E_2、E_3 点的高程用了两次，拐点 D_4 的高程用了三次，而中间点 B_2、B_3、B_4、C_2、C_3、C_4、D_2、D_3 点的高程都用了四次，若以各方格点对 $H_{设}$ 的影响大小(实际上就是各方格点控制面积的大小)作为“权”的标准，如把用过 i 次的点的“权”定为 i，则设计高程的计算公式可写为：

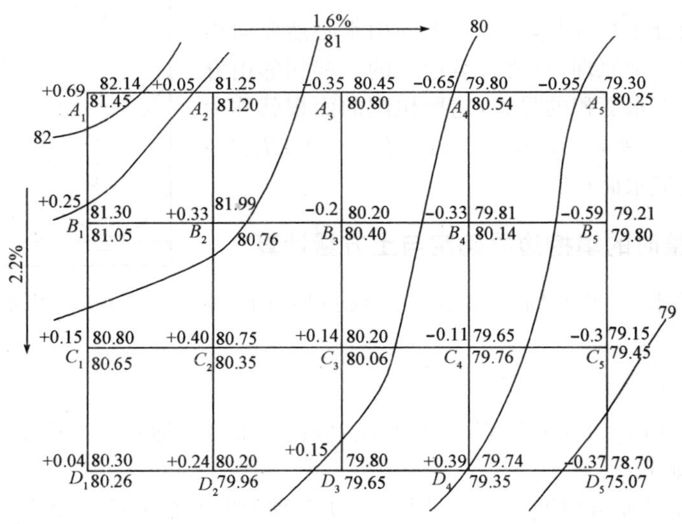

图 8-23 倾斜场地平整示意图

$$H_{设}=\frac{\sum P_iH_i}{\sum P_i} \tag{8-12}$$

式中 P_i——相应各方格点 i 的权。

(3)计算挖填高设。根据设计高程和各方格顶点的高程，可以计算出每一方格顶点的挖、填高度，即

$$挖、填高度=地面高程-设计高程 \tag{8-13}$$

将图中各方格顶点的挖、填高度写于相应方格顶点的左上方，如+2.1、-0.7等。正号为挖深，负号为填高。

(4)计算挖填土方量。

可按各点计算：

角点：挖高$\times\frac{1}{4}$方格面积

边点：挖高$\times\frac{2}{4}$方格面积

拐点：挖高$\times\frac{3}{4}$方格面积

中点：挖高$\times\frac{4}{4}$方格面积。

挖填土方量的计算大多在表格中计算，在格网中挖填边界近似为一条直线，也可按表8-10来计算土方量。

表 8-10 常用方格网的挖填土方计算

项目(分类)	简图	计算公式
一点填方或挖方(三角形部分)	h_1 h_2 h_3 h_4 b c	$V=\frac{1}{2}bc\frac{\sum h}{3}=\frac{bch_3}{6}$ 当 $b=c=a$ 时，$V=\frac{a^2h_3}{6}$
二点填方或挖方(梯形)	h_1 h_2 h_3 h_4 a b c d e	$V_{挖}=\frac{d+e}{2}a\frac{\sum h}{4}=\frac{a}{8}(d+e)(h_2+h_4)$ $V_{填}=\frac{b+c}{2}a\frac{\sum h}{4}=\frac{a}{8}(b+c)(h_1+h_3)$
三点填方或挖方(五边形部分)	h_1 h_2 h_3 h_4 b c	$V=\left(a^2-\frac{bc}{2}\right)\frac{\sum h}{5}=\left(a^2-\frac{bc}{2}\right)\frac{h_1+h_2+h_4}{5}$ 三角形部分按第一行计算
四点填方或挖方(正方形)	h_1 h_2 h_3 h_4	$V=a^2\frac{\sum h}{4}=\frac{a^2(h_1+h_2+h_3+h_4)}{4}$

(5)绘出挖填边界线。在地形图上根据等高线，用目估法内插出高程为49.9m的高程点，即填挖边界点，叫零点。连接相邻零点的曲线(图中虚线)，称为填挖边界线。在填挖边界线一边为填方区域，另一边为挖方区域。零点和填挖边界线是计算土方量和施工的依据。

2. 设计成一定坡度的倾斜界面

(1)绘制方格网，并求出各方格点的地面高程。与设计成水平场地同法绘制方格网，并将各

方格点的地面高程注于图上。图 8-23 中方格边长为 20m。

(2)根据挖、填平衡的原则,确定场地重心点的设计高程。根据填挖土(石)方量平衡,按式(8-12)计算整个场地几何图形重心点的高程为设计高程。用图 8-23 中数据计算 $H_{设}=80.26$m。

(3)确定方格点设计高程。重心点及设计高程确定以后,根据方格点间距和设计坡度,自重心点起沿方格方向,向四周推算各方格点的设计高程。

(4)确定挖、填边界线。在地形图上首先确定填挖零点。连接相邻零点的曲线,称为填挖边界线。在填挖边界线一边为填方区域,另一边为挖方区域。零点和填挖边界线是计算土方量和施工的依据。

(5)计算方格点挖、填数值。根据图 8-23 中地面高程与设计高程值,按式(8-13)计算各方格点挖、填数值,并注于相应点的左上角。

(6)计算挖、填方量。根据方格点的填、挖数,可按上述方法,确定填挖边界线,并分别计算各方格内的填、挖方量及整个场地的总填、挖方量。

第九章　施工测量的基本工作

第一节　施工测量概述

一、概述

在进行建筑、道路、桥梁和管道等工程建设时，都要经过勘测、设计、施工这三个阶段。前面所讲的地形图的测绘和应用，都是为各种工程进行规划设计提供必要的资料。在设计工作完成后，就要在实地进行施工。在施工阶段所进行的测量工作，称为施工测量，又称测设或放线。施工测量的任务是根据施工需要将设计图纸上的建(构)筑物的平面和高程位置，按一定的精度和设计要求，用测量仪器测设在地面上，作为施工的依据，并在施工过程中进行一系列的测量工作，以衔接和指导各工序间的施工。

二、施工测量的特点

1. 测量精度要求较高

为了满足较高的施工测量精度要求，应使用经过检校的测量仪器和工具进行测量作业，测量作业的工作程序应符合“先整体后局部、先控制后细部”的一般原则，内业计算和外业测量时均应细心操作，注意复核，以防出错，测量方法和精度应符合相关的测量规范和施工规范的要求。

对同类建筑物和构筑物来说，测设整个建筑物和构筑物的主轴线，以便确定其相对其他地物的位置关系时，其测量精度要求可相对低一些；而测设建筑物和构筑物内部有关联的轴线，以及在进行构件安装放线时，精度要求则相对高一些；如要对建筑物和构筑物进行变形观测，为了发现位置和高程的微小变化量，测量精度要求更高。

2. 测量与施工进度关系密切

施工测量直接为工程的施工服务，一般每道工序施工前都要进行放线测量，为了不影响施工的正常进行，应按照施工进度及时完成相应的测量工作。特别是现代工程项目，规模大，机械化程度高，施工进度快，对放线测量的密切配合提出了更高的要求。

在施工现场，各工序经常交叉作业，运输频繁，并有大量土方填挖和材料堆放，使测量作业的场地条件受到影响，视线被遮挡，测量桩点被破坏等。所以，各种测量标志必须埋设稳固，并设在不易破坏和碰动的位置，除此之外还应经常检查，如有损坏，应及时恢复，以满足施工现场测量的需要。

第二节　测设的基本工作

测设的基本工作主要包括三方面的内容，即：测设已知水平距离、测设已知水平角和测设已知高程。

一、测设已知水平距离

1. 钢尺测设法

当已知方向在现场已用直线标定，且测设的已知水平距离小于钢卷尺的长度时，测设的一般方法很简单，只需将钢尺的零端与已知始点对齐，沿已知方向水平拉紧直钢尺，在钢尺上读数等于已知水平距离的位置定点即可。为了校核和提高测设精度，可将钢尺移动 10～20cm，用钢尺始端的另一个读数对准已知始点，再测设一次，定出另一个端点，若两次点位的相对误差在限差（1/5000～1/3000）以内，则取两次端点的平均位置作为端点的最后位置。如图 9-1 所示，M 为已知起点，M 至 N 为已知方向，D 为已知水平距离，P' 为第一次测设所定的端点，P'' 为第二次测设所定的端点，则 P' 和 P'' 的中点 P 即为最后所定的点。MP 即为所要测设的水平距离 D。

若已知方向在现场已用直线标定，而已知水平距离大于钢卷尺的长度，则沿已知方向依次水平丈量若干个尺段，在尺段读数之和等于已知水平距离处定点即可。为了校核和提高测设精度，同样应进行两次测设，然后取中定点，方法同上。

当已知方向没有在现场标定出来，只是在较远处给出的另一定向点时，则要先定线再量距。对市政工程来说，若始点与定向点的距离较短，一般可用拉一条细线绳的方法定线，若始点与定向点的距离较远，则要用经纬仪定线，方法是将经纬仪安置在 A 点上，对中整平，照准远处的定向点，固定照准部，望远镜视线即为已知方向，沿此方向一边定线边量距，使终点至始点的水平距离等于要测设的水平距离，并且位于望远镜的视线上。

2. 全站仪测设法

由于电磁波测距仪的普及，目前水平距离的测设，尤其是长距离的测设多采用电磁波测全站仪或距仪。如图 9-2 所示，安置测距仪于 M 点，瞄准 MN 方向，指挥装在对中杆上的棱镜前后移动，使仪器显示值略大于测设的距离，定出 N' 点。在 N' 点安置反光棱镜，测出竖直角 α 及斜距 L（必要时加测气象改正），计算水平距离 $D'=L\cos\alpha$，求出 D' 与应测设的水平距离 D 之差 $\Delta D=D-D'$。根据 ΔD 的符号在实地用钢尺沿测设方向将 N' 改正至 N 点，并用木桩标定其点位。为了检核，应将反光镜安置于 N 点，再实测 MN 距离，其不符值应在限差之内，否则应再次进行改正，直至符合限差为止。若用全站仪测设，仪器可直接显示水平距离，则更为简便。

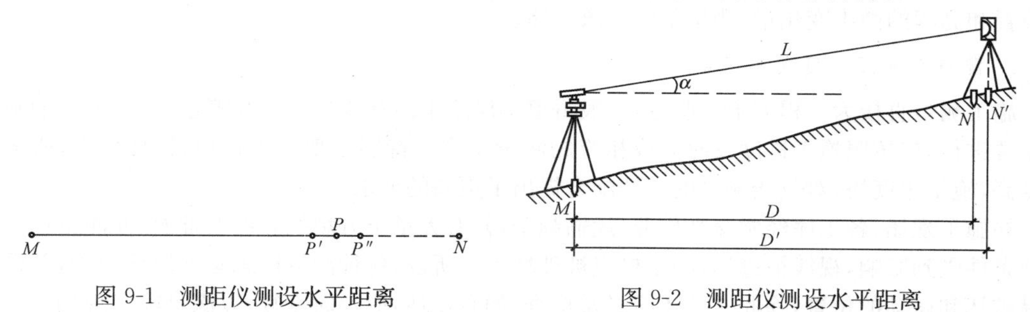

图 9-1 测距仪测设水平距离

图 9-2 测距仪测设水平距离

二、测设已知水平角

1. 直接测设法

如图 9-3 所示，设 O 为地面上的已知点，OA 为已知方向，要顺时针方向测设已知水平角 β：在 O 点安置经纬仪，对中整平。盘左状态瞄准 A 点，调水平度盘配置手轮，使水平度盘读数为 $0°0'$

00″，然后旋转照准部，当水平度盘读数β时，固定照准部，在此方向上合适的位置定出B'点。倒转望远镜成盘右状态，用同上的方法测设β角，定出B''点。取B'和B''的中点B，则$\angle AOB$就是要测设的水平角。

2. 精确测设法

当测设水平角的精度要求较高时，应采用作垂线改正的方法，如图 9-4 所示。在O点安置经纬仪，先用一般方法测设β角值，在地面上定出C'点，再用测回法观测$\angle AOC'$几个测回（测回数由精度要求决定），取各测回平均值为β_1，即$\angle AOC'=\beta_1$，当β和β_1的差值$\Delta\beta$超过限差（$\pm 10''$）时，需进行改正。根据$\Delta\beta$和OC'的长度计算出改正值CC'，即

$$CC'=OC'\times\tan\Delta\beta=OC'\times\frac{\Delta\beta}{\rho} \tag{9-1}$$

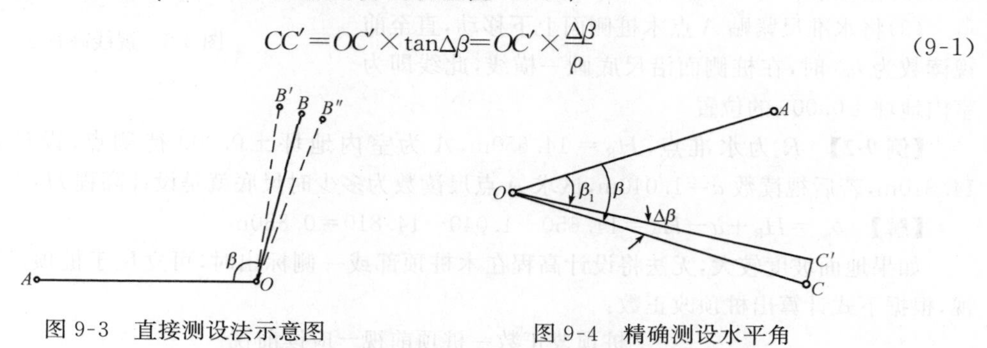

图 9-3　直接测设法示意图　　　图 9-4　精确测设水平角

式中，$\rho=206265''$；$\Delta\beta$以秒（″）为单位。

过C'点作OC'的垂线，再以C'点沿垂线方向量取CC'，定出C点，则$\angle AOC$就是要测设的β角。当$\Delta\beta=\beta-\beta_1>0$时，说明$\angle AOC'$偏小，应从$OC'$的垂线方向向外改正；反之，应向内改正。

【例 9-1】 已知地面上A、O两点，要测设直角$\angle AOC$。

【解】 在O点安置经纬仪，盘左盘右测设直角取中数得C'点，量得$OC'=70\text{m}$，用测回法观测三个测回，测得$\angle AOC'=86°48'32''$。

$$\Delta\beta=90°00'00''-86°48'32''=3°11'28''$$

$$CC'=OC'\times\frac{\Delta\beta}{\rho}=70\times\frac{11488}{206265}=3.9\text{m}$$

过C'点作OC'的垂线$C'C$向外量$C'C=3.9\text{m}$定得C点，则$\angle AOC$为直角。

3. 中垂线法测直角

中垂线法测设直角。如图 9-5 所示，AB是现场上已有的一条边，要过P点测设与AB成 90°的另一条边，可用钢尺在直线AB上定出与P点距离相等的两个临时点A'和B'，再分别以A'和B'为圆心，以大于PA'的长度为半径，画圆弧相交于C点，则PC为$A'B'$的中垂线，即PC与AB成 90°。

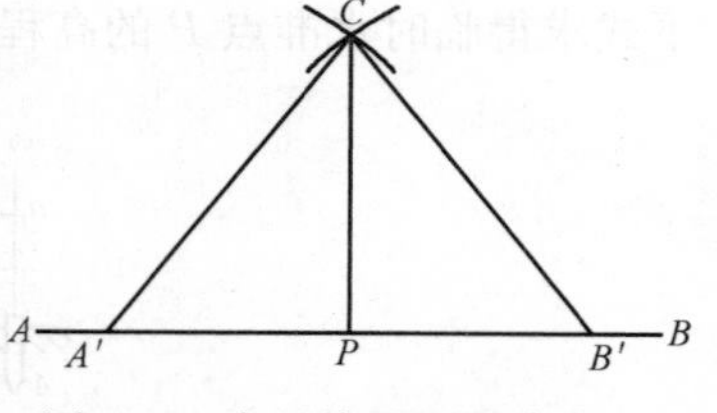

图 9-5　中垂线法测设直角

三、测设已知高程

高程测设的原理是根据已知水准的高程和设计点的高程，用水准仪将设计点的高程测设在地面上，高程测设分法有以下几种。

1. 视线高程法

如图 9-6 所示，欲根据某水准点的高程 H_R，测设 A 点，使其高程为设计高程 H_A。则 A 点尺上应读的前视读数为

$$b_{应}=(H_R+a)-H_A \tag{9-2}$$

测设方法如下：

(1)安置水准仪于 R,A 中间，整平仪器。

(2)后视水准点 R 上的立尺，读得后视读数为 a，则仪器的视线高 $H_i=H_R+a$。

(3)将水准尺紧贴 A 点木桩侧面上下移动，直至前视读数为 $b_{应}$ 时，在桩侧面沿尺底画一横线，此线即为室内地坪±0.000 的位置。

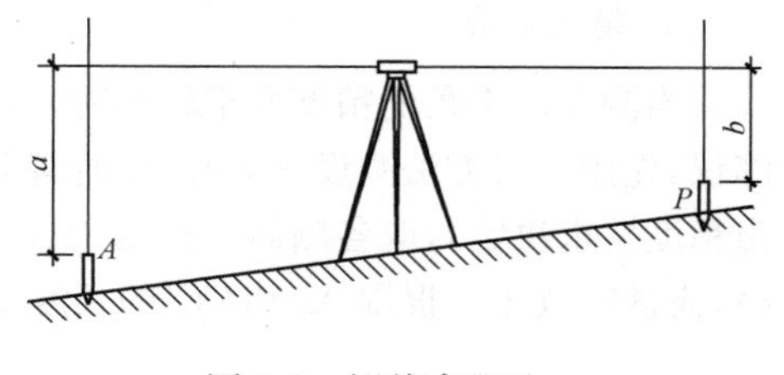

图 9-6 视线高程法

【例 9-2】 R 为水准点，H_R = 14.650m，A 为室内地坪±0.000 待测点，设计高程 H_A= 14.810m，若后视读数 a=1.040m，试求 A 点尺读数为多少时尺底就是设计高程 H_A。

【解】 $b_{应}=H_R+a-H_A=14.650+1.040-14.810=0.880\text{m}$

如果地面坡度较大，无法将设计高程在木桩顶部或一侧标出时，可立尺于桩顶，读取桩顶前视，根据下式计算出桩顶改正数：

桩顶改正数=桩顶前视−应读前视

假如应读前视读数是 1.700m，桩顶前视读数是 1.140m，则桩顶改正数为−0.560m，表示设计高程的位置在自桩顶往下量 0.560m 处，可在桩顶上注"向下 0.560m"即可。如果改正数为正，说明桩顶低于设计高程，应自桩顶向上量改正数得设计高程。

2. 高程传递法

高程传递法即用钢尺和水准仪将地面水准点的高程传递到低处或高处上所设置的临时水准点，然后根据临时水准点测设各需要点的高程。

(1)从高处向低处测设高程。如图 9-7 所示，为深基坑的高程传递，将钢尺悬挂在坑边的木杆上，下端挂 10kg 重锤，在地面上和坑内各安置一台水准仪，分别读取地面水准点 A 和坑内水准点 P 的水准尺读数 a_1 和 a_2，并读取钢尺读数 b_1 和 b_2，则可根据已知地面水准点 A 的高程 H_A，按下式求得临时水准点 P 的高程的 H_P：

$$H_P=H_A+a_1-(b_1-b_2)-a_2 \tag{9-3}$$

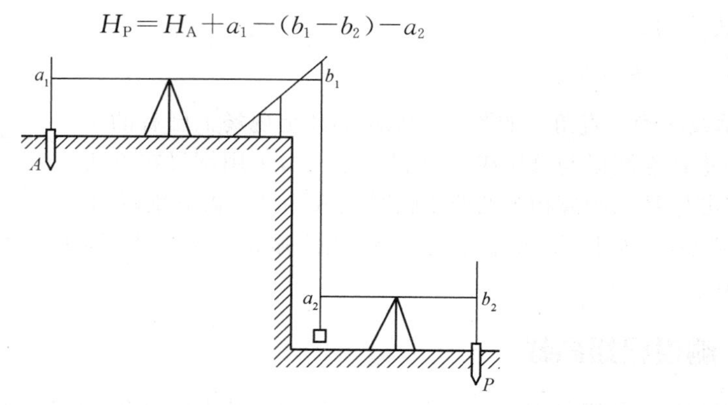

图 9-7 高程传递法(一)

(2)为了进行检核,可将钢尺位置变动 10～20cm,同法再次读取这四个数,两次求得的高程相差不得大于 3mm。

(3)从低处向高处测高程。从低处向高处测设高程的方法与上述(1)方法类似。如图 9-8 所示,已知低处水准点 A 的高程 H_A,需测设高处 P 的设计高程 H_P,先在低处安置水准仪,读取读数 a_1 和 b_1,再在高处安置水准仪,读取读数 a_2,则高处水准尺的应读读数 b_2 为:

$$b_2 = H_A + a_1 + (a_2 - b_1) - H_P \tag{9-4}$$

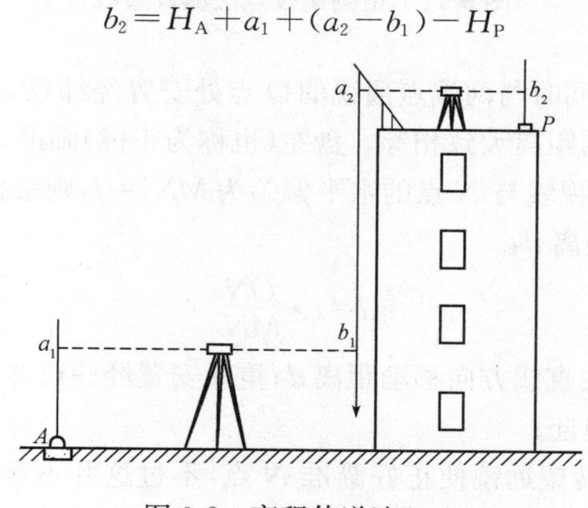

图 9-8 高程传递法(二)

第三节 两点间直线与铅垂线测设

一、两点间测设直线

1. 一般测设法

如果两点之间能通视,且在其中一个点上能安置经纬仪,故可用经纬仪定线法进行测设。先在其中一个点上安置经纬仪,照准另一个点,固定照准部,再根据需要,在现场合适的位置立测钎,用经纬仪指挥测钎左右移动,直到恰好与望远镜竖丝重合时定点,该点即位于 AB 直线上,同法依次测设出其他直线点如图 9-9 所示。如果需要的话,可在每两个相邻直线点之间用拉白线、弹墨线和撒灰线的方法,在现场将此直线标绘出来,作为施工的依据。

如果经纬仪与直线上的部分点不通视,例如图 9-10 中深坑下面的 P_1、P_2 点,则可先在与 P_1、P_2 点通视的地方(如坑边)测设一个直线点 C,再搬站到 C 点测设 P_1、P_2 点。

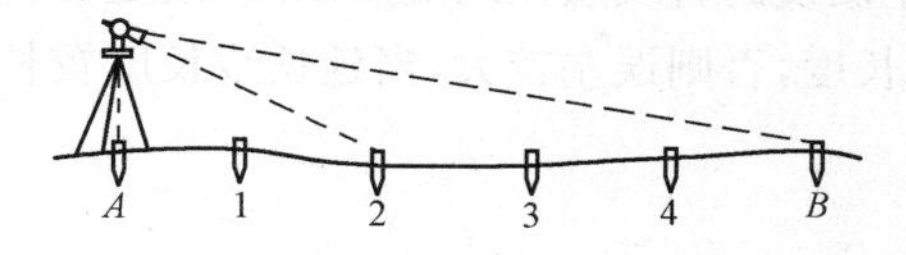

图 9-9 两点间通视的直线测设

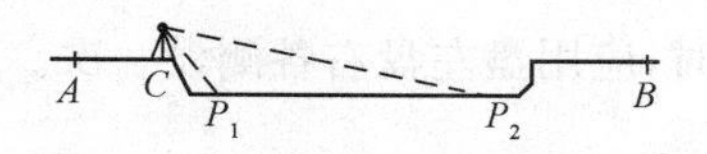

图 9-10 两点部分占不通视的直线测设

2. 正倒镜投点法

如果两点之间互不通视或者距离较远,在两点都不能安置经纬仪,采用正倒镜分中法难以放线投点,此时采用正倒镜投点法。

如图 9-11 所示,M、N 为现场上互不通视的两个点,需在地面上测设以 M、N 为端点的直线,测设方法如下：

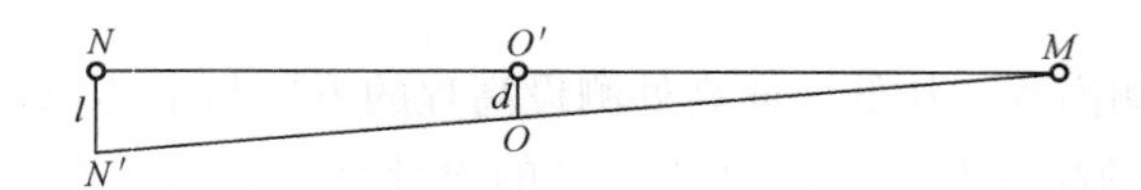

图 9-11　正倒镜投点法测设直线

在 M、N 之间选一个能同时与两端点通视的 O 点处安置经纬仪，尽量使经纬仪中心在 M、N 的连线上，最好是与 M、N 的距离大致相等。盘左(也称为正镜)瞄准 M 点并固定照准部，再倒转望远镜观察 N 点，若望远镜视线与 N 点的水平偏差为 $MN'=l$，则根据距离 ON 与 MN 的比，计算经纬仪中心偏离直线的距离 d：

$$d=l\cdot\frac{ON}{MN} \tag{9-5}$$

然后将经纬仪从 O 点往直线方向移动距离 d；重新安置经纬仪并重复上述步骤的操作，使经纬仪中心逐次往直线方向趋近。

最后，当瞄准 M 点，倒转望远镜便正好瞄准 N 点，不过这并不等于仪器一定就在 MN 直线上，这是因为仪器存在误差。因此还需要用盘右(也称为倒镜)瞄准 M 点，再倒转望远镜，看是否也正好瞄准 N 点。

正倒镜投点法的关键是用逐渐趋近法将仪器精确安置在直线上，在实际工作中，为了减少通过搬动脚架来移动经纬仪的次数，提高作业效率，在安置经纬仪时，可按图 9-12 所示的方式安置脚架，使一个脚架与另外两个脚架中点的连线与所要测设的直线垂直，当经纬仪中心需要往直线方向移动的距离不太大(10～20cm 以内)时，可通过伸缩该脚架来移动经纬仪，而当移动的距离更小(2～3cm 以内)时，只需在脚架头上移动仪器即可。

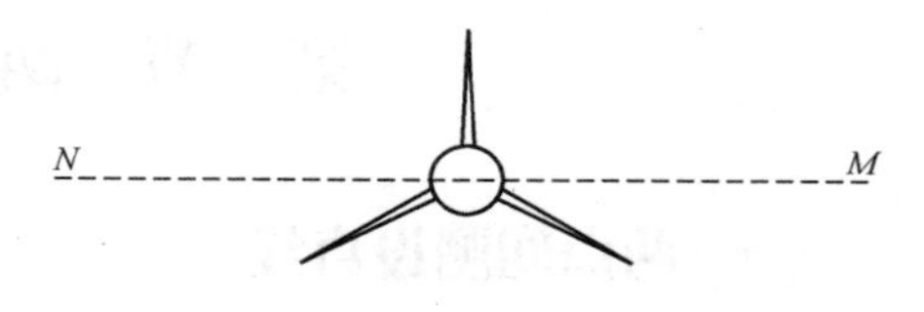

图 9-12　安置脚架

二、延长已知线方法

1. 顺延法

在 A 点安置经纬仪，照准 B 点，抬高望远镜，用视线(纵丝)指挥在现场上定出 C 点即可。这个方法与两点间测设直线的一般方法基本一样，由于测设的直线点在两端点以外，故更要注意测设精度问题。延长线长度一般不要超过已知直线的长度，否则误差较大，当延长线长度较长或地面高差较大时，应用盘左盘右各测设一次。

2. 倒延法

当 O 点无法安置经纬仪，或者当 ON 距离较远，使从 O 点用顺延法测设 N 点的照准精度降低时，可以用倒延法测设。如图 9-13 所示，在 M 点安置经纬仪，照准 O 点，倒转望远镜，用视线指挥在现场上定出 N，点，为了消除仪器误差，应用盘左和盘右各测设一次，取两次的中点。

图 9-13　倒延法测设直线

3. 平行线法

当延长直线上不通视时，可用测设平行线的方法，延过障碍物。

三、铅垂线的测设

在高层建筑的建设中常要测设以铅垂线为标准的点和线，而以铅垂线为标准的点和线就称为铅准线或垂准线。在用悬挂垂线球对地面点、墙体与柱子进行垂直检验时，因为垂准的精度约为高度的 1/1000，所以会产生较大的偏差。在对建设要求较高的传统高层建筑进行垂直检验时，通常采用直径不大于 1mm 的细钢丝悬挂 10～50kg 的重大垂球，垂球要浸入到油桶中，这样的垂准精度在 1/10000 以上。

在开阔的场地且建(构)筑物垂直高度不大时，可以用两架经纬仪，在平面上相互垂直的两个方向上，利用整平后仪器的视准轴上下转动形成铅垂平面，与建(构)筑物垂直相交而得到铅垂线。

目前有专门测设铅垂线用的仪器，称为垂准仪，也称天顶仪，其垂准的相对精度可达到 1/40000。

第四节 测设已知坡度的直线

在道路、管道工程中，常常要将设计坡度线在地面上标定出来，作为施工的依据。坡度线的测设是根据附近水准点的高程、设计坡度和坡度线端点的设计高程，用高程测设法将坡度上各点设计高程标定在地面上的测量工作。坡度线的测设，根据地面坡度大小，可采用水平视线法、倾斜视线法和用经纬仪测设法等。

一、水平视线法

当坡度不大时，可采用水平视线法。如图 9-14 所示，A、B 为设计坡度线的两个端点，A 点设计高程为 $H_A=56.480$m，坡度线长度(水平距离)为 $D=110$m，设计坡度为 $i=-1.4\%$，要求在 AB 方向上每隔距离 $d=15$m 打一个木桩，并在木桩上定出一个高程标志，使各相邻标志的连线符合设计坡度。设附近有一水准点 M，其高程为 $H_M=56.125$m，测设方法如下：

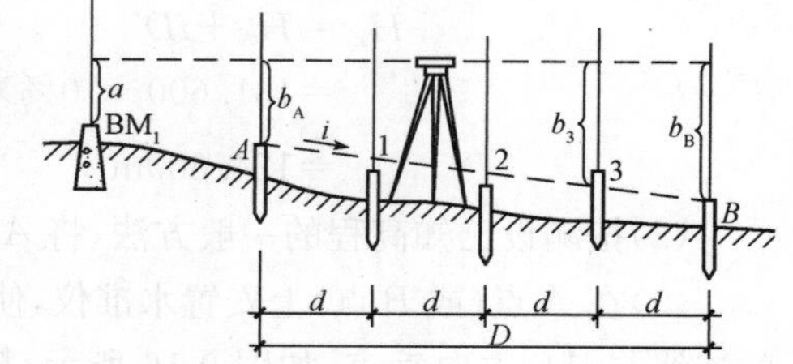

图 9-14 水平视线法测设坡度线

(1)在地面上沿 AB 方向，依次测设间距为 d 的中间点 1、2、3、4、5，在点上打好木桩。

(2)计算各桩点的设计高程：

先计算按坡度 i 每隔距离 d 相应的高差

$$h=id=-1.4\%\times15=-0.21\text{m}$$

再计算各桩点的设计高程，其中

第 1 点： $H_1=H_A+h=56.480-0.21=56.270$m

第 2 点： $H_2=H_1+h=56.270-0.21=56.060$m

……

同法算出其他各点设计高程为 $H_3=55.850$m，$H_4=55.640$m，$H_5=55.430$m，最后根据 H_5

和剩余的距离计算 B 点设计高程

$$H_{B}=55.430+(-1.4\%)\times(110-100)=55.290\text{m}$$

注意，B 点设计高程也可用下式算出：

$$H_{B}=H_{A}+iD$$

用来检核上述计算是否正确，例如，这里为 $H_{B}=56.480-1.5\%\times110=55.790\text{m}$，说明高程计算正确。

(3)在合适的位置（与各点通视，距离相近）安置水准仪，后视水准点上的水准尺，设读数 $a=0.866\text{m}$，先代入式计算仪器视线高

$$H_{视}=H_{M}+a=56.125+0.866=56.991\text{m}$$

再根据各点设计高程，依次代入式计算测设各点时的应读前视读数，例如 A 点为

$$b_{A}=H_{视}-H_{A}=56.991-56.480=0.511\text{m}$$

1 号点为

$$b_{1}=H_{视}-H_{1}=56.991-56.270=0.721\text{m}$$

同理得 $b_{2}=0.931\text{m}$，$b_{3}=1.141\text{m}$，$b_{4}=1.351\text{m}$，$b_{5}=1.561\text{m}$，$b_{B}=1.701\text{m}$。

(4)水准尺依次贴靠在各木桩的侧面，上下移动尺子，直至尺读数为 b 时，沿尺底在木桩上画一横线，该线即在 AB 坡度线上。也可将水准尺立于桩顶上，读前视读数 b'，再根据应读读数和实际读数的差 $l=b-b'$，用小钢尺自桩顶往下量取高度 l 画线。

二、倾斜视线法

当坡度较大时，坡度线两端高差太大，不便按水平视线法测设，这里可采用倾斜视线法。如图 9-15 所示，A、B 为设计坡度线的两个端点，A 点设计高程为 $H_{A}=131.600\text{m}$，坡度线长度（水平距离）为 $D=70\text{m}$，设计坡度为 $i=-10\%$，附近有一水准点 M，其高程为 $H_{M}=131.950\text{m}$，测设方法如下：

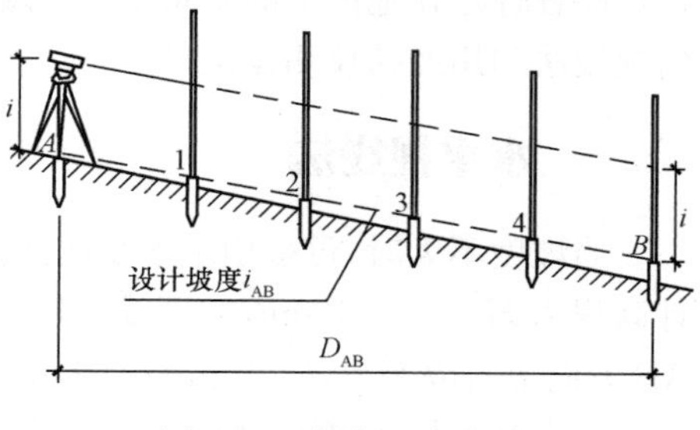

(1)根据 A 点设计高程、坡度 i 及坡度线长度 D，计算 B 点设计高程，即

$$\begin{aligned}H_{B}&=H_{A}+iD\\&=131.600-10\%\times70\\&=124.600\text{m}\end{aligned}$$

图 9-15　倾斜视线法

(2)按测设已知高程的一般方法，将 A、B 两点的设计高程测设在地面的木桩上。

(3)在 A 点（或 B 点）上安置水准仪，使基座上的一个脚螺旋在 AB 方向上，其余两个脚螺旋的连线与 AB 方向垂直，如图 9-16 所示，粗略对中并调节与 AB 方向垂直的两个脚螺旋基本水平，量取仪器高 l。通过转动 AB 方向上的脚螺旋和微倾螺旋，使望远镜十字丝横丝对准 B 点（或 A 点）水准尺上等于仪器高处，此时仪器的视线与设计坡度线平行。

(4)在 AB 方向的中间各点 1、2、3、…的木桩侧面立水准尺，上下移动水准尺，直至尺上读数等于仪器高时，沿尺底在木桩上画线，则各桩画线的连线就是设计坡度线。

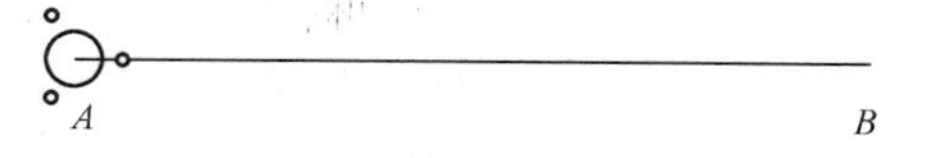

图 9-16　安置水准仪

第五节　测设平面点位的方法

点位的测设分为平面位置测设和高程位置测设两方面。其原理是根据已知控别点，在地面上标出这些点的平面位置，使这些点的坐标为绘定的设计坐标。

测设点的平面位置的方法有直角坐标法、极坐标法、前方交会法和距离交会法。

一、直角坐标法

当施工场地有彼此垂直的基线或方格网，待测设的建(构)筑物的轴线平行而又靠近基线或方格网边线时，常用直角坐标法测设点位。

如图 9-17 所示，A、B、C、D 点是方格网顶点，其坐标值已知，P、S、R、Q 为拟测设的建(构)筑物的四个角点，在设计图纸上已给定四角的坐标，现用直角坐标法测设建筑(构)物的四个角桩。测设步骤如下：

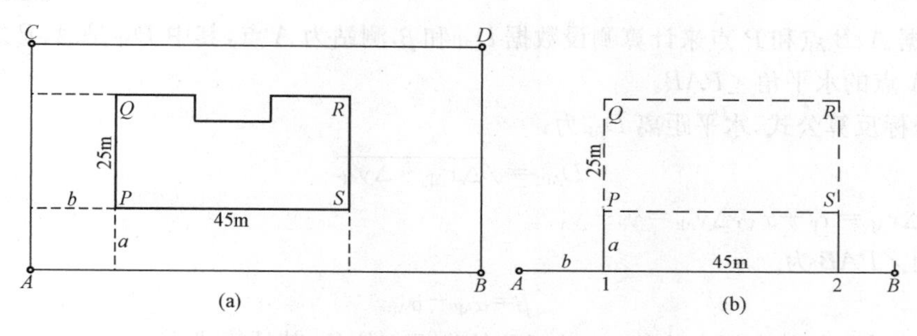

图 9-17　直角坐标法

(1)根据 A 点和 P 点的坐标计算测设数据 a 和 b，其中 a 是 P 到 AB 的垂直距离，b 是 P 到 AC 的垂直距离，算式为：

$$\left.\begin{aligned}a&=x_P-x_A\\b&=y_P-y_A\end{aligned}\right\}\tag{9-6}$$

例如，若 A 点坐标为(568.255，256.468)，P 点的坐标为(602.300，298.400)，则代入式(9-6)得：

$$a=602.300-568.255=34.045\text{m}$$

$$b=298.400-256.468=41.932\text{m}$$

(2)现场测设 P 点。

1)如图 9-17(b)所示，安置经纬仪于 A 点，照准 B 点，沿视线方向测设距离 $b=34.045$m，定出点 1。

2)安置经纬仪于点 1，照准 B 点，逆时针方向测设 90°角，沿视线方向测设距离 $a=41.932$m，即可定出 P 点。

也可根据现场情况，选择从 A 往 C 方向测设距离 a 定点，然后在该点测设 90°角，最后再测设距离 b，在现场定出 P 点。如要同时测设多个坐标点，只需综合应用上述测设距离和测设直角的操作步骤，即可完成。

设已知建(构)筑物与方格网平行，长边为 45m，短边为 25m，要求在现场测设建(构)筑物的

四个角点 P、Q、R、S。可先按上述步骤定出点 1，并继续沿 AB 视线方向测设距离45m，定出点 2，然后在点 1 安置经纬仪，测设 90°角，沿视线方向测设距离 a，定出 P 点，继续沿视线方向测设距离 25m，定出 Q 点，同法在点 2 安置经纬仪测设 S 点和 R 点。为了检核，用钢尺丈量水平距离 QR 和 PS，检查与建(构)筑物的尺寸是否相等；再在现场的四个角点安置经纬仪，测量水平角，检核四个大角是否为 90°。

直角坐标法计算简单，在建(构)筑物与基线或方格网平行时应用得较多，但测设时设站较多，只适用于施工控制为基线或方格网，并且便于量边的情况。

二、极坐标法

极坐标法是根据水平角和水平距离测设点的平面位置的方法。它指在控制点上测设一个水平角和一段水平距离。此法适用于测设点离控制点较近且便于量距的情况，如图 9-18 中 A、B 点是现场已有的测量控制点，其坐标为已知，P 点为待测设的点，其坐标为已知的设计坐标，测设方法如下。

(1)根据 A、B 点和 P 点来计算测设数据 D_{AP} 和 β，测站为 A 点，其中 D_{AP} 是 A、P 之间的水平距离，β 是 A 点的水平角$\angle PAB$。

根据坐标反算公式，水平距离 D_{AP} 为：

$$D_{AP}=\sqrt{\Delta x_{AP}^2+\Delta y_{AP}^2} \tag{9-7}$$

式中，$\Delta x_{AP}=x_P-x_A$，$\Delta y_{AP}=y_P-y_A$。

水平角$\angle PAB$ 为

$$\beta=\alpha_{AP}-\alpha_{AB} \tag{9-8}$$

式中，α_{AB}为 AB 的坐标方位角，α_{AP}为 AP 的坐标方位角，其计算式为：

$$\alpha_{AB}=\arctan\frac{\Delta y_{AB}}{\Delta x_{AB}} \tag{9-9}$$

$$\alpha_{AP}=\arctan\frac{\Delta y_{AP}}{\Delta x_{AP}} \tag{9-10}$$

(2)现场测设 P 点。安置经纬仪于 A 点，瞄准 B 点；顺时针方向测设 β 角定出 AP 方向，由 A 点沿 AP 方向用钢尺测设水平距离 D 即得 P 点。

【例 9-3】如图 9-18 所示。已知 $x_A=110.00$m，$y_A=110.00$m，$x_B=70.00$m，$y_B=140.00$m，$x_P=130.00$m，$y_P=140.00$m。求测设数据 β、D_{AP}。

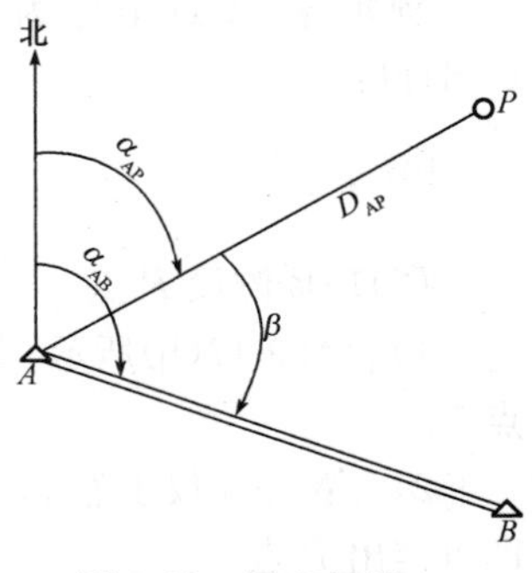

图 9-18　极坐标法

【解】　将已知数据得

$$\alpha_{AB}=\arctan\frac{y_B-y_A}{x_B-x_A}=\arctan\frac{140.00-110.00}{70.00-110.00}$$

$$=\arctan\left(-\frac{3}{4}\right)=143°12'11''$$

$$\alpha_{AP}=\arctan\frac{y_P-y_A}{x_P-x_A}=\arctan\frac{140.00-110.00}{130.00-110.00}$$

$$=\arctan\frac{3}{2}=56°18'35''$$

$$\beta=\alpha_{AB}-\alpha_{AP}=143°7'48''-56°18'35''=86°49'13''$$

$$D_{AP}=\sqrt{(x_P-x_A)^2+(y_P-y_A)^2}$$

$=\sqrt{(130.00-110.00)^2+(140.00-110.00)^2}=\sqrt{20^2+30^2}=36.06\text{m}$

三、角度交会法

角度交会法也称方向交会法，它是根据测设角度所定的方向交会出点的平面位置的一种方法。为提高放线精度，通常用三个控制点三台经纬仪进行交会。此法适用于待测设点离控制点较远或量距较困难的地区。在桥梁等工程中，常采用此法。

如图 9-19 所示，A、B、C 为控制点，P 为待测设点，其坐标均为已知，测设方法如下。

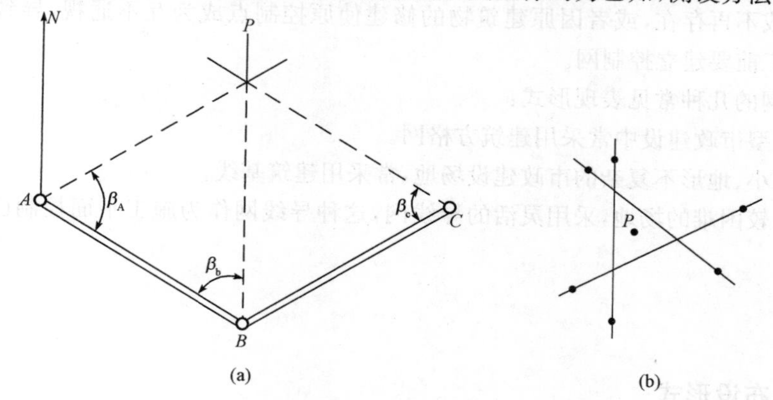

图 9-19　角度交会法

(a)角度交会观测法；(b)示误三角形

(1)根据 A、B 点和 P 点的坐标计算测设数据 β_A 和 β_B，即水平角$\angle PAB$ 和水平角$\angle PBA$，其中：

$$\left.\begin{aligned}\beta_A&=\alpha_{AB}-\alpha_{AP}\\ \beta_B&=\alpha_{BP}-\alpha_{BA}\end{aligned}\right\}\tag{9-11}$$

(2)现场测设 P 点。在 A 点安置经纬仪，照准 B 点，逆时针测设水平角 β_A，定出一条方向线，在 B 点安置另一台经纬仪，照准 A 点，顺时针测设水平角 β_B，定出另一条方向线，两条方向线的交点的位置就是 P 点。在现场立一根测钎，由两台仪器指挥，前后左右移动，直到两台仪器的纵丝能同时照准测钎，在该点设置标志得到 P 点。

四、距离交会法

距离交会法又称长度交会法，它是根据测设点的距离交会定出点的平面位置的方法。距离交会法适用于场地平坦，量距方便，且控制点离待测设点的距离不超过一整尺长的地区。

如图 9-20 所示，P 是待测设点，其设计坐标已知，附近有 A、B 两个控制点，其坐标也已知，测设方法如下：

(1)根据 A、B 点和 P 点的坐标计算测设数据 D_1、D_2，即 P 点至 A、B 的水平距离，其中：

$$\left\{\begin{aligned}D_{D_1}&=\sqrt{\Delta x_{D_1}^2+\Delta y_{D_1}^2}\\ D_{D_2}&=\sqrt{\Delta x_{D_2}^2+\Delta y_{D_2}^2}\end{aligned}\right.\tag{9-12}$$

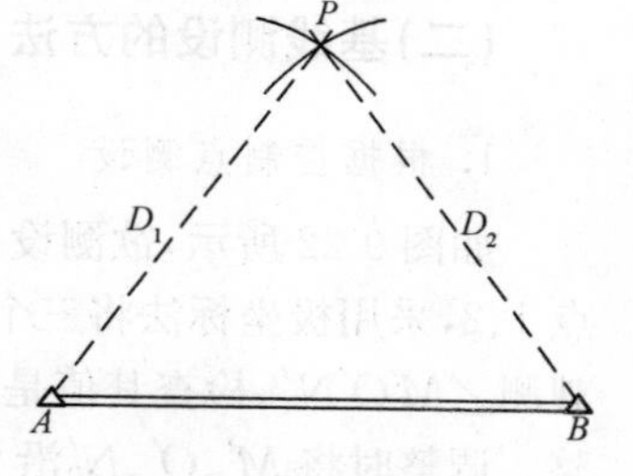

图 9-20　距离交会法

(2)现场测设 P 点。在现场用一把钢尺分别从控制点 A、B 以

水平距离 D_1、D_2 为半径画圆弧，其交点即为 P 点的位置。也可用两把钢尺分别从 A、B 量取水平距离 D_1、D_2 摆动钢尺，其交点即为 P 点的位置。

距离交会法计算简单，不需经纬仪，现场操作简便。

第六节　施工控制测量

施工控制测量的任务是建立施工控制网。在施工过程中常有相当数量的控制点，由于各种原因导致损坏或不再存在，或者因原建筑物的修建使原控制点成为互不通视，导致很难再被利用。所以在施工前要建立控制网。

施工控制网的几种常见表现形式：

(1)在大中型市政建设中常采用建筑方格网。

(2)面积较小、地形不复杂的市政建设场地，常采用建筑基线。

(3)通视比较困难的场地，采用灵活的导线网，这种导线网作为施工平面控制已得到广泛的应用。

一、基线

(一)基线布设形式

施工场地的施工控制基准线，称为基线。基线的布置，主要根据建(构)筑物的分布、场地的地形和原有测图控制点的情况而定。基线的布设形式，如图 9-21 所示。

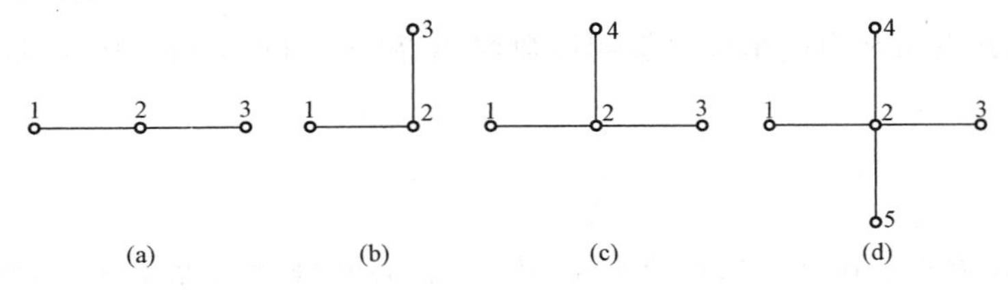

图 9-21　基线的布设形式

(a)三点直线形；(b)三点直角形；(c)四点丁字形；(d)五点十字形

市政建设中基线应临近主要建筑物或构筑物，并与其主要轴线平行，以便采用直角坐标法进行测设。

为了保证施测精度和便于检查基线点有无变动，基线点数不应少于三个。基线点应便于保存并相邻点要通视良好，以便施工放线用。

(二)基线测设的方法

1. 根据控制点测设

如图 9-22 所示，欲测设一条由 M、O、N 三个点组成的“一”字形基线，先根据邻近的测图控制点 1、2，采用极坐标法将三个基线点测设到地面上，得 M'、O'、N' 三点，然后在 O' 点安置经纬仪，观测 $\angle M'O'N'$，检查其值是否为 180°，如果角度误差大于 $\pm 10''$，说明不在同一直线上，应进行调整。调整时将 M'、O'、N' 沿与基线垂直的方向移动相等的距离 l，得到位于同一直线上的 M、O、N 三点，l 的计算如下：

设 M、O 距离为 m，N、O 距离为 n，$\angle M'O'N'=\beta$，则有

$$l=\frac{mn}{m+n}\left(90°-\frac{\beta}{2}\right)''\frac{1}{\rho''} \tag{9-13}$$

式中 $\rho''=206265''$。

例如，图中 $m=115\text{m}$，$n=170\text{m}$，$\beta=179°40'10''$。则

$$\begin{aligned}l&=\frac{115\times170}{115+170}\times\left(90°-\frac{179°40'10''}{2}\right)''\times\frac{1}{206265''}\\&=0.19(\text{m})\end{aligned}$$

调整到一条直线上后，用钢尺检查 M、O 和 N、O 的距离与设计值是否一致，若偏差大于1/10000，则以 O 点为基准，按设计距离调整 M、N 两点。

如果是如图 9-23 所示的"L"形线，测设 M'、O、N' 三点后，在 O 点安置经纬仪检查 $\angle M'ON'$ 是否为 90°，如果偏差值 $\Delta\beta$ 大于 $\pm20''$，则保持 O 点不动，按精密角度测设时的改正方法，将 M' 和 N' 各改正 $\Delta\beta/2$，其中 A'、B' 改正偏距 L_M、L_N 的算式分别为：

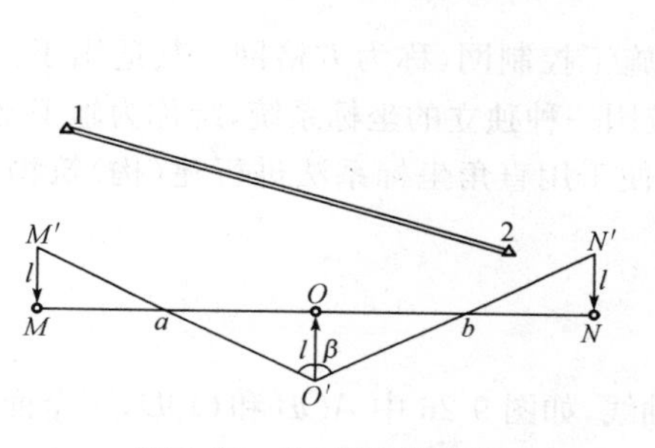

图 9-22　"一"字形基线

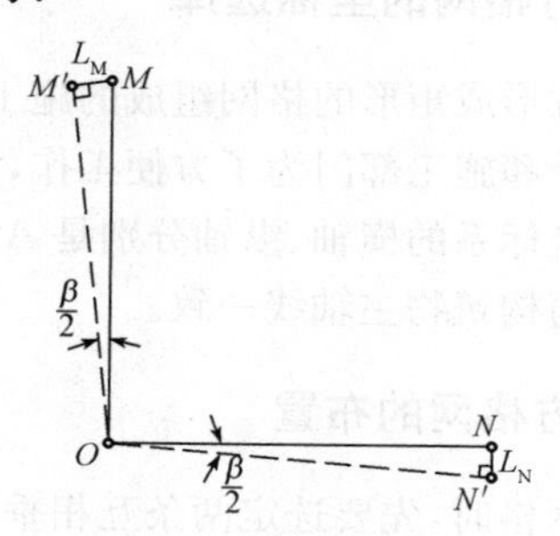

图 9-23　"L"形基线

$$\left.\begin{aligned}L_M&=MO\cdot\frac{\Delta\beta}{2\rho''}\\L_N&=NO\cdot\frac{\Delta\beta}{2\rho''}\end{aligned}\right\} \tag{9-14}$$

M' 和 N' 沿直线方向上的距离检查与改正方法同"一"字形基线。

2. 根据边界桩测设基线

在城市中，建设用地的边界线，是由城市测绘部门根据经审准的规划图测设的，又称为"建设红线"，其界桩可作为测设基线的依据。

如图 9-24 中的 1、2、3 点为边界桩，1—2 线与 2—3 线互相垂直，根据边界线设计"L"形基线 MON。测设时采用平行线法，以距离 d_1 和 d_2，将 M、O、N 三点在实地标定出来，再用经纬仪检查基线的角度是否为 90°，用钢尺检查基线点的间距是否等于设计值，必要时对 M、N 进行改正，即可得到符合要求的基线。

3. 根据建筑物测设基线

在基线附近有永久性的建筑物，并且建筑物的主轴线平行于基线时，可以根据建筑物测设基线，如图 9-25 所示，采用拉直线法，沿建筑物的四面外墙延长一定的距离，得到直线 ab 和 cd，延长这两条直线得其交点 O，然后安置经纬仪于 O 点，分别延长 ba 和 cd，使之符合设计长度，得到 M 和 N 点，再用上面所述方法对 M 和 N 进行调整便得到两条互相垂直的基线。

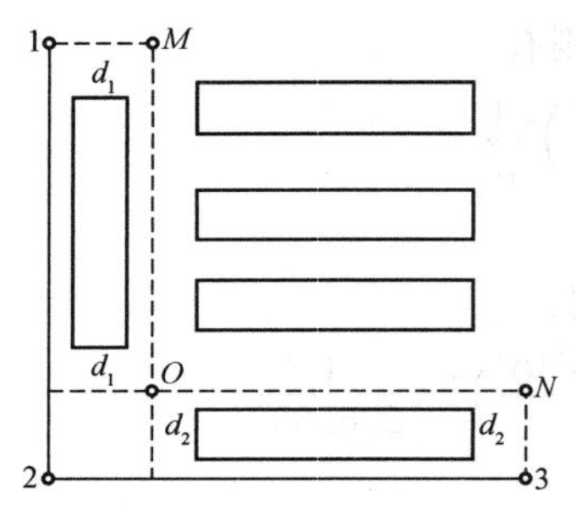

图 9-24　根据边界桩测设基线

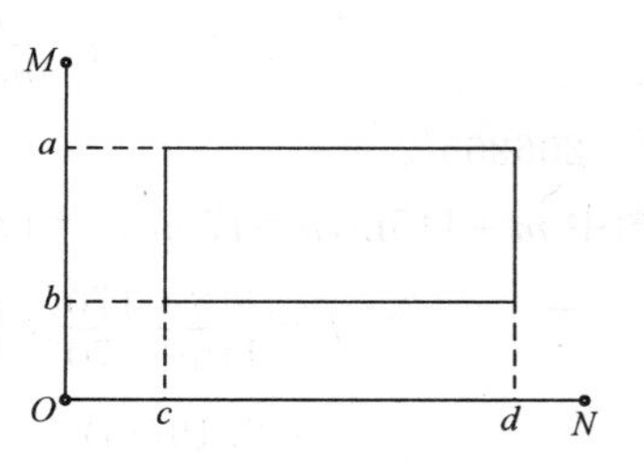

图 9-25　根据建筑物测设基线

二、方格网

(一)方格网的坐标选择

由正方形或矩形的格网组成的施工场地的施工控制网，称为方格网。其适用于大型的施工场地。设计和施工部门为了方便工作，大多都应用一种独立的坐标系统，统称为施工坐标系。

施工坐标系的横轴、纵轴分别是 A、B，为了便于用直角坐标系法进行建(构)筑物的放线，要使坐标轴与构筑物主轴线一致。

(二)方格网的布置

布设网格时，先要选定两条互相垂直的主轴线，如图 9-26 中 AOB 和 COD，再全面布设网格。

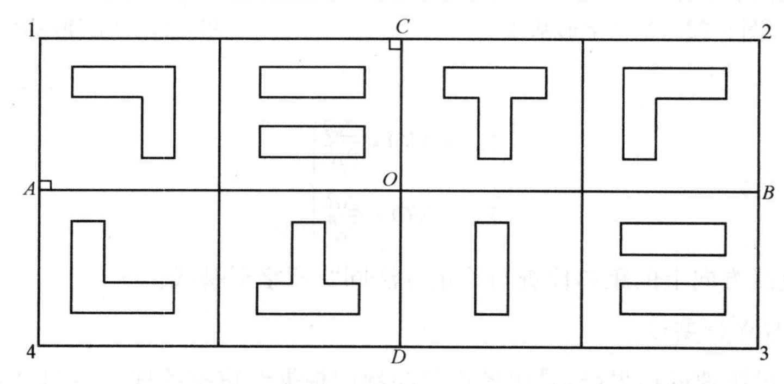

图 9-26　方格网

1. 布置类型

格网的形式，可布置成正方形或矩形。当施工场地占地面积较大时，通常是分两级布设，首级为基本网，先测设十字形、口字形或田字形的主轴线，然后再加密次级的方格网。当场地面积不大时，尽量布置成全方格网。

2. 布置要求

(1)方格网的主轴线，应布设在整个施工场地的中央，其方向应与主要建(构)筑物的轴线平行或垂直，并且长轴线上的定位点不得少于 3 个。主轴线的各端点应延伸到场地的边缘，以便控制整个场地。主轴线上的点位，必须建立永久性标志，以便长期保存。

(2)当方格网的主轴线选定后，就可根据建(构)筑物的大小和分布情况而加密格网。在选定格网点时，应以简单、实用为原则，在满足测角、量距的前提下，格网点的点数应尽量减少。方格网的转折角应严格为 90°，相邻格网点要保持通视，点位要能长期保存。

方格网的主要技术要求，可参见表 9-1 的规定。

表 9-1　　**方格网的主要技术要求**

等级	边长(m)	测角中误差/(″)	边长相对中误差
一级	100～300	5	≤1/30000
二级	100～300	8	≤1/20000

(三)方格网的测设

由于施工坐标系与国家测量坐标系不一致，在施工网格测设之前，应将坐标系换算，使其成为测量坐标。

1. 主轴线的测设

由于方格网是根据场地主轴线布置的，因此在测设时，应首先根据场地原有的测图控制点，测设出主轴线的三个主点。

如图 9-27 所示，Ⅰ、Ⅱ、Ⅲ三点为附近已有的测图控制点，其坐标已知；M、O、N 三点为选定的主轴线上的主点，其坐标可算出，则根据三个测图控制点 1、2、3，采用极坐标法就可测设出 M、O、N 三个主点。

测设三个主点的过程：先将 M、O、N 三点的施工坐标换算成测图坐标；再根据它们的坐标与测图控制点 1、2、3 的坐标关系，计算出放线数据 β_1、β_2、β_3 和 D_1、D_2、D_3，如图 9-27 所示；然后用极坐标法测设出三个主点 M、O、N 的概略位置为 M'、O'、N'。

当三个主点的概略位置在地面上标定出来后，要检查三个主点是否在一条直线上。由于测量误差的存在，使测设的三个主点 M'、O'、N' 不在一条直线上，如图 9-28 所示，故安置经纬仪于 O' 点上，精确检测 $\angle M'O'N'$ 的角值 β，如果检测角 β 的值与 180°之差，超过了表 9-1 规定的容许值，则需要对点位进行调整。

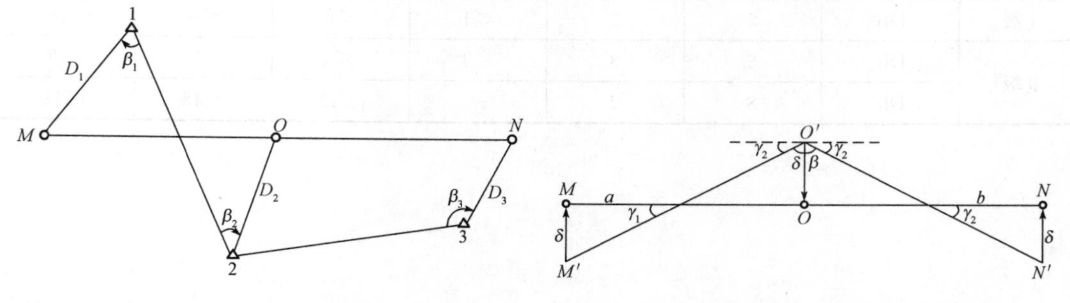

图 9-27　主轴线的测设　　　　图 9-28　调整三个主点的位置

调整三个主点的位置时，应先根据三个主点间的距离 a 和 b 按下列公式计算调整值 δ，即：

$$\delta=\frac{ab}{a+b}\left(90°-\frac{\beta}{2}\right)\frac{1}{\rho} \tag{9-15}$$

将 M'、O'、N' 三点铅与轴线垂直方向移动一个改正值 δ，但 O' 点与 M'、N' 两点移动的方向相反，移动后得 M、O、N 三点。为了保证测设精度，应再重复检测 $\angle MON$，如果检测结果与 180°之差仍旧超过限差时，需再进行调整，直到误差在容许值以内为止。

除了调整角度之外，还要调整三个主点间的距离。先丈量检查 MO 及 ON 间的距离，若检查结果与设计长度之差的相对误差大于表 9-1 的规定，则以 O 点为准，按设计长度调整 M、N 两点。调整需反复进行，直到误差在容许值以内为止。

当主轴线的三个主点 M、O、N 定位好后，就可测设与 MON 主轴线相垂直的另一条主轴线 COD。如图 9-29 所示，将经纬仪安置在 O 点上，照准 A 点，分别向左、向右测设 90°；并根据 CO 和 OD 间的距离，在地面上标定出 C、D 两点的概略位置为 C'、D'；然后分别精确测出 $\angle MOC'$ 及 $\angle MOD'$ 的角值，其角值与 90°之差为 ε_1 和 ε_2，若 ε_1 和 ε_2 大于表 9-2 的规定，则按下列公式求改正数 l，即

$$l=L\cdot\varepsilon_1/\varepsilon_2 \tag{9-16}$$

式中，L 为 OC' 或 OD' 的距离；ε_1、ε_2 单位为秒(″)。

根据改正数，将 C'、D' 两点分别沿 OC'、OD' 的垂直方向移动 l_1、l_2；得 C、D 两点。然后检测 $\angle COD$，其值与 180°之差应在规定的限差之内，否则需要再次进行调整。

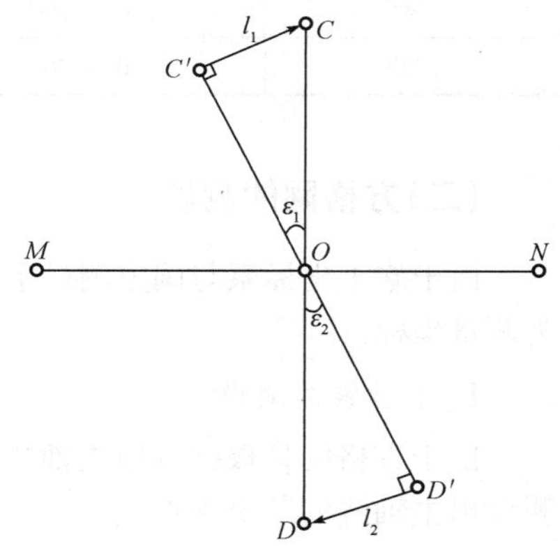

图 9-29　测设主轴线 COD

2. 方格网点的测设

主轴线确定后，先进行主方格网的测设，然后在主方格网内进行方格网的加密。

主方格网的测设，采用角度交会法定出格网点。其作业过程：用两台经纬仪分别安置在 M、C 两点上，均以 O 点为起始方向，分别向左、向右精确地测设出 90°角，在测设方向上交会 1 点，交点 1 的位置确定后，进行交角的检测和调整，同法测设出主方格网点 2、3、4，这样就构成了田字形的主方格网，当主方格网测定后，以主方格网点为基础，进行加密其余各格网点。

方格网测设时，其角度观测应符合表 9-2 中的规定。

表 9-2　方格网测设的限差要求

方格网等级	经纬仪型号	测角中误差(″)	测回数	测微器两次读数(″)	半测回归零差(″)	一测回 2c 值互差(″)	各测回方向互差(″)
Ⅰ级	DJ_1	5	2	≤1	≤6	≤9	≤6
Ⅱ级	DJ_2	5	3	≤3	≤8	≤13	≤9
	DJ_2	8	2	—	≤12	≤18	≤12

第十章 道路工程测量与施工放线

第一节 概 述

道路工程分为城市道路、联系城市之间的公路、工矿企业的专业道路和农业生产服务的农村道路。

道路工程测量包括路线勘测设计测量和道路施工测量两大部分。

一、路线勘测设计测量

它的主要任务是为道路的技术设计提供详细、准确的测量资料，使其设计合理、适用、经济。

新建或改建道路之前，为了选择一条合理的线路，必须进行路线勘测设计测量。勘测选线是根据道路的使用任务、性质和等级，合理利用沿途地质、地形条件，选定最佳的路线位置。选线的程序是先在图上选线，然后，再根据图上所选路线，到现场实地勘测选定。

目前，我国道路勘测分两阶段勘测和一阶段勘测两种。两阶段勘测，就是对路线进行踏勘测量（初测）和详细测量（定测）；一阶段勘测，则是对路线作一次定测。

初测的基本任务是在指定范围内布设导线，测量路线各方案的带状地形图和纵断面图，并收集沿线水文、地质等有关资料，为图上定线、编制比较方案等初步设计提供依据。

定测阶段的基本任务是为解决路线的平、纵、横三个面上的位置问题。也就是在指定的区域内或在批准的方案路线上进行中线测量、纵横断面水准测量以及进一步收集有关资料，为路线平面图绘制、纵坡设计、工程量计算等有关施工技术文件的编制提供重要数据。

综上所述，路线勘测设计测量的内容主要有以下四部分。

(1)中线测量：根据选线确定的定线条件，在实地标定出道路中心线位置。

(2)纵断面测量：测绘道路中线的地面高低起伏状态。

(3)横断面测量：测绘道路中线两则的地面高低起伏状态。

(4)地形图测量：测绘道路中线附近带状的地形图和局部地区地形图，如重要交叉口、大中型桥址和隧道等处的地形图。

二、道路施工测量

公路工程施工测量的任务就是用导线测量方法加密线路平面控制施工导线点，用坐标放线方法来控制公路的线形外观，用水准测量加密线路施工高程控制水准点，用水准测量（放线）方法来控制线路的纵向坡度和横向路拱坡度，为施工提供依据。它又分为施工前测量和施工过程中测量和竣工结束后的测量。

1. 施工前

(1)根据公路初测导线点，在施工标段现场，结合线路实际情况加密公路施工导线点。

(2)根据公路初测水准点，在施工标段现场，结合线路实际情况加密公路施工水准点。

2. 施工过程中

(1)根据施工标段加密的施工导线点，在施工过程中用坐标放线等方法标定线路中桩、边桩等平面点位,以监控线路线形。

(2)根据施工标段加密的施工水准点,在施工过程中采用水准测量(放线)方法标定线路中桩、边桩高程等,以监控施工中挖填高度和线路纵向高低以及横向坡度。

3. 在施工结束后(竣工)

根据规范质量标准和道路设计的要求,用经纬仪、全站仪、水准仪、塔尺、钢尺等仪器工具检测路基路面各部分的几何尺寸。

第二节　道路中线测量

一、测量内容

1. 中线测量的任务

(1)设计测量(即勘测):主要为公路设计提供依据。

(2)施工测量(即恢复定线):主要是根据设计资料,把中线位置重新敷设到地面上,供施工之用。

2. 中线测量的工作内容

道路中线测量是道路测量主要内容之一,在测量前应做好组织与准备工作。首先应熟悉设计文件或领会工作内容,施工测量时要对设计文件进行复核,已知偏角及半径计算曲线要素、主点里程桩号、交点间距离、直线长度、曲线组合类型等进行复核,并针对不同的曲线类型及地形采用不同的测设方法;设计测量时应和选定线组取得联系,了解选线意图和线型设计原则,选定半径等做好测设前的准备工作。

路线测量的工作内容:

(1)准确标定路线,即钉设路线起终点桩、交点桩及转点桩,且用小钉标点。

(2)观测路线右角并计算转角,同时填写测角记录本,钉出曲线中点方向桩。

(3)隔一定转角数观测磁方位角,并与计算方位角校核。

(4)观测交点或转点间视距,且与链距校核。

(5)中线丈量,同时设置直线上各种加桩。

(6)设置平曲线以及各种加桩。

(7)填写直线、曲线、转角一览表。

(8)固定路线,并填写路线固定表。

3. 路线中线敷设的方法和要求

(1)路线中线敷设可采用极坐标法、GPS-RTK 法、链距法、偏角法、支距法等方法进行。

(2)采用极坐标法、GPS-RTK 方法敷设中线时,应符合以下要求:

1)中桩钉好后宜测量并记录中桩的平面坐标,测量值与设计坐标的差值应小于中桩测量的桩位限差。

2)可不设置交点桩而一次放出整桩与加桩,亦可只放直、曲线上的控制桩,其余桩可用链距法测定。

3)采用极坐标法时,测站转移前,应观测检查前、后相邻控制点间的角度和边长,角度观测左角一测回,测得的角度与计算角度互差应满足相应等级的测角精度要求。距离测量一测回,其值与计算距离之差应满足相应等级的距离测量要求。测站转移后，应对前一测站所放桩位重放1～2个桩点。采用支导线敷设少量中桩时，支导线的边数不得超过3条，其等级应与路线控制测量等级相同，观测要求应符合规定，并应与控制点闭合，其坐标闭合差应小于7cm。

4）采用GPS-RTK方法时，求取转换参数采用的控制点应涵盖整个放线段，采用的控制点应大于4个，并应利用另外一个控制点进行检查，检查点的观测坐标与理论值之差应小于桩位检测之差的0.7倍。放桩点不宜外推。

二、交点和转点的测设

路线的交点包括有起点和终点，其是详细测设中线的控制点。在定线测量过程中，当相邻两点互不能通视或直线较长时，需要在其连线处测定转点，在施测过程中一般每隔200～300m设一转点。

1. 交点的测设

在简单的等级较低的道路中，交点的测设可采用现场标定的方法，即根据现场情况和技术设定的标准和要求，通过在现场的多次比较，直接标出道路中线的交点位置。

在复杂等级较高的道路中，则采用纸上定线方法，即先布设测图控制网，然后在地形图上选定出路线，计算出中线桩的坐标，再到实地去放线。

（1）穿线定点法。此方法适用于：纸上定线时进行的实地放线，地形不太复杂，且纸上路线离开导线不远的地段；实地定线；施工测量时的恢复定线。

1）量距（或量角）。在地形图上量出导线与路线的关系。如图10-1所示，在导线上选择A'、B'、C'等点或导线点，再量取距离l_1、l_2、l_3等或角度β，同时把距离按照地形图的比例换算成实际距离。量距时应量取垂直于导线的距离，便于确定方向如1、2、4、5、8点，或量取斜距与角度如6点；也可选择导线与路线相交的点如3、7点。为了提高放线的精度，一般一条直线上最少应选择三个临时点，这些点选择时应注意选在与导线较近、通视良好、便于测设量距的地方。最后绘制放点示意图，标明点位和数据作为放点的依据。

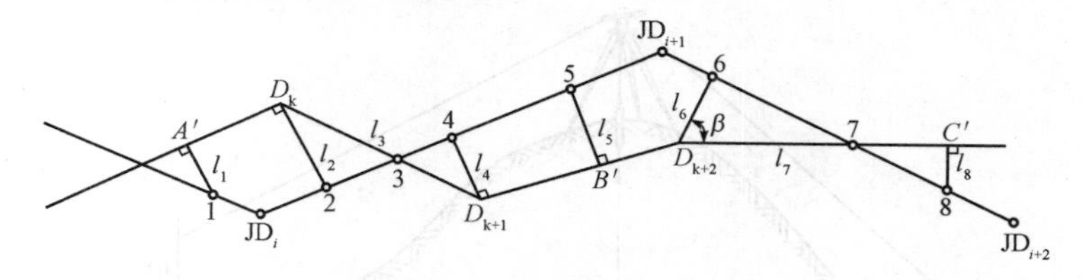

图10-1　量距的方法

2）放点。放点时首先应在现场找到导线点或导线上A'、B'、C'等点（A'、B'、C'等点在地形图上量取与导线点的距离，再在实地上量取得出）。如量取垂距，在导线各点上用方向架定出垂线方向，在此方向上量取l_i得路线上临时点位；如量取斜距，先在导线各点上用经纬仪测出斜距方向，在此方向上量取距离l_i得临时点；如为导线与路线交点，则从导线点向另一导线点方向量取l_i，可得临时点位置。

3）穿线。由于在地形图上量距时产生的误差，或实地放支距时测量仪器的误差，或其他操作存在的误差，在地形图上同一直线上的各点，放于地面后，其位置可能不在同一直线上，此时需要经过大多数点穿出一系列直线。穿线方法可用花杆或经纬仪进行，穿出线位后在适当地点标定转点（小钉标点），使中线的位置准确标定在地面上。

4)交点。当相邻两直线在地面上标定后，分别延长两直线交会定出交点。如图 10-2 所示，已知 ZB_k、ZB_{k+1}、ZB_{k+2}、ZB_{k+3} 的位置，求出两相邻直线的交点 JB_i。其步骤如下：

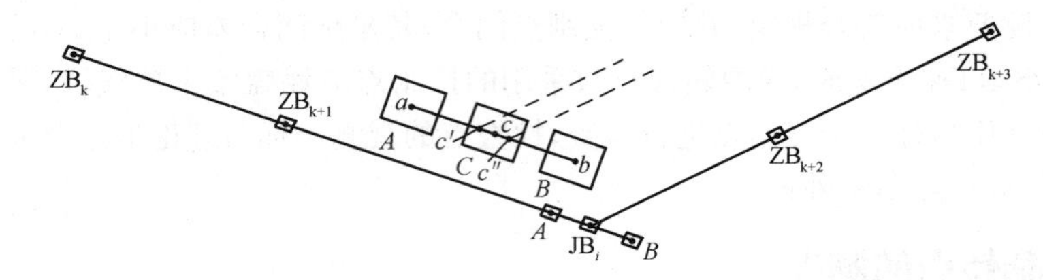

图 10-2 支点的确定

(2)拨角放线法。此方法适用于纸上定线的实地放线时，导线与设计线距离太远或不太通视；施工测量时的恢复定线。通常先由导线计算出路线起点的方向、位置，再通过坐标计算出设计路线的交点、主要桩点、偏角和交点间距离。依照这些资料沿路线直接拨角并量距定出交点及主要桩点。为了消除拨角量距积累误差，每隔一定距离与导线联系闭合一次。

(3)交会法。本方法适用于放线时地形复杂，导线控制点便于利用，施工测量时从栓桩点恢复交点。先计算或测出两导线点或栓桩点与交点的连线之间的夹角，再用两台经纬仪拨角交会定出交点位置。

2. 转点的测设

当两交点间距离较远但尚能通视或已有转点需加密时，可以采用经纬仪直接定线或采用经纬仪正倒镜分中法测设转点。

转点的主要作用为传递方向，下面是几种常见测设方法。

(1)在两交点间设转点。已知 JB_i、JB_{i+1} 为两相邻交点互不通视，求在两交点间增设转点 ZB。如图 10-3 所示，先用花杆穿出 ZB 的粗略位置 ZB′，将经纬仪置于 ZB′，用直线延伸法延长 JB_i、ZB′到 JB'_{i+1}，量取 JB'_{i+1}～JB_{i+1} 距离 f，并用视距观测 l_1、l_2，那么 ZB～ZB′的距离为：

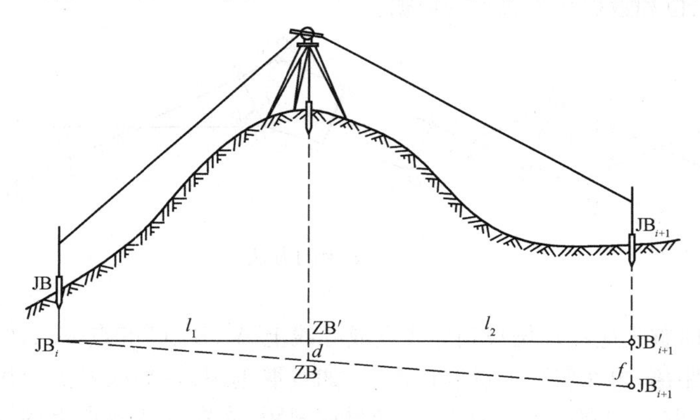

图 10-3 两交点间没转点

$$d=\frac{l_1}{l_1+l_2}\cdot f \tag{10-1}$$

移动 ZB′，距离为 d，置仪重新测量 f，直到 $f=0$ 或在容许误差之内，置仪点即为 ZB 位置，并用小钉标定。最后检测 ZB 右角是否为 180°或在容许误差之内。

(2)在两交点延长线上设转点。已知 JB_i、JB_{i+1} 为两相邻交点互不通视，求在两交点间的延长线上增设转点 ZB。如图 10-4 所示，先在两交点的延长线上用花杆穿出转点的粗略位置 ZB′，将经纬仪安置于 ZB′，分别用盘左、盘右后视 JB_i，在 JB_{i+1} 处标出两点分中得 JB'_{i+1}，量取 JB_{i+1}～JB'_{i+1} 距离 f，并用视距观测 l_1、l_2，那么 ZB 与 ZB′的距离为：

$$d=\frac{l_1}{l_1-l_2}\cdot f \tag{10-2}$$

横向移动 ZB′距离为 d，并安置仪器重新观测且量取 f，直到 $f=0$ 或在允许误差之内，置仪点即为 ZB 位置，并用小钉标定。最后检测 ZB 与两交点的夹角是否为 0°或在容许误差之内。

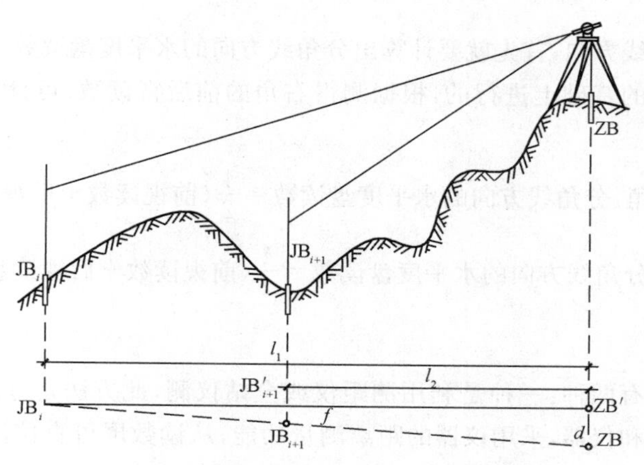

图 10-4　两交点延长线上设转点

三、路线转角的测定

1. 测定方法

转角是指路线由一个方向偏转到另一个方向时，偏转后的方向与原方向的夹角，通常用 α 表示。路线的转角分为左转角和右转角两种，当偏转后的方向位于原方向的右侧时，为左转角，相反，则为右转角。

如图 10-5 的 $\alpha_{右}$ 是中线 AB 方向在交点处(JB_5)转为中线 BC 方向的转角，$\alpha_{左}$ 是中线 BC 方向在交点处(JB_6)转为中线 CD 方向的转角。在线路线测量中通常是通过观测路线的右侧角 β 来计算和确定的。图中的 β_4、β_5 为路线的右转角。

当右角 β 测定以后，根据 β 值计算路线交点处的转角 α。当 $\beta<180°$ 时为右转角(路线向右转)；当 $\beta>180°$ 时为左转角(路线向左转)。左转角和右转角按下式计算：

$$若\ \beta>180° \quad 则：\alpha_{左}=\beta-180° \tag{10-3}$$

$$若\ \beta<180° \quad 则：\alpha_{右}=180°-\beta \tag{10-4}$$

右侧角 β 的观测方法是在交点 JB_5 上安置经纬仪，用测回法观测一个测回。两个半侧回角值之差视道路等级而定。

2. 曲线中点方向桩的钉设

为便于中桩组敷设平曲线中点桩，测角组在测角的同时，应将曲线中点方向桩钉设出来，如

图 10-6 所示。分角线方向桩离交点距离应尽量大于曲线外距，以利于定向插点，一般转角越大，外距也越大。

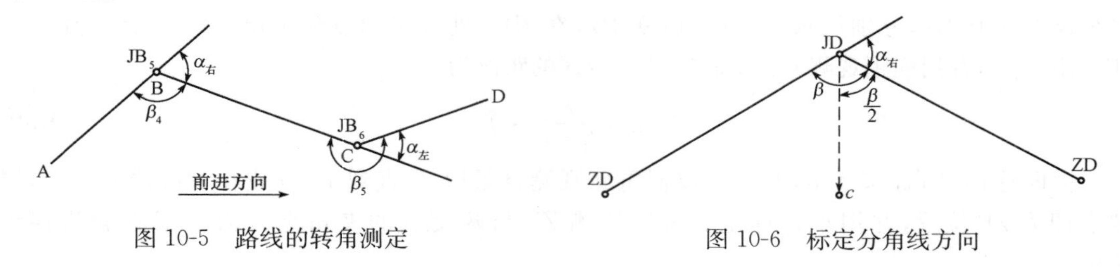

图 10-5 路线的转角测定

图 10-6 标定分角线方向

用经纬仪定分角线方向，首先就要计算出分角线方向的水平度盘读数，通常这项工作是紧跟测角之后在测角读数的基础上进行的，根据测得右角的前后视读数，可计算出分角线方向的读数，即：

$$右转角:分角线方向的水平度盘读数=\frac{1}{2}(前视读数+后视读数) \tag{10-5}$$

$$左转角:分角线方向的水平度盘读数=\frac{1}{2}(前视读数+后视读数)+180^\circ \tag{10-6}$$

3. 视距测量

视距测量的方法有两种：一种是利用测距仪或全站仪测，此方法是分别于交点和相邻交点（或转点）上安置棱镜和仪器，采用仪器的距离测量功能，从读数屏可直接读出两点间平距；另一种是利用经纬仪标尺测，它是分别于交点和相邻交点（或转点）上安置经纬仪和标尺（水准尺或塔尺），采用视距测量的方法计算两点间平距。这里应指出的是用测距仪或全站仪测得的平距可用来计算交点桩号，而用经纬仪所测得的平距，只能用作参考来校核中线测设中有无丢链现象。

当交点间距离较远时，为了达到测量精度，可在中间加点采取分段测距方法。

4. 磁方位角观测与计算方位角校核

观测磁方位角的目的是为了校核测角组测角的精度和展绘平面导线图时检查展线的精度。路线测量规定，每天作业开始与结束必须观测磁方位角，至少一次，以便于根据观测值推算方位角进行校核，其误差不得超过 2°，若超过规定，必须查明发生误差的原因，并及时纠正。若符合要求，则可继续观测。

5. 路线控制桩位固定

为便于以后施工时恢复路线及放线，对于中线控制桩，如路线起点桩、终点桩、交点桩、转点桩、大中桥位桩以及隧道起终点桩等重要桩志，均须妥善固定和保护，防止丢失和破坏。

桩志固定方法因地制宜地采取埋土堆、垒石堆、设护桩等形式加以固定。在荒坡上亦可采取挖平台方法固定桩志。埋土堆、垒石堆顶面为 40cm×40cm 方形或直径为 40cm 圆形，高 50cm。堆顶应钉设标志桩。

为控制桩位，还应设护桩（亦称“检桩”）。护桩方法有距离交会法、方向交会法、导线延长法等，具体采用何种方法应根据实际情况灵活掌握。道路工程测量通常多采用距离交会法定位。护桩一般设 3 个，护桩间夹角不宜小于 60°，以减小交会误差，如图 10-7 所示。

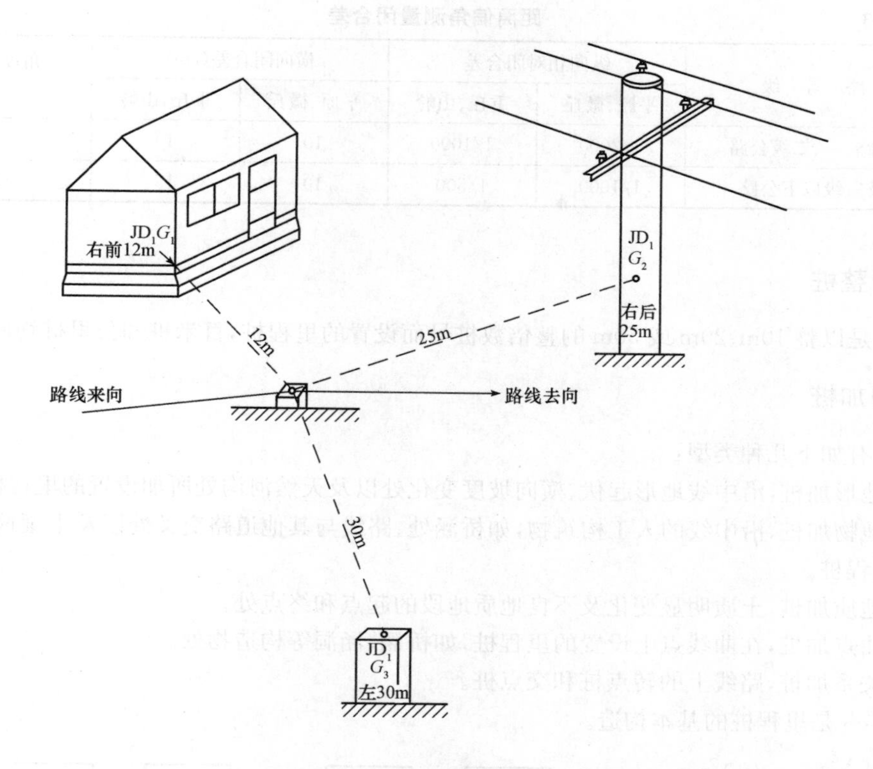

图 10-7　距离交会法护桩

四、中线里程桩的设置

在路线的中点、转点和转角测完后，便可以进行实地量距、设置里程桩标会中线位置等工作。

里程桩分为整桩和加桩两种，是钉设在路线中线上并注有里程的桩位标志，也称中桩，其桩距的精度要求和桩位的精度要求，应符合表 10-1 和 10-2 的规定。

表 10-1　中桩间距

直　线(m)		曲　线(m)			
平原、微丘	重丘、山岭	不设超高的曲线	$R>60$	$30<R<60$	$R<30$
50	25	25	20	10	5

注：表中 R 为平曲线半径(m)。

表 10-2　中桩平面桩位精度

公路等级	中桩位置中误差(cm)		桩位检测之差(cm)	
	平原、微丘	重丘、山岭	平原、微丘	重丘、山岭
高速公路，一、二级公路	≤±5	≤±10	≤10	≤20
二级及三级以下公路	≤±10	≤±15	≤20	≤30

采用链距法、偏角法、支距法测定路线中桩，其闭合差应小于表 10-3 的规定。

表 10-3　　距离偏角测量闭合差

公路等级	纵向相对闭合差		横向闭合差(cm)		角度闭合差(″)
	平原、微丘	重丘、山岭	平原、微丘	重丘、山岭	
高速公路,一、二级公路	1/2000	1/1000	10	10	60
三级及三级以下公路	1/1000	1/500	10	15	120

(一)整桩

整桩是以整 10m、20m 或 50m 的整倍数桩号而设置的里程桩,百米桩和公里桩均属于整桩。

(二)加桩

加桩有如下几种类型:

(1)地形加桩,沿中线地形起伏、横向坡度变化处以及天然河沟处所加设置的里程桩。

(2)地物加桩,沿中线的人工构筑物,如桥涵处、路线与其他道路交叉处以及土壤地质变化处加设的里程桩。

(3)地质加桩,土质明显变化及不良地质地段的起点和终点处。

(4)曲点加桩,在曲线点上设置的里程桩,如桥涵、涵洞等构造物处。

(5)关系加桩,路线上的转点桩和交点桩。

图 10-8 是里程桩的基本构造。

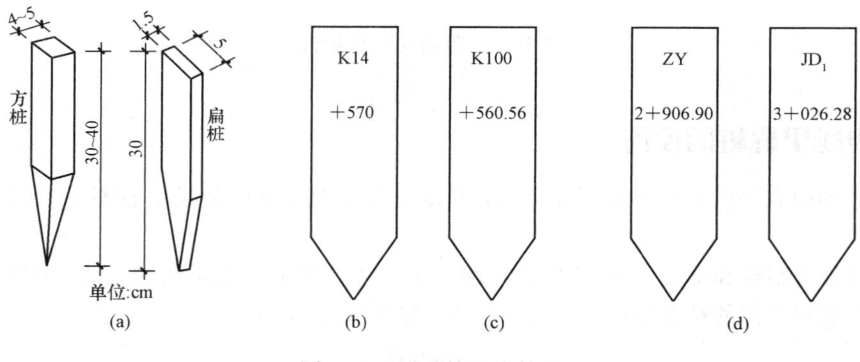

图 10-8　里程桩基本构造

(三)中桩程的测量

(1)中桩高程测量可采用水准测量、三角高程测量或 GPS-RTK 方法施测,并应起闭于路线高程控制点。

(2)高程应测至桩志处的地面,读数取位至厘米,其测量的精度指标应符合表 10-4 的规定。

表 10-4　　中桩高程测量精度

公路等级	闭合差(mm)	两次测量之差(cm)
高速公路,一、二级公路	$\leqslant 30\sqrt{L}$	≤5
三级及三级以下公路	$\leqslant 50\sqrt{L}$	≤10

注:L 为高程测量的路线长度(km)。

(3)采用三角高程测定中桩高程时,每一次距离应观测一测回2个读数,垂直角应观测一测回。

(4)采用GPS-RTK方法时,求解转换参数采用的高程控制点不应少于4个,且应涵盖整个中桩高程测量区域,流动站至最近高程控制点的距离不应大于2km,并应利用另外一个控制点进行检查,检查点的观测高程与理论值之差应小于表10-4两次测量之差的0.7倍。

(5)沿线中需要特殊控制的建筑物、管线、铁路轨顶等,应按规定测出其高程,其2次测量之差应小于2cm。

(四)中桩桩号的书写及埋设

1. 桩号书写

常用红色或黑色油漆撰写,并且书写桩号的一面应面向路线的来向。中桩一般应写明名称及桩号[名称如:JD、ZD、ZH(ZY)、HY等],对于交点桩可连续编号,转点桩可连续编号或两交点间编号,中线桩应在桩的背面按0~9循环编号,以便按顺序找桩(如图10-9所示)。交点桩、转点桩、曲线控制桩、公里桩、百米桩等应写出里程号,不得省略。位于岩石或建筑物上的桩号用红油漆绘成或凿成"⊕"符号(直径5cm)表示桩位,再在旁边用油漆写明名称、桩号,如图10-9所示。有比较方案时,应在桩号前冠以"A、B、…"等字样,分离式高速公路或一级公路,当分别按左、右线路进行测量时,应在桩号前冠以"左、右"的字母"Z、Y"符号,以示区别。

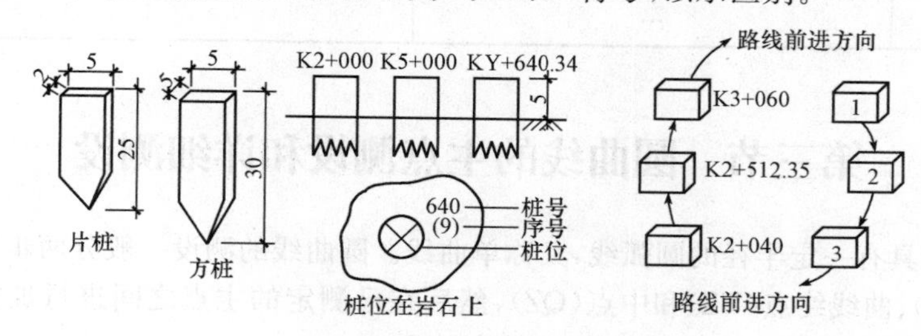

图10-9　里程桩设置方法(单位:cm)

2. 桩志埋(钉)设

路线控制桩,一般采用方桩,顶面钉小钉以示点位,并用混凝土浇筑,也可采用钢筋加混凝土且钢筋顶面锯成"+"字记号。控制桩应打入地下与地面齐平,且加指示桩。其他中线桩可采用片桩,且打入地下15~25cm,露出地面5~10cm,方桩与片桩的尺寸见图10-9。对于改建公路原柔性路面上测量或与大车道等交叉时,可用大头铁钉打入与路面齐平,在路肩上或旁边钉设指示桩,注明里程及距桩点的距离,刚性路面可采用红油漆作记号并设指示桩。

(五)断链处理

对于局部改线、量距或计算出现错误、分段测量中假定起始里程不符而造成全线或全段里程出现不连续现象称为断链。出现断链时就应立即进行断链处理,断链桩应设在直线段百米整桩号上,有困难时可设在10m整桩号上,不宜设在桥涵、立交、隧道等构造物范围之内,并应注明桩号与地面里程的长短关系。

断链有长链与短链之分,地面里程长于桩号里程称为长链,反之地面里程短于桩号里程为短链。在实际工作中断链要作出相应处理,外业工作中现场钉桩时,在同一地点钉两个桩:一个桩字面面向路线来向，写上来向里程，另一个桩字面面向路线去向，写上去向里程；内业工作中纵断面图要在断链桩处断开：长链需前后搭接，搭接长度为断链距离，短链需拉开一个断链距离。

（六）路线固定

在设计测量时路线固定是采用量固定点与桩志的斜距来固定的，并且固定点不少于 2 个，距离以不超过 30m 为宜，最后填写路线固定表并画草图见表 10-5；在施工测量时路线固定是采用两台经纬仪交会固定，如图 10-10 所示，O 为固定点，Q_1、Q_2、Q_3、Q_4 为栓桩点，且 $Q_1Q_2>Q_2O>15$m、$Q_3Q_4>Q_4O>15$m；α 接近于 90°。

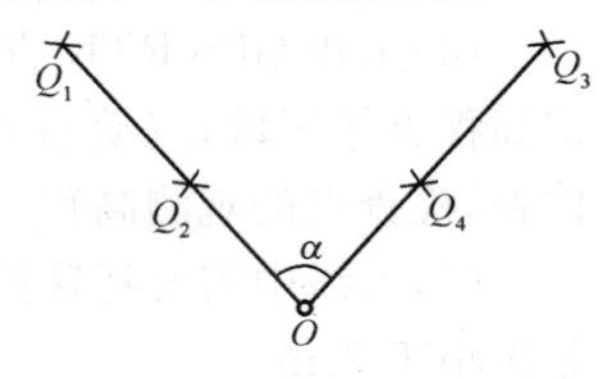

图 10-10　路线固定

表 10-5　　**路线固定表**

______公路________段

固定点桩号	固定情况叙述	简图	备　注
1	2	3	4
JD_{i-1}	…	…	…
JD_i	固定点 1 在西南方向线杆上 22m，固定点 2 在东南方向民房上 21m，固定点 3 在正北方向大树上 31m		交点 i 在水泥桩光圆钢筋十字上
ZD_K	…		…

第三节　圆曲线的主点测设和详细测设

圆曲线是指具有一定半径的圆弧线，又称单曲线。圆曲线的测设一般分两步进行，首先测设曲线的主点(ZY)、曲线终点(YZ)和中点(QZ)，然后在已测定的主点之间进行加密，按规定桩距测设曲线上其他各桩点的过程，称为曲线的详细测设。

一、圆曲线的主点测设

1. 主点参数的计算

如图 10-11 所示，设交点(JD)的转角为 α，假定在此所设的圆曲线半径为 R，则曲线的测设元素切线长 T、曲线长 L、外距 E 和切曲差 D，按下列公式计算：

$$\left.\begin{aligned}&\text{切线长：}T=R\cdot\tan\frac{\alpha}{2}\\&\text{曲线长：}L=R\cdot\alpha\text{（式中，}\alpha\text{ 的单位应换算成 rad）}\\&\text{外距：}E=\frac{R}{\cos\frac{\alpha}{2}}-R=R\left(\sec\frac{\alpha}{2}-1\right)\\&\text{切曲差：}D=2T-L\end{aligned}\right\}\qquad(10\text{-}7)$$

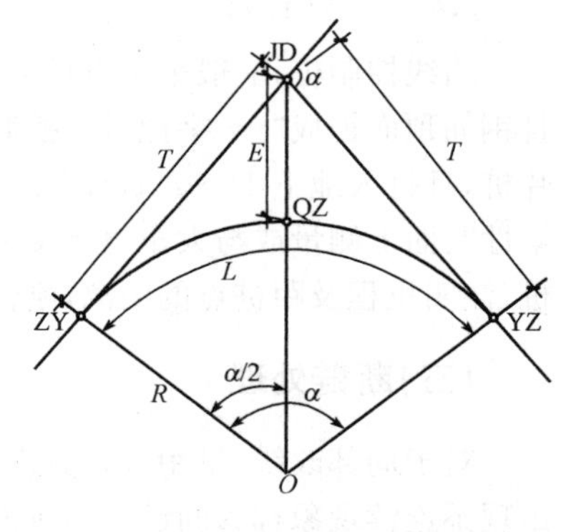

图 10-11　圆曲线的主点测设

上式中的 T、L、E、D 都为已知参数。

2. 主点里程计算

交点(JD)的里程由中线丈量中得到，依据交点的里程和计算的曲线测设元素，即可计算出各主点的里程。由图 10-11 可知：

$$\left.\begin{array}{ll} ZY\text{ 里程}=JD\text{ 里程}-T & \dfrac{JD\text{ 里程}-T}{ZY\text{ 里程}} \\ YZ\text{ 里程}=ZY\text{ 里程}+L & \dfrac{+L}{YZ\text{ 里程}} \\ QZ\text{ 里程}=YZ\text{ 里程}-L/2 & \dfrac{-L/2}{QZ\text{ 里程}} \\ JD\text{ 里程}=QZ\text{ 里程}+D/2 & \dfrac{+D/2}{JD\text{ 里程}} \end{array}\right\} \tag{10-8}$$

3. 主点的测设

圆曲线的测设元素和主点里程计算出后，按下述步骤进行主点测设：

(1)曲线起点(ZY)的测设：测设曲线起点时，将仪器置于交点 $i(JD_i)$ 上，望远镜照准后一交点 $i-1(JD_{i-1})$ 或此方向上的转点，沿望远镜视线方向量取切线长 T，得曲线起点 ZY，暂时插一测钎标志。然后用钢尺丈量 ZY 至最近一个直线桩的距离，如两桩号之差等于所丈量的距离或相差在容许范围内，即可在测钎处打下 ZY 桩。如超出容许范围，应查明原因，重新测设，以确保桩位的正确性。

(2)曲线终点(YZ)的测设：在曲线起点(ZY)的测设完成后，转动望远镜照准前一交点 JD_{i+1} 或此方向上的转点，往返量取切线长 T，得曲线终点(YZ)，打下 YZ 桩即可。

(3)曲线中点(QZ)的测设，测设曲线中点时，可自交点 $i(JD_i)$，沿分角线方向量取外距 E，打下 QZ 桩即可。

二、圆曲线的详细测设

(一)圆曲线上对桩距的要求

在公路中线测量中，当圆曲线的主点桩测设完毕后，为准确标定圆曲线，还要按有关技术要求和规定的桩距在曲线主点间加桩，进行圆曲线的详细测设。详细测设的桩距 l_0 与圆曲线的半径 R 有关，见表 10-6。

表 10-6 中桩间距

直线(m)		曲线(m)			
平原微丘区	山岭重丘区	不设超高的曲线	$R>60$	$30<R<50$	$R<30$
≤50	≤25	25	20	10	5

注：表中 R 为曲线半径，以米计。

按桩距 l_0 在曲线上设桩，通常有两种方法：

(1)整桩号法。将曲线上靠近起点(ZY)的第一个桩的桩号凑整成为大于 ZY 点桩号的，l_0 的最小倍数的整桩号，然后按桩距 l_0 连续向曲线终点 YZ 设桩。这样设置的桩的桩号均为整数。

(2)整桩距法。从曲线起点 ZY 和终点 YZ 开始，分别以桩距 l_0 连续向曲线中点 QZ 设桩。由于这样设置的桩的桩号一般为破碎桩号，因此，在实测中应注意加设百米桩和公里桩。

(二)详细测试的方式

1. 偏角法

偏角法是以曲线起点(ZY)或终点(YZ)至曲线上待测设点 P_i 的弦线与切线之间的弦切角 Δ_i

和弦长 c_i 来确定 P_i 点的位置。其实就是极坐标法。

如图 10-12 所示，依据几何原理，偏角 Δ_i 等于相应弧长所对的圆心角 φ_i 的一半，即：$\Delta_i=\varphi_i/2$。

则：

$$\Delta_i=\frac{l_i}{2R}(\text{rad}) \tag{10-9}$$

弦长 c 可按下式计算：

$$c=2R\sin\frac{\varphi_i}{2}=2R\sin\Delta_i \tag{10-10}$$

具体测设步骤如下：

1）安置经纬仪（或全站仪）于曲线起点（ZY）上，盘左瞄准交点（JD），将水平盘读数设置为 0°。

2）水平转动照准部，使水平度盘读数为：+920 桩的偏角值 $\Delta_1=1°45'24''$，然后，从 ZY 点开始，沿望远镜视线方向量测出弦长 $C_1=13.05$m，定出 P_1 点，即为 K2+920 的桩位。

3）再继续水平转动照准部，使水平度盘读数为：+940 桩的偏角值 $\Delta_2=4°43'48''$，从 ZY 点开始，沿望远镜视线方向量测长弦 $C_2=32.98$m，定出 P_2 点；或从 P_1 点测设短弦 $C_2=19.95$m（实测中，通常一般采用以弧代弦，取短弦为 20m），与水平度盘读数为偏角 Δ_2 时的望远镜视线方向相交而定出 P_2 点。以此类推，测设 P_3、P_4、…，直到 YZ 点。

4）测设至曲线终点（YZ）作为检核，继续水平转动照准部。使水平度盘读数为 $\Delta_{YZ}=17°04'48''$，从 ZY 点开始，沿望远镜视线方向量测出长弦 $C_{YZ}=17.48$m，或从 K3+020 桩测设短弦 $C=6.21$m，定出一点。

2. 切线支距法

切线支距法（又称直角坐标法）是以曲线的起点 ZY（对于前半曲线）或终点 YZ（对于后半曲线）为坐标原点，以过曲线的起点 ZY 或终点 YZ 的切线为 x 轴，过原点的半径为 y 轴，按曲线上各点坐标 x、y 设置曲线上各点的位置。

如图 10-13 所示，设 P_i 为曲线上欲测设的点位，该点至 ZY 点或 YZ 点的弧长为 l_i，φ_i 为 l_i 把对的圆心角，R 为圆曲线半径，则 P_i 点的坐标按下式计算：

$$\left.\begin{aligned} x_i&=R\cdot\sin\varphi_i \\ y_i&=R\cdot(1-\cos\varphi_i)=x_i\cdot\tan\frac{\varphi_i}{2} \end{aligned}\right\} \tag{10-11}$$

式中

$$\varphi_i=\frac{l_i}{R}(\text{rad}) \tag{10-12}$$

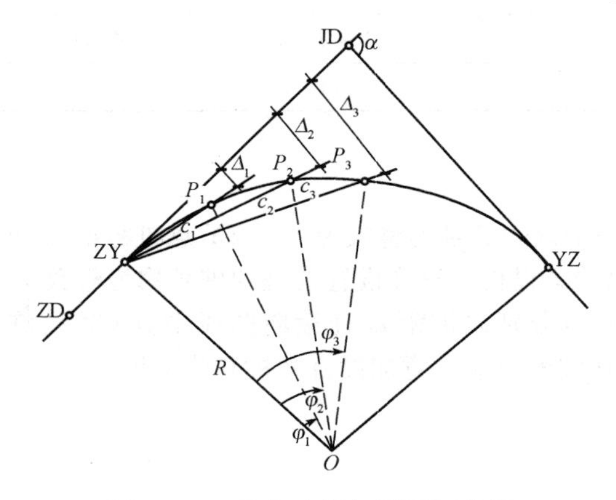

图 10-12 偏角法详细测设圆曲线

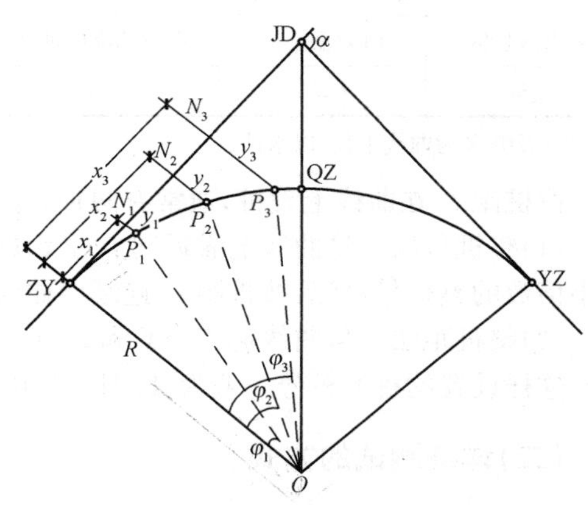

图 10-13 切线支距法详细测设圆曲线

切线支距法详细测设圆曲线，为了避免支距过长，一般是由 ZY 点和 YZ 点分别向 QZ 点施测，测设步骤如下：

1)从 ZY 点(或 YZ 点)用钢尺或皮尺沿切线方向量取 P_i 点的横坐标 x_i，得垂足点 N_i。

2)在垂足点 N_i 上，用方向架或经纬仪定出切线的垂直方向，沿垂直方向量出 y_i，即得到待测定点 P_i。

3)曲线上各点测设完毕后，应量取相邻各桩之间的距离，并与相应的桩号之差作比较，若较差均在限差之内，则曲线测设合格；否则应查明原因，予以纠正。

第四节　缓和曲线的测设

一、缓和曲线的定义及作用

缓和曲线是设在直线与圆曲线之间或半径相差较大的两个转角相同的圆曲线之间，曲率逐渐缓和过渡的曲线。我国《公路工程技术标准》(JTG B01—2003)中规定，缓和曲线采用回旋曲线形式，且当半径小于不设超高最小半径时，在圆曲线上必须设缓和曲线，四级公路用缓和段来代替缓和曲线。缓和曲线主要有以下几点作用：

(1)曲率逐渐缓和过渡。

(2)离心加速度逐渐变化减少振荡。

(3)有利于超高和加宽的过渡。

二、缓和曲线测设计算公式

1. 缓和曲线测设数据计算

$$rl=A^2 \tag{10-13}$$

$$RL_S=A^2 \tag{10-14}$$

式中　r——缓和曲线上任意一点的曲率半径(m)；

l——缓和曲线上任意一点到缓和曲线起点的弧长(m)；

A——缓和曲线参数(m)；

L_S——缓和曲线长度(m)。

2. 缓和曲线常数计算

缓和曲线常数计算如图 10-14 所示：

内移值：$$P=\frac{L_S^2}{24R} \tag{10-15}$$

切线增值：$$q=\frac{L_S}{2}-\frac{L_S^2}{240R^2} \tag{10-16}$$

切线角：$$\beta=\frac{L_S}{2R}(\text{rad})=\frac{L_S}{2R}\cdot\frac{180}{\pi}(°) \tag{10-17}$$

缓和曲线终点的直角坐标：

$$\left.\begin{aligned}X_h&=L_S-\frac{Ll_3}{40R^2}\\Y_h&=\frac{L_S^2}{6R}-\frac{L_S^4}{336R^3}\end{aligned}\right\} \tag{10-18}$$

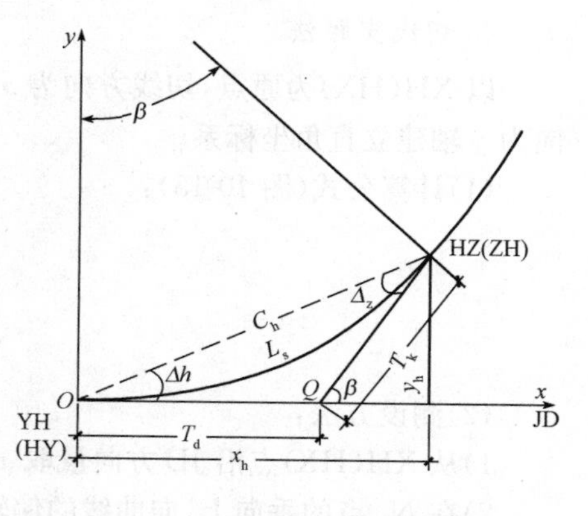

图 10-14　缓和曲线测设

缓和曲线起、终点切线的交点 Q 到缓和曲线起、终点的距离，即缓和曲线的长、短切线长：

$$T_d=\frac{2}{3}L_S+\frac{L_S^2}{360R^2} \tag{10-19}$$

$$T_k=\frac{1}{3}L_S+\frac{L_S^3}{126R^2} \tag{10-20}$$

缓和曲线弦长：

$$C_h=L_S-\frac{L_S^2}{90R^2} \tag{10-21}$$

缓和曲线总偏角：

$$\Delta h=\frac{L_S}{6R}(\text{rad}) \tag{10-22}$$

三、缓和曲线的测设方法

1. 偏角法

(1)计算公式(图 10-15)：

$$\Delta=\frac{\beta}{3}\cdot\left(\frac{l}{L_S}\right)^2\frac{180°}{\pi} \tag{10-23}$$

$$C\approx l'$$

式中 l——缓和曲线上任意一点到缓和曲线起点弧长；

l'——缓和曲线上任意一点到相邻点的弧长；

L_S——缓和曲线上任意一点到相邻点的弦长。

(2)测设方法。

1)在 XH(HX)点置经纬仪、后视 JD，配度盘为 0°00′00″。

2)拨 P_1 点的偏角 Δ_1(注意正拨、反拨)，从 XH(HX)量取 C'，与视线的交点为 P_1 点位。

3)拨 P_2 点的偏角 Δ_2，从 P_1 量取 C(P_1、P_2 点桩号差)，与视线的交点为 P_2 点位。

4)重复 3)测到 HZ(ZH)点。

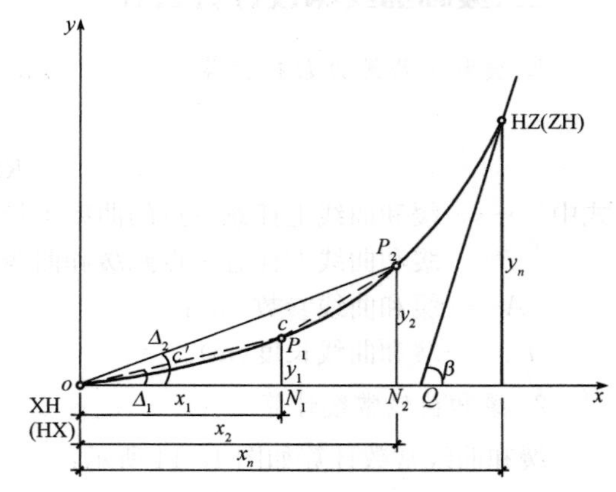

图 10-15 偏角法图示

2. 切线支距法

以 XH(HX)为原点，切线方向为 x 轴，法线方向为 y 轴建立直角坐标系。

(1)计算公式(图 10-15)：

$$x=l-\frac{l^5}{40R^2L_S^3} \tag{10-24}$$

$$y=\frac{l^3}{6RL_S}-\frac{l^7}{336R^3L_S^3} \tag{10-25}$$

(2)测设方法：

1)从 XH(HX)点沿 JD 方向量取 x_1，得 N_1 点。

2)在 N_1 点的垂向上，向曲线的偏转方向量取 y_1，得 P_1 点点位。

3)重复以上步骤测设到缓和曲线终点。

四、圆曲线带有缓和曲线的测设

1. 设置缓和曲线的条件

设置缓和曲线的条件为：

$$\alpha \geqslant 2\beta \tag{10-26}$$

当 $\alpha < 2\beta$ 时，即 $L < L_S$（L 为未设缓和曲线时的圆曲线长），不能设置缓和曲线，需调整 R 或 L_S。

2. 测设数据计算

(1)元素计算公式(图 10-16)。

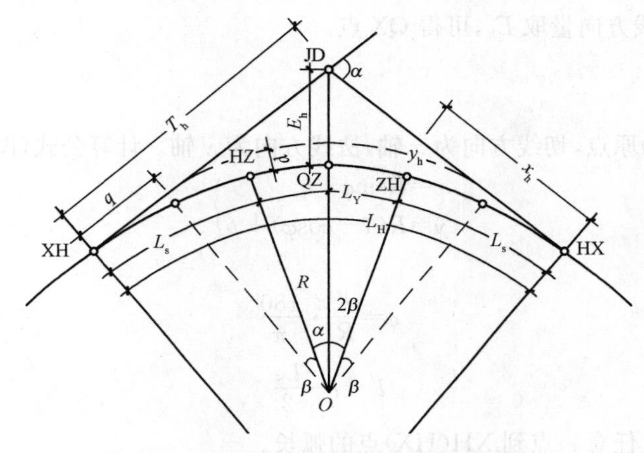

图 10-16　圆曲线带有缓和曲线的测设

$$\left.\begin{aligned}
&\text{切线长：}T_h=(R+p)\tan\frac{\alpha}{2}+q\\
&\text{圆曲线长：}L_y=(\alpha-2\beta)\frac{\pi}{180}R\\
&\text{平曲线总长：}L_h=L_y+2L_S\\
&\text{外　　距：}E_h=(R+p)\sec\frac{\alpha}{2}-R\\
&\text{切曲差：}D_h=2T_h-L_h
\end{aligned}\right\} \tag{10-27}$$

(2)桩号推算如下。

交点桩号：	JD $-T_h$
第一缓和曲线起点桩号：	XH $+L_s$
第一缓和曲线终点桩号：	HZ $+L_y$
第二缓和曲线起点桩号：	ZH $-L_s$

第二缓和曲线终点桩号： HX $-L_h/2$

平曲线中点桩号： QX $+D_h/2$

交点桩号： JD(校核)

3. 测设方法

(1)主点测设：

1)从 JD 向切线方向分别量取 T_h，可得 XH、HX 点；

2)从 XH、HX 点分别向 JD 方向及垂向，量取 x_h、y_h 可得 HZ、ZH 点；

3)从 JD 向分角线方向量取 E_h，可得 QX 点。

(2)详细测设。

1)切线支距法。

①以 XH(HX)为原点，切线方向为 x 轴，法线方向为 y 轴。计算公式(图 10-17)：

$$\left.\begin{aligned} x&=R\sin\varphi+q \\ y&=R(1-\cos\varphi)+p \end{aligned}\right\} \tag{10-28}$$

式中

$$\varphi=\frac{l'}{R}\cdot\frac{180}{\pi} \tag{10-29}$$

$$l'=l-\frac{L_S}{2} \tag{10-30}$$

l——主圆曲线上任意一点到 XH(HX)点的弧长。

②以 HZ(ZH)点为原点，切线方向为 x 轴，法线方向为 y 轴建立直角坐标系。

计算公式(图 10-18)：

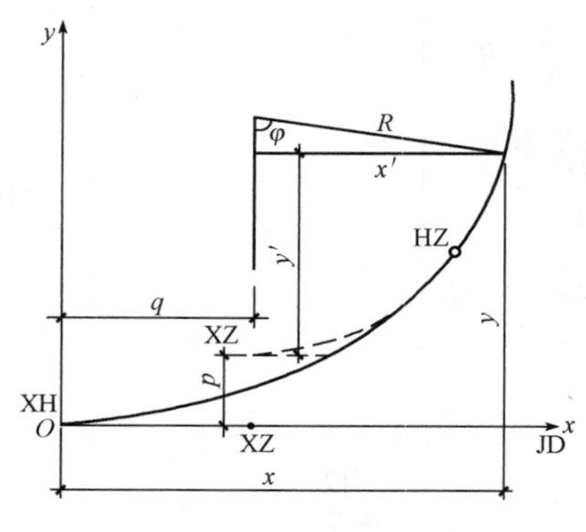

图 10-17 切线支距法(一)

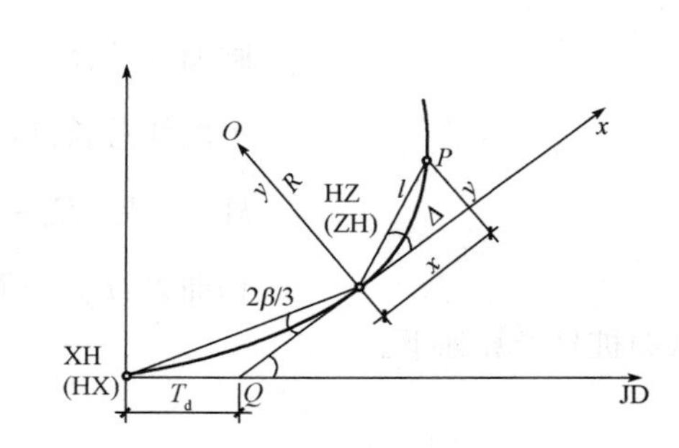

图 10-18 切线支距法(二)

$$\left.\begin{aligned} x&=R\sin\varphi \\ y&=R(1-\cos\varphi) \end{aligned}\right\} \tag{10-31}$$

式中 $\varphi=\frac{l}{R}\cdot\frac{180^\circ}{\pi}$；

l——主圆曲线上任意一点到 HZ(ZH)的弧长。

测设方法：

从 XH(HX)点沿切线方向量取 T_d 找到 Q 点，并用 T_k 校核；再以 Q 点与 HZ(ZH)为 x 方向，从 HZ(ZH)量取 x,垂向上量取 y,可测设曲线。

2)偏角法。

偏角法的计算公式(图 10-18)为 $\Delta_i=\frac{1}{2}\cdot\frac{l}{R}\cdot\frac{180}{\pi}$($l$ 为主圆曲线上任意一点 HZ(ZH)的弧长。偏角法测设的步骤为,首先置仪于 HZ(ZH)点,后视 XH(HX)点,向偏离曲线方向拨角$\frac{2}{3}\beta$,倒镜配度盘为0°00′00″;拨角 Δ_1,从 HZ(ZH)量取 C_1(C_1 计算公式同单圆曲线)与视线交会出中桩点位 P_1;同以上步骤测设到 QZ 点。

4. 实例计算

【例 10-1】 JD_{10}桩号 K8+762.40,转角 $\alpha=20°23'05''$,$R=200$m,拟用 $L_S=50$m,试计算主点里程桩并设置基本桩。

【解】 (1)判别能否设置缓和曲线。

$$\beta=\frac{L_S}{2R}\cdot\frac{180°}{\pi}=\frac{50}{2\times200}\times\frac{180°}{\pi}=7°9'43''$$

因为 $\alpha=20°23'05''>2\beta=14°19'26''$

所以能设置缓和曲线。

(2)缓和曲线常数计算。

$$p=\frac{L_S^2}{24R}=\frac{50^2}{24\times200}=0.52(\text{m})$$

$$q=\frac{L_S}{2}-\frac{L_S^3}{240R^2}=\frac{50}{2}-\frac{50^3}{240\times200}=24.98(\text{m})$$

$$X_h=L_S-\frac{L_S^2}{40R^2}=50-\frac{50^3}{40\times200^2}=49.99(\text{m})$$

$$X_h=\frac{L_S^2}{6R}-\frac{L_S^4}{336R^3}=\frac{50^2}{6\times200}-\frac{50^4}{336\times200^3}=1.85(\text{m})$$

(3)曲线要素计算。

$$T_h(R+p)\tan\frac{\alpha}{2}+q=(200+0.35)\tan\frac{20°23'05''}{2}+24.98=61.00(\text{m})$$

$$L_y=(\alpha-2\beta)\frac{\pi}{180}R=(20°23'05''-2\times7°9'43'')\times\frac{\pi}{180}\times200=21.15(\text{m})$$

$$L_h=L_y+2L_S=21.15+2\times50=121.15(\text{m})$$

$$E_h=(R+p)\sec\frac{\alpha}{2}-R=(200+0.35)\sec\frac{20°23'05''}{2}-200=10.42(\text{m})$$

$$D_h=2T_h-L_h=2\times61-121.15=0.85(\text{m})$$

(4)基本桩号计算。

JD_{10}	K8+762.40		
−) T_h	61.00		
ZH	+701.40		
+) L_S	50		
HY		+751.4	
+) L_y		21.15	
YH		+772.55	
+) L_S		50	

HZ	+822.55
$-)L_h/2$	121.15/2
QZ	+761.97
$+)D_h/2$	0.85/2
JD_{10}	K8+762.40(校核无误)

(5)基本桩设置。

1)从 JD_{10} 分别沿 JD_9 和 JD_{11} 方向量取 79.04m,可得 ZH、HZ 点;

2)从 JD_{10} 沿分角方向量取 5.17m,可得 QZ 点;

3)由 ZH、HZ 点分别沿 JD_{10} 方向量取 49.97m 得垂足,再从垂足沿垂向量取 1.39m,可测设 HY、YH 点。

【例 10-2】 某道路,如图 10-19 所示,JD_{20} 为双交点,JD_{20A} 桩号为:K5+204.50,$\alpha_A=50°24'20''$,$\alpha_B=45°54'40''$,$\overline{AB}=121.40$m,试拟定缓和曲线长,求算曲线半径,计算曲线要素及控制桩量程。

计算:

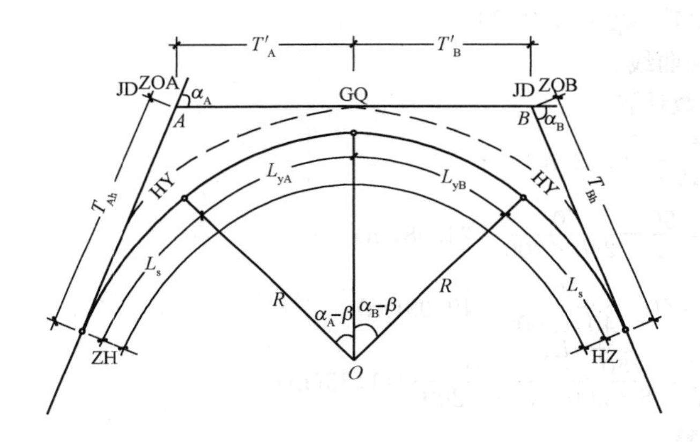

图 10-19 某山岭区三级公路

(1)求未设缓和曲线时半径 R',拟用 L_S。

$$R'=\frac{\overline{AB}}{\left(\tan\frac{\alpha_A}{2}+\tan\frac{\alpha_B}{2}\right)}=\frac{121.40}{\left(\tan\frac{51°24'20''}{2}+\tan\frac{45°54'40''}{2}\right)}$$

$$=134.36(\text{m})$$

拟用 $L_S=40$m

$$p\approx\frac{L_S{}^2}{24R'}=\frac{40}{24\times134.36}=0.50(\text{m})$$

$$R=R'-p=134.36-0.50=133.86(\text{m})$$

(2)核算:

$$p=\frac{L_S^2}{24R}=\frac{40^2}{24\times133.86}=0.50(\text{m})$$

$$T_A{}'=(R+p)\tan\frac{\alpha_A}{2}(133.86+0.50)\tan\frac{51°24'20''}{2}=64.63(\text{m})$$

$$T_B{}'=(R+p)\tan\frac{\alpha_B}{2}=(133.86+0.50)\tan\frac{45°54'40''}{2}=56.77(\text{m})$$

$T_A'+T_B'=64.63+56.77=121.40(\text{m})=\overline{AB}$

(3)要素计算：

$\beta=\frac{L_S}{2R}\cdot\frac{180°}{\pi}=\frac{40}{2\times133.86}\times\frac{180°}{\pi}=8°33'36''$

$q=\frac{L_S}{2}-\frac{L_S^2}{240R^2}=\frac{40}{2}-\frac{40^3}{240\times133.86^2}=19.98(\text{m})$

$T_{Ah}=(R+p)\tan\frac{\alpha_A}{2}+q=64.49+19.98=84.47(\text{m})$

$T_{Bh}=(R+p)\tan\frac{\alpha_B}{2}+q=56.96+19.98=76.94(\text{m})$

$L_{yA}=(\alpha_A-\beta)\frac{\pi}{180}R=(51°24'20''-8°33'36'')\times\frac{\pi}{180}\times133.86$

$=97.80(\text{m})$

$L_{yB}=(\alpha_B-\beta)\frac{\pi}{180}R=(45°54'42''-9°39'03'')\times\frac{\pi}{180}\times133.86$

$=84.72(\text{m})$

$L_h=L_{yA}+L_{yB}+2L_S=97.80+84.72+2\times40$

$=262.52(\text{m})$

(4)控制桩里程计算：

JD_{20A}	K5＋204.50
－)T_{Ah}	84.47
XH	＋120.03
＋)L_S	40
HZ	＋160.03
＋)L_{yA}	97.80
GQ	257.83
＋)L_{yB}	84.72
ZH	＋342.55
＋)L_S	40
HX	＋382.55
－)L_h-T_{Ah}	－262.52＋84.47
JD_{20A}	K5＋204.50(校核无误)

五、"S"形和"C"形曲线测设方法

1. 桩号推算

第一曲线终点 HZ_1 与第二曲线起点 ZH_2 重合，中间无直线段，其他桩号推算同有缓和曲线

的单圆曲线。

2. 测设方法

同有缓和曲线的单圆曲线。

3. 数据计算

如图10-20、图10-21所示，已知两交点之间的距离为$\overline{AB}$，其中一个曲线的切线为T_h，而另一个曲线的切线长为$T_{h2}=\overline{AB}-T_{h1}$，拟定$L_{S2}$，求算$R_2$。半径$R_2$的计算有下面两种方法。

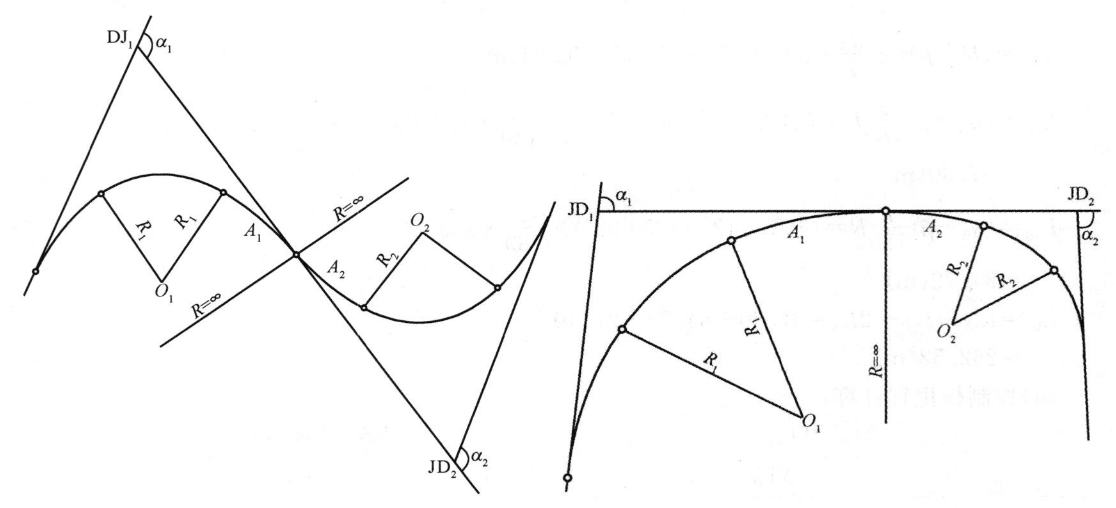

图10-20 “S”形曲线　　　　图10-21 “C”形曲线

(1)解方程组。

$$\left.\begin{aligned}T_{h2}&=(R_2-p_2)\tan\frac{\alpha_2}{2}+q_2\\p_2&=\frac{L_{S2}^2}{24R_2}\\q_2&=\frac{L_{S2}}{2}-\frac{L_{S2}^3}{240R_2^2}\end{aligned}\right\}\tag{10-32}$$

可求得半径R_2。

(2)利用已知条件计算。

$$q_2\approx\frac{L_{S2}}{2}\tag{10-33}$$

$$R_2+p_2=\frac{T_{h2}-q_2}{\tan\frac{\alpha_2}{2}}\tag{10-34}$$

$$p_2=\frac{L_{S2}^2}{24(R_2+p_2)}\tag{10-35}$$

得：

$$R_2=(R_2+p_2)-p_2\tag{10-36}$$

4. 实例计算

【例10-3】 某道路(图10-20)，JD_1的桩号K1+246.85，JD_1～JD_2的距离$\overline{AB}=129.55\text{m}$，$\alpha_1=10°24'20''$，$\alpha_2=20°27'40''$。因不满足反向曲线间最小直线段长度的要求，需设“S”形曲线，现拟

定 $R_1=400\text{m}$，$L_{S1}=30\text{m}$，试计算 JD_2 半径 R_2 及 JD_2 的桩号。

计算：

(1) JD_1 要素计算：

$$p_1=\frac{L_{S1}^2}{24R_1}=\frac{30^2}{24\times400}=0.09(\text{m})$$

$$q_1=\frac{L_{S1}}{2}-\frac{L_{S1}^3}{240\times R_1^2}=\frac{30}{2}-\frac{30^3}{240\times400^2}=15.00(\text{m})$$

$$\beta_1=\frac{L_{S1}}{2R}\times\frac{180°}{\pi}=\frac{30}{2\times400}\times\frac{180°}{\pi}=2°9'32''$$

$$T_{h1}=(R_1+p_1)\tan\frac{\alpha_1}{2}+q_1=(400+0.09)\times\tan\frac{10°24'20''}{2}+15.00$$
$$=51.50(\text{m})$$

$$L_{h1}=(\alpha_1-2\beta_1)\frac{\pi}{180}R_1+2L_{S1}$$
$$=(10°24'20''-2\times2°9'32'')\times\frac{\pi}{180}\times400+2\times30=102.5(\text{m})$$

(2) JD_2 半径计算：

$$T_{h2}=\overline{AB}-T_{h1}=129.55-51.50=78.05(\text{m})$$

现拟取 $L_{S2}=50\text{m}$，则 $q_2\approx25\text{m}$

$$R_2+p_2=\frac{T_{h2}-q_2}{\tan\frac{\alpha_2}{2}}=\frac{78.05-25}{\tan\frac{20°27'40''}{2}}=293.91(\text{m})$$

$$p'_2=\frac{L_{S2}^2}{24(R_2+p_2)}=\frac{50^2}{24\times293.91}=0.35(\text{m})$$

$$R_2=(R_2+p_2)-p_2'=293.91-0.35=293.56(\text{m})$$

核算：

$$p_2=\frac{L_{S2}^2}{24R_2}=\frac{50^2}{24\times293.56}=0.35(\text{m})$$

$$q_2=\frac{L_{S2}}{2}-\frac{L_{S2}^3}{240\times R_2^2}=\frac{50}{2}-\frac{50^3}{240\times293.56^2}=24.99(\text{m})$$

$$T_{h2}(R_2+p_2)\tan\frac{\alpha_2}{2}+q_2=293.91\times\tan\frac{20°27'40''}{2}+25=78.03(\text{m})$$

与原值不符。

重新计算 R_2，拟取 $L_{S2}=50\text{m}$，q_2 取计算值 24.99m。

$$R_2+p_2=\frac{T_{h2}-q_2}{\tan\frac{\alpha_2}{2}}=\frac{78.05-24.99}{\tan\frac{20°27'40''}{2}}=293.96(\text{m})$$

$$p'_2=\frac{L_{S2}^2}{24(R_2+p_2)}=\frac{50^2}{24\times293.96}=0.35(\text{m})$$

$$R_2=(R_2+p_2)-p'_2=293.96-0.35=293.96(\text{m})$$

核算：

$$P_2=\frac{L_{S2}^2}{24R_2}=\frac{50^2}{24\times293.96}=0.35(\text{m})$$

$$q_2=\frac{L_{S2}}{2}-\frac{L_{S2}^3}{240\times R_2^2}=\frac{50}{2}-\frac{50^3}{240\times 293.96^2}$$
$$=24.99(\mathrm{m})$$

$$T_{h2}=(R_2+p_2)\tan\frac{\alpha}{2}+q_2$$
$$=293.96\times\tan\frac{20°27'40''}{2}+24.99=78.05(\mathrm{m})$$

均与原值相符。

所以 JD_2 的半径为 $R_2=293.96(\mathrm{m})$

(3)JD_2 的桩号推算：

JD_2 的桩号$=JD_1$ 的桩号$-T_{h1}+L_{h1}+T_{h2}$

$=K1+246.85-51.50+102.5+78.03$

$=K1+375.88$

第五节　复合曲线及回头曲线的测设

一、复合曲线的分类

复合曲线分为两种，皆设缓和曲线的复曲线和不设缓和曲线的复曲线。

(一)不设缓和曲线的复曲线

下面是测设不设缓和曲线的复曲线的方法。

1. 切基法测设复曲线

切基法是虚交切基线，只是两个圆半径不等，如图 10-22 所示，主、副曲线的交点为 A、B，两曲线相接于公切点 GQ 点。将经纬仪分别安置于 A、B 两点，测算出转角 α_1、α_2，用测距仪或钢尺往返丈量 A、B 两点的距离 $\overline{AB}$，在选定主曲线的半径 R_1 后，可按以下步骤计算副曲线的半径 R_2 及测设元素。

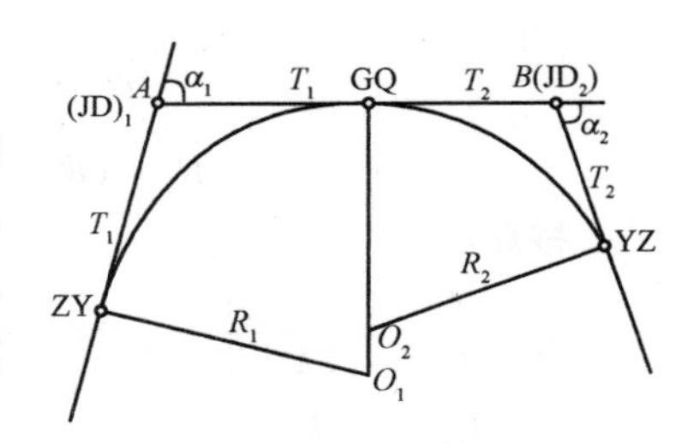

图 10-22　切基线法测设复曲线

(1)根据主曲线的转角 α_1 和半径 R_1 计算主曲线的测设元素 T_1、L_1、E_1、D_1。

(2)根据基线 AB 的长度 $\overline{AB}$ 和主曲线切线长 T_1 计算副曲线的切线长 T_2：

$$T_2=\overline{AB}-T_1 \tag{10-37}$$

(3)根据副曲线的转角 α_2 和切线长 T_2 计算副曲线的半径 R_2：

$$R_2=\frac{T_2}{\tan\frac{\alpha_2}{2}} \tag{10-38}$$

(4)根据副曲线的转角 α_2 和半径 R_2 计算副曲线的测设元素 T_2、L_2、E_2、D_2。

2. 弦基法测设复曲线

如图 10-23 所示，是利用弦算基线法测设复曲线的示意图，设定 A、C 分别为曲线的起点和公切点，目

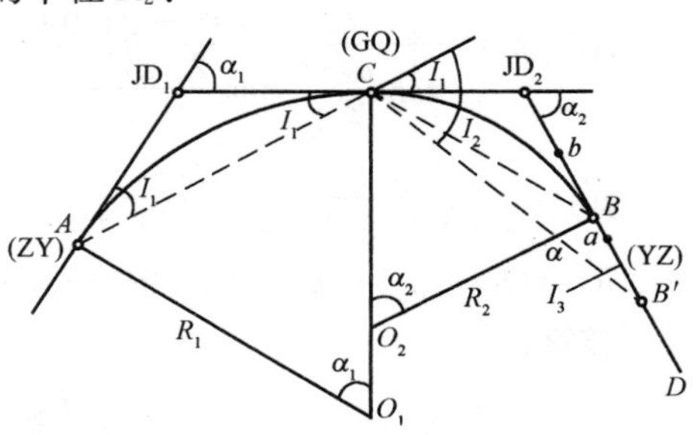

图 10-23　弦基线法测设复曲线

的是确定曲线的终点 B。具体测设方法如下。

(1)在 A 点安置仪器,观测弦切角 I_1,根据同弧段两端弦切角相等的原理,则得主曲线的转角为:$\alpha_1=2I_1$。

(2)设 B' 点为曲线终点 B 的初测位置,在 B' 点放置仪器观测出弦切角 I_3,同时在切线上 B 点的估计位置前后打下骑马桩 a、b。

(3)在 C 点安置仪器,观测出 I_2。由图 10-23 可知,复曲线的转角 $\alpha_2=I_2-I_1+I_3$。旋转照准部照准 A 点,将水平度盘读数配置为:$0°00'00''$后倒镜,顺时针拨水平角 $\frac{\alpha_1+\alpha_2}{2}=\frac{I_1+I_2+I_3}{2}$,此时,望远镜的视线方向即为弦 CB 的方向,交骑马桩 a、b 的连线于 B 点,即确定了曲线的终点。

(4)用测距仪(全站仪)或钢尺往返丈量得到 AC 和 CB 的长度 $\overline{AC}$、$\overline{CB}$,并计算主、副曲线的半径 R_1、R_2。

$$\left.\begin{aligned}R_1&=\frac{\overline{AC}}{2\sin\frac{\alpha_1}{2}}\\R_2&=\frac{\overline{CB}}{2\sin\frac{\alpha_2}{2}}\end{aligned}\right\}\tag{10-39}$$

(5)求得的主、副曲线半径和测算的转角分别计算主、副曲线的测设元素,然后仍按前述方法计算主点里程并进行测设。

(二)设有缓和曲线的复曲线

设有缓和曲线的复曲线分为中间不设缓和曲线和中间设置有缓和曲线的复曲线。下面是分别对两种不同形式曲线的测设方法。

1. 中间不设缓和曲线而两边皆设缓和曲线的复曲线

如图 10-24 所示,设主、副曲线两端分别设有两段缓和曲线,其缓和曲线长分别为 l_{s1}、l_{s2}。为使两不同半径的圆曲线在原公切点(GQ)直接衔接,两缓和曲线的内移值必须相等,即:$p_{主}=p_{副}=p$。

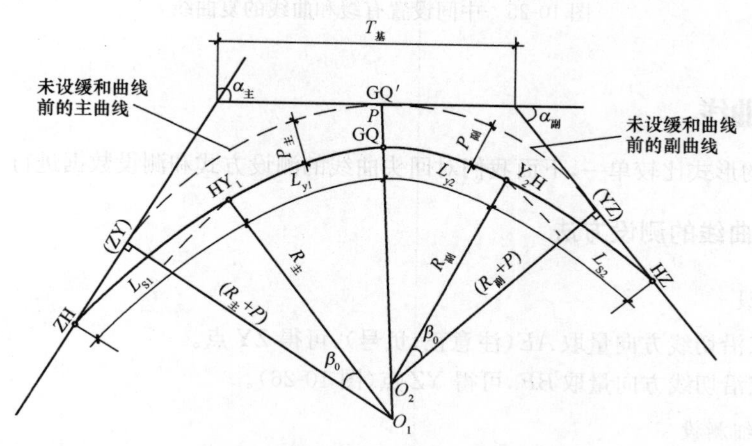

图 10-24　两边皆设缓和曲线的复曲线

则：

$$\left.\begin{aligned} c_1 &= R_{主} \cdot l_{s1} = R_{主} \cdot \sqrt{24R_{主}\ p} \\ c_2 &= R_{副} \cdot l_{s2} = R_{副} \cdot \sqrt{24R_{副}\ p} \end{aligned}\right\} \tag{10-40}$$

假如 $R_{主} > R_{副}$，则 $c_1 > c_2$。所以在选择缓和曲线长度时，必须使 $c_2 \geqslant 0.035v^3$。对于已选定的 l_{s2}，可得：

$$l_{s2} = l_{s1} \cdot \sqrt{\frac{R_{副}}{R_{主}}} \tag{10-41}$$

图 10-24 中的关系式如下：

$$T_{基} = (R_{主} + p) \cdot \tan\frac{\alpha_{主}}{2} + (R_{副} + p) \cdot \tan\frac{\alpha_{副}}{2} \tag{10-42}$$

测设时，通过测得的数据 $\alpha_{主}$、$\alpha_{副}$ 和 $T_{基}$ 以及根据要求拟订的数据 $R_{主}$、l_{s1}，采用式(10-42)反算 $R_{副}$，其中：$p = p_{主} = \dfrac{l_{s1}^2}{24R_{主}}$；采用式(10-41)反算副曲线缓和段长度 l_{s2}。

2. 中间设置有缓和曲线的复曲线

中间设置有缓和曲线的复曲线是指复曲线的两圆曲线间有缓和曲线段衔接过渡的曲线形式。常在实地地形条件限制下，选定的主、副曲线半径相差悬殊超过 1.5 倍时采用，如图 10-25 所示。

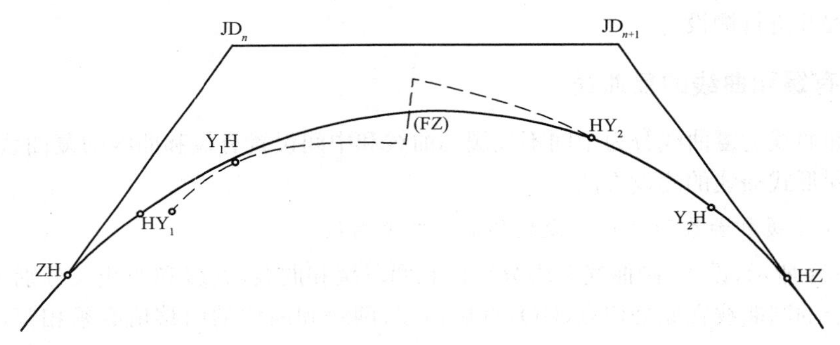

图 10-25　中间设置有缓和曲线的复曲线

二、回头曲线

回头曲线的形式比较单一，下面我们对回头曲线的测设方式和测设数据进行详细介绍。

(一)回头曲线的测设方法

1. 主点测设

(1)由 A 点沿切线方向量取 AE（注意正、负号），可得 ZY 点。

(2)由 B 点沿切线方向量取 BF，可得 YZ 点（图 10-26）。

2. 曲线详细测设

(1)切基线法（图 10-27）。

1)根据现场的具体情况，在 DF、EG 两切线上选取顶点切基线 AB 的初定位置 AB'，其中 A 为定点，B' 为初定点。

2)将仪器安置于初定点 B' 上，观测出角 α_B，并在 EG 线上 B 点的估计位置前后设置 a、b 两个骑马桩。

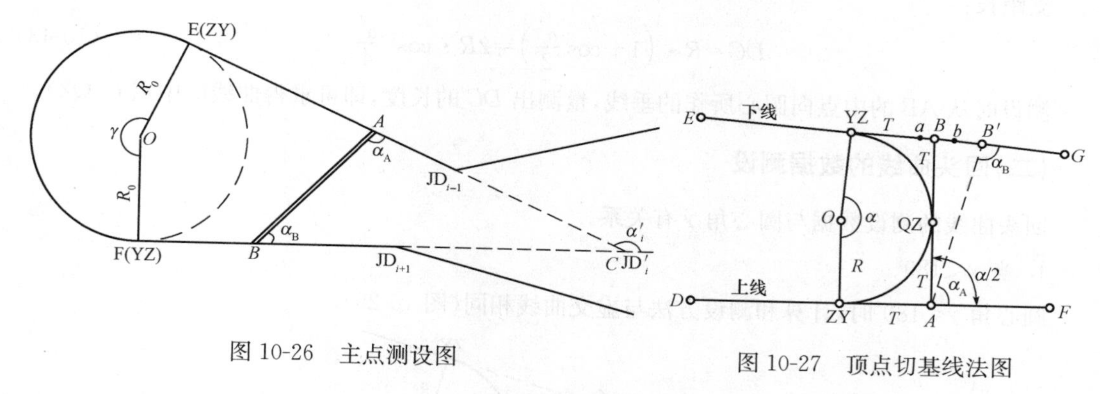

图 10-26　主点测设图　　　　图 10-27　顶点切基线法图

3)将仪器安置于 A 点，观测出角 α_A，则路线的转角 $\alpha=\alpha_A+\alpha_B$。后视定向点 F，反拨角值 $\alpha/2$，可得到视线与骑马桩 a、b 连线的交点，即为 B 点的点位。

4)量测出顶点切基线 AB 的长度 $\overline{AB}$，并取 $T=\dfrac{\overline{AB}}{2}$，从 A 点沿 AD、AB 方向分别量测出长度 T，便定出 ZY 点和 QZ 点；从 B 点沿 BE 方向量测出长度 T，便定出 YZ 点。

5)计算主曲线的半径 $R=\dfrac{T}{\tan\dfrac{\alpha}{4}}$。再由半径 R 和转角 α 求出曲线的长度 L，并根据 A 点的里程，计算出曲线的主点里程。

(2)弦基线法(图 10-28)。

测设基本操作按下述步骤进行。

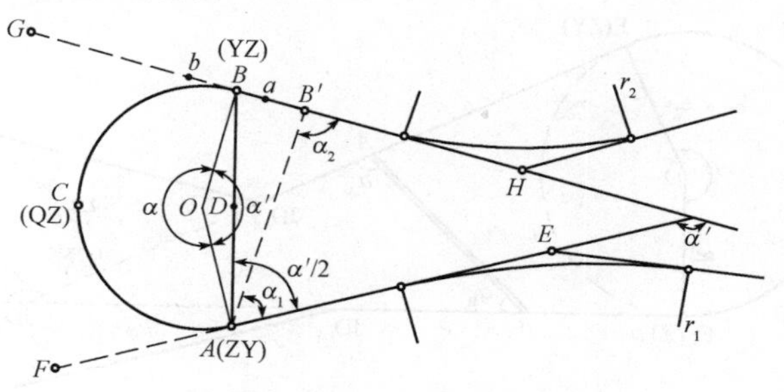

图 10-28　弦基线法

1)根据现场的情况，在 EF、GH 两切线上选取弦基线 AB 的初定位置 AB'，其中，A(ZY 点)为定点，B'为视点。

2)将仪器安置于初定点 B' 上，观测出角 α_2 并在 GH 线上 B 点的位置前后，设置 a、b 两骑马桩。

3)将仪器安置于 A 点，观测出角 α_1，则 $\alpha'=\alpha_1+\alpha_2$。以 AE 为起始方向，反拨角值 $\alpha'/2$，由此可得到视线与骑马桩 a、b 连线的交点，即为 B(YZ)点的点位。

4)量测出弦基线 AB 的长度 $\overline{AB}$，计算曲线的半径 R。

5)由图可知，主曲线所对应的圆心角为 $\alpha=360°-\alpha'$。根据 R 和 α 便可求得主曲线长度 L，并由 A 点的里程计算主点里程。

6)曲线的中点(QZ)可按弦线支距法设置。

支距长：

$$DC=R\cdot\left(1+\cos\frac{\alpha'}{2}\right)=2R\cdot\cos^2\frac{\alpha'}{4} \tag{10-43}$$

测设时从 AB 的中点向圆心所作的垂线，量测出 DC 的长度，即可求得曲线的中点 C(QZ)。

(二)回头曲线的数据测设

回头曲线的测设数据与圆心角 γ 有关系。

1. 当 $\gamma<180°$

圆心角 $\gamma<180°$时，计算和测设方法与虚交曲线相同(图 10-29)。

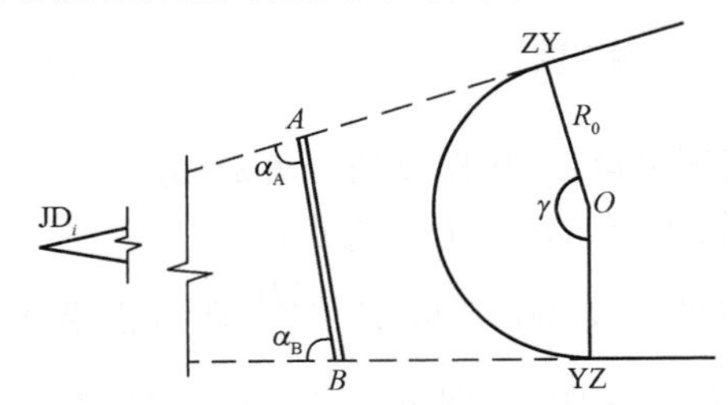

图 10-29　$\gamma<180°$回头曲线测设

2. 当 $\gamma>180°$

当 $\gamma>180°$时，为倒虚交。如图 10-30 所示，倒虚交点 JD_i'，视地形定基线 AB，测 α_A，α_B，丈量 $\overline{AB}$。

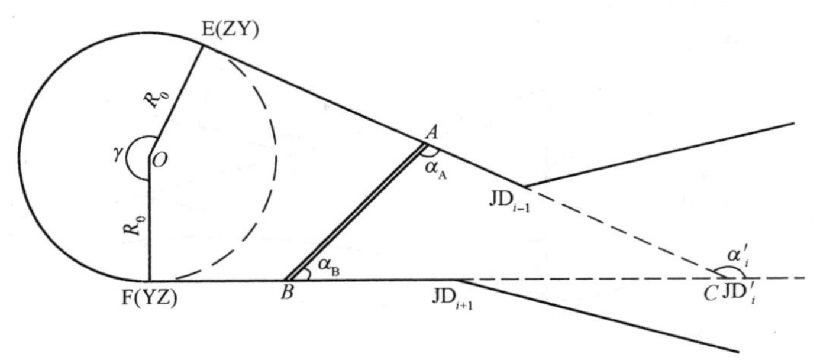

图 10-30　$\gamma>180°$回头曲线测设

$$\alpha'_i=\alpha_A+\alpha_B$$

解$\triangle ABC$，

$$AC=AB\frac{\sin\alpha_B}{\sin\alpha'_i}$$

$$BC=AB\frac{\sin\alpha_A}{\sin\alpha'_i}$$

又有：

$$EC=FC\frac{R_0}{\tan\frac{180°-\alpha'_i}{2}}$$

所以 $AE=EC-AC$，$BF=FC-BC$(AE，BF 可为正或负)

主曲线中心角 $\gamma=360^\circ-\alpha'_i$

主曲线长度：$L=\dfrac{\pi R_0\gamma}{180^\circ}$

三、有缓和曲线的回头曲线测设方法

(1)主点测设方法如图 10-31 所示，从 A 点沿切线方向量取 AE，可得 MH 点；从 B 点沿切线方向量取 BF，可得 HM 点；最后分别从 MH、HM 点用切线支距法量取 X_h、Y_h，可得 HX、XH 点。

(2)详细测设中缓和曲线与主圆曲线的测设与前述相应的方法相同。

(3)测设数据计算如下。

如图 10-31 所示：已知倒虚交点 JD_i'，基线 $\overline{AB}$，α_A，α_B，$\alpha_i{}'=\alpha_A+\alpha_B$。

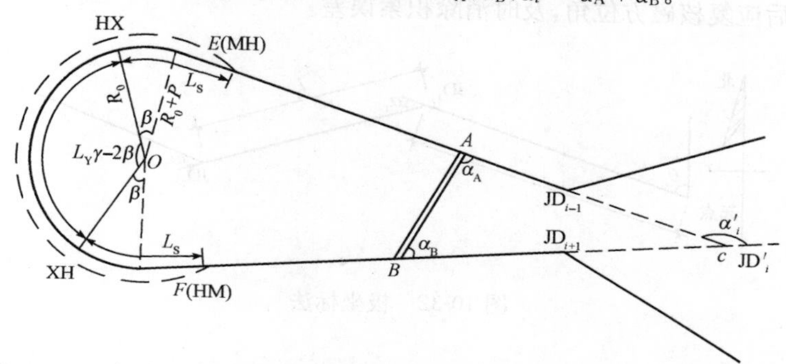

图 10-31　有缓和曲线回头曲线测设

【解】 $\triangle ABC$ 可求得 AC、BC，拟定 R_0，L_S 可得：

$$p=\frac{L_S^2}{24R_0}$$

$$q=\frac{L_S}{2}-\frac{L_S^2}{240R_0^2}$$

$$\beta=\frac{L_S}{2R_0}\qquad(\text{rad})$$

$$CE=CF=(R_0+p)\tan\frac{\alpha_i'}{2}-q$$

$$L_y=(360^\circ-\alpha_i{}'-2\beta)\frac{\pi}{180}R_0$$

$$L_h=L_y+2L_s$$

$$AE=CE-AC,BF=CF-BC(AE\text{、}BF\text{可为正或负})$$

第六节　中线展绘与 GPS 技术测设

一、中线展绘

中线展绘主要是根据路线测量成果进行的，它可以体现出路线平面的位置、走向和高程，并且能更清楚、更全面地分析路线方案的优缺点。

(一)比例尺的选定

选用 1∶2000 或 1∶5000,一般情况下常用 1∶2000,人烟稀少的平原微丘区可用 1∶5000。

(二)线导展绘

1. 偏角法

(1)极坐标法。如图 10-32 所示,先确定指北针,路线起点;根据起始方位角,用量角器绘出路线起点与 JD_1 的方向,然后在上面截取起点与 JD_1 的距离得 JD_1;在 JD_1 上用量角器量转角 α_1(注意左转右转)定出 JD_1～JD_2 导线方向,再截取两交点间的距离得 JD_2;按此方法,可逐点展绘。每绘制一段导线后应复核磁方位角,及时消除积累误差。

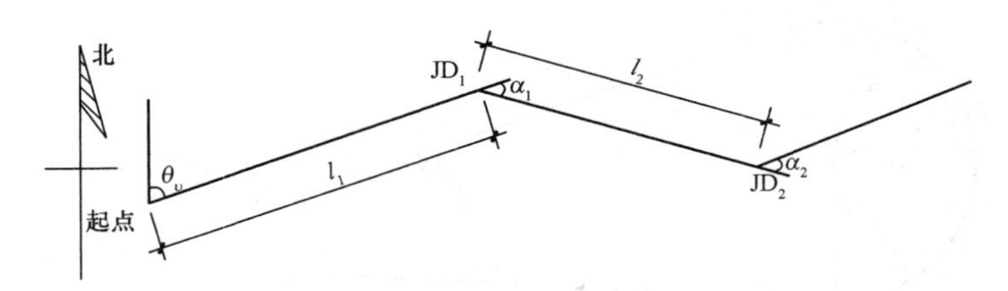

图 10-32　极坐标法

(2)正切法。路线的偏转方向不用量角器量角确定,而是用量取两直角边确定方向。如图 10-33 所示,从 JD_i 沿 JD_{i-1}～JD_i 的方向量取 10cm 得一点 M,从 M 点根据路线的左右偏沿垂向量取 $10\tan\alpha_i$cm 可得一点 N,N 点与 JD_i 的连线即这JD_i～JD_{i+1}的方向,在此方向上截取两交点间距离,即得 JD_{i+1}点。用此方法,可逐点展绘。

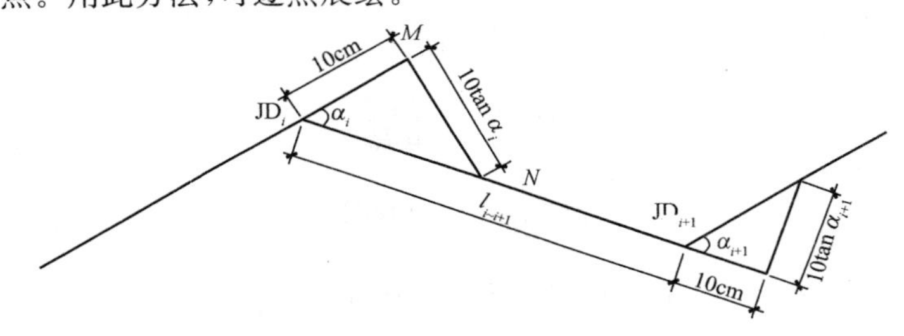

图 10-33　正切法

2. 坐标格网法

坐标格网法展绘导线的精度较高,无累积误差,经常适用于精度要求高的导线展图。展绘时应先在图纸上绘制坐标格网,然后根据各交点的坐标在图纸上绘出各交点位置,再把相邻两交点连起来即得路线导线。

3. 导线的曲线展绘

导线的曲线展绘有以下两种方式。当曲线为圆曲线时。从 JD 向切线方向量取切线长,即得两切点,然后过两切点用对应半径的圆曲线板绘制曲线。当曲线有缓和曲线时。先计算曲线上各点的直角坐标,然后按切线支距法在图纸上绘出各点位置,再用曲线板把各点连起来即得导线曲线位置。

路线中线展绘完成后，应在图上注出公路起终点、公里桩、百米桩、曲线要素桩、桥涵桩及位置。

(三)勾绘地形等高线

(1)在中线的加桩处，根据中平测量成果标注出中线地面高程。

(2)根据横断面测量成果勾绘横断面测量范围内的地形等高程。

二、GPS 技术测设

(一)坐标计算通式

1."线元"上任一点的切线方位角计算通式

在计算中引入"线元"的概念，将每种线形定义为一个"线元"，即具有起点坐标和起始方位角的曲线。对于公路中线上的任意一个线元，设曲线元的起点 A 的曲率为 K_A，桩号为 L_A；曲线元终点 B 的曲率为 K_B，桩号为 L_B。则位于 A 点与 B 点之间的，且桩号为 L 的任意点 i 的曲率 K_i 由下面公式求得：

$$K_i = K_A + \frac{K_B - K_A}{|L_B - L_A|}|L_i - L_A| \tag{10-44}$$

如图 10-34 所示，在以 A 点为坐标原点，并以 A 点的切线为 x 轴的坐标系中，线元任意一点 i 的切线方位角 β 为：

$$\mathrm{d}\beta = \frac{\mathrm{d}l}{\rho} = K\mathrm{d}l$$

则
$$\beta = \int_0^l K\mathrm{d}l \tag{10-45}$$

这里积分上下限分别为 $l=|L_i - L_A|$、0，而不用桩号 L_i 和 L_A，就是基对于上限要大于下限的考虑。

将式(10-44)代入式(10-45)积分后有：

$$\beta = K_A l + \frac{K_B - K_A}{2|L_B - L_A|}l^2 \tag{10-46}$$

若在线路坐标系中已知曲线元起点 A 的切线方位角 α_A，并顾及到曲线元有左偏和右偏两种情况，则曲线元上任意点 i 切线方位角计算通式为：

$$\alpha_i = \alpha_A \mp K_A l + \frac{K_B - K_A}{2|L_B - L_A|}l^2 \tag{10-47}$$

式中"∓"表示曲线左偏时取"−"，右偏时取"+"，可依此式由弧长 l 计算出任意点的切线方位角。

2."线元"上任一点在线路坐标系下的坐标计算通式

对于中线上任意一点 i，设其在线路坐标系下的坐标为(X、Y)，由图 10-34 可看出 X，Y 应为：

$$\left.\begin{aligned} X &= X_A + \int_0^l \cos\alpha_i \mathrm{d}l \\ Y &= Y_A + \int_0^l \sin\alpha_i \mathrm{d}l \end{aligned}\right\} \tag{10-48}$$

将式(10-47)代入式(10-48)中，可得：

$$\left.\begin{aligned} X &= X_A + x\cos\alpha_A \pm y\sin\alpha_A \\ Y &= Y_A + x\sin\alpha_A \mp y\cos\alpha_A \end{aligned}\right\} \tag{10-49}$$

其中：

$$\left.\begin{aligned}x&=\int_0^1\cos\left(K_A l+\frac{K_B-K_A}{2|L_B-L_A|}l^2\right)dl\\y&=\int_0^1\sin\left(K_A l+\frac{K_B-K_A}{2|L_B-L_A|}l^2\right)dl\end{aligned}\right\}\tag{10-50}$$

对照图 10-34，不难得知 x、y 表示任意点 i 在以起点 A 为坐标原点，以起点 A 的切线方向为 x 轴，以与 x 轴相垂直且方向指向曲线内侧（曲线元的曲率中心一侧）方向为 y 轴的局部坐标系中的坐标。式(10-49)中的"±"表示曲线左偏时取正，右偏时取负（以下意义同）。

根据上述得出实际的计算步骤：先根据设计数据计算各段曲线衔接处的里程并给出其曲率值；再由给出路线起始点方位角的 α_A 计算 α_i；最后通过连续累加算出各点的线路坐标。

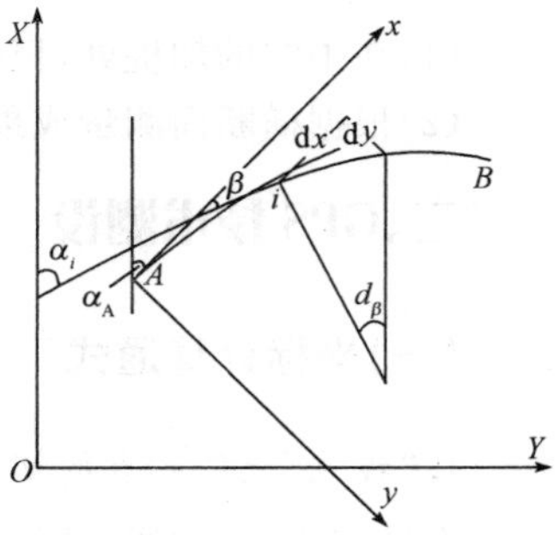

图 10-34　曲线元上任一点的切线方位角

（二）线路上任一中桩点坐标转换

要想在流动站得到精确的国家或地方坐标，要按规定的操作步骤进行。

第一，要在基准站输入 WGS－84 系坐标。

第二，要在流动站输入 WGS－84 系与国家坐标系的转换参数。在 RTK 作业区域内或附近选取一定数量的国家控制点，至少一点已知其 WGS－84 坐标。将 WGS－84 坐标、转换参数分别输入基准站和流动站，即可在流动站实时得到各个点的国家坐标和高程。具体作法是：

(1)流动站将基准站传来的卫星观测数据与自身的观测数据进行差分求解，解出流动站(R)与基准站(B)间 WGS－84 系的基线向量(ΔX_{BR}，ΔY_{BR}，ΔZ_{BR})，然后再根据传来的基准站 WGS－84坐标(X_B，Y_B，Z_B)，由下式可得流动站(R)的WGS－84系坐标(X_R，Y_R，Z_R)：

$$\begin{bmatrix}X_R\\Y_R\\Z_R\end{bmatrix}=\begin{bmatrix}X_B\\Y_B\\Z_B\end{bmatrix}+\begin{bmatrix}\Delta X_{BR}\\\Delta Y_{BR}\\\Delta Z_{BR}\end{bmatrix}\tag{10-51}$$

(2)流动站根据输入的 WGS－84 系与国家坐标系的 7 个转换参数按布尔沙－沃尔夫模型，由下式解出流动站的国家三维坐标(X_R，Y_R'，Z_R')：

$$\begin{bmatrix}X_R'\\Y_R'\\Z_R'\end{bmatrix}=\begin{bmatrix}\Delta X_0\\\Delta Y_0\\\Delta Z_0\end{bmatrix}+(1+\delta_\mu)\begin{bmatrix}X_R\\Y_R\\Z_R\end{bmatrix}+\begin{bmatrix}0&\varepsilon_Z&-\varepsilon_Y\\-\varepsilon_Z&0&\varepsilon_X\\\varepsilon_Y&-\varepsilon_X&0\end{bmatrix}\begin{bmatrix}X_R\\Y_R\\Z_R\end{bmatrix}\tag{10-52}$$

式中　ΔX_0，ΔY_0，ΔZ_0——坐标系平移参数；

δ_μ——尺度参数；

ε_X，ε_Y，ε_Z——旋转参数。

(3)根据流动站内已输入的椭球参数，按下式计算流动站的大地坐标(B，L，H)：

$$\left.\begin{aligned}B&=\arctan\frac{Z+e'^2 b\sin^3\theta}{p-e^2 a\cos^3\theta}\\L&=\arctan\frac{Y}{X}\\H&=\frac{p}{\cos B}-N\end{aligned}\right\}\tag{10-53}$$

其中

$$\theta=\arctan(Za/pb)$$

式中　N——P_i 点地球椭球卯酉圈曲率半径，$N=a^2/(a^2\cos^2B+b^2\sin^2B)^{\frac{1}{2}}$；

e——椭球第一偏心率；

a,b——分别表示椭球的长、短半轴；

e'——第二偏心率；

p——平行圈半径，$p=\sqrt{X^2+Y^2}$。

最后，根据流动站内装的投影参数、高程拟合参数，用高斯投影的方法将大地坐标(B,L,H)转换成平面坐标。

$$\left.\begin{aligned}x&=X+\frac{N}{2}\sin B\cos Bl^2+\frac{N}{24}\sin B\cos^3B(5-t^2+9\eta^2+4\eta^4)l^4\\&\quad+\frac{N}{720}\sin B\cos^5B(61-58t^2+t^4+270\eta^4-330\eta^2t^2)l^6+\cdots\\y&=N\cos Bl+\frac{N}{6}\cos^3B(1-t^2+\eta^2)l^3\\&\quad+\frac{N}{120}\cos^5B(5-18t^2+t^4+14\eta^2-58\eta^2t^2)+\cdots\end{aligned}\right\}\quad(10\text{-}54)$$

其中　$t=\tan B;\eta=e'\cos B;l=L-L_0$

式中　X——从赤道起算的子午线弧长。

（三）GPS 中线测设与实测

1. 准备工作

先应在室内根据设计数据计算出各待定点的坐标，包括整桩、曲线主点桩、桥位等加桩，然后将这些数据输送到手持机中，有了坐标以后，在实测前还应作坐标转换参数的计算，把 GPS 测量结果转换到工程采用的坐标系统。有了转换参数便可在野外进行测设工作。

2. 实际测设

(1)计算各待放线点的坐标。根据线形设计数据及待定点的里程按前述线路中线点位坐标计算的通用数学模型，计算出各整桩（该路线采用 10m 的倍数）和各加桩的设计坐标。

(2)坐标输入到手持机中。设计坐标数据可由一定的软件输送到手持机中，也可由人工直接在手持机上数据输入，但人工输入工作效率较慢且容易出错，不适合大量点的输入。结合实际工程，数据量较大，因此采用由软件传送数据的方式。

(3)转换参数计算。先确定采用哪些点进行转换参数的计算，这些点应具有线路坐标和 WGS－84 坐标，若没有 WGS－84 坐标，可在野外利用 RTK 技术实时测得。在各种 RTK 产品的手持机中一般都装有可进行转换参数计算的软件系统，放线时采用随机软件进行计算。

(4)野外实测。野外实测时基准站设置于视野开阔的已知控制点上，作好 GPS 接收机、数据链电台及电池等的连线工作，输入基准站的控制点的坐标及其他一些设置参数后，启动基准设备进入工作状态，数据链不断地发射校正信息，移动站可开始工作。移动站应从另一已知点出发，先验证转换参数及参考站参数设置的准确性。然后测设各整桩和加桩的位置，在每次作业的最后应再次回到已知点上检查是否与已知数据相符，以保证实测数据的质量。

在选择要放线的中桩后，将要放线的中桩桩号，按要求输入流动站手簿，手簿屏幕上立即显示当前位置，以及要放线的中桩点位，并提示应往什么方向走，随着人的移动，流动站会随时解算所处的位置，并提示所在位置与中桩之间的差距。当流动站接近桩点实际位置时，便会发出提示音，一旦就位，手簿显示屏上实心黑点与方框重合，并显示点位精度，在杆位打桩即可。

第七节 路线纵、横断面测量

路线的纵断面测量又称路线水准测量，其任务是测定中线各里程桩的地面高程，并根据测得高程和相应的里程桩绘制纵断面图。它为设计路线纵向坡度，计算填挖土方量提供重要的资料。横断面测量则是测定中线各里程桩两侧垂直于中线方向的地面各点距离和高程，绘制横断面图，供路线工程设计、计算土石方量及施工时放边桩使用。

一、路线纵断面测量

纵断面测量一般分为两步进行。一是沿路线方向设置水准点，并测量其高程建立路线的高程控制，称为基平测量，俗称"基平"，二是根据水准点的高程，分段进行中桩的水准测量，称为中平测量。

(一)基平测量

1. 水准点的设置

水准点的布置，应根据需要和用途，可设置永久性水准点和临时性水准点。路线起点、终点和需要长期观测的重点工程附近，宜设置永久性水准点。永久水准点需埋设标石，也可设置在永久性建筑物的基础上或用金属标志嵌在基岩上，水准点要统一编号，一般以"BM"表示，并绘点之记。水准点宜选在离中线不受施工干扰的地方，水准点的密度应根据地形和工程需要而定。在重丘和山区每隔 0.5～1km 设置一个，在平原和微丘区每隔 1～2km 设置一个，大桥及大型构造物附近应增设水准点。

2. 水准点的高程测设

首先应将起始水准点与附近国家水准点进行连测，以获得绝对高程。如果线路附近没有国家水准点，可以采用假定高程。

根据水准测量的精度要求，往返观测或两个单程观测的高差不符值应满足：

$$f_{h容}=\pm 30\sqrt{L}\text{mm}$$

$$f_{h容}=\pm 9\sqrt{n}\text{mm}$$

式中 L——水准路线长度(km)；

n——测站数。

高差闭合差在容许范围内时，取平均值作为两水准点间高差，否则需重测。最后由起始水准点高程和调整后高差，计算出各水准点的高程。

(二)中平测量

中平测量是以两个相邻水准点为一测段，从一个水准点出发，逐个测量中桩的地面高程，附合到下一个水准点上，这种测法又称为中桩抄平。在高速公路、一级公路测量中允许误差 $f_{h容}=\pm 30\sqrt{L}\text{mm}$；二级及二级以下公路测量中 $f_{h容}=\sqrt{L}\text{mm}$；式中 L 为测段长度，以 km 计。

中桩高程检测限差：高速公路、一级公路为±5cm；二级及二级以下公路为±10cm。中桩高程应测量桩标志处的地面标高。对沿线需要特殊控制的建筑物、管线、铁路轨顶等，应按规定测出其标高，其检测限差为 2cm。相对高差悬殊的少数中桩高程，可用三角高程测量或单程支线水准测量。

由于中桩较多，且各桩间距一般均较小，因此可相隔若干个桩安置一次仪器。转点可传递高程，应先观测转点，读数到毫米，视线长度一般不应超过150m。两转点之间所观测的中桩称为中间点或插点，其读数至厘米，视线长度也可适当放长。中平测量的施测步骤如图10-35和表10-7所示，其具体施测步骤如下。

(1)将水准仪置于Ⅰ站，调平后，后视水准点BM_1，读数为2.384，前视转点ZD_1，读数为0.444，并将其读数记入表10-7中后视与前视栏内。

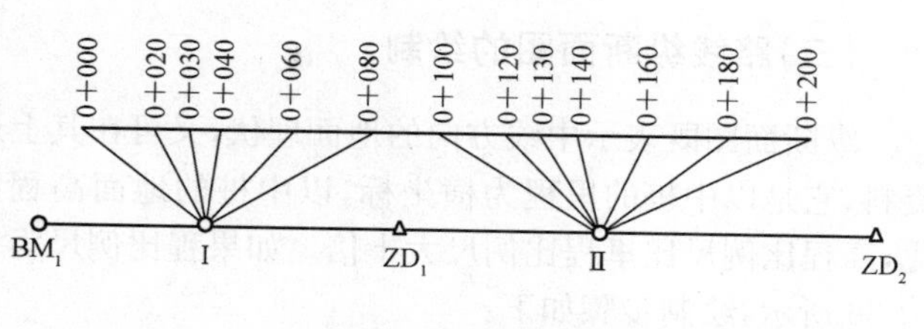

图10-35　中平测量

(2)沿路线中线桩0＋000、0＋020、……0＋080等逐点立尺并依次观测读数为1.02、1.40……0.62，将其读数记入10-7中的中视栏内。

(3)仪器搬至Ⅱ站，先观测转点ZD_1，为后视读数3.876，再观测转点ZD_2为前视读数1.021，分别记入表10-7中后视与前视栏内。

(4)沿路线中线桩0＋100、0＋120……0＋200等逐点立尺并依次观测读数为0.50、0.55……1.04，并将其读数记入表10-7中的中视栏内。

(5)继续按上述步骤向前观测，直至闭合到水准点BM_2上，完成了一个测段的观测工作。

(6)计算测段的闭合差，即中平测段高差与该测段两水准点高差之差。如果在容许误差的范围内，可按下式计算高程，否则重测。

视线高程＝后视点的高程＋后视读数

转点高程＝视线高程－前视读数

中桩高程＝视线高程－中视读数

并将计算成果分别记入表10-7相应的栏内。

表10-7

中平测量记录

工程名称　BM_1～BM_2　　日　期　2003.3.1　　观　测　李　明

仪器型号　DS3-012　　天　气　阴　　记　录　张　立

测点	水准尺读数(m)			视线高(m)	高程(m)	备　注
	后视	中视	前视			
BM_1	2.384			42.507	40.123	绝对高程
0＋000		1.02			41.49	
0＋020		1.40			41.11	
0＋030		0.35			42.16	
0＋040		1.91			40.60	
0＋060		0.88			41.63	
0＋080		0.62			41.89	
ZD_1	3.876		0.444	45.939	42.063	
0＋100		0.50			45.44	
0＋120		0.55			45.39	
0＋130		0.68			45.26	
0＋140		0.74			45.20	
0＋160		0.86			45.08	

0+180		0.92			45.02	
0+200		1.04			44.90	
ZD_2			1.021		44.918	

(三)路线纵断面图的绘制

纵断面图既表示中线方向的地面埋伏,又可在其上进行纵坡设计,是路线设计和施工的重要资料,它是以中桩的里程为横坐标,以中桩的地面高程为纵坐标绘制的。为了突出地面坡度变化,高程比例尺比里程比例尺大十倍。如果程比例尺为 1∶1000,则高程比例尺为 1∶100。如图 10-36 所示,绘制步骤如下:

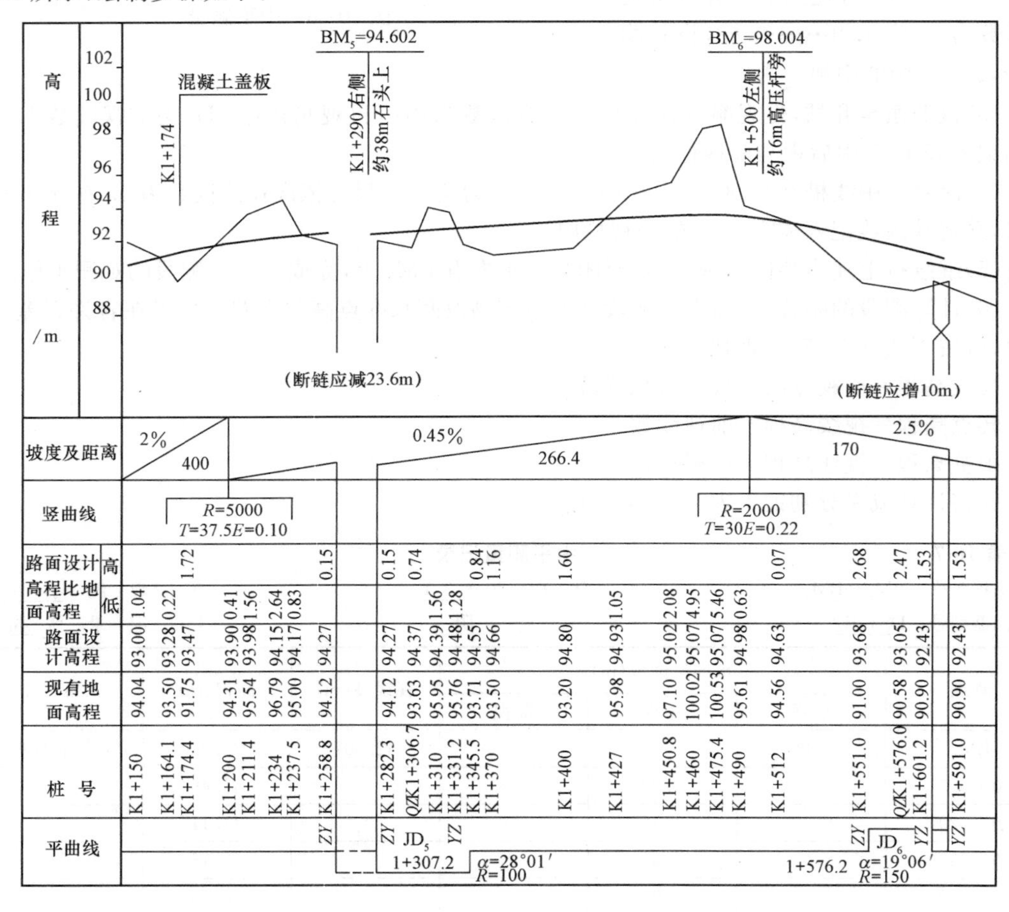

图 10-36 道路纵断面图

(1)打格制表和填表:按选定的里程比例尺和高程比例尺进行制表,并填写里程号、地面高程、直线和曲线等相关资料。

(2)绘地面线。首先在图上选定纵坐标的起始高程,使绘出的地面线位于图上的适当位置。为了便于阅图和绘图,一般将以 10m 整数倍的高程定在 5cm 方格的粗线上,然后根据中桩的里程和高程。在图上按纵横比例尺依次点出各中桩地面位置,再用直线将相邻点连接起来,就得到地面线的纵剖面形状。如果绘制高差变化较大的纵断面图时,如山区等,部分里程高程超出图幅，则可在适当里程变更图上的高程起算位置，这时，地面线的剖面将构成台阶形式。

$$H_B = H_A + iD_{AB}$$

式中，H_A 为一段坡度线的起点，H_B 为该段坡度线终点，升坡时 i 为正，降坡时 i 负。

(3)计算各桩的填挖尺寸。同一桩号的设计高程与地面高程之差即为该桩号的填土高(正号)或挖土深度(负号)在图上填土高度写在相应点设计坡度线 i 上，挖土深度则相反，也有在图中专列一栏注明填挖尺寸的。

(4)在图上注记有关资料。如水准点、断链、竖曲线等。

二、路线横断面测量

横断面测量是测定中桩两侧垂直于中线方向的地面高程，并绘制出横断面图。它为路基设计、计算路基土石方量、布置人工构筑物以及施工放线而提供依据。

横断面测量的主要内容有标定横断面方向、测量中桩两侧横断面方向地形变化点的距离和高差、绘制横断面图第三个方面。

横断面测量的宽度，应视中桩填挖高度、路基宽度、边坡大小以及工程要求而确定，一般要求在中线两则各侧 15～30m，高程距离的读数取位至 0.1m，检测限差应符合表 10-8 的规定。横断面测量应通桩施测，其方向应与路线中线垂直，曲线路段与测点的切线垂直。

表 10-8　　横断面检测限差

路　　线	距　　离(m)	高　　程(m)
高速公路、一级公路	$\pm(L/100+0.1)$	$\pm(h/100+L/200+0.1)$
二级及以下公路	$\pm(L/50+0.1)$	$\pm(h/50+L/100+0.1)$

注：L——测点至中桩的水平距离(m)，h——测点至中桩的高差(m)

(一)测定横断面方向

(1)直线段横断面方向的测设。直线段横断面方向是与路线中线垂直，一般采用方向架测定横断面方向。如图 10-37 所示，将方向架置于中桩点号上，因方向架上两个固定片相互垂直，所以将其中一个固定片的瞄准直线段另一中桩，则另一个固定片所指即是横断面方向。在市政道路和高速公路路基施工过程中，也可以采取另一简捷方法，即根据路线各中桩目估测定与中桩垂直方向，该方法精度较使用方向架低，但适合于路基填筑过程中，减少野外工作量，若需准确测定横断面方向，可利用经纬仪进行。

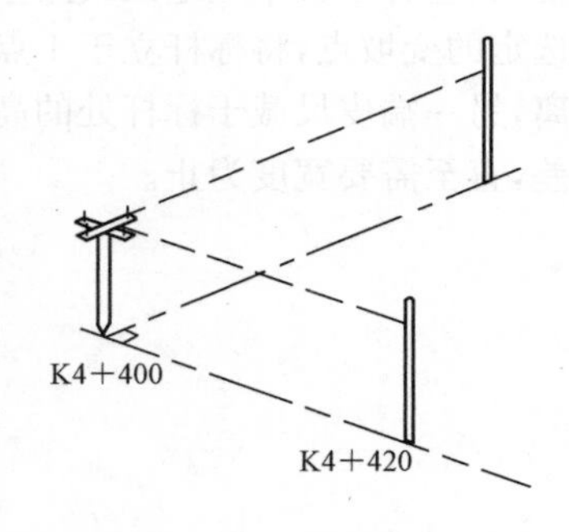

图 10-37　直线段横断面方向

(2)圆曲线横断面方向的测设。如图 10-38 所示。求心方向架是在十字方向架上安装一根可旋转活动定向板 C—C 构成，并加固定螺旋，其使用方法如下。

1)如图 10-39 所示，先将求心方向架置于曲线起点 ZY 上，以 AA 方向板照准交点 JD，而 BB 方向板所指的方向则为起点 ZY 的横断面方向。为了测定曲线上辅点 1 的横断面方向，可松开固定螺旋，转动 CC 方向板照准辅点 1，再旋紧固定螺旋。

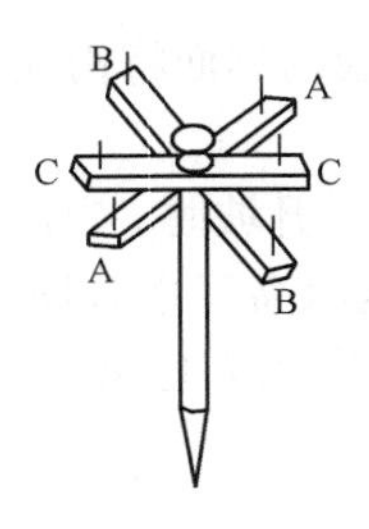

图 10-38 求心方向架

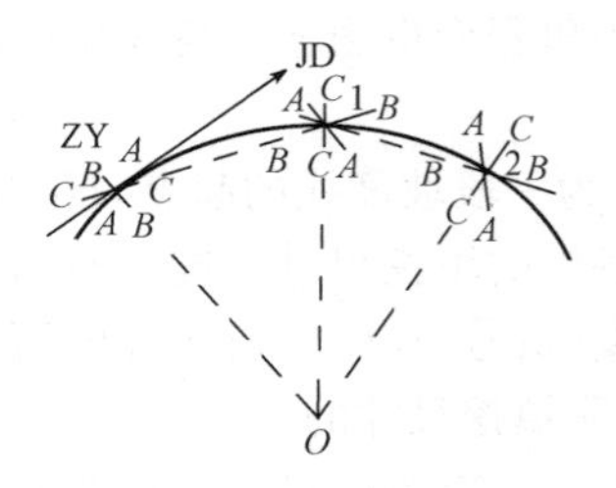

图 10-39 横断面方向

2)将求心方向架移至辅点 1 上，以 *BB* 方向板照准起点 ZY 桩，则定向板 *CC* 的方向即为 1 点横断面方向。从图 10-39 中可明显看出 *BB* 与 *CC* 的夹角不变，因此 *CC* 即为半径方向。为了求辅点 2 的横断面方向，在 1 点以 *BB* 方向板照准 1 点横断面方向，再松开固定螺旋，转动 *CC* 定向板照准 2 点，旋紧固定螺旋。

再将求心方向架移到 2 点上，以 *BB* 方向板照准 1 点木桩，则定向板 *CC* 的方向即为 2 点横断面方向。

(二)横断面的测量

横断面上中桩的地面高程已在纵断面测量时完成，横断面上各种地形特点相对于中桩的平距和高差可用下述方法确定。

1. 标杆皮尺法

标杆皮尺法是利用标杆和皮尺测定横断面方向上变坡点的水平距离和高差。该法简便，精度低，适合于较平坦地区或路基填筑过程中。具体操作如图 10-40 所示，1、2 和 3 为一横断面上选定的变坡点，将标杆立于 1 点上，皮尺一端紧靠中桩地面拉成水平，量出中桩至 1 点的水平距离，另一端皮尺截于标杆处的高度即为两点间高差，同法可测出 1 至 2，2 至 3 点间水平距离和高差，直至需要宽度为止。

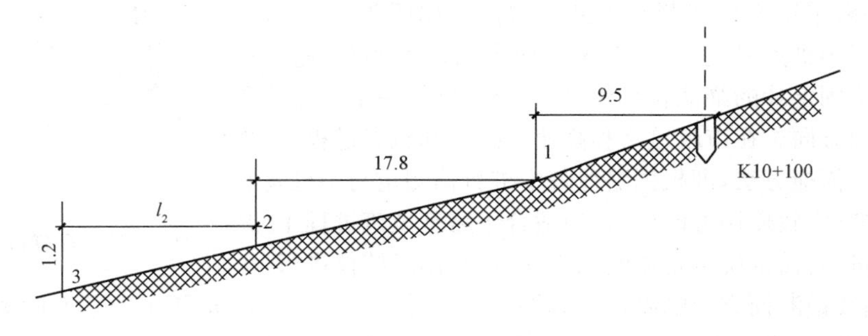

图 10-40 标杆皮尺法

施测时，边测边绘，并将量测距离和高差填入表 10-9 中，表中分子表示高差。

表 10-9 横断面测量(标杆皮尺法)表格

左侧			里程桩号	右侧		
$-\frac{1.2}{12}$	$-\frac{0.8}{17.8}$	$-\frac{1.0}{9.5}$	K10+100	$\frac{0.7}{8.0}$	$\frac{0.8}{14}$	$\frac{0.3}{6.5}$

正号为升高，负号为降低，分子表示高差，分母表示距离。自中桩由近及远测量与记录。

2. 水准仪法

当横断面宽度较宽、精度要求较高时，可采用水准仪测出各横断面上各点之高程，如图 10-41 所示。先后视里程桩 0+000 读取后视读数，然后将各横断面各点作为前视点观测，读取前视读数，最后计算出各种横断面上各点的高程。

3. 经纬仪法

在地形复杂、横坡大的地段均采用此法。测量时，将经纬仪安置于中桩处，利用视距法测量横断面至各变坡点至中桩的水平距离和高差，记录格式见表 10-10。

表 10-10 横断面(经纬仪法)测量记录表

测站	仪高	目标	中丝	上丝/下丝	尺间隔 L	竖盘读数	竖直角 α	平距/m	高差/m	备注
Ⅰ	1.45	1	1.870	1.962	0.179	87°20′15″	2°39′45″	17.86	0.41	
				1.783						
		2	1.664	1.703	0.069	88°30′12″	1°29′48″	6.89	−0.03	
				1.634						

4. 全站仪法

全站仪法与经纬仪法的操作相似，全站仪是使用光电测距法测出地形特征点与中桩的平距和高差。

5. 坐标法

在平坦地区和路基填筑(路基相对平整)过程中，可以采用坐标法进行测设横断面边桩位置。根据路线中桩的已知数据计算整桩的中心桩点坐标和边桩坐标。可以采用编程计算器自行编制程序，计算中桩各点坐标和各边桩坐标，将中桩和横断面边桩坐标计算完成后，利用已知导线网中的导线点，或加密导线点，导线点和测设中桩和横断面边桩要尽量相互通视，再根据坐标反算，计算坐标方位角和距离，然后按极坐标法进行测设，之后按标杆皮尺法测量表格进行记录。该法可同时测设中桩和横断面桩位，节省时间，提高工作效率，特别是随着电子全站仪的普及，该法在高速公路和市政道路中得到广泛的应用。

(三)横断面图的绘制

横断面图是根据横断面观测成果，绘在毫米方格纸上。一般采取在现场边测边绘，这样可以减少外业工作量，便于核对以及减少差错。如施工现场绘图有困难时，做好野外记录工作，带回室内绘图，再到现场核对。

横断面图的比例尺一般采用 1∶100 或 1∶200。绘图时，用毫米方格纸，首先以一条纵向粗线为中线，一纵线、横线相交点为中桩位置，向左右两侧绘制，先标注中桩的桩号，再用铅笔根据水平距离和高差，按比例尺将各变坡点点在图纸上，然后用格尺将这些点连接起来，即得到横断面的地面线。在一幅图上可绘制多个断面图，各断面图在图中的位置。一般要求；绘图顺序是从图纸左下方起自下而上，由左向右，依次按桩号绘制。如图 10-42 所示为横断面图绘制的图样，图中粗实线为半填半挖的路基断面图。根据横断面的填挖面积及相邻中桩的桩号，算出施工的土石方量。

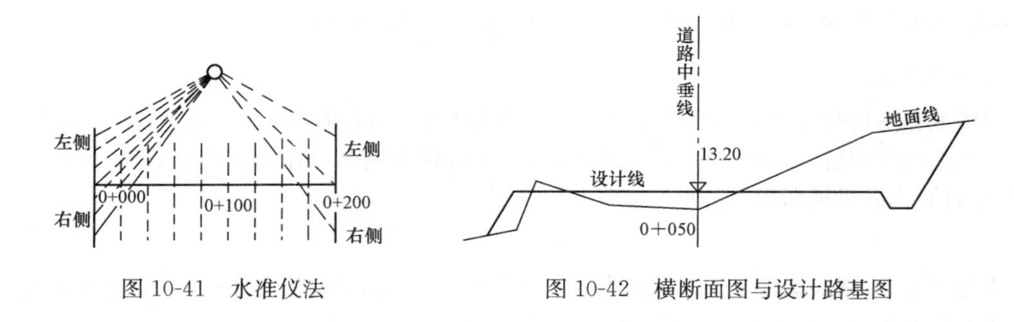

图 10-41 水准仪法　　图 10-42 横断面图与设计路基图

第八节　道路施工测量

道路施工测量就是利用测量仪器，根据设计图纸，测高道路中线、边桩高程、宽度等工作。道路施工测量有两部分内容：一是施工前测量工作；二是施工过程中测量工作。

一、施工测量准备工作

在恢复道路路线前，测量人员需要熟悉设计图纸，了解设计意图，了解设计图纸招标文件及施工规范对施工测量精度的要求。并同原勘测人员一起到实地交桩，找出各导线点桩或各交点桩（转点桩）及主要的里程桩及水准点位，了解移动、丢失、破坏情况，商量解决办法。

1. 收集相关资料

通常情况下，道路施工测量应收集的设计文件图表主要有：

(1)道路平面总体设计图即路线平面图（路线地形图上设计的公路平面形状图）。

(2)路线纵断面图。

(3)路基横断面图。

(4)路面横断面结构图（也叫路面结构图）。

(5)路基设计表。

(6)直线、曲线及转角表。

(7)埋石点成果表（包括导线点成果表、水准点成果表）。

(8)逐桩坐标表。

(9)路基标准横断面图。

2. 勘察现场

在施工队伍进驻施工现场后，测量技术人员应全面熟悉设计图表文件，在此基础上还应到施工标段现场勘察核对，主要内容包括：

(1)搞清施工标段路线起点里程桩和终点里程桩的实地位置以及该标段四周的地貌概况，以确定取土、弃土运输便道的位置及制定临时排水措施等。

(2)对照路线设计纵断面及横断面图查看沿线地形，搞清挖方、填方地段。

(3)查看道路沿线平面控制导线点位、交点点位和高程控制水准点的实地位置完好程度，各点通视情况能否满足放线需要。

(4)查看道路设计定测时的中线桩点位情况，为恢复中桩做准备。

(5)考察该施工标段沿线应加密的施工导线点、施工水准点的实地位置，并拟订联测已知导线点、水准点的方案。

(6)考察沿线盖板涵、通道、圆管涵、桥梁等附属构造物实地现状，拟订放线方案。

3. 熟悉图表

(1)图表的相关内容，包括道路的总体设计图、纵断面图、路基横断面图、埋石点成果表、直线曲线及转角表、逐桩坐标表等多项的熟悉。

(2)熟悉各种图表的要点，包括路面宽度、线路纵坡度、变坡点所在地桩号、竖曲线要素、圆曲线要素、缓和曲线起桩号等。

4. 道路施工前的仪器设备及材料准备

(1)道路施工测量的仪器，包括全站仪、水准仪、经纬仪、对讲机等。

(2)道路施工测量的量具，包括钢尺、皮尺、水准尺、塔尺等。

(3)道路施工测量的材料。竹签、铁钉(钢钉)、记号笔(油性)、粉笔、石灰、红布(或红塑料袋)、铁锤、油漆、细绳、凿子等。

(4)测量仪器的检验校正。测量仪器使用前应进行检验、校正。特别是水准仪使用前一定要进行水准管轴平行于视准轴的检验、校正。

5. 其他准备

(1)施工进度一览图。路基施工时，为了及时掌握和了解施工进展情况，便于监控挖填工作量，可绘一张较大比例尺的“施工进度一览图”。“施工进度一览图”的绘制，实际上就是“路线纵断面图”放大。根据施工标段路线的长度确定纵向比例尺，一般以 1∶1000 为宜；横向比例尺，因为要明显表示挖填方高度，宜用大比例，一般采用 1∶50 为宜。

(2)施工标段控制点图。为了方便施工测量工作的进行，可绘制施工标段“控制点图”。坐标采用设计图样的坐标系统，图的大小根据施工标段长度选用比例尺。一般情况下，施工段长 500m，宜用 1∶500 比例尺；1～2km 宜用 1∶1000 比例尺；2km 以上采用 1∶2000 比例尺。

(3)施工天气一览图。道路工程施工受气候影响很大，气候直接影响工程进度。为了按期竣工，必须抓紧在好天气时加快施工。

(4)施工日志是施工全过程的重要记录。内容有：施工单位名称，标段范围，日期、天气、工作内容，机械台班，车辆运输台班、人工台班、测量工作项目、工程进度以及大事记等。

二、施工前的测量工作

(一)导线点、水准点的复测、恢复和加密

1. 施工导线点的选点要求

(1)通视良好。实际测量中，施工导线点位一般都选在路堑堑顶的适当位置以及路线结构物附近，不易受施工干扰的地方。所布设的导线点既要保证导线点间能够通视，又要保证能够通视路线上中桩、边桩及坡脚桩，以便于放线，不需转站。

(2)点位桩要埋设牢固，便于保护。从施工初始到工程竣工，施工导线点使用频繁，路层每一结构面都要反复使用。

(3)施工导线点位的密度应能满足施工现场放线需要。施工导线点间距宜在 400～800m 为宜。

(4)点位桩编号要醒目，易识别。

(5)便于仪器架设,方便观测员操作。

2. 加密施工导线点的原则

(1)道路工程施工测量与其他测量工作一样,同样必须遵循由高级到低级的原则,即必须从设计单位提供的导线点到施工导线点。

(2)施工导线点的坐标系统必须与设计单位提供的导线点的坐标系统一致。

(3)施工导线起终点必须是设计单位提供的导线点,测定结果的限差,应符合规范要求。

(4)施工导线的测量精度必须满足施工放线精度,道路施工放线精度是依据规范规定的验收限差确定的。

(5)施工导线点的密度应满足施工放线的需要。放线点若距控制点远,则放线不方便,并且误差也大。放线时应一站到位,放线视距不宜超过500m。

3. 施工导线点的测设

(1)测设方案。适用于道路工程加密施工导线点的方案有:

1)附合导线。

2)闭合导线。

3)支导线。

当施工标段只有一组起始数据时,可考虑选用闭合导线;当施工标段有两组起始数据时,可考虑选用附合导线;当有特殊需要,可考虑选用支导线。

(2)测设方法。导线测量实际上就是测量相互连接折线的夹角和边长,简单地说就是测距和测角。

(3)测量精度。施工导线点是施工放线的依据,只有保证了施工导线点的精度,才能保证施工放线的精度。规范规定:“土(石)方路基中线允许偏差为50mm”。控制点的精度越高,则放线的精度就越高,控制点的精度低,则放线的精度就低。但把控制点的精度定得过高,就会增加控制测量的工作量;反之,就可能造成施工质量事故。

为了减小测量误差对放线点的影响,可适当增加控制点密度,缩小控制的距离;在测量施工控制导线时,必须满足规范对导线点的测量精度。

(4)近似平差计算。施工导线的计算,就是依据起算数据和观测要素,通过近似平差,求得导线边的方位角和导线点的平面坐标 x、y 值,从而获得道路施工沿线基本平面的控制测量成果。

1)导线方位角计算公式。

$$T_{i-(i+1)}=T_{(i-1)-i}+\beta_i-180° \tag{10-55}$$

式中 $T_{i-(i+1)}$——导线前一边的方位角(即所求边的方位角);

$T_{(i-1)-i}$——导线后一边的方位角(即已知边的方位角);

β_i——导线点的水平角(即观测角)。

导线前一边的方位角等于后一边的方位角加上导线点的左角减去180°。

2)导线点坐标 x、y 计算公式。

$$\left.\begin{aligned}&\text{纵坐标:}\quad x_i=x_{i-1}+\Delta x_{(i-1)-i}\\&\text{横坐标:}\quad y_i=y_{i-1}+\Delta y_{(i-1)-i}\end{aligned}\right\} \tag{10-56}$$

式中 Δx——纵坐标增量:

$\Delta x=D\cdot\cos T$(D 为导线边长,T 为该导线边方位角);

Δy——横坐标增量:

$\Delta y = D \cdot \sin T$（$D$为导线边长，$T$为该导线边方位角）。

导线上任一点的坐标 x、y 值等于后一点的坐标 x、y 值加上坐标增量。

由于观测角和边长不可避免的存有测量误差，所以计算结果就有角度闭合差和纵、横坐标闭合差。消除这些误差，就是对观测角和坐标增量进行改正，这种改正工作就叫做导线测量平差计算。导线平差计算有严密平差和近似平差两种方法。公路施工导线测量采用近似平方差方法。所谓导线测量近似平差，是将角度闭合差平均分配于各观测角，然后用平差角和导线边长（平距）计算坐标增量，再对坐标增量进行改正，最后求得各导线点的最后坐标。导线平差的目的，就是为了消除测角、测边误差，并在平差后进一步提高测量精度。

3）角度闭合差的计算公式。

①附合导线角度闭合差的计算公式如下：

$$f_\beta = T_{起} + \sum_{\beta i} - n \cdot 180 - T_{终} = T_{起} - T_{终} + \sum \beta_i - n \cdot 180 \tag{10-57}$$

或用下式：

$$f_\beta = T_{终计} - T_{终已} \tag{10-58}$$

式中　$T_{起}$——附合导线已知起始边的方位角；

$\sum \beta_i$——附合导线所有观测角（左角）之和；

$T_{终已}$——附合导线已知附合（终）边的方位角：

$$T_{终计} = T_{起} + \sum \beta_{左} - n \cdot 180 \tag{10-59}$$

n——附合导线观测角个数。

②闭合导线的角度闭合计算：

内角闭合差：

$$f_\beta = \sum \beta_i - (n-2) \cdot 180 \tag{10-60}$$

外角闭合差：

$$f_\beta = \sum \beta_i - (n+2) \cdot 180 \tag{10-61}$$

式中　$\sum \beta_i$——闭合导线实测的 n 个内（或外角）角总和；

n——测角个数；

$(n-2) \cdot 180$——闭合导线内角理论值；

$(n+2) \cdot 180$——闭合导线外角理论值。

4）观测角改正数 V_β 的计算公式。导线测量近似平差法观测角改正数是将角度闭合差 f_β 以相反的符号平均分配到各观测角中：即：

$$\left.\begin{aligned} V_\beta &= -f_\beta / n \\ \sum V_\beta &= -f_\beta \end{aligned}\right\} \tag{10-62}$$

5）坐标增量闭合差的计算公式。对于闭合导线其纵横坐标增量的理论值应为0：

$$\left.\begin{aligned} \sum \Delta X_{理} &= 0 \\ \sum \Delta Y_{理} &= 0 \end{aligned}\right\} \tag{10-63}$$

由于导线边长测量的误差，坐标增量计算值总和 $\sum \Delta X_{计}$ 与 $\sum \Delta Y_{计}$ 一般不等于0，其值称为坐标增量闭合差：

$$\left.\begin{aligned} f_x &= \sum \Delta X_{计} \\ f_y &= \sum \Delta Y_{计} \end{aligned}\right\} \tag{10-64}$$

对于附合导线其纵横坐标增量的理论总和等于终点与起点的坐标差值：

$$\left.\begin{aligned}\sum\Delta X_{理}&=x_{终}-x_{起}\\\sum\Delta Y_{理}&=y_{终}-y_{起}\end{aligned}\right\}\qquad(10\text{-}65)$$

由于测边测角有误差，所以算出的坐标增量总和$\sum\Delta X_{计}$、$\sum\Delta Y_{计}$与理论值不相等，其差值即为坐标增量闭合差：

$$\left.\begin{aligned}f_{x}&=\sum\Delta X_{计}-\sum\Delta X_{理}=\sum\Delta X_{计}-(x_{终}-x_{起})\\f_{y}&=\sum\Delta Y_{计}-\sum\Delta Y_{理}=\sum\Delta Y_{计}-(y_{终}-y_{起})\end{aligned}\right\}\qquad(10\text{-}66)$$

6)坐标增量改正数V_{x}、V_{y}的计算公式。导线测量近似平差计算坐标增量改正数V_{x}、V_{y}是按边长比例将增量闭合差反号分配到各增量中。导线任一边的增量改正数：

$$\left.\begin{aligned}V_{x}&=-f_{x}/\sum D\cdot D_{i}\\V_{y}&=-f_{y}/\sum D\cdot D_{i}\end{aligned}\right\}\qquad(10\text{-}67)$$

因此：

$$\left.\begin{aligned}\sum V_{x}&=-f_{x}\\\sum V_{y}&=-f_{y}\end{aligned}\right\}\qquad(10\text{-}68)$$

7)导线测量的精度评定。导线测量近似平差结果的精度评定指标如下：

①导线测角中误差。附(闭)合导线测角中误差：

$$m''_{\beta_{计}}=\pm\sqrt{(f_{\beta}{}^{2}/n)N}\qquad(10\text{-}69)$$

式中 f_{β}——附(闭)合导线的角度闭合差；

n——导线折角个数；

N——附合(或闭合)导线的条数。

独立复测支导线的测角中误差：

$$m_{\beta_{计}}=\pm\sqrt{(\Delta T^{2}/(n_{1}+n_{2}))/N}\qquad(10\text{-}70)$$

式中 ΔT——两次测量的方位角之差；

n_{1}、n_{2}——复测支导线第一次和第二次测量的角数；

N——复测支导线条数。

②导线全长绝对闭合差 f：

$$f=\sqrt{f_{x}{}^{2}+f_{y}{}^{2}}\qquad(10\text{-}71)$$

③导线的全长相对闭合差 $1/T$：

$$1/T=f/[D]=1/([D]/f)\qquad(10\text{-}72)$$

式中 $[D]$——导线边长的总和。

(二)施工测量水准点的复测和加密

1. 加密水准点的目的和原则

在施工标段增设加密合理的水准点位，既能很方便地就近控制路线的高程，又能保证施工精度。实践证明，道路勘察设计阶段所布设水准点的分布和密度都不能满足施工现场的需要，所以施工单位必须根据该作业段的实际需要，实际地形来加密水准点。我们把加密的水准点叫做施工水准点。

(1)加密水准点的目的。是为了方便施工中的高程放线，并保证高程放线精度。实践说明，在公路施工过程中，繁复而大量的工作是测量路线中桩、边桩等桩位高程。

(2)水准点的加密原则。是从高级到低级。因此施工水准点的起终点必须是设计单位提供的水准点。

2. 选点要求

(1)施工水准点的密度。施工水准点的密度要保证只架设一次仪器就可以放出或测量出所需要的高程。实践说明,在一个测站上水准测量前后视距最好控制在80m,超过80m则要转站才能继续往前测,如果多次转下去,误差便会增大,因此为了保证测量精度,施工水准点间距最好在160m范围内,在纵坡较大地段,水准点间距可根据实际地形缩短。

(2)在重要结构物附近,宜布设两个以上的施工水准点。放线时,用一点放线,另一点检查,从而保证放线高程的准确性。

(3)施工水准点位布设地点。道路施工实践中,加密施工水准点位通常是布设在填方路段两侧20m范围内的田坎等,与挖方段交接的山坡脚(适宜高填方)等易于保存的地方。当路基工程施工完毕,挖方段的排水沟或坡脚砌体也已施工完毕,水准点位可布设在水泥抹面上。埋设好的水准点要做点标记,方便以后使用。

(4)施工水准点应埋设牢固,并要妥善保护。实践证明,施工水准点自开工到竣工验收都在发挥作用,所以点位一定要牢固。用大木椿做点位桩时,要打深打牢,并用水泥加固,椿顶上钉一铁钉,测水准时标尺立在钉上。

(5)施工水准点位编号要醒目、清晰、易识别。施工中多用"公里数+号码"来编号,例如K80+$100_{左}$—1、K120+$135_{右}$—2等,并把高程用红漆写在点号旁边,这样就能很明显地知道该点是控制那一段的,并可校核所用点高程是否用错。

3. 水准点的测设

(1)加密施工水准点的原则。

1)加密施工水准点须遵循由高级到低级的原则,即必须从设计单位提供的水准点到施工水准点。

2)施工水准点高程系统必须与设计单位提供的高程系统相一致,不得自行选择高程系统。

3)施工水准点的起终点必须是设计单位提供的水准点,测定结果的限差应符合规范要求。

4)施工水准点的测量精度必须满足高程放线精度。高程质量标准见表10-11和表10-12。

表 10-11　　土(石)方路基允许偏差

项次	检查项目	允许偏差	
		高速公路、一级公路	其他公路
1	纵断高程(mm)	10　−30	10　−50
2	平整度(mm)	30	50
3	横坡(%)	±0.5	±0.5

表 10-12　　道路路面质量标准

工程种类	项目	质量标准		
		高速公路	一级公路	其他公路
底基层	纵断高程(mm)	+5　−15	+5　−15	+5　−20
	平整度(mm)	15	15	20
	横坡度(%)	±0.3	±0.3	±0.5

基层	纵断高程	+5 −10	+5 −10	+5 −15
	平整度(mm)	10	10	15
	横坡度(%)	±0.3	±0.3	±0.5

(2)选择施工水准点的测量方案，应考虑到施工标段已知水准点的利用情况，前后相邻标段水准点的分布情况。施工标段挖方段、填方段情况。施工高程放线的需求等因素。

根据施工规范，结合实际测量经验，适用于公路工程加密水准点的施工方案主要有附合水准路线、闭合水准路线、往返测水准路线。

(3)施工水准点的测量方法。施工水准点的高程用水准测量方法测定。水准测量就是利用水准仪、水准尺或塔尺(道路施工测量常用的尺子)测定点间高差的方法。只要知道一点的高程，就可计算出另一点的高程。公路施工测量采用向前法和复合水准测量法，而最常用的是向前法，它是用水准仪进行高程放线的主要方法，而复合水准测量仅用于建立施工标段高程控制系统。

图 10-43 是一条附合水准测量路线，图中 BMC−47 是起始已知水准点，BMC−48 是终止已知水准点。其间 1、2、3 各点是转点，K90+1、K90+2 和 K91+1 是欲加密的施工水准点。只要测出 BMC−47 和转 1 点的高差，再测出转 1 点和转 2 点的高差……，然后，通过平差计算，就可算出线路各点的高程。

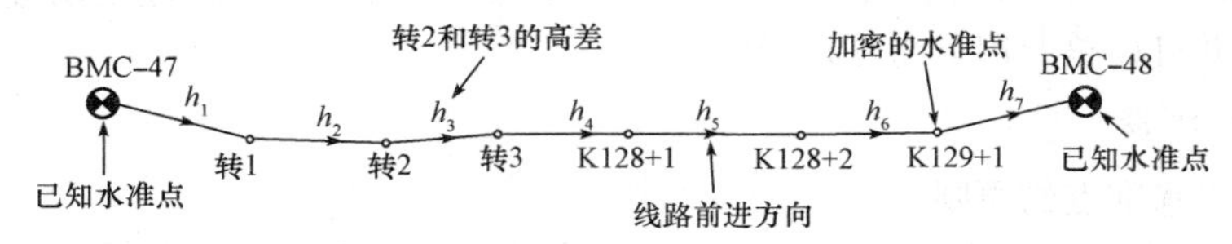

图 10-43 附合水准线路示意图

图 10-44 是一条闭合水准路线，图中 BMC−49 是该线路起点，又是终点，即由该点出发，中间经过许多点又回到该点。只要测出各段高差，然后经过平差计算就可算出各点高程。

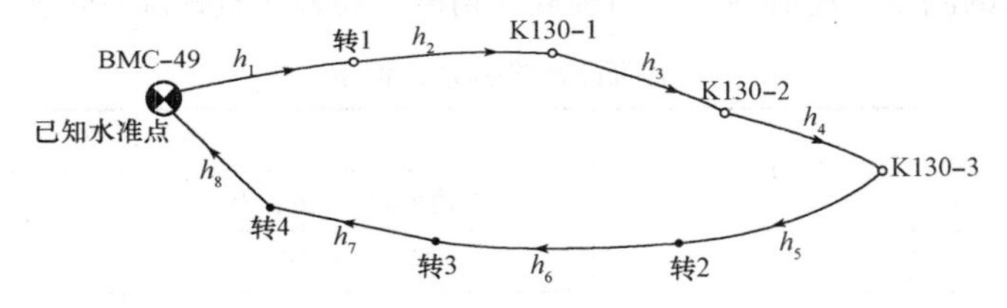

图 10-44 闭合水准路线示意图

图 10-45 是一条复测支水准路线。图中 BMC−49 是已知水准点，从此点出发向外支转 1、转 2、K129−3、K129−2 各点，此时可往返测出各点之间高差，然后通过计算就可得出各点高程。为了保证观测质量，所测往返值较差不得大于 5mm。

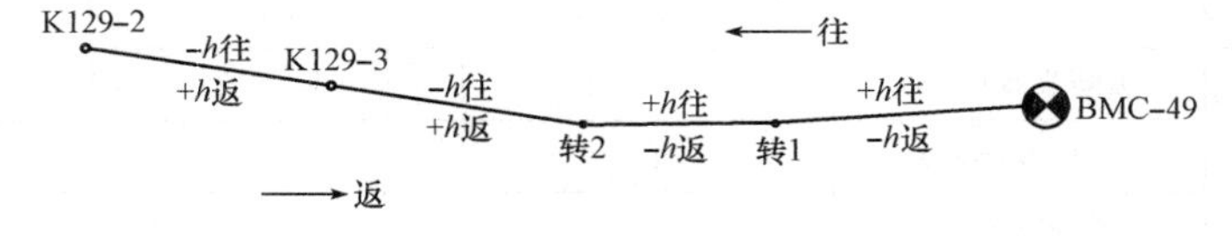

图 10-45 复测支水准路线示意图

(4)水准测量的注意事项。

1)用复合法测量线路施工控制水准点高程时,每测站应尽量将仪器架在两点中间,在这种情况下读数可消除地球曲率和折光的影响。

2)仪器要安装稳妥,在松散地方架设仪器,脚架一定要踩牢。来回走动照准标尺读数时不要碰动脚架。架设仪器应尽量避免骑腿,随时检查脚腿螺旋有没有拧紧。

3)测设施工控制水准线路,最好使用1对3m双面水准尺。可当站校核所测两点高差是否正确。

4)扶尺员一定要把尺子立在点位上,并且要立垂直,为避免尺子前倾后仰,左右歪斜,可在尺边挂垂球控制。

5)读数时,一定要用微倾螺旋使附合气泡两个半边气泡吻合,读数时要果断、要稳、要准,而且不准凑数。用自动安平水准仪读数时,一定要使圆气泡居中。

6)转点要选在坚硬牢固的路缘石等处,如用尺垫一定要踩牢,转动尺面要提起尺子。

7)用塔尺进行水准测量时,一定要每节到位,测量过程中要经常检查抽出的尺有没有降落。

8)读数后应立刻记在手簿上,不应记在心中或其他纸上,不准靠回忆补记。记录要整洁、清晰、真实。记错应重新记录,不准涂改。

9)转站时,一定要检查本站记录,计算无误后才可挪动仪器迁站。

10)为了避免仪器被日晒,测量时要撑伞。夏季中午气流不稳定,仪器横丝跳动,不宜进行水准测量。

(5)施工水准点的测量精度。为了满足高程放线精度,我们可以适当合理地增加施工水准点的密度,应保证只架设一次仪器,就能放出或测出所需点的高程,这样,水准控制点与放线点距离不超过80m,既方便放线操作又能保证放线精度;在测量施工水准控制路线时,必须满足规范规定的水准点闭合差:

高速、一级公路为$\pm 20\sqrt{L}$mm,L为水准路线长度,以km计。对于复测支水准路线,L取单程长度。

二级以下公路为$\pm 30\sqrt{L}$mm,L意义同上。

4. 水准路线的计算

道路工程施工实践中,施工水准测量计算常采用水准近似平差法。计算过程应按正确顺序进行。先认真检查外业各项记录和高差计算值;再绘制外业测量水准线路草图,在草图上注明已知水准点名及高程,注明各相邻点间的实测高差和距离,标明水准线路测量往返测方向;并在草图上进行水准线路平差计算;最后编制水准点成果表。

(三)恢复路线中桩的测量

施工现场实地察看后,根据设计图纸及已知导线点和交点资料,需要对路线中线进行测设,并与勘测阶段的中线进行比较和复核。发现相差较大时,及时上报建设单位并协商解决办法。同时将桥梁、涵洞等主要构筑物的位置在实地标定出来,对比设计图纸和设计意图,以免出现差错。

三、施工过程中的测量放线

道路工程施工测量放线技术就是应用普通测量中的放线方法,把设计图纸上道路线形的位置、形状、宽度和高低在施工现场标定出来,以作为施工的依据。在道路施工过程中,放线技术都发挥着重要作用。它对保证施工进度和工程质量起着重要作用。放线工作中的任何疏忽或精度不够，都必将影响施工的进度和质量，造成工程返工及经济损失。因此道路施工测量人员必须具有高度的责任心和熟练的放线操作技术。

为了保证放线精度，满足施工需求，在放线前，施工测量员必须熟悉和掌握设计图表中有关线路平面位置和高程的数据，编制本标段放线已知导线点成果表，放线点位中桩、边桩坐标及高程表，然后结合施工现场条件和施工单位现有测量仪器的情况，选择合适的放线方法。

(一)施工测量的平面位置放线

1. 全站仪的“坐标放线”测量

首先准备仪器材料及放线资料，其中仪器材料中包括对讲机两部，fx-4500 PA 或 fx-4800 型计算机，锤子、竹签、红布条或红塑料条、油性号笔、铁凿子、小钢尺、铁钉或钢钉、测伞等；放线资料主要包括有施工标段导线点成果表(包括设计单位提供的导线成果及自己加密的施工导线点成果)；直线、曲线及转角成果表；依据“路面横断面结构图”计算的各层路面的宽度；编制放线点的坐标值表，即将用 fx-4500 PA 型计算机坐标程序计算的施工所需的中桩、左右边桩坐标值编制成表，方便在测站上输入计算机；编制放线作业图，图上应注明测站点、后视点以及该测站控制放线的范围。

2. 经纬仪配合测距仪用极坐标放线

首先准备放线仪器、放线材料及放线的资料。其中仪器包括经纬仪，测距仪；棱镜，测杆。对讲机，fx-4500 PA 或 fx-4800 型计算机。铁锤、凿子、木椿、红布条(或红塑袋条)、油性号笔、小钢尺、铁钉(或钢钉)、测伞。放线资料主要包括有导线点成果表；放线点数据表，即放线点边长、角度计算表；编制放线作业图，图上应注明测站点，后视导线点以及测站点控制放线的范围；如果技术熟练，放线经验丰富，也可将此步骤省略。再按正确的操作步骤进行放线，具体的操作步骤如下：

(1)在测站点(施工导线点)安置经纬仪，对中、精确整平。

(2)精确照准后视导线点，将后视点方向置成 0°00′00″。

(3)拨转放线点方向水平角值。

(4)指挥扶立棱镜者在放线点方向上安置棱镜并照准。

(5)用测距仪照准棱镜并测平距，计算实测平距与放线值之差，指挥棱镜在放线点方向前后移动，至使实测平距与放线值之差为零时，测杆底部尖端即为放线点的位置，指挥打桩、写里程桩号、扎红布条。第一个放线点结束，接着同法放出以下各点。

(6)在上述第(4)步完成后，亦可按下法操作：用测距仪照准棱镜后，用测距仪遥控器向测距仪输入放线点的距离放线值，然后按测距仪放线键，则测距仪显示值等于实测值减放线值，如果显示值为正则指挥棱镜在放线点方向向后移动；如果显示值为负则棱镜在方向线上向前移动；直至显示值为零，则测杆下部尖端就是该点桩位。

3. 经纬仪视距法放线

首先是对仪器、材料及放线资料的准备，其中仪器材料包括经纬仪；视距尺或水准标尺、塔尺，30～50m 钢尺；fx-4500 PA 或 fx-4800 型计算机；铁锤、凿子、竹签、红布条或红塑料袋条、油性号笔、小钢尺；测伞。放线资料主要包括有导线点成果表；放线点成果表，即放线点边长，角度计算表；编制放线作业图，图中应注明测站点、后视点、放线点。

再计算经纬仪视距的平距和高程，其具体步骤如下：

(1)视距法平距计算公式：

$$D=KL\cos^2 E=100\text{AbS}(A-B)(\cos E)^2 \quad (10\text{-}73)$$

式中 K——仪器乘常数，光学经纬仪 $K=100$；

L——上下丝在标尺上所截取的分划数值，$L=A-B=\text{AbS}(A-B)$，A 为上丝读数，B 为下丝读数；

E——竖直角，在读取 L 时，仪器中丝位置竖盘测得垂直角；

AbS——绝对值符号。

(2)视距法高差计算公式：

$$h=\frac{1}{2}KL\sin 2E+I-T \quad (10\text{-}74)$$

或

$$h=D\tan E+I-T \quad (10\text{-}75)$$

式中 I——仪高，用小钢尺量至毫米；

T——觇高，在读取 L 时，中丝读数，可直接读至米单位。

最后按规定的操作方法和步骤进行放线。

(1)将经纬仪安置在施工导线点上，精确对中整平，如一并进行高程放线，则要量取仪高。

(2)照准后视导线点，将后视方向置成 0°00′00″。

(3)拨转放线点方向水平角值。

(4)指挥立尺员在放线点方向上立视距尺，读记上、中、下三丝读数，并读记中丝垂直角。

(5)用计算机“视距法平距、高差计算程序”计算实测平距与放线值之差，指挥视距尺在望远镜照准方向上前、后移动，一直到实测平距与放线值之差为零时，标尺底部中点即为放线点的位置，指挥打桩，编写里程桩号，扎红布条。

4. 经纬仪钢尺法放线

(1)偏角法圆曲线放线。首先应准备放线的仪器、材料及资料，主要有经纬仪、钢卷尺、fx-4500 PA 型计算机；铁锤、凿子、竹签、红布条；交点里程桩号及坐标值、曲线起终点里程桩号及坐标值；交点、曲线起终点位实地考察，若点位损坏，则应恢复；编制偏角法放线数据表；编制偏角法放线作业图，图中应注明测站点、后视点以及放线点拨角方向。再按既定的方法步骤进行操作。

用经纬仪钢尺偏角法放线圆曲线上各点平面位置，是把一条圆曲线分成两个半圆曲线来进行操作的，即 ZY 至 QZ 及 YZ 至 QZ。下面以直圆设站放至曲中为例说明，如图 10-46 所示。

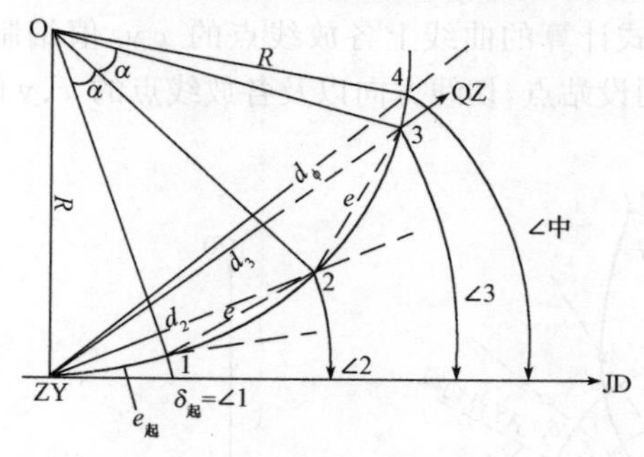

图 10-46 经纬仪钢尺偏角法圆曲线放线示意图

1)在直圆点设站，照准交点，置水平度盘为 0°00′00″。

2)拨偏角 $\delta_{起}=\angle 1$，自 ZY 点起，指挥量尺员在望远镜视线方向上用钢尺量取 $l_{起}$ 得曲线上 1 点，打桩写号。

3)拨总偏角$\angle 2=360°-\angle 2$，指挥钢尺零点对准 1 点，量取 l 长度与视线相交得 2 点。

4)同法可测出其余各点，一直放到曲线中点 QZ。

5)将仪器搬至曲线另一端 YZ，同上法放另一半曲线，此时应注意拨角方向与前半曲线相反。

6)当从 ZY 及 YZ 向 QZ 测设曲线时，由于放线误差的影响，由 ZY 放的 QZ_1 与由 YZ 放的 QZ_2 不在同一点上，其偏距 f 称为闭合差，若沿线路方向(纵向)闭合差 fx 小于 1/2000，沿曲线半径方向(横向)闭合差 f_y 小于 10cm 时，可根据曲线上各点到 ZY(或 YZ)的距离，按长度比例进行分配。

(2)偏角法放线有缓和曲线圆曲线方法。在这个过程中仪器、材料及放线资料的准备与上述圆曲线放线相同。其放线的方法步骤为：

1)由 ZH 放至 HY 的操作方法步骤：缓和曲线部分放线是将经纬仪架设在直缓(ZH)点上，置水平度盘为 0°00′00″，照准 JD 切线方向，然后逐点拨转缓和曲线上各点偏角值与相关距离相交获得缓和曲线上各点平面位置的。具体操作方法步骤与圆曲线放线基本相同。

2)由 HY 放至 QZ 的操作方法步骤：圆曲线部分的测设，首先是缓圆点(HY)切线的设置。现场作业中，常用下述方法设置 HY 点的切线，如图 10-47 所示。

将经纬仪安置在 HY 点，置水平度盘为(β_0-i_0)，后视直缓(ZH)点，将水平制动钮固定，纵转望远镜，度盘读数为 0°00′00″时，望远镜视线方向即为 HY 点的切线方向；注意(β_0-i_0)正拨、反拨，当曲线在切线左侧为反拨，应置度盘为 $360°-(\beta_0-i_0)$后视照准 ZH 点；曲线在切线右侧为正拨，置度盘为(β_0-i_0)后视 ZH 点。

用上述方法设置 HY 点切线方向后，即可按圆曲线放线操作方法步骤，逐点拨转总偏角，并以相应距离与各点偏角方向相交获得曲线上其余各点，直至 QZ 点。半条曲线放完后，仪器迁至 HZ 点，用上述方法放出圆曲线的另一半，应特别注意的是，偏角的拨转方向、切线的设置方向均与前半条曲线相反。当从 HY 点及 YH 点放到曲中 QZ 时，应检查其闭合差，并进行分配调整。

5. 经纬仪钢尺法切线支距法放线

首先是对放线仪器及资料的准备。其中仪器与材料包括经纬仪、钢卷尺、fx-4500 PA 计算机、铁锤、凿子、竹签、红布条或红塑袋条、油性号笔、小钢尺、铁钉或钢钉、测伞、直角木尺；资料中包括有圆曲线半径，圆心角；缓和曲线长度。交点，ZY、YZ 点的实地位置。编制放线点数据表，即把根据切线支距法计算公式计算的曲线上各放线点的 x_iy_i 值编制成表，便于现场查取数据。编制放线示意图，图上应标明设站点，切线方向以及各放线点的 x、y 值。再按既定的操作方法进行放线(图 10-48)。

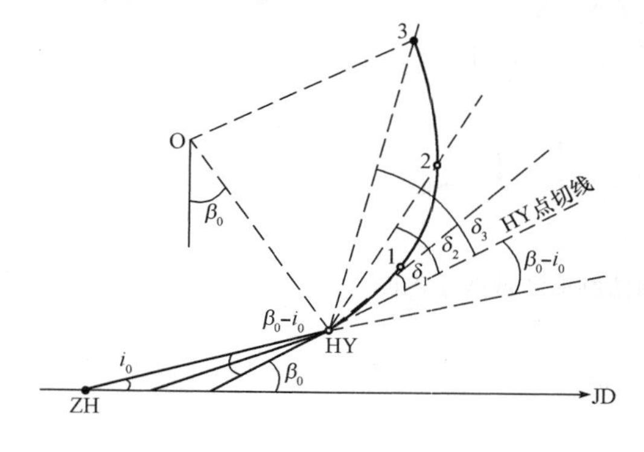

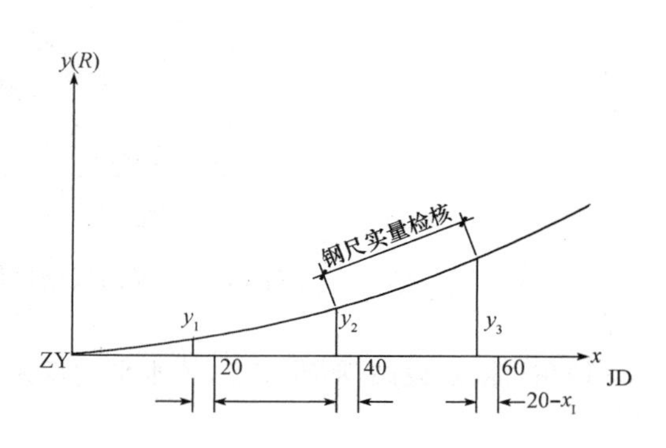

(1)在直角坐标原点 ZY 设站，照准 JD 点，即设置 ZY 点的切线方向，自 ZY 点起置钢尺于切线上。

(2)自 ZY 点起沿钢尺(切线方向)按 l_i 量出 20m、40m…，直至曲中点(QZ)里程，并用带红布条的钢钉临时标出各点位置。

(3)从以上各点退回 l_i-x_i，得出曲线上各点至切线的垂足，用竹签临时标定。

(4)在各点处过垂足用直角尺作切线的垂线，在曲线的方向上量出相应 x_i 的 y_i 值，得曲线上各点，如果精度要求高，并且 y_i 较长，可在垂足处架设经纬仪，0°时照准 ZY 或 JD，拨转 90°，在视线方向上量取 y_i 值获得曲线上各点位，并打竹签固定。

(5)同样方法由 YZ 起放出曲线的另一半。

(6)用钢尺实量曲线上相邻点的距离与 x_i 比较以进行检核。

(二)施工测量点位高程放线

1. 水准前视法测定点位高程放线

首先是对放线仪器、材料及资料的准备。其中仪器与材料包括水准仪、塔尺，小钢尺、fx-4500 PA计算机、测伞、油性号笔、托尺板；资料中包括：①有已知水准点成果表，表中除点位高程外还应详细注明点位所在地，以便寻用。②施工标段线路中桩设计高程及左、右边桩设计高程表。③“前视法”外业测量记录簿，簿中项目应有后视已知水准点高程，后视读数、前视读数、计算的实测高程、设计高程、桩号里程、左中右位置、观测员、观测时间、填挖高度等，注意：桩位设计高程应事先填入表中，这样每测一桩位高程，便可立即判定该桩挖填高度。④编制施工标段竖曲线变坡点图，如图 10-49 所示。

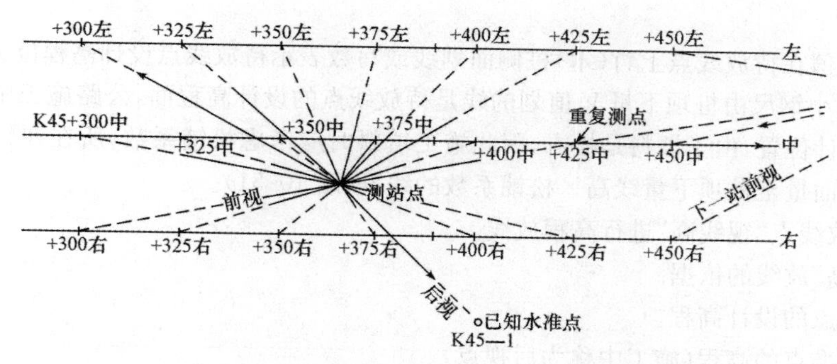

图 10-49　前视法一个测站点上测定线路桩位高程示意图

再按既定的操作方法步骤进行放线。

(1)设站，将水准仪安置在最佳视距范围(仪器距待测点，后视点 80m 内)，并且不影响施工及汽车运输，又便于观测的地方(见图 10-49 中测站点)。

(2)后视已知水准点 K45－1，读数记录，并将已知水准点高程、后视标尺读数输入计算机中计算。

(3)前视待测点 K45＋325 左，读数并记录；同时输入计算机，即可算出该点高程并记录。

(4)继续前视待测点 K45＋325 中及右，读数记录，并输入计算机，算出 K45＋350 中及右高程，并记录。

(5)扶尺员前进至 K45＋350，观测员继续前视读数并记录，输入计算机，算得高程，不过此时照准标尺读数依次为 K45＋350 的右、中、左桩。

(6)同上述操作，直至观测至 K45＋425 左、中、右。

(7)最后再一次照准后视已知水准点，读取后视读数与开始时后视读数比较，若相等或差值不大于 2mm 则说明起算后视读数正确。

(8)上述一个测站观测完毕，若要立即提供桩位挖填高度，指导施工，则应在测站上观测过程中，或观测结束立即计算出$\pm h=H_{设}-H_{实}$，为“＋”则填，为“－”则挖。

(9)用油性号笔在桩位竹签上划出加了松铺高的填方高，若为挖，则在竹签上写明该桩位的下挖深度。

(10)上述工作完毕，迁至下一测站。

2. 道路施工高程放线

(1)用点位地面实测高程进行高程放线方法步骤。

1)用前视法测出待放线点地面高程，称为地面实测高程 $H_{测}$。

2)计算待放线点设计高程 $H_{设}$－实测高程 $H_{测}=V$。

3)依据 V 值在待放线点上的竹桩侧面划“线”或写“数”，一般情况下，V 值为正，表示该点位应填 V 值，才可达到该点设计高程，用划线法在竹桩侧面表示，当 V 值为负，则表示该点需下挖 V 值后，才可达到测点设计高度，划线并写数在竹桩侧面表示。

4)由于填料为松方，所以应考虑松铺系数 i(图 10-50)。

(2)用点位桩顶实测高程进行高程放线方法步骤。

1)用前视法测出待放线点的竹(木)桩顶面的高程，称作桩顶实测高程 $H_{顶}$。

2)计算待放线的设计高程 $H_{设}$－桩顶实测高程 $H_{顶}=V$ 值；V 为“＋”由桩顶上量；V 为“－”由桩顶下量。

3)依据 V 值在待放线点上竹(木)桩侧面划线或写数表示待放线点设计高程位置。

4)上述 3)小钢尺由桩顶下量 V 值划的线是待放线点的设计高程面，公路施工中是指经碾压后应达到的设计位置，由于填料是松方，因此施工填料时应考虑松铺系数，所在在竹(木)桩侧面还应划上由地面量至桩顶下量线高×松铺系数的线条(图 10-51)。

(3)用待放线点“视线高”进行高程放线。

1)“视线高”放线的依据。

①待放线点的设计高程。

②已知水准点的高程(施工中称为后视点)。

③已知水准点的标尺读数(称为后视读数)。

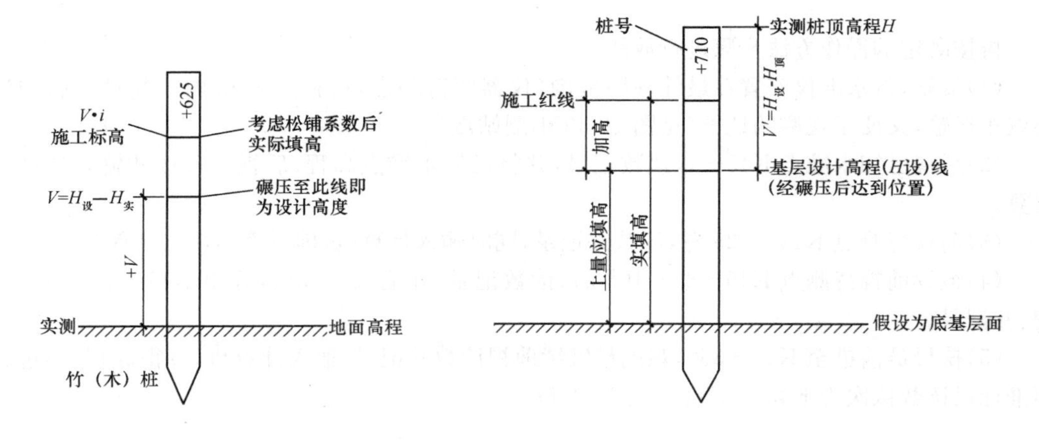

2)计算“视线高”的公式。

根据公式：

$$H=Z+C-D \quad (10\text{-}76)$$

式中　Z——已知水准点高程；

C——已知水准点上标点的读数；

D——待放线点尺上的读数。

假令 H 为待放线点上的设计高程，则待放线点上水准尺的读数(即前视读数)D_i：

$$D_i=Z+C-H_{设} \quad (10\text{-}77)$$

式中　Z——已知水准点高程；

C——已知水准点水准尺读数(即后视读数)；

$(Z+C)$——仪器的视线高；

$H_{设}$——待放线点的设计高程。

3)一个测站上“视线高”法高程放线的方法步骤。

①设站：照准后视点，读取水准尺读数 C；开机，选择“视线高”计算程序，输入后视点高程 Z 和后视读数 C。

②用程序计算待放线点视线高 D：确定待放线点桩号，将其设计高程 H 输入程序，计算机立即可算出前视标尺读数 D。

③前视照准放线点水准尺，指挥立尺员沿点位上竹(木)桩侧面上下移动水准尺，同时托尺员应用小托板紧紧托住尺底部，跟着尺子上下移动，当尺上读数为 D 时，停止移动，此时拿走标尺、在托板固定处划红线，则此红线即表示待放线点设计高程。

④为了检核所划红线是否正确，则令托板靠在红线处，令标尺立其上，读取标尺读数 D' 与计算之 D 比较，若 $|D'-D'|\leqslant 2\text{mm}$，则表示正确，可转入下一待放线点。

⑤计算下一个放线点的前视标尺读数，此时计算机中 Z、C 值不变，只要输入下一个待放点的设计高程就可算出下一个待放点的前视标尺读数。

⑥同上述方法步骤，放出其他待放线点设计高程位置。

4)放完一个施工段后，回过头来再划松铺系数加高红线，也可一边放线，一边划加高红线。

四、路基施工测量

(一)路基测量工作的任务及测量前的准备工作

1. 路基测量的任务

(1)按照设计要求，在施工现场监控线路的外貌形状：直线形、曲线形、超高形等。

(2)按照设计要求，在施工现场监控路基宽度、坡脚、堑顶。

(3)按照设计要求，在施工现场监控线路高低起伏、纵坡、横坡，指导挖、填高度，使其达到设计标高。从而可以避免盲目施工及超填超挖欠填久挖。

2. 测量前的准备

为了路基施工顺利进行，确保工程质量，在路基施工前，必须在熟悉设计文件各种图表后，彻底弄清以下几点：

(1)施工标段起、终点里程桩号。

(2)施工标段直线、圆曲线、竖曲线、缓和曲线、超高段的起终点里程桩号，以及曲线的各种元素、交点的里程桩号及其 x、y 坐标值。

(3)施工标段挖方段、填方段里程桩号。

(4)施工段路宽、纵坡、横坡、挖方边坡比、填方边坡比等。

(5)线路变坡点里程桩号、变坡点高程等。

(6)施工段各结构物里程桩号,以及线路中线与结构物主轴线之几何关系。

(二)挖方路堑的施工测量

1. 挖方路堑施工测量的作用

挖方路堑的施工测量应根据挖方路堑的施工特点和施工进度进行作业。

(1)“挖方”前应指导场地清理在线路征地轮廓线内进行。

(2)“挖方”初期主要是控制路堑堑顶轮廓线条、下挖深度。

(3)“挖方”中期主要是控制路堑边坡坡度、下挖深度。

(4)“挖方”后期主要是控制路堑边坡下坡脚及碎落台宽度和高度、路堑内路基的宽度和高度,使挖方路基达到设计要求的宽度、高度,使挖方边坡达到设计要求的边坡比。

2. 挖方路堑施工测量的资料准备

(1)挖方段的施工导线点、水准点成果表。

(2)挖方段的中桩、边桩坐标数据表或极坐标法放线数据表。

(3)挖方段的中桩、边桩设计高程表。

(4)挖方路基横断面图及纵断面图。

3. 熟悉挖方“路基横断面图”

图 10-52 为挖方路基标准横断面图。由图中可知挖方路基横断面的要素是:左边堑顶及右边堑顶,左边坡比及右边坡比,左坡脚及右坡脚,左碎落台及右碎落台,左边沟及右边沟,路面总宽度及半幅宽度,路面中桩挖深;挖方在高度大于8m时,在路堑高度 8m 处设 2.0m 宽平台。

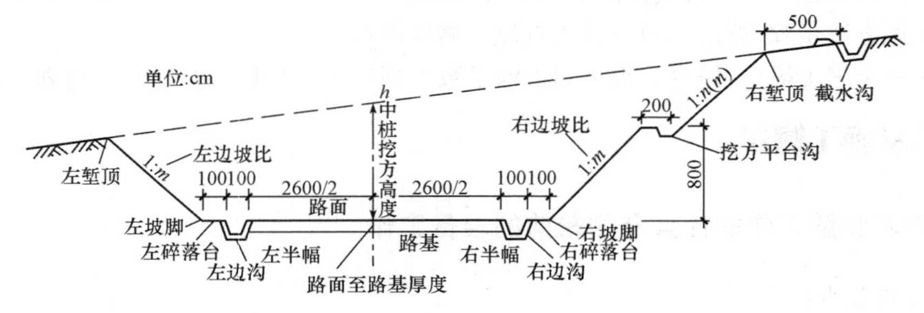

图 10-52 挖方路基横断面图要素

4. 挖方路堑施工测量的仪具和材料

(1)全站仪或经纬仪配合测距仪或经纬仪,水准仪。

(2)棱镜及棱镜杆,水准塔尺或水准标尺。

(3)fx-4500 PA 型计算机。

(4)30～50m 钢尺及皮尺,3m 小钢尺。

(5)竹桩(木桩)、油性记号笔、红布条或红塑袋条、铁锤、钢凿、铁钉、石灰、拉绳等。

(6)自制坡度尺,多功能坡度尺。

5. 挖方路堑施工测量的实施

(1)路堑施工初期的测量工作。

1)根据“路基横断面图”征地界桩数据，计算出线路左右两侧用地界桩 x、y 坐标值，用全站仪坐标法(或其他方法)放出其实地位置，并示以明显醒目的标志，以指导线路场地清理作业。

2)场地清理后，在实地标定出挖方路基的中桩，左右边桩。

3)在边坡、中桩延长线上标定出路堑坡脚桩，如有条件亦可根据中桩至坡脚桩的距离，计算出坡脚的坐标 x、y 值，用全站仪放出路堑坡脚桩。

4)在用放线方法标定边桩、坡脚桩的同时，应测出边桩、坡脚桩的实地高程，或用水准测量方法测出其高程，如条件允许，可用经纬仪视距法测定。

5)根据计算公式，可求出中桩(或边桩)至路堑堑顶桩的平距或坡脚至堑顶桩的平距，从而在实地标定出堑顶桩。

(2)用中桩(或坡脚桩)标定路堑堑顶的计算公式。

1)平坦地面路堑堑顶放线数据计算公式。

①从实地路堑坡脚点 A 及 G 标定堑顶点 P 和 Q(图 10-53)。

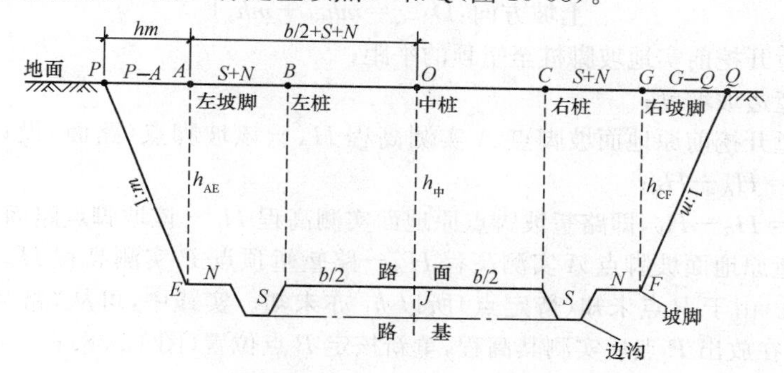

图 10-53　平坦地区路堑

$$\left.\begin{aligned}D_{A-P}&=(H_A-H_E)m\\D_{G-Q}&=(H_G-H_F)m\end{aligned}\right\}\tag{10-78}$$

②从实地路堑中桩点 O 标定堑顶点 P 及 Q(图 10-53)。

$$\left.\begin{aligned}D_{O-P}&=b/2(S+N)+(H_0-H_J)m\\D_{O-Q}&=b/2(S+N)+(H_0+H_J)m\end{aligned}\right\}\tag{10-79}$$

式中　D_{A-P}、D_{G-Q}、D_{O-P}、D_{O-Q}——路堑开挖前实地坡脚桩或中桩至堑顶的平距(m)；

m——路堑边坡坡度；

H_A、H_G——路堑开挖前原地面放线坡脚桩处实测高程(m)；

H_E、H_F——路堑坡脚点(路面)设计高程；

H_0——路堑开挖前原地面放线中桩处实测高程；

H_J——路堑路面中桩设计高程；

$(S+N)$——路堑路面边沟及碎落台设计宽度；

$b/2$——半幅路面设计宽度。

2)倾斜地面路堑堑顶放线数据计算公式(图 10-54)。

①从实地路堑坡脚点 A 及 G 标定堑顶点 P 和 Q。

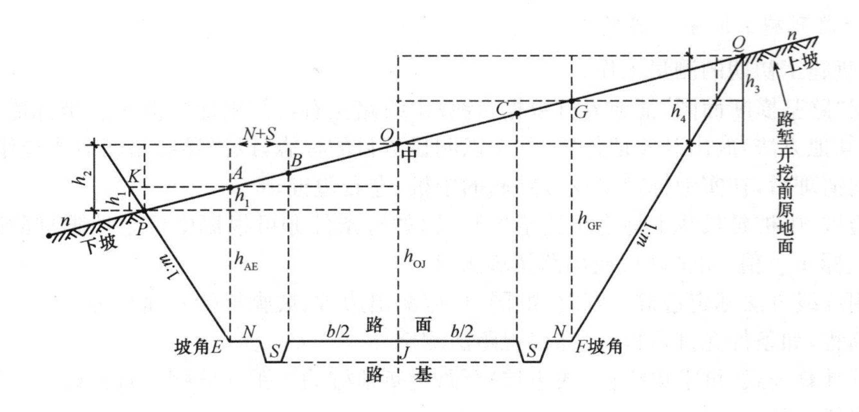

图 10-54　倾斜地面路堑断面图

$$\left.\begin{aligned}&\text{下坡方向}:D_{A-P}=mh_{AE}-mh_1\\&\text{上坡方向}:D_{G-Q}=mh_{GF}+mh_3\end{aligned}\right\}\tag{10-80}$$

式中　D——路堑开挖前实地坡脚桩至堑顶的平距；

m——路堑边坡坡度；

h_{AE}——路堑开挖前原地面坡脚点 A 实测高程 H_A－该坡脚点（路面）设计高程 H_E 之差：$h_{AE}=H_A-H_E$；

h_{GF}——$h_{GF}=H_G-H_F$，即路堑坡脚点原地面实测高程 H_G－该坡脚点路面设计高程之差；

h_1——路堑原地面坡脚点 A 实测高程 H_A－路堑堑顶点 P 实测高程 H_P 之差：$h_1=H_A-H_P$。由于 P 点未知（待定点）所以 h_1 亦未知。实践中，可从“路基横断面图”中量取，在放出 P 点后实测其高程，重新核定 P 点位置（图 12-38）；

$h_3=H_Q-H_G$，其意义与 h_1 同理。

②从实地路堑中桩 O 标定堑顶点 P 和 Q。

$$\left.\begin{aligned}&D_{O-P}=\frac{1}{1+mn}(b/2+(S+N)+mh_{OJ})(\text{下坡方向})\\&D_{Q-O}=\frac{1}{1-mn}(b/2+(S+N)+mh_{OJ})(\text{上坡方向})\end{aligned}\right\}\tag{10-81}$$

式中　D_{O-P}、D_{Q-O}——中桩至左右堑顶之平距（m）；

$b/2$、$(S+N)$、m——意义同前；

h_{OJ}——挖方路堑中桩处下挖深度（m），可以从“路基横断面图”上抄取，或 $H_{O实测}-H_{J设}=h_{OJ}$ 计算；

m——挖方路堑边坡坡度；

n——挖方路堑某横断面开挖前的原地面坡度。n 为未知，可从原路面各桩位实测高程求得。

挖方路堑堑顶放线的实用方法及操作步骤。

1）利用“路基横断面图”量取挖方路堑堑顶放线数据——中桩至堑顶的平距，用 fx－4500 PA型计算机坐标计算程序计算出堑顶 x、y 坐标值，用全站仪直接放出堑顶桩位置。

“路基横断面图”常采用的比例尺为 1∶200、1∶400 等。在这种大比例尺横断面图上量出的路堑堑顶放线数据，可满足路堑堑顶放线精度。

2）利用“路基横断面图”量得的中桩至堑顶之平距，用皮尺自中桩延坡脚桩方向，量出这个平距，定出堑顶第一次位置，然后用水准仪测出其实地高程，通过计算比较，在实地调整堑顶位置。

(3)挖方施工进行中的测量工作。

1)在堑顶设立醒目标志(图 10-55)。实践中常采用的方法是：

①放石灰线。

②拉红草绳。

③插小红旗或扎红布条、插树枝等。

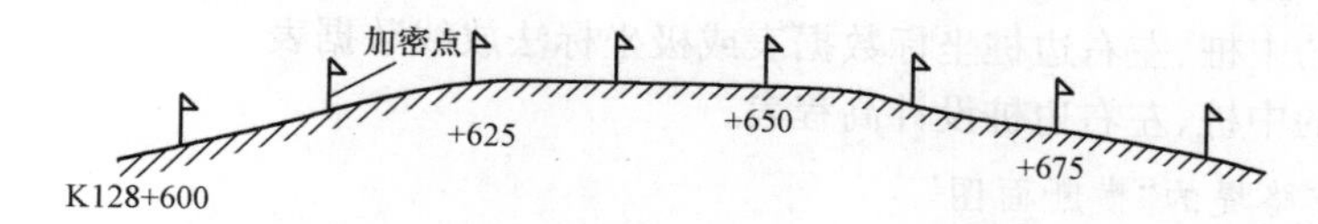

图 10-55　在堑顶设立醒目标志

2)路堑下挖过程中的测量工作。测量工作的任务如下。

①每挖深 5m 应复测中线桩，测定其标高及宽度，以控制边坡大小。

②根据恢复的中桩、边桩，控制线路线形，根据复测中桩、边桩高程，控制下挖深度，书面告知挖掘机操作人员路宽界限，下挖深度数据并提醒注意。复测中、边桩高程应在恢复中、边桩平面位置时，用全站仪或经纬仪配合测距仪同时测出，如果有必要，也可用水准仪测定。

③根据实地坡脚处实测高程及坡脚桩设计高程，用式(10-82)计算：

$$D=(H_{实}-H_{脚设})m \tag{10-82}$$

计算实地坡脚点至边坡面的平距 D。

④检控边坡面坡度及平整度。

⑤根据挖渠、进行挖方边坡平台放线。

a. 水准仪视线高法进行挖方路堑平台放线。

b. 经纬仪视距法进行路堑平台放线。

c. 皮尺斜距法进行路堑平台放线。

(4)路堑施工后期的测量工作。

1)恢复桩位、实测高程，计算下挖高度、指导施工作业。

2)预留路堑边坡"碎落台"。

3)路堑路基"零挖方"作业。

此测量工作任务是：

①恢复线路中桩、左右边桩。

②进行恢复桩位实地高程测量。

③根据路基设计高程，桩位实测高程，将路基施工标高用油性号笔标记在桩位(竹或木桩)的侧面以指导施工，此时的作业称为"零挖方"作业。

(三)填方路基的施工测量

填方路基又称为路堤，填方路堤的施工测量应根据填方路堤的施工特点和施工进路进行作业。

1. 填方路堤过程的作业内容

(1)填方前应指导路基底原地表的清理工作在路基轮廓线内进行。

(2)填方初期主要是控制路堤坡脚及路堤分层填筑的宽度。

(3)填方中期主要是控制路堤边坡坡度以及上填各层次的路基宽度。

(4)填方后期主要是控制路基的宽度和高度,使填方路堤达到要求的宽度和高度,使填方路堤边坡坡度比达到设计要求。

2. 填方路堤施工测量的资料准备

(1)填方段的施工导线点,水准点成果表。

(2)填方段的中桩、左右边桩坐标数据表或极坐标法放线数据表。

(3)填方段的中桩、左右边桩设计高程表。

3. 熟悉填方路堤的"横断面图"

填方路堤的横断面的要素是:路基以上各结构层(底基层、基层、面层)的厚度,横坡(路拱),路基的宽度,路基两侧边坡及坡度比,以及路堤坡脚、路基(或路面)中桩、左右边桩填土高度,坡脚外侧的护坡道及排水沟。

4. 填方路堤施工测量的仪器和材料

填方路堤施工测量的仪具和材料与挖方路堑施工测量相同,详见前述"3. 挖方路堑的施工测量"。

5. 填方路堤施工测量的实施

(1)在实地标定出填方路堤的中桩、左右边桩。

这里需要重复的是:路基的宽度是根据路面的宽度,路面以下至路基面的各结构层(例如底基层、基层、路面)的厚度,以及边坡比计算而得的。

(2)在放线中、边桩的同时,测出其桩位实地高程。

(3)通过计算,求得边桩至边坡坡脚的平距,在实地标定出填方最低层坡脚桩。

(4)用中边桩标定坡脚桩的计算公式及标定坡脚桩的方法。

6. 填方路堤坡脚点放线数据计算

由于填方实地地面坡度不同,在计算填方路基边坡脚放线数据时分为平坦地面、倾斜地面两种。

(1)平坦地面填方坡角放线数据计算。填方路称为路堤,如图 10-56(a)所示;挖方路称为路堑,如图 10-56(b)则:

路堤:
$$D+\frac{b}{2}+hm$$

路堑:
$$D=\frac{b}{2}+s+mh$$

式中 $D_{左}$、$D_{右}$——填方路基中桩至左右坡脚桩的距离。若从路基边桩算起,则:

$$D_{左}=D_{右}=hm$$

b——路基宽度;

$1:m$——填方路基边坡坡度比;

h——填土高度,实际上应为填方路基边坡设计高程－边坡实地高程之差。

(2)倾斜地面,填方坡角放线计算(图 10-57):

$$\left.\begin{aligned} D_{左}&=b/2+h_{中}\ m+h_2 m \quad &(下坡)\\ D_{右}&=l/2+h_{中}\ m-h_1 m \quad &(上坡)\\ &=b/2+(h_{中}-h_1)m \end{aligned}\right\} \tag{10-83}$$

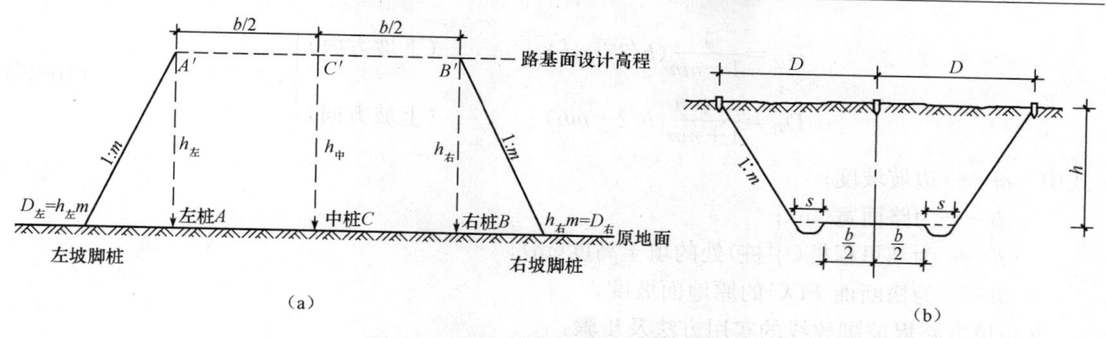

图 10-56　平坦地面路基放线坡脚桩

式中　$D_{左}$、$D_{右}$——填方路基中桩至左右坡脚桩的距离；

$h_{中}$——路堤中桩填土高度；

h_1——路堤中桩与右坡脚桩实测高程差；

h_2——路堤中桩与左坡脚桩实测高程差。

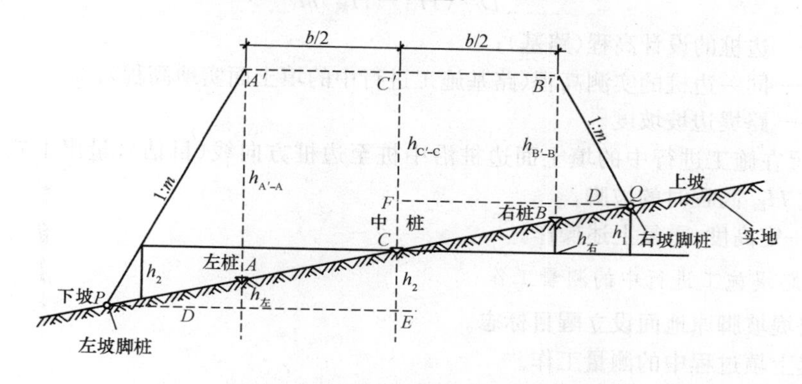

图 10-57　倾斜地面填方路堤坡脚放线

如用边桩放线坡脚桩，则按下式计算：

$$
\left.\begin{aligned}
D_{左} &= h_{A'-A}m + h_{左}\,m = (h_{A'-A} - h_{左})m \quad (下坡)\\
D_{右} &= h_{B'-B}m - h_{右}\,m = (h_{B'-B} - h_{右})m \quad (上坡)
\end{aligned}\right\} \tag{10-84}
$$

式中　$D_{左}$、$D_{右}$——符号意义同上；

$h_{A'-A}$、$h_{B'-B}$——左、右边桩填上高度；

$h_{左}$、$h_{右}$——左右边桩实测高程与左右坡脚桩实地高程之差；

m——边坡比。

7. 填方路堤坡脚点放线方法的步骤

(1)图解法求取填方路堤坡脚点放线数据。

(2)用皮尺量距法进行路堤坡脚点放线。

(3)解析法求取路堤坡脚点放线数据及放线方法。

1)计算路堤坡脚点坐标及放线方法。

2)用公式计算路堤中桩至坡脚平距，然后计算出路堤坡脚桩坐标。

$$\left.\begin{aligned} D_{左} &= \frac{1}{1-mn}(b/2+mh) \quad (下坡方向) \\ D_{右} &= \frac{1}{1+mn}(b/2+mh) \quad (上坡方向) \end{aligned}\right\} \tag{10-85}$$

式中 m——边坡坡度；

b——为路面宽(m)；

h——为某里程桩(中桩)处的填土高度(m)；

n——为横断面 POC 的原地面坡度。

(4)填方路堤坡脚放线的实用方法及步骤：

1)施工初始，场地清理后及时放出中桩、边桩的实地位置。

2)根据图中所量边桩至坡脚的平距，用皮尺自中桩沿中桩边桩方向线标定路堤原地面的坡脚桩。

3)当填高 1～2m(估计)时，恢复中、边桩，同时测出边桩实地高程。

4)用下式计算边桩至坡脚桩的平距：

$$D=(H_{设}-H_{测})m \tag{10-86}$$

式中 $H_{设}$——边桩的设计高程(路基)；

$H_{测}$——同一边桩的实测高程(路基施工进行中的填土面实地高程)；

m——路堤边坡坡度。

5)用皮尺在施工进行中的填土面边桩沿中桩至边桩方向线(目估)，量出上式 D，用竹桩标定，即为上式 $H_{测}$ 高程时的坡脚。

6)每填一定高度，重复上述操作。

8. 填方路堤施工进行中的测量工作

(1)在路堤坡脚原地面设立醒目标志。

(2)路堤上填过程中的测量工作。

1)协助现场施工员，控制填土厚度，保证填压精度。

2)每填筑高 5m 应复测中线桩，测定其标高及宽度，以控制边坡的大小。

3)根据复测的中桩、边桩，控制线路线形，根据其复测的高程，控制上填高度；告知现场施工员路宽界限、重新标定的坡脚线及上填高度数据。

4)用坡度尺检控边坡坡面坡度及平整度。

在路堤填筑过程中，应用坡度尺检控路堤边坡修整，使其达到设计的边坡比。通常情况下路基填土高度小于 8m 时，边坡坡率为 1∶1.5；如填土高 H 大于 8m 时，上部 8m 坡率为 1∶1.5，其下部为 1∶1.75。

5)根据填土高度，进行路堤边坡平台放线。道路施工设计图要求，如 8m＜填土高 H＜12m，不设填方平台；如 12m＜填土高 H＜20m，在变坡处(8m 处)设置 1.5m 宽填方平台。

所以，在路堤上填过程中，应对平台放线。

9. 路堤施工后期的测量工作

(1)填方路堤"零填方"施工测量。测量必须做好下述工作：

1)复放中桩、边桩平面位置，在其点旁打竹桩标志。

2)用水准前视法测出其实地高程，如测桩旁地面高程，可在打桩时，在桩旁固定一小石子，测高时，尺立小石上，以方便量高划线。

3)计算填土高度： $\pm h_{填}=H_{设}-H_{实}$

4)计算施工标高：　　$h_{施}=h_{填} Z$

式中：Z为松铺系数，其值应由试验确定，或根据多年的施工实践掌握。

5)将施工标高醒目地标志在点位桩的侧面，实践中，常采用红色(或黑或蓝色)油性笔将施工标高线条画在桩的侧面，通常情况下，画两条线，下条线是路基设计高程，上条线是填土高度，经推平碾压后路基面应处在下条线位置。

(2)填方路堤边坡整修的测量工作。当填方路堤路基面达到设计高程位置，应及时对路堤两侧边坡整修，要做如下测量工作：

1)复放左右边桩平面位置。

2)用水准前视法测出所放桩位实地高程。

3)计算：$D_i=(H_{设}-H_{实})m$(式中：m为路堤边坡坡度，此时因路基已达到设计标准标高，所以$D_i \leqslant 0.05\sim0.10$m)。

4)将路基设计高画在桩位侧面。

5)将根据D_i确定的路基边缘线用石灰线明显标出。

五、底基层、基层、路面施工测量

1. 测量任务

(1)控制线路外形尺寸，满足设计单位对路基以上各结构层的平面位置要求。

(2)控制线路纵断高程、横断高程(横坡度)、路层厚度、路面平整度，满足设计单位对路基以上各结构层的高程位置要求。

2. 准备工作

(1)工具准备。

1)全站仪或经纬仪配合测距仪、水准仪。

2)棱镜及测杆、塔尺、对讲机。

3)30m或50m钢尺、3m小钢尺。

4)fx-4500 PA型计算机。

5)竹桩或钢杆、油性记号笔、粉笔、铁锤、钢钉、凿子、拉绳、测伞等。

(2)资料准备。

1)设计图。

①“路面横断面结构图”。

②“路线纵断面图”。

2)已知成果收集(与路基施工测量员交接)。

①施工段导线点成果表及实地勘察。

②施工段水准点成果表及实地勘察。

③直线曲线及转角表。

④逐桩坐标表。

3)施工放线数据准备。

①准备施工标段中桩、左右边桩坐标放线数据表。

②准备施工标段中桩、左右边桩高程放线数据表。

4)绘制有关图件、方便施工测量作业。

①编制施工标段竖曲线变坡点图，此图可以在施工现场方便地检查计算任一里程桩号的

高程。

②绘制施工进度图。将每日完成工作量填绘其上，有利于及时掌握了解施工进度，方便安排工作。

③绘制施工标段“控制点图”。将施工标段沿线已知的导线点、水准点展绘其上，便于施工放线安排工作，对施工段的放线目标了然于胸。

3. 上面层施工测量的实施

(1)上面层施工测量的外业工作。

1)恢复中桩、左右边桩。规范要求直线段每 15～20m 设一桩，曲线段每10～15m 设一桩，并在两侧边缘处设指示桩。

2)进行水平测量，用明显标志标出桩位的设计标高。

3)严格掌握各结构层的厚度和高程，其路拱横坡应与面层一致。

(2)上面层中桩、边桩平面位置放线方法。

1)线路直线段皮尺(或钢尺)交会法加桩。直线段皮尺(或钢尺)交会法加桩，实际上就是几何中“解直角三角形”。我们知道，在直角三角形中三边之间的关系为：

$$a^2+b^2=c^2\text{(勾股定理)}$$

式中 a——假设为线路两中桩之平距(m)；

b——假设为线路中桩至边桩距离(即半幅路宽，m)。

图 10-58 是某道路中一段直线段。放线时只放出了中线每隔 20m 的桩位，如图中 K128＋020、K128＋040……K128＋080……，其间 10m 桩及左右边桩需自己放出。图中半幅路宽为 12.75m 可用下述方法步骤进行：

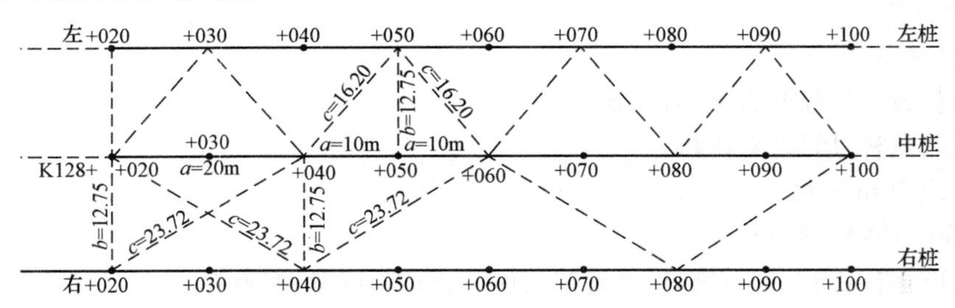

图 10-58 直线段人工放桩

①计算 c。

方法 1：令 $a=20\text{m}$，$b=12.75\text{m}$，则 $c=23.72\text{m}$。

方法 2：令 $a=10\text{m}$，$b=12.75\text{m}$，则 $c=16.20\text{m}$。

②实地放桩。

方法 1 的操作步骤如下。

a. 甲置尺于＋020 中桩，使尺读数为 23.72m。

b. 乙置尺于＋060 中桩，使尺读数为 23.72m。

c. 丙将两尺 0 端重合，套于钢钎上，手提钢钎均匀用力，同时拉紧两根皮尺(或钢尺)，使甲乙丙构成等腰三角形，而钢钎则恰好位于两腰交点处，此时钢钎下尖端即为＋040 右边桩桩位，用竹桩标志。

d. 甲乙丙三人持尺同时前进，甲置尺于＋040 中桩，乙置尺于＋080 中桩，甲、乙均使尺读数为 23.72m。

e. 两手提钢钎，均匀用力同时拉紧两根皮尺（或钢尺），则钢钎下尖端即为＋060 右边桩桩位。

f. 重复上述操作，同法放出＋080、＋100……以及左边桩＋040、＋060、＋080、＋100……。

g. 直线段起点，终点边桩可用下法放出：

以 K128＋020 为例：甲置尺于＋020 中桩，使尺读数为半幅路宽 12.75m；乙置尺于＋040中桩，使尺读数为 23.72m；两手提钢钎，两手同时均匀用力拉紧两根皮尺（或钢尺），则钢钎下尖端即为＋020 右或左边桩桩位。

h. 当右（或左）边桩放出 20m 间距桩位后，则另半幅边桩也可用下法放出（穿线法放桩）。

2）线路曲线段中央纵距法加桩。图 10-59 中，已知半径 R，弦长 C（即曲线上 AB 两点之间平距，在公路线路曲线段上就是两相邻桩位之间平距），则只要求得 y 值，就可定出 AB 弧长中点 K。在 Rt△OBM（或 Rt△OAM）中：

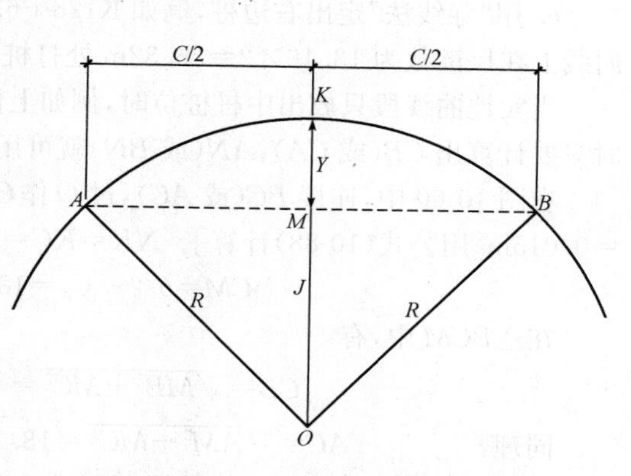

图 10-59　曲线中央纵距概念

$$J^2=R^2-(C/2)^2$$

则　$y=R-\sqrt{R^2-(C/2)^2}=R-\sqrt{(R+C/2)(R-C/2)}$　(10-87)

①计算中央纵距 y。

$$y=R-\sqrt{R^2-(C/2)^2}=R-\sqrt{(R+C/2)(R-C/2)} \quad (10\text{-}88)$$

式中　R——曲线半径（m）；

C——相邻两里程桩之间的平距。

②实地放桩（图 10-60）。

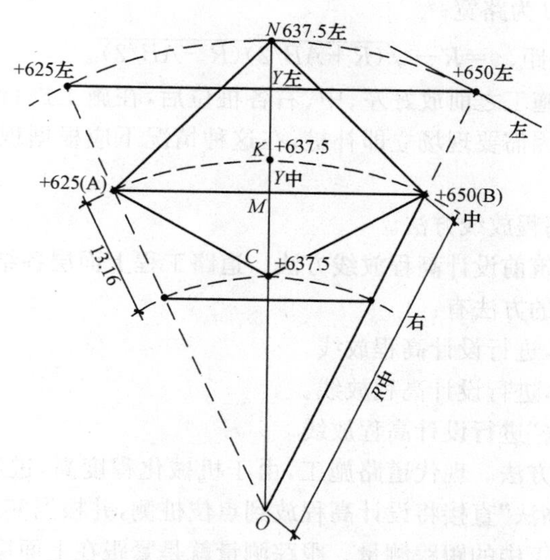

图 10-60　平曲线放桩示意图

a. 甲置尺于＋625 中桩，使尺读数为 0m。

b. 乙置尺于＋650 中桩，此时尺读数应为 25.00m。

c. 丙于＋625 至＋650 尺中点读数 12.50 处，用小钢尺在尺垂线 MK 方向上量 $y_{中}=0.015\text{m}$ 即为加桩＋637.5m 桩位。

d. 线路中线、左边线需加桩之处，都用同法放出。

e. 用"穿线法"定出右边桩，例如 K128＋625，置尺 0 端于＋625 左边桩，使尺沿＋625 中桩方向线上在尺读数为 13.16×2＝26.32m 处打桩即为＋625 右边桩。

当实地曲线段只放出中桩桩位时，例如上例中只放出了 K128＋625，K128＋650……中桩，此时只要计算出 CB（或 CA），AN（或 BN）就可用尺长交会法放出左、右边桩。

在图 10-60 中，连接 BC（或 AC），过 O 作 $OM \perp AB$，垂足为 M，$BM=AM=25/2=12.5\text{m}$；$y_{中}=0.015\text{m}$[用公式(10-88)计算]。$NK=KC=13.16\text{m}$（半幅路宽 $B/2$），则

$$CM=b/2-y_{中}=13.16-0.015=13.145\text{m}$$

在△BCM 中，有

$$CB=\sqrt{MB^2+MC^2}=\sqrt{12.5^2+13.14^2}=18.14\text{m}$$

同理：　　$AC=\sqrt{AM^2+MC^2}=18.14\text{m}$

以上为内圆曲线计算放线数据 CB（或 AC）公式。

外圆曲线计算放线数据 AN（或 BN）公式为：

$$AN=\sqrt{AM^2+MN^2}=\sqrt{12.5^2+(13.16+0.015)^2}=18.16\text{m}$$

整理成通用公式（图 10-60）：

$$\left.\begin{aligned}&\text{外圆曲线：}\quad BN=AN=\sqrt{(AB/2)^2+\left(\frac{B}{2}+y_{中}\right)^2}\\&\text{内圆曲线：}\quad BC=AC=\sqrt{(AB/2)^2+\left(\frac{B}{2}-y_{中}\right)^2}\end{aligned}\right\}\qquad(10\text{-}89)$$

式中　AB——曲线两邻中桩点间平距，一般等距 20m、25m、10m 等；

$B/2$——半幅路宽，B 为路宽；

$y_{中}$——前述中央纵距，$y=R-\sqrt{(R+AB/2)(R-AB/2)}$。

3)现场补桩。上面层施工之前放好左、中、右各桩位后，在施工进行中，常因汽车压坏桩、推土机推掉或人为毁桩等原因需要现场立即补桩，在这种情况下应根据现场桩位间几何关系进行补桩。

(3)上面层桩位设计高程放线方法。

1)上面层各结构层铺筑前设计高程放线方法。道路工程上面层各结构层铺筑前设计高程放线，在施工实践中，常采用的方法有：

①实测点位地面高程，进行设计高程放线。

②实测点位桩顶高程，进行设计高程放线。

③待放线点"视线高法"进行设计高程放线。

2)后边施工前边放线方法。现代道路施工，由于机械化程度高，进度迅速，施工现场不可能从容放线。宜采用"视线高法"直接将设计高程放到点位桩侧，并根据实地填高加放松铺厚度。

3)上面层各结构层施工中的跟踪测量。跟踪测量就是紧跟在上面层各结构层摊铺作业后面的水准测量。它能及时发现摊铺过程中的超填欠填，及时指导路面整修，使其达到设计高程。操作步骤方法如下：

①当上面层摊铺一定距离，路面经碾压几遍基本定型后方可进行跟踪测量。

②在压路机碾压进行中，用皮尺拉距放出预测的点位，用扎红绳标记的铁钉标志，通常情况下设中央分隔带的全幅路宽测 6 点，不设分隔带的全幅路宽测 5 点，具体间距根据要求而定。

③在跟踪测量前，应事先计算出预测点位的设计高程，填入“跟踪测量记录表”中，表中部为预测点桩号及其设计高程，左为左半幅跟踪测量记录，右为右半幅跟踪测量记录。

④跟踪测量实施。

a. 将水准仪安置在施工段适当处，照准后视已知水准点塔尺读数，记入“跟踪测量记录表”。

b. 当压路机暂停后，立即用水准前视法测记碾压段预测点塔尺读数(前视读数)。

c. 测读完毕，通知压路机继续碾压，并立即计算预测点实地高程和超填欠填数据抄录纸上，交给施工人员，立即进行人工整修。

d. 人工整修过的地方经碾压后，再测一次实地高程，如还超限，则再整修，直至符合精度要求。

4)上面层施工中补桩放线方法。

(4)上面层施工结束时的测量工作。

1)恢复中、边桩平面位置。

2)进行中、边桩施工标高放线。

3)在施工过程中，应对线路外形进行日常维护，外形管理的测量频度和质量标准列于表 10-13中。

表 10-13　外形维护的测量频度和质量标准

种类	项　目		频　度	质量标准	
				高速和一级	一般公路
底基层	纵断高程(mm)		一般公路每 20 延米一点，高速和一级公路每 20 延米一个断面，每断面 3～5 个点	+5 −15	+5 −20
	厚度(mm)	均值	每 1500～2000m²6 个点	−10	−12
		单个值	—	−25	−30

第十一章 管道工程测量与施工放线

管道工程测量是为各种管道设计和施工服务的，主要分为管道中线测量，管道纵横断面测量，带状地形图测量，管道施、竣工测量等。

第一节 管道中线测量

管道中线测量的任务是将设计的管道中线位置测设于实地并标记出来。其主要工作内容是测设管道的主点（起点、终点和转折点）、钉设里程桩和加桩等。管道施工放线主要是直线段中线桩的测量。

一、管线主点的测设

1. 根据控制点测设管线主点

管道主点类似于交通路线起点、终点、交点，即管道起点、终点、转折点。

当管道规划设计图上已给出管线起点、转折点和终点的设计坐标与附近控制的坐标时，可计算出测设数据，然后用极坐标法或交会法进行测设。

2. 根据地面上已有建筑物测设管线主点

主点测设数据可由设计时给定或根据给定坐标计算，然后用直角坐标法进行测设；当管道规划设计图的比例尺较大，管线是直接在大比例尺地形图上设计时，往往不给出坐标值，可根据与现场已有的地物（如道路、建筑物）之间的关系采用图解法来求得测设数据。如图 11-1 所示，AB 是原有管道，1、2 点是设计管道主点。欲在实地定出 1、2 等主点，可根据比例尺在图上量取长度 D、a、b，即得测设数据，然后用直角坐标法测设 2 点。

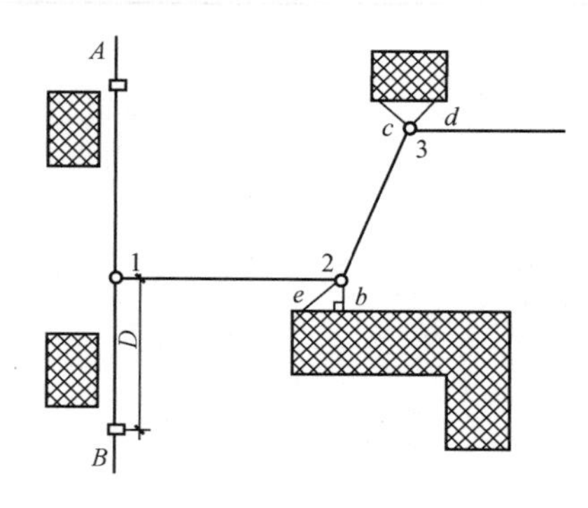

图 11-1 根据已有建筑物测设主点

主点测设好以后，应丈量主点间距离和测量管线的转折角，并与附近的测量控制点连测，以检查中线测量的成果。

二、钉(设)里程桩和加桩

为了测定管线长度和测绘纵、横断面图，沿管道中心线自起点每 50m 钉一里程桩。在 50m 之间地势变化处要钉加桩，在新建管线与旧管线、道路、桥梁、房屋等交叉处也要钉加桩。

里程桩和加桩的里程桩号以该桩到管线起点的中线距离来确定。管线的起点，给水管道以水源作为起点；排水管道以下游出水口作为起点；煤气、热力管道以供气方向作为起点。中线定好后应将中线展绘到现状地形图上。图上应反映出点的位置和桩号，管线与主要地物、地下管线交叉的位置和桩号，各主点的坐标、转折角等。如果敷设管道的地区没有大比例尺地形图，或在沿线地形变化较大的情况下，还需测出管道两侧各 20m 的带状地形图；如通过建筑物密集地区，需测绘至两侧建筑物处，并用统一的图式表示。

第二节　管道纵横断面测量

一、管道横断面测量

管道横断面测量是测定各里程桩和加桩处垂直于中线两则地面特征点到中线的距离和各点与桩点间的高差，据此绘制横断面图，供管线设计时计算土石方量和施工时确定开挖边界之用。横断面测量施测的宽度由管道的直径和埋深来确定，一般每侧为 10～20m。横断面测量方法与道路横断面测量相同。

当横断面方向较宽、地面起伏变化较大时，可用经纬仪视距测量的方法测得距离和高程并绘制横断面图。如果管道两侧平坦、工程面窄、管径较小、埋深较浅时，一般不做横断面测量，可根据纵断面图和开槽的宽度来估算土(石)方量。

二、管道纵断面测量

1. 管道纵断面测量的目的

根据管线附近的水准点，用水准测量方法测出管道中线上各里程桩和加桩点的高程，绘制纵断面图，为设计管道埋深、坡度和计算土方量提供资料。为了保证管道全线各桩点高程测量精度，应沿管道中线方向上每隔 1～2km 设一固定水准点，300m 左右设置一临时水准点，作为纵断面水准测量分段闭合和施工引测高程的依据。纵断面水准测量可从一个水准点出发，逐段施测中线上各里程桩和加桩的地面高程，然后附合到邻近的水准点上，以便校核，允许高差闭合差为 $\pm 12\sqrt{n}$mm。

2. 管道纵断面图的绘制

绘制管道纵断面图的方法可参考第十章的相关内容，其不同点如图 11-2 所示。

(1)管道纵断面图上部，要把本管线和旧管线相连接处以及交叉处的高程和管径按比例画在图上；

(2)图的下部格式没有中线栏，但有说明栏。

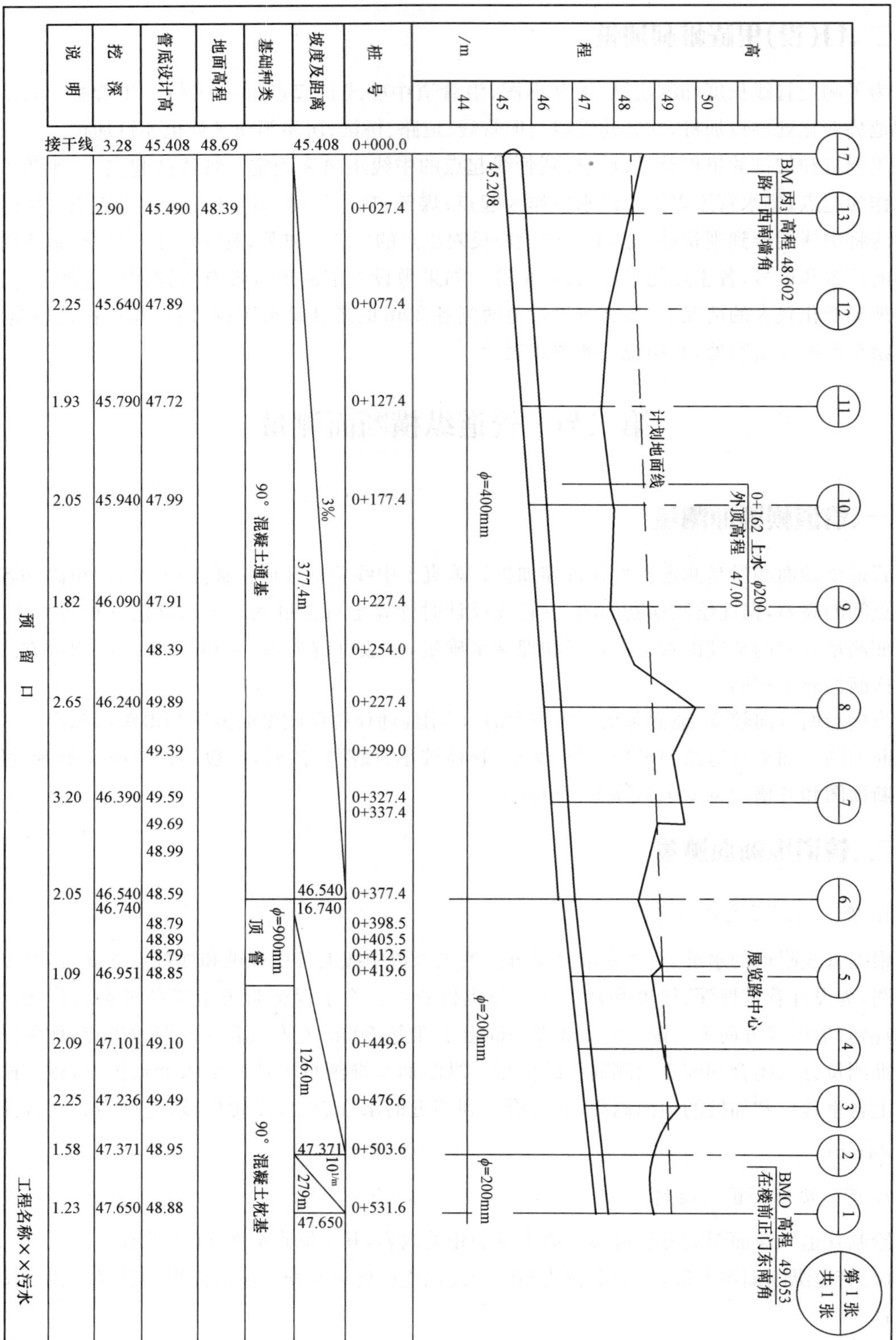

说明	挖深	管底设计高	地面高程	基础种类	坡度及距离	桩号
接干线	3.28	45.408	48.69		45.408	0+000.0
	2.90	45.490	48.39			0+027.4
2.25	45.640	47.89				0+077.4
1.93	45.790	47.72				0+127.4
2.05	45.940	47.99		90° 混凝土通基	3‰ 377.4m	0+177.4
1.82	46.090	47.91				0+227.4
		48.39				0+254.0
2.65	46.240	49.89				0+227.4
		49.39				0+299.0
3.20	46.390	49.59				0+327.4
		49.69				0+337.4
		48.99				
2.05	46.540	48.59			46.540	0+377.4
	46.740			φ=900mm 顶管	16.740	
		48.79				0+398.5
		48.89				0+405.5
		48.79				0+412.5
1.09	46.951	48.85				0+419.6
2.09	47.101	49.10			126.0m	0+449.6
2.25	47.236	49.49				0+476.6
1.58	47.371	48.95		90° 混凝土枕基	47.371	0+503.6
1.23	47.650	48.88			10‰ 279m 47.650	0+531.6

预留口

工程名称××污水

高程/m：44 45 46 47 48 49 50

17 13 12 11 10 9 8 7 6 5 4 3 2 1

BM 丙3 高程 48.602 路口西南墙角

45.208

计划地面线

0+162 上水 φ200 外顶高程 47.00

φ=400mm

φ=200mm

展览路中心

φ=200mm

BMO 高程 49.053 在楼前正门东南角

第1张 共1张

图 11-2 纵断面图

第三节　管道施工测量

一、施工前的测量工作

1. 熟悉图纸

应熟悉施工图纸、精度要求、现场情况，找出各主点桩、里程桩和水准点位置并加以检测，拟定测设方案，计算并校核有关数据，注意对设计图纸的校核。

2. 恢复中线和施工控制桩的测设

在施工时中桩要被挖掉，为了在施工时控制中线位置，应在不受施工干扰、引测方便、易于保存桩位的地方测设施工控制桩。施工控制桩分中线控制桩和位置控制桩。

(1)中线控制桩的测设。一般是在中线的延长线上钉设木桩并做好标记，如图 11-3 所示。

(2)附属构筑物位置控制桩的测设。一般是在垂直于中线方向上钉两个木桩。控制桩要钉在槽口外 0.5m 左右，与中线的距离最好是整分米数。恢复构筑物时，将两桩用小线连起，则小线与中线的交点即为其中心位置。

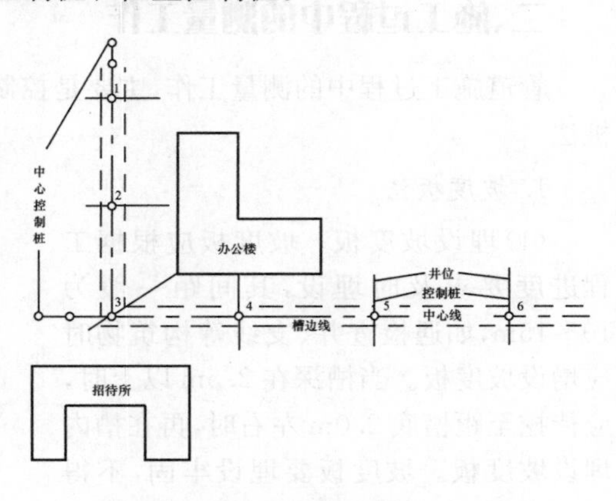

图 11-3　中线控制桩

3. 加密水准点

为了在施工中引测高程方便，应在原有水准点之间每 100～150m 增设临时施工水准点。

4. 槽口放线

槽口放线的任务是根据设计要求埋深和土质情况、管径大小等计算出开槽宽度，并在地面上定出槽边线位置。

(1)当地面平坦时，如图 11-4(a)所示，槽口宽度 B 的计算方法为：

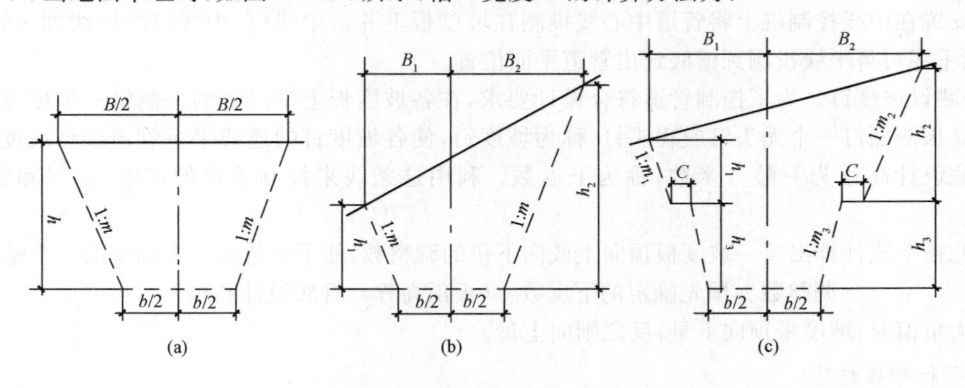

图 11-4　槽口放线

$$B=b+2mh \tag{11-1}$$

(2)当地面坡度较大，管槽深在 2.5m 以内时中线两则槽口宽度不相等，如图 11-4(b)所示。

$$\left.\begin{aligned}B_1&=b/2+m\cdot h_1\\B_2&=b/2+m\cdot h_2\end{aligned}\right\}\tag{11-2}$$

(3)当槽深在 2.5m 以上时，如图 11-4(c)所示。

$$\left.\begin{aligned}B_1&=b/2+m_1h_1+m_3h_3+C\\B_2&=b/2+m_2h_2+m_3h_3+C\end{aligned}\right\}\tag{11-3}$$

以上三式中　b——管槽开挖宽度；

m_i——槽壁坡度系数(由设计或规范给定)；

h_i——管槽左或右侧开挖深度；

B_i——中线左或右侧槽开挖宽度；

C——槽肩宽度。

二、施工过程中的测量工作

管道施工过程中的测量工作，主要是控制管道中线和高程。一般采用坡度板法和平行轴腰桩法。

1. 坡度板法

(1)埋设坡度板。坡度板应根据工程进度要求及时埋设，其间距一般为 10～15m，如遇检查井、支线等构筑物时应增设坡度板。当槽深在 2.5m 以上时，应待挖至距槽底 2.0m 左右时，再在槽内埋设坡度板。坡度板要埋设牢固，不得露出地面，应使其顶面近于水平。用机械开挖时，坡度板应在机械挖完土方后及时埋设。如图 11-5 所示。

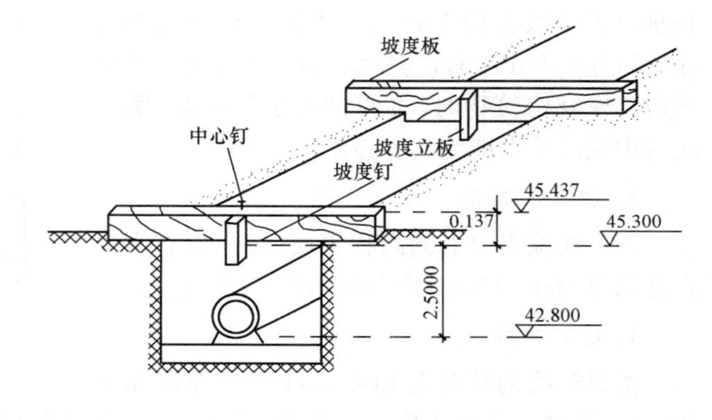

图 11-5　坡度板法

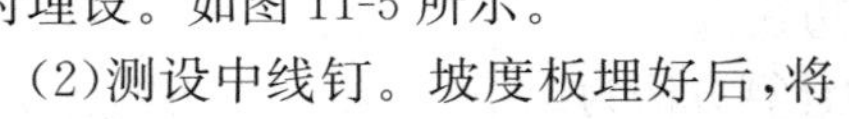
(2)测设中线钉。坡度板埋好后，将经纬仪安置在中线控制桩上将管道中心线投测在坡度板上并钉中线钉，中线钉的连线即为管道中线，挂垂线可将中线投测到槽底定出管道平面位置。

(3)测设坡度钉。为了控制管道符合设计要求，在各坡度板上中线钉的一侧钉一坡度立板，在坡度立板侧面钉一个无头钉或扁头钉，称为坡度钉，使各坡度钉的连线平行管道设计坡度线，并距管底设计高程为一整分米数，称为下返数。利用这条线来控制管道的坡度、高程和管槽深度。

为此按下式计算出每一坡度板顶向上或向下量的调整数，使下反数为预先确定的一个整数。

调整数＝预先确定的下反数－(板顶高程－管底设计高程)

调整数为负值时，坡度板顶向下量；反之则向上量。

2. 平行轴腰桩法

现场条件不便采用龙门板时，对精度要求较低或现场不便采用坡度板法时可用平行轴腰桩法测设施工控制标志。开工之前，在管道中线一侧或两侧设置一排或两排平行于管道中线的轴线桩，桩位应落在开挖槽边线以外，如图 11-6 所示。平行轴线离管道中线为 a，各桩间距以 15～20m 为宜，在检查井处的轴线桩应与井位相对应。

为了控制管底高程，在槽沟坡上(距槽底约1m左右)，测设一排与平行轴线桩相对应的桩，这排桩称为腰桩(又称水平桩)，作为挖槽深度，修平槽底和打基础垫层的依据。如图11-7所示。在腰桩上钉一小钉，使小钉的连线平行管道设计坡度线，并距管底设计高程为一整分米数，为下反数。

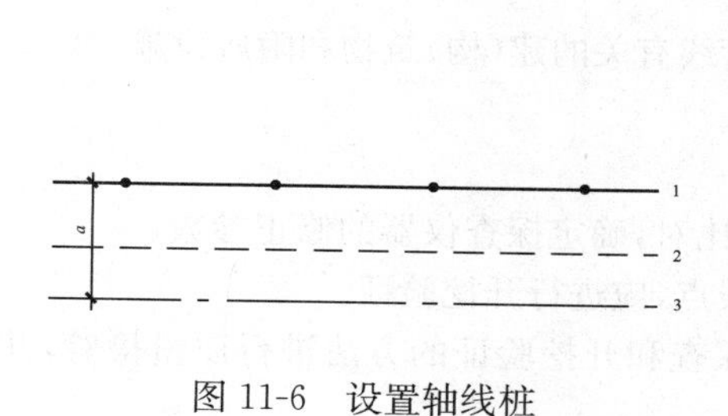

图11-6　设置轴线桩

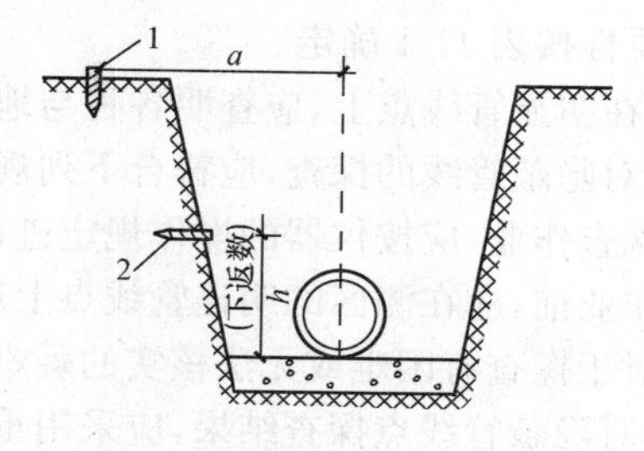

图11-7　平行轴腰桩法

1—平行轴线桩；2—腰桩

三、架空管道的施工测量

1. 管架基础施工测量

架空管道基础各工序的施工测量方法与桥梁明挖基础相同，不同点主要是架空管道有支架(或立杆)及其相应基础的测量工作。管架基础控制桩应根据中心桩测定。管线上每个支架的中心桩在开挖基础时将被挖掉，需将其位置引测到互相垂直的四个控制桩上，如图11-8所示。引测时，将经纬仪安置在主点上，在Ⅰ－Ⅱ方向上钉出a、b两控制桩，然后将经纬仪安置在支架中心点1，在垂直于管线方向上标定c、d两控制桩。

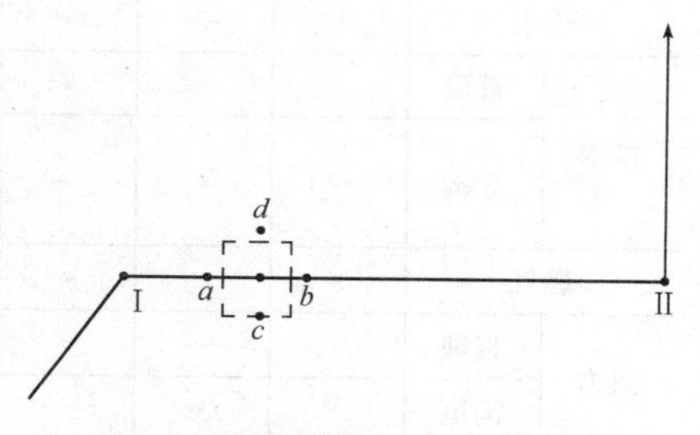

图11-8　管架基础测量

2. 支架安装测量

架空管道系安装在钢筋混凝土支架或钢支架上。安装管道支架时，应配合施工进行柱子垂直校正等测量工作，其测量方法、精度要求均与厂房柱子安装测量相同。管道安装前，应在支架上测设中心线和标高。中心线投点和标高测量容许误差均不得超过±3mm。

第四节　地下管线施工测量

一、地下管线调查

(1)地下管线调查，可采用对明显管线点的实地调查、隐蔽管线点的探查、疑难点位开挖等方法确定管线的测量点位。对需要建立地下管线信息系统的项目，还应对管线的属性做进一步的调查。

(2)隐蔽管线点探查的水平位置偏差ΔS和埋深较差ΔH，应分别满足下式要求：

$$\Delta S \leqslant 0.10 \times h$$

$$\Delta H \leqslant 0.15 \times h$$

式中　h——管线埋深(cm)，当$h<100$cm时，按100cm计。

(3)管线点，宜设置在管线的起止点、转折点、分支点、变径处、变坡处、交叉点、变材点、出(入)地口、附属设施中心点等特征点上；管线直线段的采点间距，宜为图上10～30cm；隐蔽管线点，应明显标识。

(4)地下管线的调查项目和取舍标准，宜根据委托方要求确定，也可依管线疏密程度、管径大小和重要性按表11-1确定。

(5)在明显管线点上，应查明各种与地下管线有关的建(构)筑物和附属设施。

(6)对隐蔽管线的探查，应符合下列规定。

1)探查作业，应按仪器的操作规定进行。

2)作业前，应在测区的明显管线点上进行比对，确定探查仪器的修正参数。

3)对于探查有困难或无法核实的疑难管线点，应进行开挖验证。

(7)对隐蔽管线点探查结果，应采用重复探查和开挖验证的方法进行质量检验，并分别满足下列要求。

表11-1　　地下管线调查项目和取舍标准

管线类型		埋深		断面尺寸		材质	取舍要求	其他要求
		外顶	内底	管径	宽×高			
给水		*	—	*	—	*	内径不小于50mm	—
排水	管道	—	*	*	—	*	内径不小于200mm	注明流向
	方沟	—	*	—	*	*	方沟断面不小于300mm×300mm	
燃气		*	—	*	—	*	干线和主要支线	注明压力
热力	直埋	*	—	—	—	*	干线和主要支线	注明流向
	沟道	—	*	—	—	*	全测	
工业管道	自流	—	*	*	—	*	工艺流程线不测	—
	压力	*	—	*	—	*		自流管道注明流向
电力	直埋	*	—	—	—	—	电压不小于380V	注明电压
	沟道	—	*	—	*	*	全测	注明电缆根数
通信	直埋	*	—	*	—	—	干线和主要支线	—
	管块	*	—	—	*	—	全测	注明孔数

注：1. * 为调查或探查项目。

2. 管道材质主要包括：钢、铸铁、钢筋混凝土、混凝土、石棉水泥、陶土、PVC塑料等。沟道材质主要包括：砖石、管块等。

1)重复探查的点位应随机抽取，点数不宜少于探查点总数的5%，并分别按式(11-4)、式(11-5)计算隐蔽管线点的平面位置中误差m_H，和埋深中误差m_V，其数值不应超过限差的1/2。

隐蔽管线点的平面位置中误差：

$$m_H=\sqrt{\frac{[\Delta S_i \Delta S_i]}{2n}} \tag{11-4}$$

隐蔽管线点的埋深中误差：

$$m_v=\sqrt{\frac{[\Delta H_i \Delta H_i]}{2n}} \tag{11-5}$$

式中　ΔS_i——复查点位与原点位间的平面位置偏差(cm)；

ΔH_i——复查点位与原点位的埋深较差(cm)；

n——复查点数。

2)开挖验证的点位应随机抽取，点数不宜少于隐蔽管线点总数的 1%，且不应少于 3 个点。

二、地下管线信息系统

(1)地下管线信息系统，可按城镇大区域建立，也可按居民小区、校园、医院、工厂、矿山、民用机场、车站、码头等独立区域建立，必要时还可按管线的专业功能类别如供油、燃气、热力等分别建立。

(2)地下管线信息系统，应具有以下基本功能。

1)地下管线图数据库的建库、数据库管理和数据交换。

2)管线数据和属性数据的输入和编辑。

3)管线数据的检查、更新和维护。

4)管线系统的检索查询、统计分析、量算定位和三维观察。

5)用户权限的控制。

6)网络系统的安全监测与安全维护。

7)数据、图表和图形的输出。

8)系统的扩展功能。

(3)地下管线信息系统的建立，应包括以下内容。

1)地下管线图库和地下管线空间信息数据库。

2)地下管线属性信息数据库。

3)数据库管理子系统。

4)管线信息分析处理子系统。

5)扩展功能管理子系统。

(4)地下管线信息的要素标识码，可按现行国家标准《城市地理要素——城市道路、道路交叉口、街坊、市政工程管线编码结构规则》(GB/T 14395—1993)的规定执行；地下管线信息的分类编码，可按国家现行标准《城市地下管线探测技术规程》(CJJ 61—2003)的相关规定执行。不足部分，可根据其编码规则扩展和补充。

(5)地下管线信息系统建立后，应根据管线的变化情况和用户要求进行定期维护、更新。

(6)当需要对地下管线信息系统的软、硬件进行更新或升级时，必须进行相关数据备份，并确保在系统和数据安全的情况下进行。

三、地下管线测量

(1)地下管道开挖中心线及施工控制桩的测设是根据管线的起止点和各转折点，测设管线沟的挖土中心线，一般每 20m 测设一点。中心线的投点允许偏差为±10mm。量距的往返相对闭合差不得大于 1/2000。管道中线定出以后，就可以根据中线位置和槽口开挖宽度，在地面上洒灰线标明开挖边界。在测设中线时应同时定出井位等附属构筑物的位置。由于管道中线桩在施工中要被挖掉，为了便于恢复中线和附属构筑物的位置，应在不受施工干扰、易于保存桩位的地方，测设施工控制桩。管线施工控制桩分为中线控制桩和井位等附属构筑物位置控制桩两种。中线控制桩一般是测设在主点中心线的延长线点。井位控制桩则测设于管道中线的垂直线上(图11-9)。控制桩可采用大木桩，钉好后必须采取适当保护措施。

(2)由横断面设计图查得左右两侧边桩与中心桩的水平距离，如图 11-10 中的 a 和 b，施测时在中心桩处插立方向架测出横断面位置，在断面方向上，用皮尺抬平量定 A、B 两点位置各钉立一个边桩。相邻断面同侧边桩的连线，即为开挖边线，用石灰放出灰线，作开挖的界限。开挖边线的宽度是根据管径大小、埋设深度和土质等情况而定。如图 11-11 所示，当地面平坦时，开挖槽口宽度采用下式计算：

$$d=b+2mh \tag{11-6}$$

式中 b——槽底宽度；

h——挖土深度；

m——边坡率。

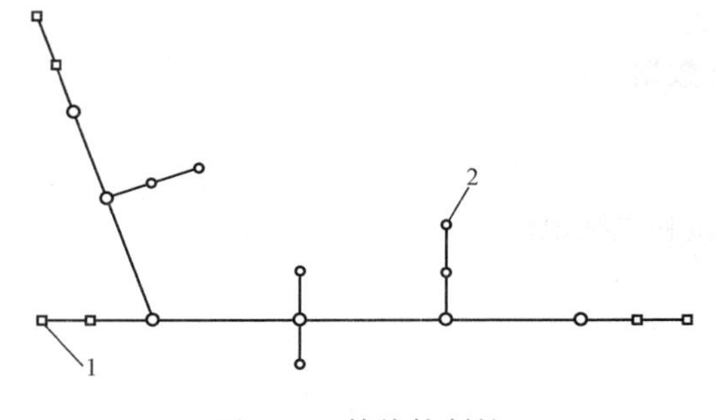

图 11-9 管线控制桩

1—中线控制桩；2—井位控制桩

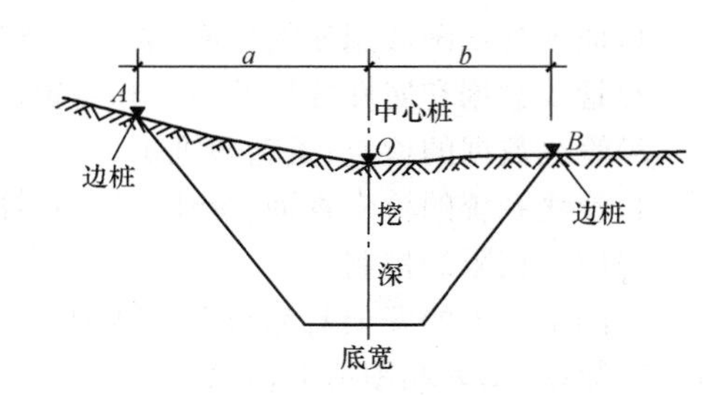

图 11-10 横断面测设示意

（3）坡度又称龙门板。在每隔 10m 或 20m 槽口设置一个坡度板（图 11-12），作为施工中控制管道中线和位置，掌握管道设计高程的标志。坡度板必须稳定、牢固，其顶面应保持水平。用经纬仪将中心线位置测设到坡度板上，钉上中心钉，安装管道时，可在中心钉上悬挂垂球，确定管中线位置。以中心钉为准，放出混凝土垫层边线，开挖边线及沟底边线（图 11-12）。

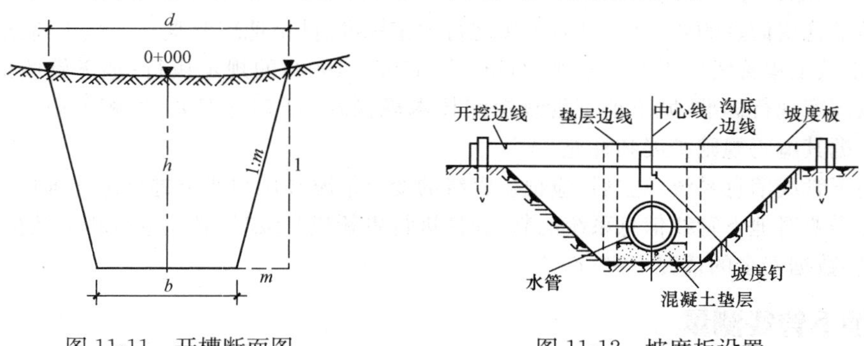

图 11-11 开槽断面图

图 11-12 坡度板设置

为了控制管槽开挖深度，应根据附近水准点测出各坡度板顶的高程。管底设计高程，可在横断面设计图上查得。坡度板顶与管底设计高程之差称为下返数。由于下返数往往非整数，而且各坡度板的下返数都不同，施工检查时很不方便。为了使一段管道内的各坡度板具有相同的下返数（预先确定的下返数），为此，可按下式计算每一坡度板顶向上或向下量取调整数。

调整数＝预先确定下返数－（板顶高程－管底设计高程）

（4）地下管线施工测量允许偏差。

自流管的安装标高或底面模板标高每 10m 测设一点（不足时可加密）；其他管线每 20m 测设一点。管线的起止点、转折点、窨井和埋设件均应加测标高点。各类管线安装标高和模板标高的测量允许偏差，应符合表 11-2 的规定。

管线的地槽标高，可根据施工程序，分别测设挖土标高和垫层面标高，其测量允许偏差为±10mm。

地槽竣工后，应根据管线控制点投测管线的安装中心线或模板中心线，其投点允许偏差为±5mm。

表 11-2　　管线标高测量允许偏差

管线类别	标高允许偏差(mm)
自流管(下水道)	±3
气体压力管	±5
液体压力管	±10
电缆地沟	±10

第五节　顶管施工测量

一、顶管测量准备工作

1. 中线桩的测设

中线桩是工作坑放线和测设坡度板中线钉的依据。测设时应根据设计图纸的要求，根据管道中线控制桩，用经纬仪将顶管中线桩分别引测到工作坑的前后，并钉以大铁钉或木桩，以标定顶管的中线位置(图 11-13)。中线桩钉好后，即可根据它定出工作坑的开挖边界，工作坑的底部尺寸一般为 4m×6m。

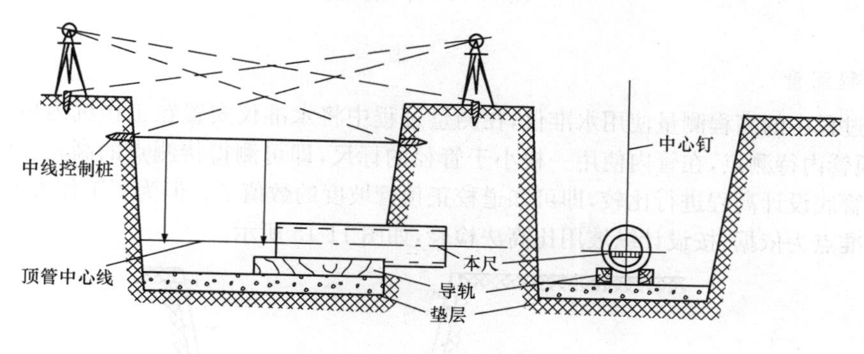

图 11-13　中线桩测设

2. 临时水准点的测设

为控制管道按设计高程和坡度顶进，应在工作坑内设置临时水准点。一般在坑内顶进起点的一侧钉设一大木桩，使桩顶或桩一侧的小钉的高程与顶管起点管内底设计高程相同。

3. 导轨的安装

导轨安装在土基础或混凝土基础上。基础面的高程及纵坡都应当符合设计要求(中线处高程应稍低，以利于排水和防止摩擦管壁)。根据导轨宽度安装导轨，根据顶管中线桩及临时水准点检查中心线及高程，检查无误后，将导轨固定。

二、顶进过程中的测量

1. 中线测量

通过顶管的两个中线桩位一条细线，并在细线上挂两个垂球，然后贴靠两垂球线再拉紧一水平细线，这根水平细线即标明了顶管的中线方向。为了保证中线测量的精度，两垂球间的距离尽可能远些。这时在管内前端横放一水平尺，其上有刻划和中心钉，尺长等于或略小于管径。顶管时用水准器将尺找平。通过拉入管内的小线与水平尺上的中心钉比较，可知管中心是否有偏差，尺上中心钉偏向哪一侧，就说明管道也偏向哪个方向。为了及时发现顶进时中线是否有偏差，中线测量以每顶进 0.5～1.0m 量一次为宜。其偏差值可直接在水平尺上读出，若左右偏差超过 1.5cm，则需要进行中线校正。如图 11-14 这种方法在短距离顶管是可行的，当距离超过 50m 时，应分段施工，可在管线上每隔 100m 设一工作坑，采用对顶施工方法。这种方法适用于短距离的顶管，当距离超过 50m 时，则应该分段施工，可在管线上每隔 100m 设一工作坑，采用对顶施工方法。

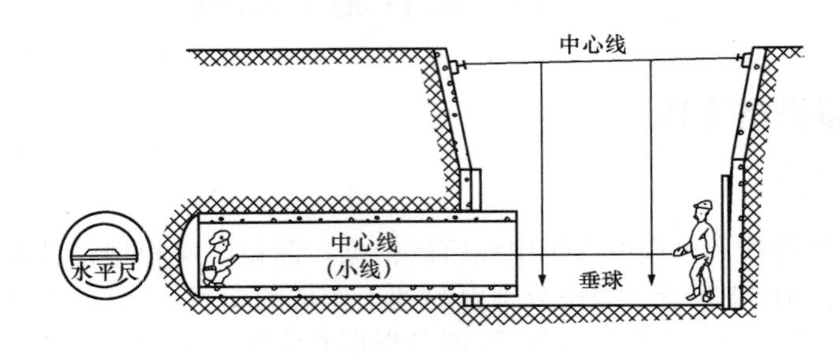

图 11-14　中线测量

2. 高程测量

顶进过程中的高程测量使用水准仪，在测量过程中将水准仪安置在工作坑内后视临时水准点，前视顶管内待测点，在管内使用一根小于管径的标尺，即可测得待测点的高程。将测得的管底高程与管底设计高程进行比较，即可知道校正顶管坡度的数值了。但为了工作方便，一般以工作坑内水准点为依据，按设计纵坡用比高法检验，如图 11-15 所示。

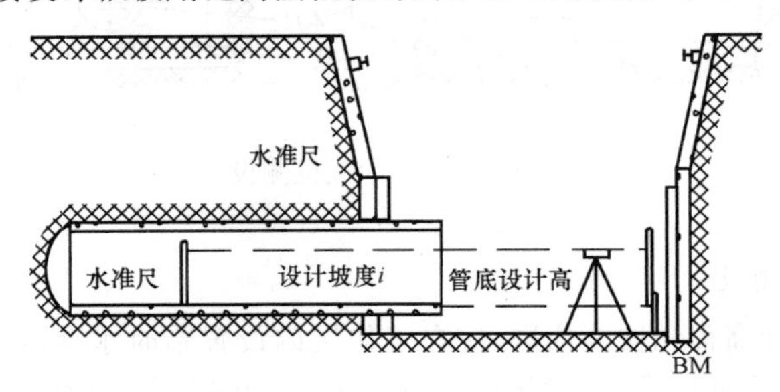

图 11-15　高程测量

表 11-3 是顶管施工测量记录格式，反映了顶进过程中的中线与高程情况，是分析施工质量的重要依据。根据规范规定施工时应达到以下几点要求。

(1)高程偏差：高不得超过设计高程 10mm，低不得超过设计高程 20mm；

(2)中线偏差:左右不得超过设计中线30mm;

表 11-3　　顶管施工测量记录

井号	里程	中心偏差(m)	水准点尺上读数(m)	该点尺上应读数(m)	该点尺上实读数(m)	高程误差(m)	备　注
8号	0+180.0	0.000	0.742	0.736	0.735	−0.001	水准点高程为:12.558m $i=+5‰$ 0+管底高程为:12.564m
	0+180.5	左0.004	0.864	0.856	0.853	−0.003	
	0+181.0	右0.005	0.769	0.758	0.760	+0.002	
	……	……	……	……	……	……	
	0+200.0	右0.006	0.814	0.869	0.683	−0.006	

第六节　管道竣工测量

管道工程竣工后,为了反映施工成果应及时进行竣工测量,应整理并编绘全面的竣工资料和竣工图。竣工图是管道建成后进行管理、维修和扩建时不可缺少的依据。管道竣工图分为管道竣工平面图与管道竣工断面图两种。

一、管道竣工纵断面图

管道竣工纵断面图应能全面地反映管道及其附属构筑物的高程。一定要在回填土以前测定检查井口和管顶的高程。管底高程由管顶高程和管径、管壁厚度计算求得,井间距离用钢尺丈量。如果管道互相穿越,在断面图上应表示出管道的相互位置,并注明尺寸。如图11-16为管道竣工断面图示例。

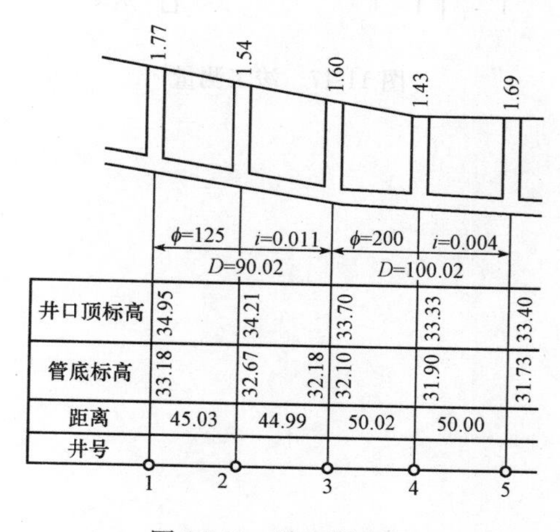

图 11-16　竣工断面图

二、管道竣工平面图

竣工平面图应能全面地反映管道及其附属构筑物的平面位置。测绘的主要内容有:管道的主点、检查井位置以及附属构筑物施工后的实际平面位置和高程。图上还应标有:检查井编号、井口顶高程和管底高程,以及井间的距离、管径等。对于给水管道中的阀门、消火栓、排气装置等，应用符号标明。如图 11-17 是管道竣工平面图示例。管道竣工平面图的测绘，可利用施工控制网测绘竣工平面图。当已有实测详细的平面图时，可以利用已测定的永久性的建筑物来测绘管道及其构筑物的位置。

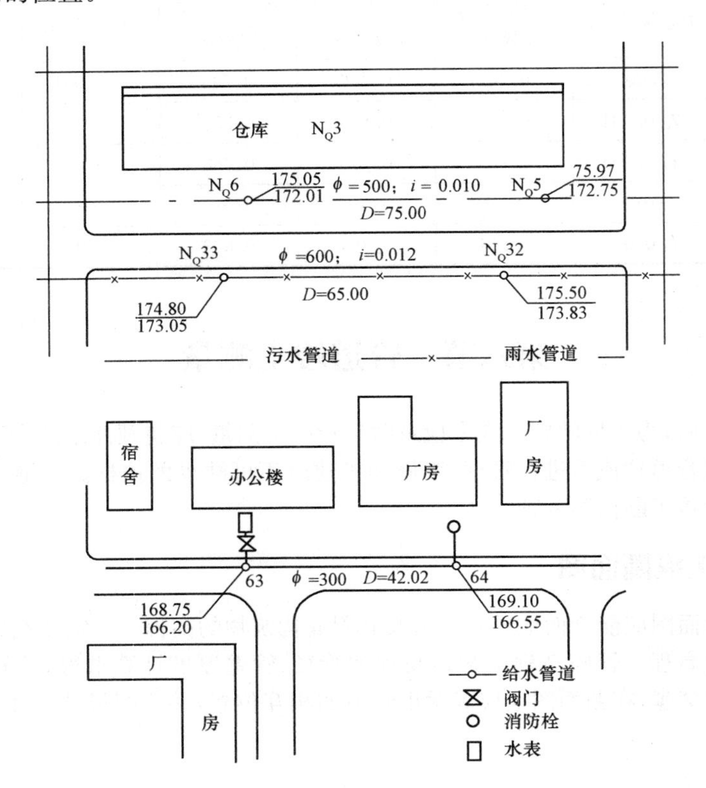

图 11-17 竣工测量

第十二章　桥涵工程测量与施工放线

桥梁施工测量包括施工控制测量、桥梁墩台定位、墩台施工细部放线、梁的架设及竣工后的变形观测等内容。桥梁按其轴线的长度分为不同的种类，包括有特大桥、大桥、中桥、小桥四种，分类的标准分别为与其对应的大于 500m、100～500m、30～100m 和小于 30m。

第一节　桥梁施工控制测量

一、桥梁施工控制的任务

桥梁施工控制的主要任务是布设平面控制网、布设施工临时水准点网、控制桥轴线、按照规定精度求出桥轴线的长度。根据桥梁的大小、桥址地形和河流水流情况，桥轴线桩的控制方法有直接丈量法和间接丈量法两种。

二、一般规定

(1)桥梁施工项目，应建立桥梁施工专用控制网。对于跨越宽度较小的桥梁，也可利用勘测阶段所布设的等级控制点，但必须经过复测，并满足桥梁控制网的等级和精度要求。

(2)桥梁施工控制网等级的选择，应根据桥梁的结构和设计要求合理确定，并符合表 12-1 的规定。

表 12-1　　桥梁施工控制网等级的选择

桥长 L(m)	跨越的宽度 l(m)	平面控制网的等级	高程控制网的等级
$L>5000$	$l>1000$	二等或三等	二等
$2000\leqslant L\leqslant 5000$	$500\leqslant l\leqslant 1000$	三等或四等	三等
$500<L<2000$	$200<l<500$	四等或一级	四等
$L\leqslant 500$	$l\leqslant 200$	一级	四等或五等

注：1. L 为桥的总长。

2. l 为跨越的宽度指桥梁所跨越的江、河、峡谷的宽度。

三、平面控制测量

(1)当路线平面控制测量的精度、控制点分布、控制点的桩志规格不能满足桥梁设计需要时，应在定测阶段布设桥梁平面控制测量网。

(2)桥梁的每一端附近应设置 2 个及以上的平面控制点，并应便于放线和联测使用，控制点间应相互通视。

(3)桥梁平面控制测量精度和等级，应按表 12-1 要求确定，同时还应满足表 12-2 桥轴线相对中误差的要求。对特殊结构的桥梁，应根据其施工允许误差，确定控制测量的精度和等级。

(4)桥梁平面测量控制网采用的坐标系宜与路线控制测量相同，但当路线测量坐标系的长度投影变形对桥梁控制测量的精度产生影响时，应采用独立坐标系，其投影面宜采用桥墩、台顶平均设计高程面。桥梁平面测量控制网应采用自由网的形式，选定基本平行于桥轴线的一条长边作为基线边与路线控制点联测，作为控制网的起算数据。联测的方法和精度与桥梁控制网的要求相同。

表 12-2　　桥轴线相对中误差

测量等级	桥轴线相对中误差	测量等级	桥轴线相对中误差
二等	≤1/150000	一级	≤1/40000
三等	≤1/100000	二级	≤1/20000
四等	≤1/60000		

(5)桥位平面控制测量，可采用多边形、双大地四边形、导线网形式。采用的观测方法、仪器设备、技术指标应满足确定的精度和等级要求。

(6)在桥轴线方向上，可根据需要每岸设置 2 个以上桥位控制桩，桥位桩放线精度应达到二级导线精度要求。桥位桩应设于土质坚实、稳定可靠、不被淹没和冲刷、地势较高、通视良好处。一般采用混凝土桩，山区有岩石露头处，可利用坚固的岩石设置，荒漠戈壁、森林、人烟稀少地区也可设置木质方桩。桥位控制桩宜纳入桥梁控制网进行平差计算。

(7)特大桥的桥梁专用控制点宜采用具有强制对中装置的观测墩，观测墩中应埋置钢管至弱风化层，观测墩的高度视通视条件而定，应保证相邻点间互相通视。

(8)初测阶段布设的路线平面测量控制网可以满足桥梁设计需要时，应进行下列工作：

1)检查和校核初测阶段的勘测资料和成果，各项精度和要求应符合规定。

2)现场逐一检查平面控制点的完好程度。

3)当检查确认所有标志完好时，方可进行检测。检测成果在限差以内时，采用初测成果；超限时应复测并重新计算。

4)只恢复补设个别标志时，采用插网的形式；当恢复或补设的标志较多时，应重新布网并施测。

四、桥轴线长度的测量方法

1. 直接丈量法

当桥跨较小、河流水较浅时，可以用直接丈量法测定桥梁轴线长度，其具体的操作步骤如下：

(1)清理桥轴线范围内场地。

(2)经纬仪置于桥轴线一控制桩上，定出轴线方向，每隔一整尺距离钉设一个木桩，木桩要钉牢，不能有一点晃动。在桩顶钉设一白铁皮，并在其上划一十字，十字中心应在桥轴线上，作为量距的标志。

(3)用水准仪测出相邻桩顶间的高差，计算倾斜改正。为了检核，通常应测量两次。第二次可放在丈量结束后进行，以检查丈量过程中木桩是否有变动。

(4)应使用检定过的钢尺。丈量时用重锤或弹簧秤施以标准拉力。每一尺段可连续测量三次，每次读数时应稍微变更钢尺的位置。读数读至 0.1mm。三次测量的结果，其较差不得大于限差要求，取其平均值。

(5)在丈量距离的同时应测量一次温度。

(6)计算每一尺段的尺长、温度及倾斜改正，求得改正后的尺段长度。然后将各尺段长度取和，得到桥轴线测量一次的长度。

(7)一般应往返丈量至少各一次，称为一测回。依据丈量精度要求，可测数测回。桥轴线长度取数测回的平均值。

(8)计算桥轴线长度中误差：

$$M=\pm\sqrt{\frac{[vv]}{n(n-1)}} \tag{12-1}$$

相对中误差：

$$K=\frac{M}{L}=\frac{1}{\frac{L}{M}} \tag{12-2}$$

式中　v——桥轴线平均长度与每次丈量结果之差；

n——丈量次数；

L——桥轴线平均长度。

2. 间接丈量法

当桥跨较大、水深流急，而无法直接丈量时，应采用三角网法测量。在间接丈量法中，桥梁三角网布置要保证各三角点应相互通视，不受施工干扰和易于永久性保存，基线不少于两条，其线一端应于桥轴成连接，并尽量使其垂直，其长度宜为桥轴线长度0.7～1.0倍；三角网中所有角度布设在30°～120°间。

3. 光电测距法

光电测距一般采用全站仪，用全站仪进行直线桥梁墩、台定位，简便、快速、精确，只要墩、台中心处可以安置反射棱镜，并且仪器与棱镜能够通视，即使其间有水流障碍亦可采用。

测设时最好将仪器置于桥轴线的一个控制桩上，瞄准另一控制桩，此时望远镜所指方向为桥轴线方向。在此方向上移动棱镜，通过测距仪定出各墩、台中心。这样测设可以有效地控制横向误差。如在桥轴线控制桩上测设遇有障碍，也可将仪器置于任何一个控制点上，利用墩、台中心的坐标进行测设。为确保测设点位的准确，测后应将仪器迁至另一控制点上再测设一次进行校核。

五、高程控制测量

1. 高程控制数据

桥梁高程控制网的起算高程数据是由桥址附近的国家水准点或其他已知水准点引入。这只是为取得统一的高程系统，而桥梁高程控制网仍是一个自由网，不受已知高程点的约束，保证网本身的精度。

放线桥墩、台高程的精度，除了受施工放线误差的影响，控制点间高差的误差也是一个重要的影响因素。因此高程控制网必须要有足够高的精度。对于水准网、水准点之间的联测及起算高程的引测一般采用三等。跨河水准测量当跨河距离小于800m时采用三等，大于800m则应采用二等。

2. 水准点的布设与测量

在布设水准点时，对于桥长在200m以内的大、中桥，可在河两岸各设置一个。当桥长超过

200m时，由于两岸联测起来有一定难度，当水准点高程发生变化时不易复查，所以每岸至少应设置两个水准点。为了便于施工，还可设立若干个施工水准点。

水准点应设在距桥中线50～100m范围内，坚实、稳固、能够长久保留，便于引测使用的地方，而且不易受施工和交通的干扰。相邻水准点之间的距离一般不应大于500m。此外，在桥墩较高，两岸陡峭的情况下，应在不同高度设置水准点，以便于放线桥墩的高程。

桥梁高程控制网应与路线采用同一个高程系统，所以要与路线水准点进行联测，但是联测的精度可略低于施测桥梁高程控制网的精度。因为它不会影响到桥梁各部高程放线的相对精度。

为了确保两岸水准点之间高程的相对精度，跨河水准测量的精度至为重要，因此它在桥梁高程控制测量中精度要求最高。根据跨河水面宽度的不同，而采用单线过河或双线过河。一般说来，跨河水面宽度在300m以下时，可采用单线过河；超过300m则应采用双线过河，且应构成水准闭合环。

跨河水准测量的跨河地点应选在距桥轴线不远、河面最窄处。水准视线不宜通过草丛、沙滩的上方。当视线长度在300m以下时，视线距水面的高度应大于或等于2m；在300m以上时，则应大于或等于3m。若视线高度不能满足以上要求，可建造稳固的观测台。观测时间及气象条件，应选在成像最为稳定的时刻。全部观测的测回数应平均分配在上午与下午进行，以减弱一些与气象有关的系统误差的影响。

水准测量开始作业之前，按照国家水准测量规范的规定，对用于作业的水准仪和水准尺应进行检验与校正。水准测量的实施方法及限差要求亦要按相关规范规定进行。

第二节　桥梁三角网测量

一、桥梁三角网布设要求

(1)在河流两岸的桥轴线上各设一个三角点，三角点距桥台的设计位置不应太远，以保证桥台的放线精度。放线桥墩时，仪器安置在桥轴线上的三角点上进行交会，以减少横向误差。

(2)图形应具有足够的强度，使测得的桥轴线长度的精度能满足施工要求，并能够利用这些三角点以足够的精度用前方交会法放线桥墩。在主网的三角点数目不能满足施工需要时，能方便地增设插点。

(3)三角点均应选在地势较高、土质坚实稳定、便于长期保存的地方，并且三角点的通视条件要好。要避免旁折光和地面折光的影响，要尽量避免造标。

(4)三角网的边长一般在0.5～1.5倍河宽的范围内变动。基线长度不小于桥轴线长度的0.7倍，一般在两岸各设一条，以提高三条网的精度及增加检核条件。基线如用钢尺直接丈量，以布设成整尺段的倍数为宜。并且基线场地应选在土质坚实、地势平坦的地段。

二、桥梁三角网的布设形式

桥梁三角网的基本图形为大地四边形和三角形，并以控制跨越河流的正桥部分为主。图12-1为桥梁三角网最为常用的图形。图12-1(a)、(b)两种图形适用于桥长较短而需要交会的水中墩、台数量不多的情况。图12-1(c)、(d)两种图形的控制点数多、图形坚强、精度高、便于交会墩位，适用于特大桥。图 12-1(e)为利用江河中的沙洲建立控制网的情况。

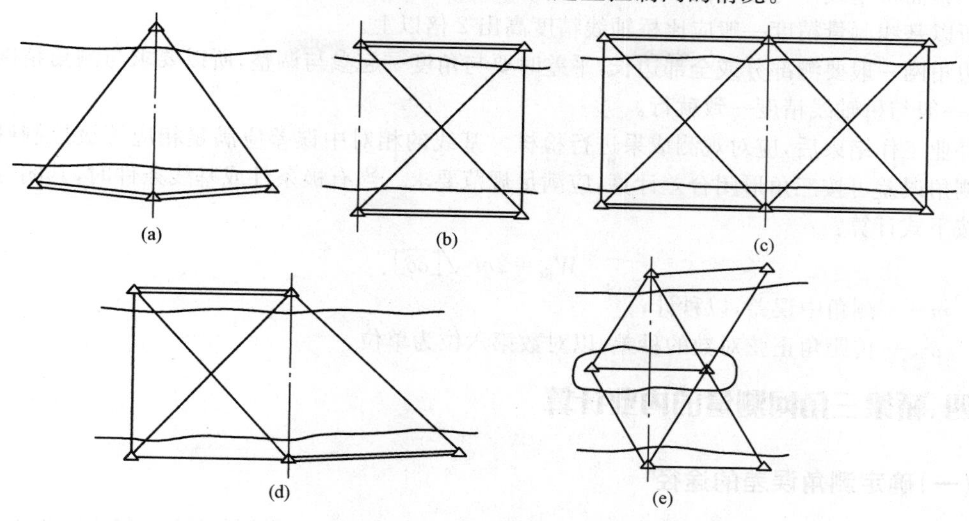

图 12-1　桥梁三角网常用图形

(a)、(b)适于桥长较短的情况；(c)、(d)适于特大桥；(e)利于沙洲建立控制网

三、桥梁三角网测量的外业

桥梁三角网测量的外业主要包括角度测量和边长测量两方面内容。

1. 角度测量

角度观测一般采用方向观测法。观测时应选择距离适中、通视良好、成像清晰稳定、竖直角仰俯小、折光影响小的方向作为零方向。

角度观测的测回数由三角网的等级和仪器的类型确定。具体规定见表 12-3。

表 12-3　三角网等级和仪器类型与测回数的关系

测回数（等级/仪器类型）	二	三	四	五	六	七
J_1	12	9	6	4	2	
J_2		12	9	6	4	2
J_6			12	9	6	4

2. 边长测量

瓦线尺丈量是最精密的测距方法，用于二、三等网的基线丈量，然而组织这样一次丈量是非常困难的。现在已有高精度的基线光电测距仪可用于二、三等网基线测量，为测距工作带来许多方便。三等以下则可用一般光电测距仪测定，也可用钢尺精密量距的方法。直接丈量的测回数以 1～4 为宜。

桥梁三角网一般只测两条基线，其他边长则根据基线及角度推算。在平差中，由于只对角度进行调整而将基线作为固定值，因此基线测量的精度应远高于测角精度而使基线误差可忽略不计。所以基线测量精度一般应比桥轴线精度高出 2 倍以上。

边角网一般要测部分或全部边长，平差时要与角度一起参与调整，所以要求与测角精度相当即可，一般与桥轴线精度一致就行。

外业工作结束后，应对观测成果进行检核。基线的相对中误差应满足相应等级控制网的要求。测角误差可按三角形闭合差计算，应满足规范要求。当有极条件或基线条件时，其闭合差的限差按下式计算：

$$W_{限}=2m\sqrt{[\delta\delta]} \tag{12-3}$$

式中 m——测角中误差，以秒计；

δ——传距角正弦对数的秒差、以对数第六位为单位。

四、桥梁三角网测量的内业计算

(一)确定测角误差的途径

角度和边长的权之间的比例关系可由两者的中误差确定。确定测角中误差一般通过两种途径：

(1)根据所用仪器的类型及测回数，参照相关规范中相应等级的三角测量精度来确定。

(2)根据网中三角形闭合差按菲列罗公式计算，即：

$$m_\beta=\pm\sqrt{\frac{[f_\beta f_\beta]}{3n}} \tag{12-4}$$

式中 f_β——三角形闭合差；

n——三角形的个数。

对于边角网的边长，一般采用光电测距仪测定。所以，边长中误差可根据仪器给出的标称误差得到，即：

$$m_s=\pm(a+b\times10^{-6}D)\text{mm} \tag{12-5}$$

式中 a——固定误差；

b——比例误差系数；

D——所测边长。

在一般情况下，角度观测的精度是相同的，通常取角度的权为 1，此时单位权中误差 $\mu=m_\beta$，所以各边长的权可由下式确定：

$$P_{s_i}=\frac{m_\beta^2}{m_{s_i}^2} \tag{12-6}$$

(二)角梁三角网平差计算方法

1. 列改正数条件方程

图 12-2 所示的三角形观测六个内角 α_1、α_2、…、α_6 和三条边 D_1、D_2、D_3，可列出两个图形条件式和两个正弦条件式，即：

$$\left.\begin{aligned}\alpha_1+\alpha_2+\alpha_3-180^\circ&=0\\ \alpha_4+\alpha_5+\alpha_6-180^\circ&=0\\ D_1\sin\alpha_2-D_2\sin\alpha_1&=0\\ D_2\sin\alpha_6-D_3\sin\alpha_5&=0\end{aligned}\right\} \tag{12-7}$$

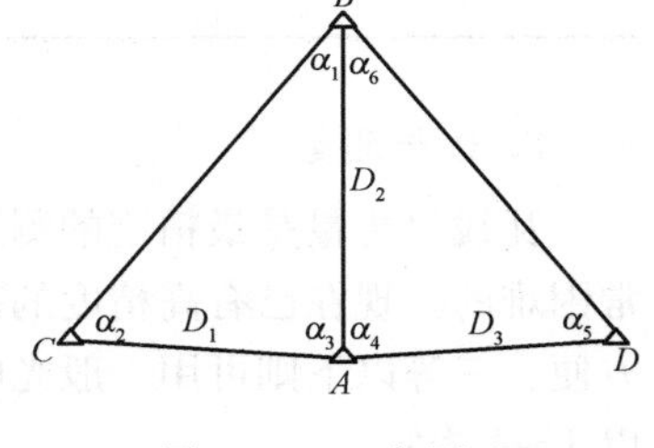

图 12-2 三角网

因观测值带有误差，上述条件不能满足，产生下列闭合差：

$$\left.\begin{aligned}\omega_1&=\alpha_1+\alpha_2+\alpha_3-180^\circ\\\omega_2&=\alpha_4+\alpha_5+\alpha_6-180^\circ\\\omega_3&=D_1\sin\alpha_2-D_2\sin\alpha_1\\\omega_4&=D_2\sin\alpha_6-D_3\sin\alpha_5\end{aligned}\right\}\tag{12-8}$$

式中 ω 表示角闭合差。

为了从函数式推导出改正数条件方程，现对式(12-7)的第三式取全微分得：

$$\sin\alpha_2\,\mathrm{d}D_1+D_1\cos\alpha_2\,\frac{\mathrm{d}\alpha_2}{\rho}-\sin\alpha_1\,\mathrm{d}D_2-D_2\cos\alpha_1\,\frac{\mathrm{d}\alpha_1}{\rho}=0\tag{12-9}$$

用改正数代替上式中相对应的微分得改正条件方程为：

$$\sin\alpha_2\,v_{D1}-\sin\alpha_1\,v_{D2}+\frac{D_1}{\rho}\cos\alpha_2\,v_2-\frac{D_2}{\rho}\cos\alpha_1\,v_1+\omega_3=0\tag{12-10}$$

同理得双三角形改正数条件方程组：

$$\left.\begin{aligned}&v_1+v_2+v_3+\omega_1=0\\&v_4+v_5+v_6+\omega_3=0\\&\sin\alpha_2\,v_{D1}-\sin\alpha_1\,v_{D2}+\frac{D_1}{\rho}\cos\alpha_2\,v_2-\frac{D_2}{\rho}\cos\alpha_1\,v_1+\omega_3=0\\&\sin\alpha_6\,v_{D2}-\sin\alpha_5\,v_{D3}+\frac{D_2}{\rho}\cos\alpha_6\,v_6-\frac{D_3}{\rho}\cos\alpha_5\,v_5+\omega_4=0\end{aligned}\right\}\tag{12-11}$$

式中 v 为改正数。

计算时，ω_1 和 ω_2 及角度改正数以秒为单位，则 ρ 以秒表示；如边长以毫米为单位，则 ω_3 和 ω_4 及边长改正数的单位都是毫米。

2. 列法方程

令测角中误差 m_β 为单位权中误差，则角度的权为：

$$P_\beta=1\tag{12-12}$$

边长的权为：

$$P_{Di}=m_\beta^2/m_D^2\tag{12-13}$$

式中 m_β 由菲列罗公式计算而得，边长的中误差一般可采用测距仪的标称误差。则：

$$m_D=\pm(5\text{mm}+5\times10^6D)\tag{12-14}$$

误差及权倒数、改正数，按下式：

$$\left.\begin{aligned}\left[\frac{aa}{P}\right]K_a+\left[\frac{ab}{P}\right]K_b+\left[\frac{ac}{P}\right]K_c+\left[\frac{ad}{P}\right]K_d+\omega_1=0\\\left[\frac{ab}{P}\right]K_a+\left[\frac{bb}{P}\right]K_b+\left[\frac{bc}{P}\right]K_c+\left[\frac{bd}{P}\right]K_d+\omega_2=0\\\left[\frac{ac}{P}\right]K_a+\left[\frac{bc}{P}\right]K_b+\left[\frac{cc}{P}\right]K_c+\left[\frac{cd}{P}\right]K_d+\omega_3=0\\\left[\frac{ad}{P}\right]K_a+\left[\frac{bd}{P}\right]K_b+\left[\frac{cd}{P}\right]K_c+\left[\frac{dd}{P}\right]K_d+\omega_4=0\end{aligned}\right\}\tag{12-15}$$

3. 计算改正数

解方程(12-15)，求出联系数 k_a、k_b、k_c、k_d，按下式求改正数。

$$v_i=\frac{1}{P_i}(a_ik_a+b_ik_b+c_ik_c+d_ik_d)\tag{12-16}$$

4. 计算观测值的最或然值及检验计算

将求得的改正数与其相应的观测值相加即得出角和边的最或然值，将角和边的最或然值代入式(12-15)进行检验计算。

第三节 桥梁墩、台定位与纵横轴线的测设

一、桥梁墩台定位

(一)直线桥梁的墩台定位

桥梁墩台中心测设是根据桥梁设计里程桩号以桥位控制桩的基准进行的，主要的测设方法包括：直接丈量法、方向交会法、光电测距法等多种。

1. 直接丈量法

当桥梁墩、台位于无水河滩上，或水面较窄，用钢尺可以跨越丈量时，丈量所使用的钢尺必须经过检定，丈量的方法与测定桥轴线的方法相同，但由于是测设设计的长度(水平距离)，所以应根据现场的地形情况将其换算为应测设的斜距，还要进行尺长改正和温度改正。

为保证测设精度，丈量时施加的拉力应与检定钢尺时的拉力相同，同时丈量的方向不应偏离桥轴线的方向。在设出的点位上要用大木桩进行标定，在桩顶钉一小钉，以准确标出点位。

测设墩、台的顺序最好从一端到另一端，并在终端与桥轴线的控制桩进行校核，也可从中间向两端测设。按照这种顺序，容易保证每一跨都满足精度要求。

距离测设不同于距离丈量。距离丈量是先用钢尺量出两固定点之间的尺面长度，然后加上钢尺的尺长、温度及倾斜等项改正，最后求得两点间的水平距离。而距离测设则是根据给定的水平距离，结合现场情况，先进行各项改正，算出测设时的尺面长度，然后按这一长度从起点开始，沿已知方向定出终点位置。

2. 方向交会法

此法常用于桥墩所处的位置河水较深，无法直接丈量，也不便架设反射棱镜，则可采用角度交会法测设桥墩中心。

使用角度交会测设桥墩中心的方法如图 12-3 所示。控制点 A、C、D 的坐标为已知，桥墩中心 P_i 为设计坐标也已知，所以可计算出用于测设的角度 α_i、β_i：

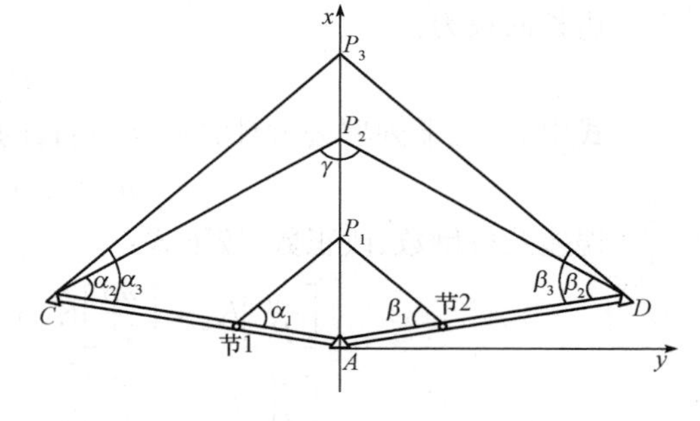

图 12-3 用角度交会测设桥墩中心

$$\alpha_i=\arctan\frac{x_A-x_C}{y_A-y_C}-\arctan\frac{x_{P_i}-x_C}{y_{P_i}-y_C} \quad (12\text{-}17)$$

$$\beta_i=\arctan\frac{x_{P_i}-x_D}{y_{P_i}-y_D}-\arctan\frac{x_A-x_D}{y_A-y_D} \quad (12\text{-}18)$$

将经纬仪分别置于 C 点和 D 点上，在设出 α_i、β_i 后，两个方向的交点即为桥墩中心位置。

为了保证墩位的精度，交会角应接近于 90°，但由于各个桥墩位置有远有近，因此交会时不能将仪器始终固定在两个控制点上，而有必要对控制点进行选择。如图 12-3 中桥墩 P_1 宜在节点 1、节点 2 上进行交会。为了获得较好的交会角，不一定要在同岸交会，应充分利用两岸的控制

点，选择最为有利的观测条件。必要时也可在控制网上增设插点，以达到测设要求。

两个方向即可交会出桥墩中心的位置，但为了防止发生错误和检查交会的精度，实际测量中都是用三个方向交会。并且为了保证桥墩中心位于桥轴线方向上，其中一个方向应是桥轴线方向。

由于测量误差的存在，三个方向交会会形成示误三角形，如图 12-4 所示。如果示误三角形在桥轴线方向上的边长 c_2c_3 小于或等于限差，则取 c_1 在桥轴线上的投影位置 C 作为桥墩中心的位置。

在桥墩的施工过程中，随着工程的进展，需要反复多次的交会桥墩中心的位置。为方便起见，可把交会的方向延长到对岸，并用觇牌进行固定，如图 12-5 所示。在以后的交会中，就不必重新测设角度，可用仪器直接瞄准对岸的觇牌。应在相应的觇牌上表示出桥墩的编号，如图 12-5 所示。

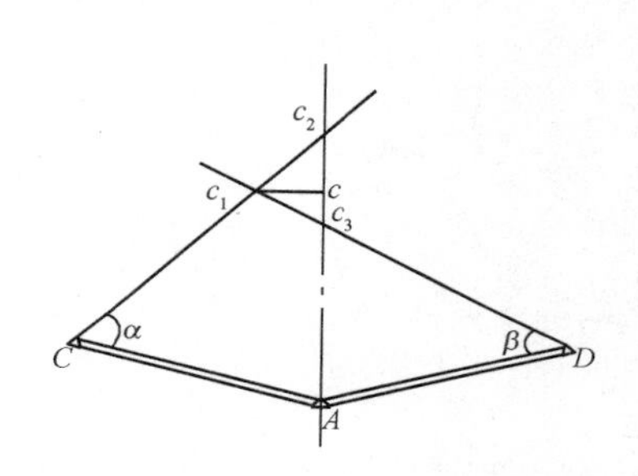

图 12-4　方向交会示误三角形

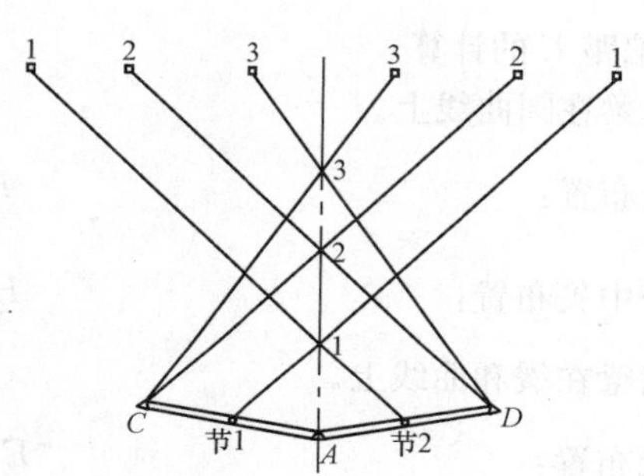

图 12-5　应用觇牌交会桥墩中心

3. 光电测距法

光电测距一般采用全站仪，用全站仪进行直线桥梁墩、台定位，简便、快速、精确，只要墩、台中心处可以安置反射棱镜，并且仪器与棱镜能够通视，即使其间有水流障碍亦可采用。

测设时最好将仪器置于桥轴线的一个控制桩上，瞄准另一控制桩，此时望远镜所指方向为桥轴线方向。在此方向上移动棱镜，通过测距仪定出各墩、台中心。这样测设可以有效地控制横向误差。如在桥轴线控制桩上测设遇有障碍，也可将仪器置于任何一个控制点上，利用墩、台中心的坐标进行测设。为确保测设点位的准确，测后应将仪器迁至另一控制点上再测设一次进行校核。

(二)曲线桥梁的墩台定位

1. 曲线桥梁墩台定位中的基本知识

由于曲线桥的路线中线是曲线，而所用的梁是直的，所以路线中线与梁的中线不能完全吻合，如图 12-6 所示。梁在曲线上的布置，是使各跨梁的中线联结起来，成为与路线中线基本相符的折线，这条折线称为桥梁的工作线。墩、台中心一般就位于这条折线转折角的顶点上。测设曲线墩、台中心，就是测设这些顶点的位置。

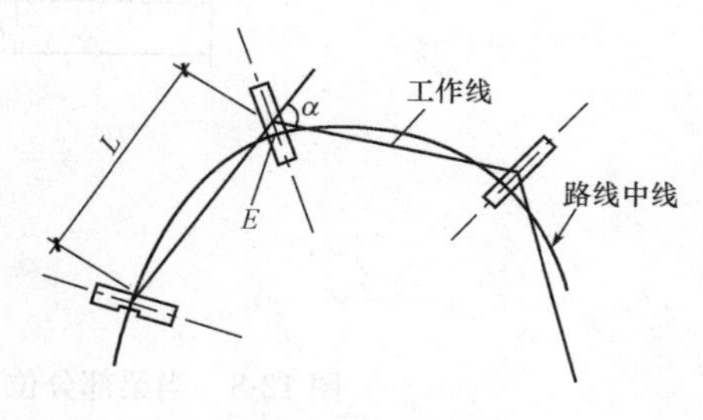

图 12-6　桥梁工作线

如偏距 E 为梁长为弦线的中矢值的一半，这种布梁方法称为平分中矢布置。如偏距 E 等于中矢值，称为切线布置。两种布置如图 12-7 所示。

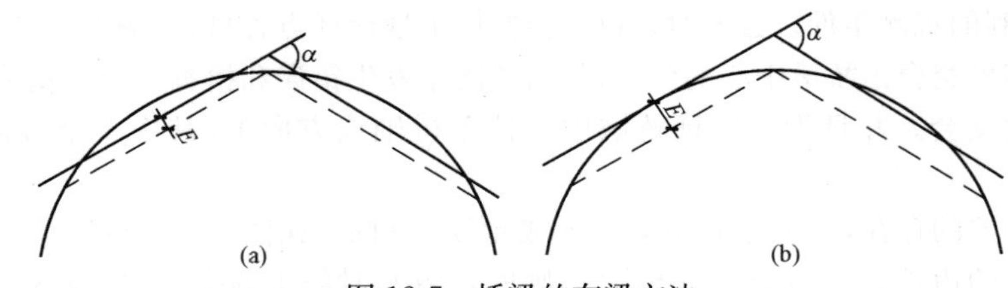

图 12-7 桥梁的布梁方法

(a)平分中矢布置;(b)桥梁的布梁方法

相邻两跨梁中心线的交角 α 称为偏角。每段折线的长度 L 称为桥墩中心距。偏角 α、偏距 E 和墩中心距 L 是测设曲线桥墩、台位置的基本数据。

2. 偏距 E 和偏角 α 的计算

(1)偏距 E 的计算。

1)当梁在圆曲线上。

切线布置:
$$E=\frac{L^2}{8R} \tag{12-19}$$

平分中矢布置:
$$E=\frac{L^2}{16R} \tag{12-20}$$

2)当梁在缓和曲线上。

切线布置:
$$E=\frac{L^2}{8R}\frac{l_T}{l_s} \tag{12-21}$$

平分中矢布置:
$$E=\frac{L^2}{16R}\frac{l_T}{l_s} \tag{12-22}$$

式中 L——桥墩中心距;

R——圆曲线半径;

l_s——缓和曲线长;

L_T——计算点至 ZH(或 HZ)的长度。

(2)偏角 α 的计算。梁工作线偏角 α 主要由两部分组成:一是工作线所对应的路线中线的弦线偏角;二是由于墩、台 E 值不等而引起的外移偏角。

1)当梁一部分在直线上,一部分在缓和曲线上。

①缓和曲线的弦线偏角。弦线偏角 α_A(图 12-8)的计算公式为:

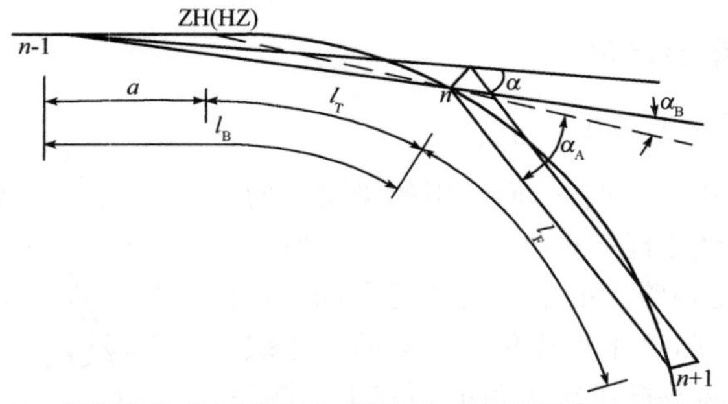

图 12-8 当梁部分位于直线上,部分位于缓和曲线上的弦线偏角

$$\alpha_A=\frac{1}{6Rl_S}[l_F(3l_T+l_F)+2l_T^2]\frac{180°}{\pi} \tag{12-23}$$

式中 l_T——n 点至 ZH 或 HZ 点的长度;

l_F——n 点至 $n+1$ 点的长度；

R——圆曲线半径；

l_S——缓和曲线长。

偏角 α_A 的单位为度，以下公式偏角 α 的单位均为度。

②外移偏角。图 12-9 中，外移偏角 α_C 的计算公式为：

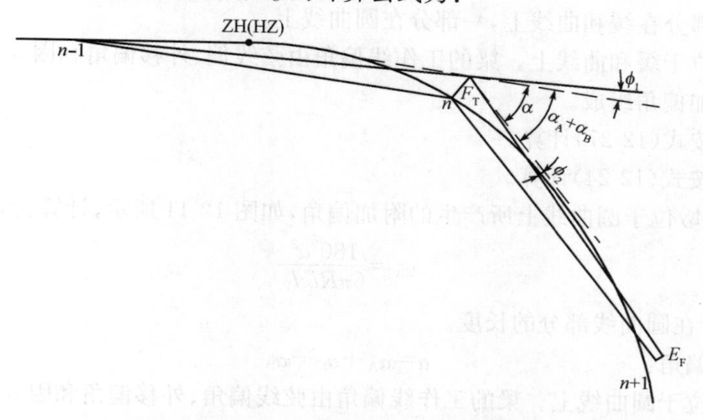

图 12-9　当梁部分位于直线上，部分位于缓和曲线上的外移偏角

$$
\begin{aligned}
\alpha_C &= (\varphi_1+\varphi_2)\frac{180^\circ}{\pi} \\
&= \left(\frac{E_T-E_B}{l_B}+\frac{E_T-E_F}{l_F}\right)\frac{180^\circ}{\pi}
\end{aligned}
\tag{12-24}
$$

式中　E_B、E_T、E_F——$n-1$、n、$n+1$ 点的偏距；

l_B——n 点至 $n-1$ 点的长度。

③因 $n-1$ 号墩位于直线上而产生的附加偏角。如图 12-10 所示，附加偏角 α_B 的计算公式为：

$$
\alpha_B=\frac{180^\circ a l_T^2}{6\pi R l_S l_B} \tag{12-25}
$$

式中　a——梁所在直线部分的长度。

将弦线偏角、外移偏角、附加偏角相加，即梁工作线偏角：

$$
\alpha=\alpha_A+\alpha_C+\alpha_B \tag{12-26}
$$

2）当梁的在缓和曲线上。

①弦线偏角。图 12-10 中，弦线偏角 α_A 的计算公式为：

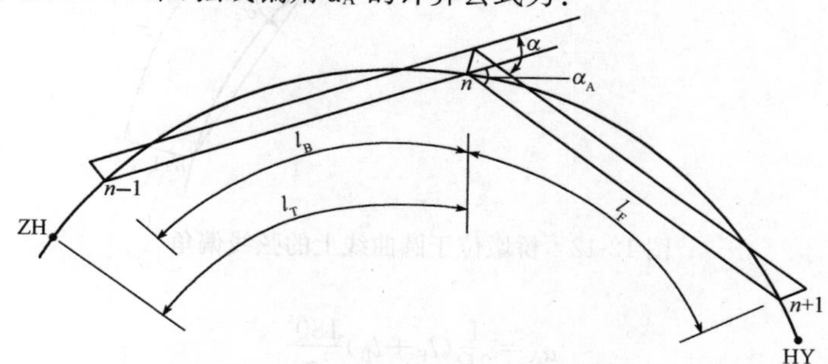

图 12-10　当梁在缓和曲线上的弦线偏角

$$\alpha_A=\frac{1}{6Rl_S}(l_F+l_B)(3l_T+l_F-l_B)\frac{180°}{\pi} \tag{12-27}$$

②外移偏角。外移偏角按式(12-24)计算。

梁的工作线偏角：

$$\alpha=\alpha_A+\alpha_C \tag{12-28}$$

3)当梁的一部分在缓和曲线上，一部分在圆曲线上。

①计算桥墩位于缓和曲线上。梁的工作线偏角由弦线偏、外移偏角和因 $n+1$ 号墩位于圆曲线上所产生的附加偏角组成。

a. 弦线偏角按式(12-27)计算。

b. 外移偏角按式(12-24)计算。

c. 因 $n+1$ 号墩位于圆曲线上所产生的附加偏角，如图 12-11 所示，计算公式为：

$$\alpha_B=\frac{180°a^3}{6\pi Rl_Sl_F} \tag{12-29}$$

式中　a——梁所在圆曲线部分的长度。

梁的工作线偏角：　$\alpha=\alpha_A+\alpha_C-\alpha_B$

②计算桥墩位于圆曲线上。梁的工作线偏角由弦线偏角、外移偏角和因 $n-1$ 号墩位于缓和曲线上所产生的附加偏角组成。

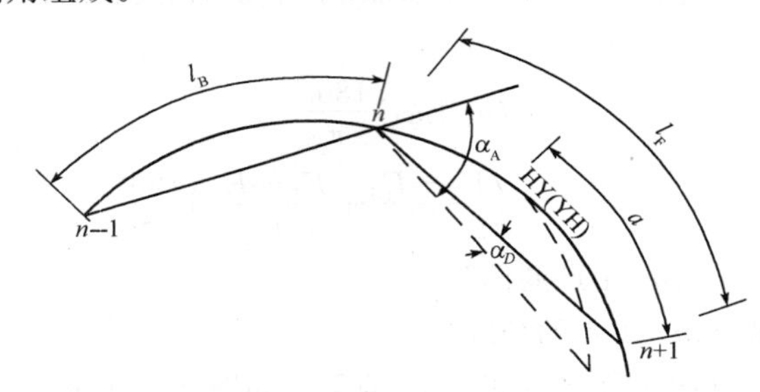

图 12-11　桥墩位于缓和曲线上圆曲线所产生的附加偏角

a. 如图 12-12 所示，弦线偏角的计算公式为：

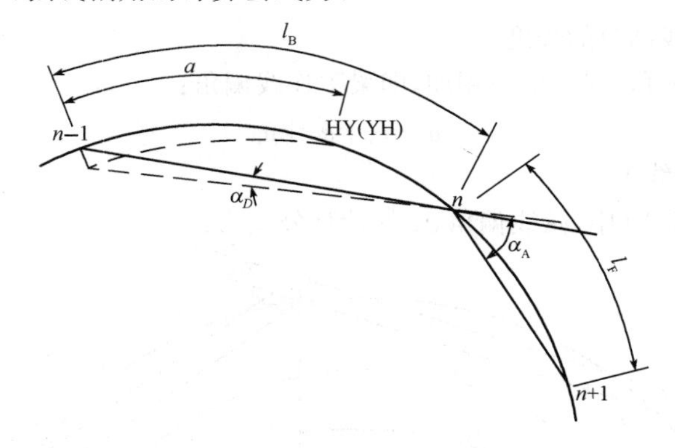

图 12-12　桥墩位于圆曲线上的弦线偏角

$$\alpha_A=\frac{1}{2R}(l_F+l_B)\frac{180°}{\pi} \tag{12-30}$$

b. 外移偏角仍按式(12-30)计算。

c. 因 $n-1$ 号墩位于缓和曲线上所产生的附加偏角：

$$\alpha_B=\frac{180^\circ a^3}{6\pi Rl_S l_B} \tag{12-31}$$

式中　a——梁所在缓和曲线部分的长度。

梁的工作线偏角：

$$\alpha=\alpha_A+\alpha_C-\alpha_B \tag{12-32}$$

4)当梁在圆曲线上，梁圆曲线上的工作线偏角由弦线偏角 α_A 和外移偏角 α_C 组成。

①弦线偏角 α_A 按式(12-30)计算。

②外移偏角 α_C 按式(12-24)计算。

梁的工作线偏角：

$$\alpha=\alpha_A+\alpha_C \tag{12-33}$$

(3)利用直角坐标系计算桥梁工作线偏角，其计算步骤如下：

1)在已知桥梁路线交点的坐标，曲线起点里程、圆曲线半径及缓和曲线长的情况下，依据各墩、台的里程，即可计算出各墩、台在路线中线上的坐标。

2)根据下列公式计算相邻两墩、台坐标点连线的交角，即墩、台坐标点连线偏角：

$$\alpha_A=\arctan\frac{y_n-y_{n-1}}{x_n-x_{n-1}}-\arctan\frac{y_{n+1}-y_n}{x_{n+1}-x_n} \tag{12-34}$$

式中　x_{n-1}、y_{n-1}、x_n、y_n、x_{n+1}、y_{n+1} 为相邻的三个墩、台在路线中线上的坐标。

3)按式(12-24)计算各墩、台的外移偏角 α_C。

4)计算各墩、台工作线偏角：

$$\alpha=\alpha_A+\alpha_C \tag{12-35}$$

3. 墩、台定位的方法

(1)偏角法。用偏角法进行墩、台定位步骤如下：

1)如图 12-13 所示，在测设墩、台中心之前，先从桥轴线的控制桩 A(或 B)测设出 ZH(或 HZ)点。

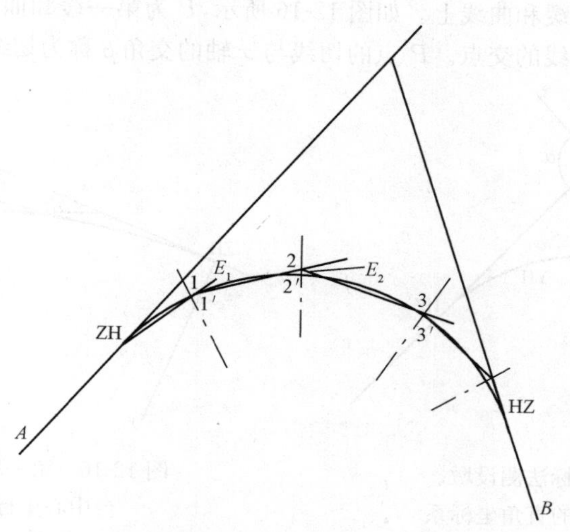

图 12-13　用偏角法测设墩、台中心

2)按路线中线测量中用偏角法测设圆曲线带有缓和曲线的方法，测设出各墩、台纵轴线与路线中线的交点 1′、2′、3′、…。

3)分别在点 1′、2′、3′、…上测设路线横断面方向，即墩、台纵轴线方向。由点 1′、2′、3′、…沿其纵轴线方向向曲线外侧测设出相应的 E 值，即可定出墩、台中心 1、2、3、…的位置。

(2)导线法。

1)如图 12-14 所示，由桥轴线一端的控制桩 A(或 B)用偏角法设出台尾的中心 a 及台前的中心 b。

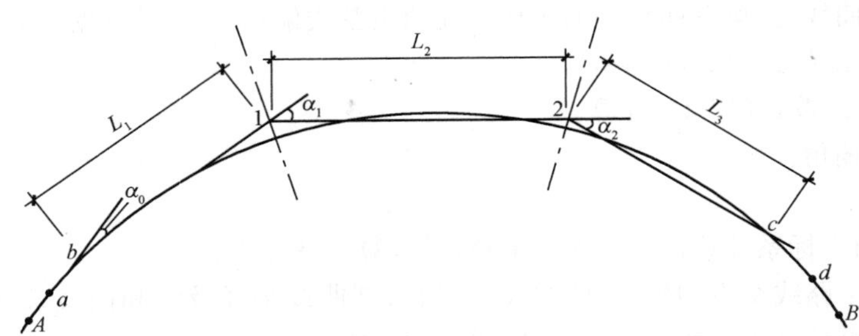

图 12-14 用导线法测设墩、台中心

2)将仪器置于台前中心 b 上，根据 a 方向以盘左盘右设出台前的工作线偏角 α，并在此处设出的方向上测设墩中心距 L_1，即定出桥墩中心 1。

3)将仪器移至 1 点上，按步骤②继续进行测设，依次定出墩中心 2、3…，直至定出桥的另一端台尾中心 d。

4)测出台尾中心 d 至桥轴线控制桩 B 的距离，与 dB 的设计值进行比较以作校核。

(3)坐标法。

1)如图 12-15 所示，建立直角坐标系统：以 ZH 点作为坐标原点，切线方向为 x 轴，由 x 轴顺时针转 90°为 y 轴正向。

2)计算各墩、台工作线交点坐标。

①当墩、台位于第一缓和曲线上。如图 12-16 所示，P 为第一缓和曲线上一墩、台中心，P' 为该墩、台纵轴线与路线中线的交点。P' 点的切线与 x 轴的交角 β 称为切线角，按下式计算：

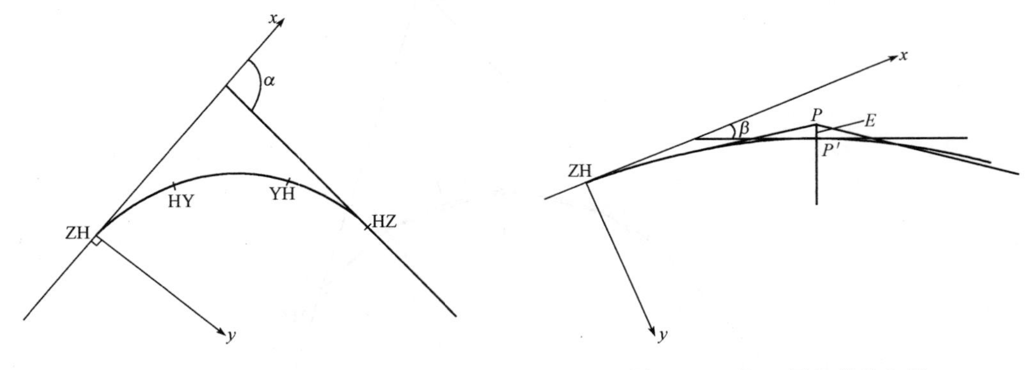

图 12-15 坐标法测设墩、台中心所采用的直角坐标系

图 12-16 第一缓和曲线上墩、台中心坐标计算用图

$$\beta=\frac{l^2}{2Rl_s}\frac{180^\circ}{\pi} \tag{12-36}$$

式中 l 为 P' 点至 ZH 点的曲线长度。

墩、台中心 P 的坐标按下式计算：

$$\left.\begin{aligned}x&=l-\frac{l^5}{40R^2l_s^2}+E\sin\beta\\y&=\frac{l^3}{6Rl_s}-\frac{l^7}{336R^3l_s^3}-E\cos\beta\end{aligned}\right\}\tag{12-37}$$

式中　l——P'点至 ZH 点的曲线长；

E——墩、台中心 P 的偏距。

②当墩、台位于圆曲线上。如图 12-17 所示，P 点为圆曲线上一墩、台中心，p 和 q 为曲线的内移值和切线增值，可按下式计算：

$$p=\frac{l_s^2}{24R}\tag{12-38}$$

$$q=\frac{l_s}{2}-\frac{l_s^3}{240R^2}\tag{12-39}$$

β_0 为缓和曲线角，按下式计算：

$$\beta_0=\frac{180°l_s}{2\pi R}\tag{12-40}$$

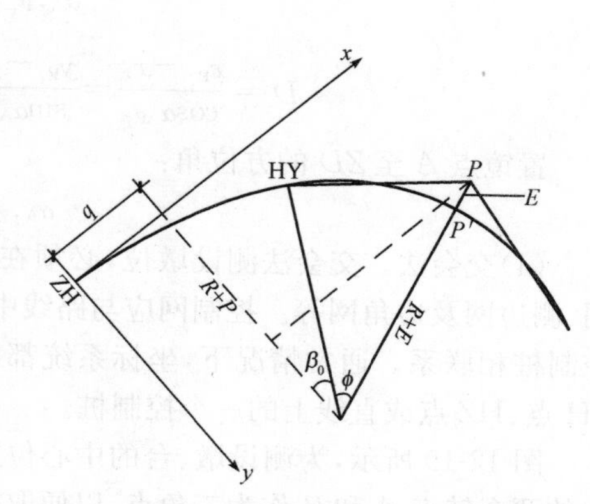

图 12-17　圆曲线上墩、台中心坐标计算用图

墩、台中心 P 的坐标，按下式计算：

$$x=(R+E)\sin(\beta_0+\varphi)+q$$

$$y=(R+p)-(R+E)\cos(\beta_0+\varphi)$$

式中　$\varphi=\frac{1}{R}\frac{180°}{\pi}$；

l——P'至 HY 点的圆曲线长。

③当墩、台位于第二缓和曲线上。当墩、台位于第二缓和曲线上时，按式(12-41)计算出墩、台中心在以 HZ 为原点的切线支距法坐标，然后再按下列坐标转换公式计算出坐标系统坐标：

$$\begin{bmatrix}x'\\y'\end{bmatrix}=\begin{bmatrix}x_{HZ}\\y_{HZ}\end{bmatrix}-\begin{bmatrix}\cos\alpha' & -\sin\alpha'\\\sin\alpha' & \cos\alpha'\end{bmatrix}\begin{bmatrix}x\\y\end{bmatrix}\tag{12-41}$$

式中　x',y'——本坐标系统的坐标；

x,y——以 HZ 为原点的切线支距法坐标；

x_{HZ},y_{HZ}——HZ 点在本坐标系统的坐标；

α'——曲线右转时，$\alpha'=\alpha_Y$；曲线左转时，$\alpha'=360°-\alpha_Z$。

当曲线为右转角时，以 $y=-y$ 代入式(12-41)。

3)置镜点的选择与测定。

①置镜点的选择。置镜点通常选在通视良好的位置，一次置镜便可进行全部墩、台位置的测设。置镜点尽量利用切线上的转点或交点、副交点。选择点一般通视良好，而且位于纵坐标轴上，计算也简便。如果在切线上没有合适的置镜点，则可将置镜点选在与路线转点联测方便，又能与全部墩、台通视的位置。

②置镜点的测定。如图 12-18 所示，将置镜点选择在 A 点。ZD 为切线方向上一转点，ZD 点至 HZ 点的距离 S_1 在路线测量中已测定。将仪器置于 ZD 点上，测取角度 $\alpha_{ZD\cdot A}$ 及 ZD 至 A 点的距离 S_2。ZD 的坐标为：

$$\left.\begin{aligned}x_{ZD}&=-S_1\\y_{ZD}&=0\end{aligned}\right\}\tag{12-42}$$

A 点的坐标为：

$$\left.\begin{aligned} x_A &= x_{ZD} + \Delta x_{ZD \cdot A} = -S_1 + S_2 \cos\alpha_{ZD \cdot A} \\ y_A &= y_{ZD} + \Delta y_{ZD \cdot A} = S_2 \sin\alpha_{ZD \cdot A} \end{aligned}\right\} \tag{12-43}$$

4)墩、台定位。在算出置镜点(图 12-18 中 A)坐标后，可进行坐标反算计算各墩、台中心的放线数据——置镜点 A 至各墩、台中心 P_i 的方位角 $\alpha_{A \cdot P_i}$ 和距离 D_i：

$$\alpha_{A \cdot P_i} = \arctan \frac{y_{P_i} - y_A}{x_{P_i} - x_A} \tag{12-44}$$

$$D_i = \frac{x_{P_i} - x_A}{\cos\alpha_{AP_i}} = \frac{y_{P_i} - y_A}{\sin\alpha_{AP_i}} = \sqrt{(x_{P_i} - x_A)^2 + (y_{P_i} - y_A)^2} \tag{12-45}$$

置镜点 A 至 ZD 的方位角：

$$\alpha_{A \cdot ZD} = \alpha_{ZD \cdot A} \pm 180° \tag{12-46}$$

(4)交会法。交会法测设墩位，必须在河的两岸布设平面控制网，布设形式采用导线、三角网、测边网及边角网等。控制网应与路线中线采用统一的坐标系统，所以控制网必须与路线上的控制桩相联系。通常情况下，坐标系统都以桥梁所在曲线的一条切线作为 x 轴，坐标原点设在 ZH 点、HZ 点或直线上的一个控制桩。

图 12-19 所示，为测设墩、台的中心位置，先建立大地四边形作为平面控制，同时将曲线切线上的两个转点 A 和 B 作为三角点，以便取得统一的坐标系统。

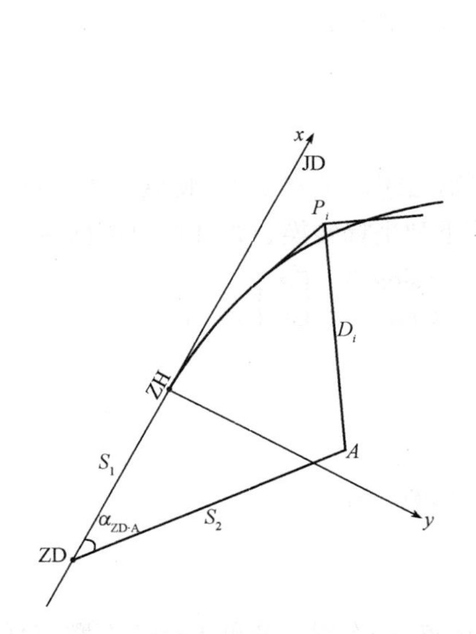

图 12-18 用坐标法测设墩、台中心

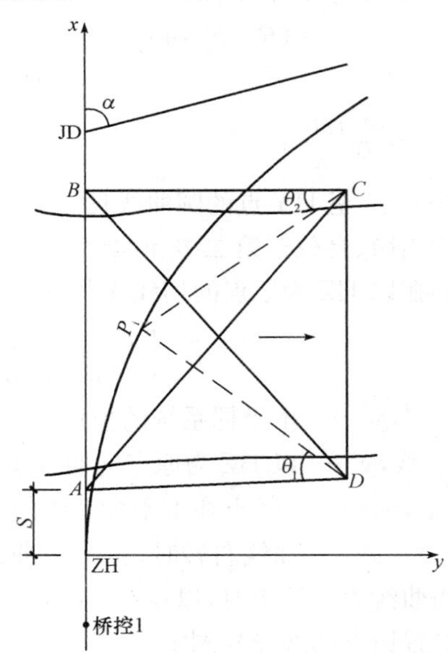

图 12-19 交会法测设墩、台中心

在进行角度观测和基线测量之后，对该三角网进行平差计算，求出角度和边长的平差值。由于 A、B 两点位于切线上(即 x 轴上)，A 点坐标很易取得：

$$x_A = S$$

$$y_A = 0$$

AB 的坐标方位角： $a_{AB} = 0$

以此作为起算数据，通过平差角和边长，可求得三角点 B、C、D 的坐标。

计算交会所需的数据，除计算出三角点的坐标外，还需计算各墩、台中心的坐标。

在求得三角点和墩、台中心的坐标之后，可通过坐标反算方法计算交会方向和已知方向之间的角值，如图中 θ_1、θ_2，从而交会出墩、台的中心位置。

为了检核和提高交会的精度，通常是利用三个方向进行交会，产生的三角形的边长如果在容许范围内，则取三角形的重心作为墩、台中心的位置。

二、桥墩、台纵、横轴线的测设

墩、台的纵横线是指过墩、台中心垂直于路线方向的轴线；墩、台的横轴线是指过墩、台中心与路线方向相一致的轴线。这一部分中分为直线桥墩、台纵横轴线的测设和曲线桥墩纵横轴线的测设。

1. 直线桥墩、台纵、横轴线的测设

墩、台的纵轴线与横轴线垂直，测设纵轴线时，将经纬仪安置在墩、台中心点上，以桥轴线方向为准测设 90°角，即为纵轴线方向。由于在施工过程中经常需要恢复墩、台的纵、横轴线的位置，所以需要用桩志将其准确标定在地面上，这些标志桩称为护桩，如图 12-20 所示。

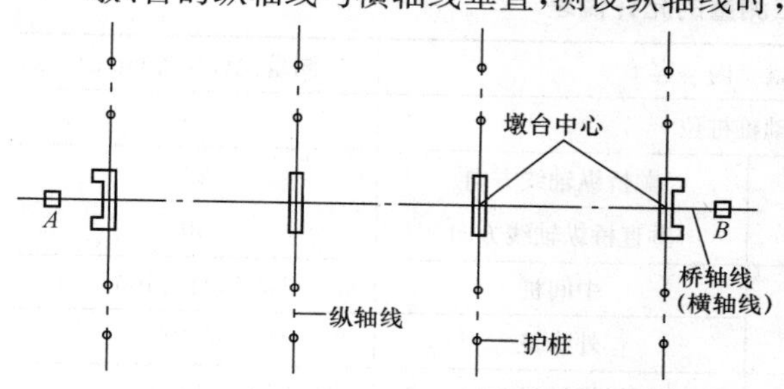

图 12-20　用护桩标定墩、台纵、横轴线位置

为了消除仪器轴系误差的影响，应用盘左、盘右测设两次而取其平均位置。在设出的轴线方向上，在桥轴线两侧各设置 2～3 个护桩。这样如果在个别护桩丢失、损坏后也能及时恢复，并在墩、台施工到一定高度会影响到两侧护桩的通视时，也能利用同一侧的护桩恢复轴线。护桩的位置应选在离开施工场地一定距离，通视良好，地质稳定的地方。桩志可采用木桩、水泥包桩或混凝土桩。

位于水中的桥墩，不能安置仪器，也不能设护桩，可在初步定出的墩位处筑岛或建围堰，然后用交会或其他方法精确测设墩位并设置轴线。如在深水大河上修建桥墩，一般采用沉井、围囹管柱基础，此时往往采用前方交会进行定位，在沉井、围囹落入河床之前，要不断地进行观测，以确保沉井、围囹位于设计位置上。当采用光电测距仪进行测设时，可采用极坐标法进行定位。

2. 曲线桥墩、台纵、横轴线的测设

在曲线桥上，墩、台的纵轴线位于相邻墩、台工作线的分角线上，而横轴线与纵轴线垂直，如图 12-21 所示。

测设时，在墩、台的中心点上安置仪器，自相邻的墩、台中心方向测设 $\frac{1}{2}(180°-\alpha)$ 角（α 为该墩、台的工作线偏角），得纵轴线方向。自纵轴线方向测设 90°角得横轴线方向。在每一条轴线方向上，在墩、台两侧同样各设 2～3 个护桩。由于曲线桥上各墩、台的轴线护桩容易发生混淆，在护桩上标明墩、台的编号，以防施工时用错。如果墩、台的纵、横轴线有一条恰位于水中，无法设护桩，同样也可只设置一条。

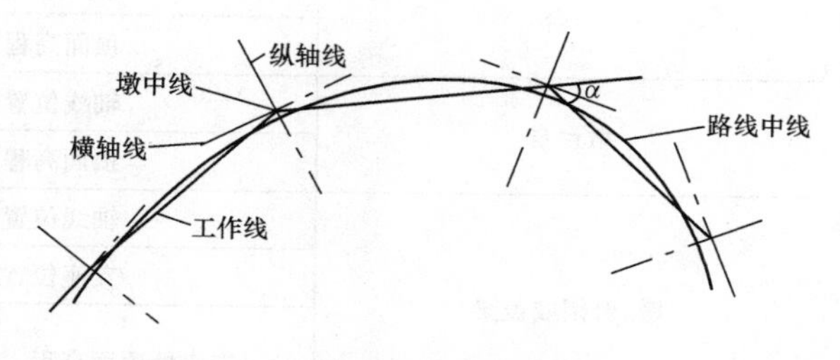

图 12-21　曲线桥墩、台的纵、横轴线

第四节　桥梁基础的施工放线

桥梁施工放线就是将图纸上的结构尺寸和高测设到实地上，其内容包括桥梁工程施工放线要求，明挖基础的施工放线，管柱基础的施工放线、柱基础的施工放线和沉井基础的施工放线等。

一、桥梁工程施工放线要求

(1)桥梁施工放线前，应熟悉施工设计图纸，并根据桥梁设计和施工的特点，确定放线方法。平面位置放线宜采用极坐标法、多点交会法等，高程放线宜采用水准测量方法。

(2)桥梁基础施工测量的偏差，不应超过表 12-4 的规定。

表 12-4　　桥梁基础施工测量的允许偏差

类　别	测　量　内　容		测量允许偏差(mm)
灌注桩	基础桩桩位		40
	排架桩桩位	顺桥纵轴线方向	20
		垂直桥纵轴线方向	40
沉桩	群桩桩位	中间桩	$d/5$，且≤100
		外缘桩	$d/10$
	排架桩桩位	顺桥纵轴线方向	16
		垂直桥纵轴线方向	20
沉井	顶面中心、底面中心	一般	$h/125$
		浮式	$h/125+100$
垫层	轴线位置		20
	顶面高程		0～−8

注：1. d 为桩径(mm)。

2. h 为沉井高度(mm)。

(3)桥梁下部构造施工测量的偏差，不应超过表 12-5 的规定。

表 12-5　　桥梁下部构造施工测量的允许偏差

类　别	测　量　内　容		测量允许偏差(mm)
承台	轴线位置		6
	顶面高程		±8
墩台身	轴线位置		4
	顶面高程		±4
墩、台帽或盖梁	轴线位置		4
	支座位置		2
	支座处顶面高程	简支梁	±4
		连续梁	±2

(4)桥梁上部构造施工测量的偏差，不应超过表 12-6 的规定。

表 12-6　　桥梁上部构造施工测量的允许偏差

类　别	测　量　内　容		测量允许偏差(mm)
梁、板安装	支座中心位置	梁	2
		板	4
	梁板顶面纵向高程		±2
悬臂施工梁	轴线位置	跨距小于或等于 100m 的	4
		跨距大于 100m 的	L/25000
	顶面高程	跨距小于或等于 100m 的	±8
		跨距大于 100m 的	±L/12500
		相邻节段差	4
主拱圈安装	轴线横向位置	跨距小于或等于 60m 的	4
		跨距大于 60m 的	L/15000
	拱圈高程	跨距小于或等于 60m 的	±8
		跨距大于 60m 的	±L/7500
腹拱安装	轴线横向位置		4
	起拱线高程		±8
	相邻块件高差		2
钢筋混凝土索塔	塔柱底水平位置		4
	倾斜度		H/7500，且≤12
	系梁高程		±4
钢梁安装	钢梁中线位置		4
	墩台处梁底程高		±4
	固定支座顺桥向位置		8

注：1. L 为跨径(mm)。
　　2. H 为索塔高度(mm)。

二、明挖基础

明挖基础多在地面无水的地基上施工，先挖基坑，再在坑内砌筑基础或浇筑混凝土基础。如系浅基础，可连同承台一次砌筑或浇筑，如图 12-22 所示。如果在水上明挖基础，则须先建立围堰，将水排出后进行。

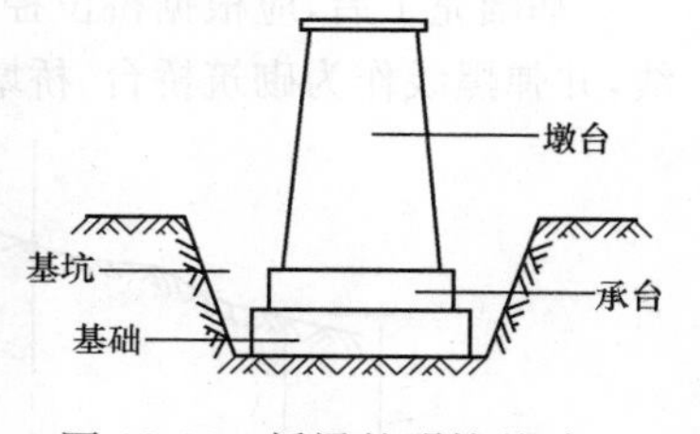

图 12-22　桥梁的明挖基础

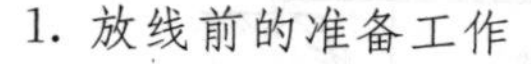

1. 放线前的准备工作

在基础开挖之前，应根据墩、台的中心点及纵、横轴线按设计的平面形状设出基础轮墩线的控制点。如图 12-23 所示，如果基础形状为方形或矩形，基础轮廓线的控制点为四个角点及四条边与纵、横轴线的交点；如果是圆形基础，为基础轮廓线与纵、横轴线的交点，必要时尚可加设轮廓线与纵、横轴线成 45°线的交点。控制点距墩中心点或纵、横轴线的距离应略大于基础设计的底面尺寸，一般可大 0.3～0.5m，以保证安装基础模板为原则。如地基土质稳定，不易坍塌，坑壁可垂直开挖，不设模板，可贴靠坑壁直接砌筑基础和浇筑基础混凝土。此时可不增大开挖尺寸，但是应保证基础尺寸偏差在规定容许偏差范围之内。

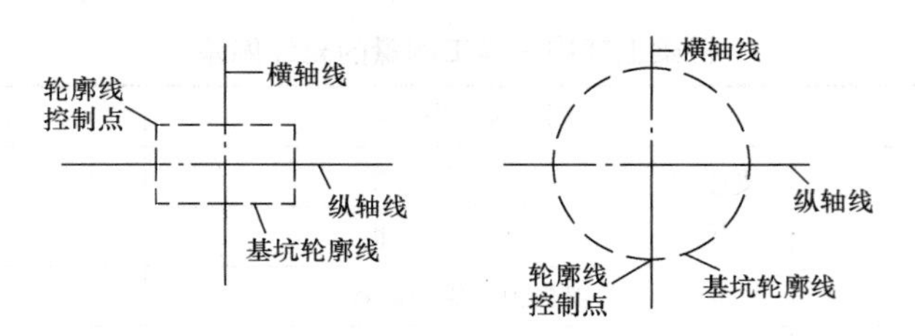

图 12-23　明挖基础轮廓线的测设

根据地基土质情况，开挖基坑时坑壁具有一定的坡度，应测设基坑的开挖边界线。此时可先在基坑开挖范围测量地面高程，然后根据地面高程与坑底设计高程之差以及坑壁坡度，计算出边坡桩至墩、台中心的距离。

如图 12-24 所示，边坡桩至墩、台中心的水平距离 d 为：

$$d=\frac{b}{2}+hm \tag{12-47}$$

式中　b——坑底的长度或宽度；

h——地面高程与坑底设计高程之差，即基坑开挖深度；

m——坑壁坡度(以 $1:m$ 表示)的分母。

2. 施工放线的内容

在测设边界桩时，自墩、台中心点到纵、横轴线，用钢尺丈量水平距离 d，在地面上设出边坡桩。再根据边坡桩划出灰线，可依此灰线进行施工开挖。

当基坑开挖至坑底的设计高程时，应该对坑底进行平整清理，然后安装模板，浇注基础及墩身。在进行基础及墩身的模板放线时，可将经纬仪安置在墩、台中心线上的一个护桩上，以另一较远的护桩定向，此时仪器的视线即为中心线方向。安装模板使模板中心与视线重合，即为模板的正确位置。如果模板的高度低于地面，可用仪器在临近基坑的位置，放出中心线上的两点。在这两点上挂线并用垂球指挥模板的安装工作，如图 12-25 所示。在模板建成后，应对模板内壁长、宽及与纵、横轴线之间的关系尺寸，以及模板内壁的垂直度进行检验。

基础完工后，应根据桥位控制桩和墩台控制桩用经纬仪在基础面上测设出桥台、桥墩中心线，并弹黑线作为砌筑桥台、桥墩的依据。

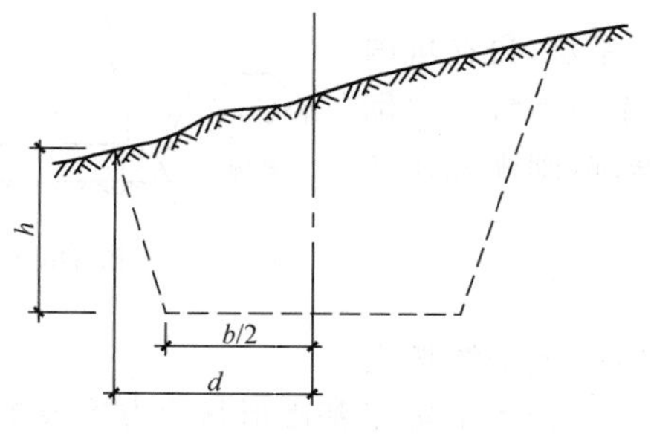

图 12-24　基坑边坡桩的测设

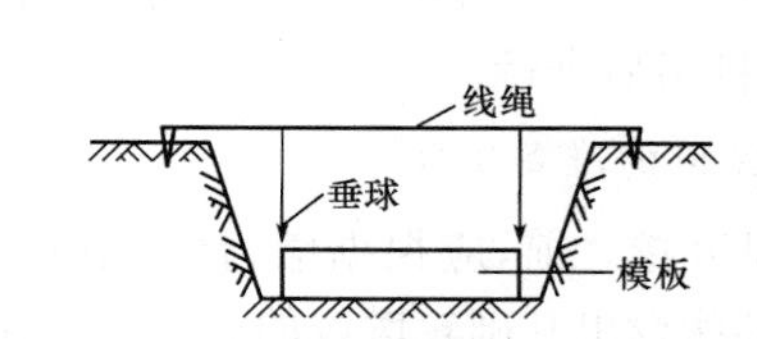

图 12-25　基础模板的放线

基础和墩身模板的高程常用水准测量的方法放线，但当模板低于或高于地面很多，无法用水准尺直接放线时，则可用水准仪在某一适当位置先设一高程点，然后再用钢尺垂直丈量定出放线的高程位置。

三、桩基础

桩基础的测量工作有测设桩基础的纵横轴线，测设各框的中心位置，测定桩的倾斜度和深度，以及承台模板的放线等。

1. 桩基础

桩基础是常用的一种基础类型。按施工方法的不同通常分为打(压)入桩和钻(挖)孔桩。打(压)入桩基础是预先将桩制好，按设计的位置及深度打(压)入地下；钻(挖)孔桩是在基础的设计位置上钻(挖)好桩孔，然后在桩孔内放入钢筋笼，并浇注混凝土成桩。在桩基础完成后，在其上浇筑承台，使桩与承台成为一个整体，再在承台上修筑墩身，如图 12-26 所示。

在无水的情况下，桩基础的每一根桩的中心点可按其在以墩、台纵、横轴线为坐标轴的坐标系中的设计坐标，用支距法进行测设，如图 12-27 所示。如果桩为圆周形布置，各桩也可以与墩、台纵轴线的偏角和到墩、台中心点的距离，用极坐标法进行测设，如图 12-28 所示。一个墩、台的全部桩位宜在场地平整后一次设出，并以木桩标定，以方便桩基础施工。

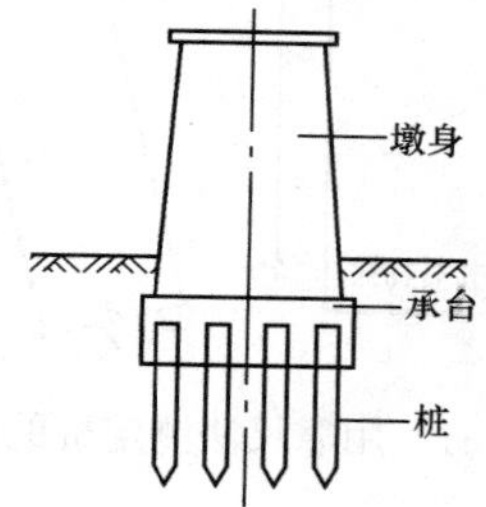

图 12-26　桥梁桩基础

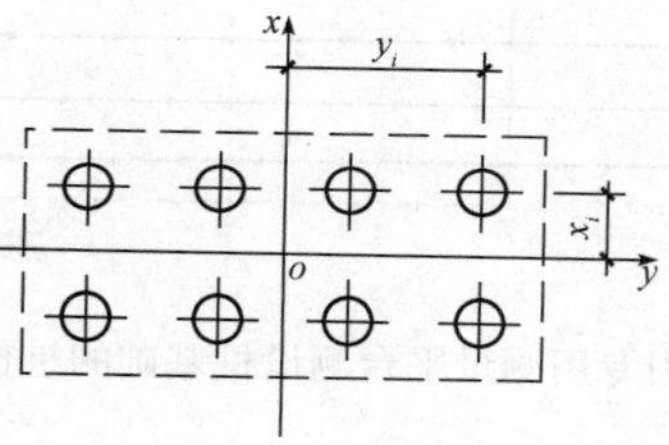

图 12-27　用支距法测设桩基础的桩位

如果桩基础位于水中，则可用前方交会法直接将每一个桩位定出。也可用交会设出其中一行或一列桩位，然后用大型三角尺设出其他所有桩位，如图 12-29 所示。

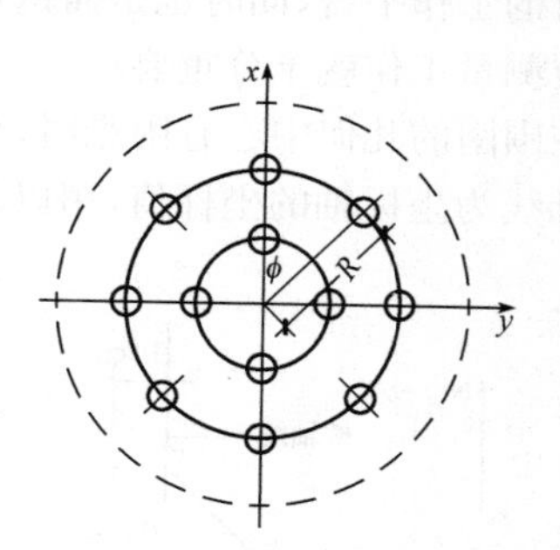

图 12-28　用极坐标法测设桩基础的桩位

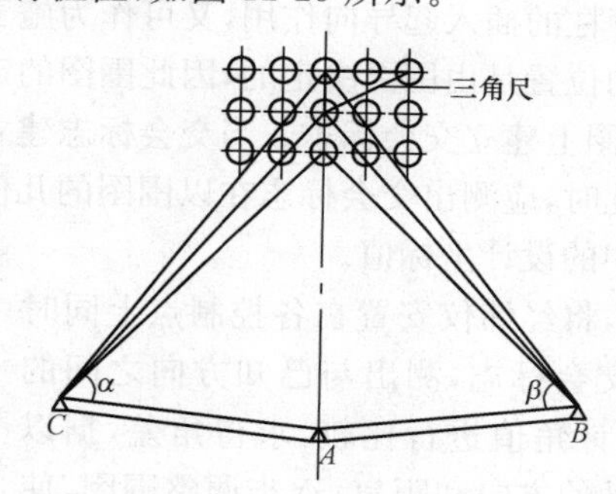

图 12-29　用前方交会和大型三角尺测设桩基础的桩位

2. 桩位测设

桩位的测设，同样也可采用设置专用测量平台的方法，即在桥墩附近打支撑桩，其上搭设测量平台。如图 12-30 所示，先在平台上测定两条与桥梁中心线平行的直线 AB、$A'B'$，然后按各桩之间的设计尺寸定出各桩位放线式 $1-1'$、$2-2'$、$3-3'$、…，沿此方向测距可设出各桩的中心位置。

在各桩的中心位置测设后，应对其进行检核，与设计的中心位置偏差应小于(或等于)限差要求。在钻(挖)孔桩浇注完成后，修筑承台以前，应对各桩的中心位置再进行一次测定，作为竣工资料使用。

每个钻(挖)孔的深度可用线绳吊以重锤测定,打(压)入深度则可根据桩的长度推算。桩的倾斜度也应测定,由于在钻孔时为了防止孔壁坍塌,孔内灌满了泥浆,因而倾斜度的测定无法在孔内直接进行,只能在钻孔过程中测定钻孔导杆的倾斜度,同时利用钻孔机上的调整设备进行校正。钻孔机导杆以及打入桩的倾斜度,可用靠尺法测定。

3. 靠尺法

靠尺法所使用的工具为靠尺,靠尺用木板制成,如图 12-31 所示,它有一个直边,在尺的一端于直边一侧钉一小钉,其上挂一垂球。在尺的另一端,自与小钉至直边距离相等处开始,绘制一原垂直于直边的直线,量出该直线至小钉的距离 S,然后按 $S/1000$ 的比例在该直线上刻出分划并标注注记。使用时将靠尺直边靠在钻孔机导杆或桩上,垂球线在刻划上的读数则为以千分数表示的倾斜率。

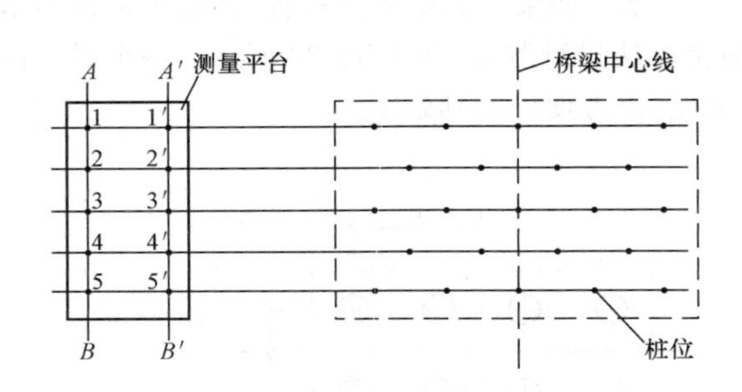

图 12-30 用专用测量平台测设桩基础的桩位

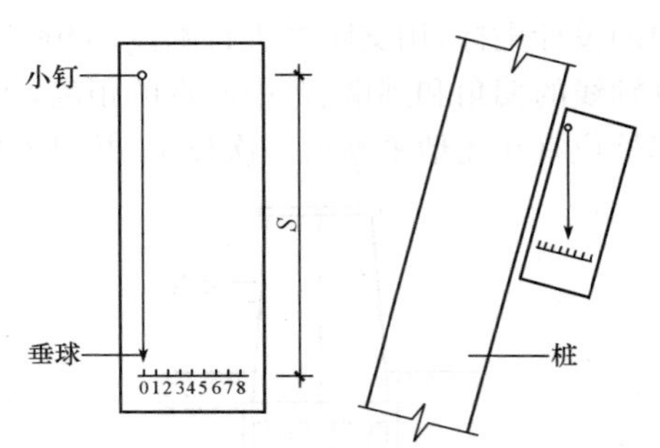

图 12-31 用靠尺法测定桩的倾斜度

四、管柱基础

1. 围囹的定位

围囹既对管柱的插入起导向作用,又可作为施工时的工作平台,同时也是插钢板桩围堰的围笼。由于管柱的位置是由围囹决定的,因此围囹的定位测量工作就十分重要。

(1)应在围囹上建立交会标志。当交会标志建立在围囹的几何中心有困难时,也可建立在围囹的杆件上。此时,应测出交会标志在以围囹的几何轴线为坐标轴的坐标值,用以求得交会标志在交会坐标系中的设计坐标值。

(2)交会时,将经纬仪安置在各控制点上同时瞄准围囹上的交会标志,测出与已知方向之间的角值,将其与设计角值进行比较,求得角差,据以得出围囹应移动的方向和距离,逐步调整围囹,使之与设计角值相吻合,完成围囹定位。

(3)交会底图如图 12-32 所示。在毫米方格纸上,以墩、台基础中心点 S 作为坐标原点,桥轴线方向为纵轴,根据基础中心点至各个测站方向的方位角将其方向线 SC、SA、SD 绘出,即为交会底图。当收到各测站报来的垂直于各交会方向的位移值及偏离的方向时,由于位移值 d 相对于交会距离 SC、SA、SD 要小得多,所以可根据各自的位移值绘出各方向线 SC、SA、SD 的平行线即为各

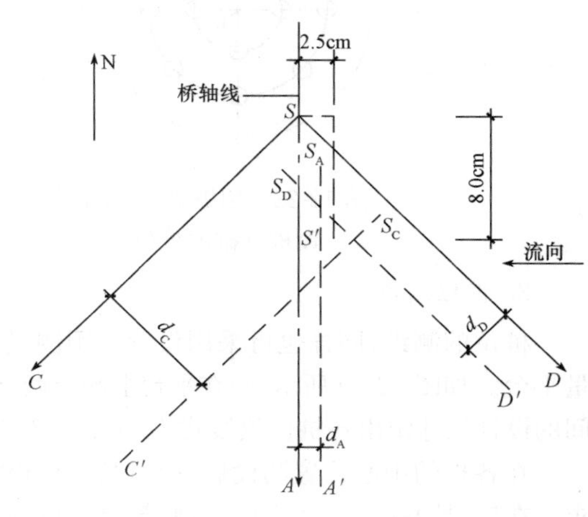

图 12-32 交会底图

交会方向线 S_CC'、S_AA' 和 S_DD'。三条交会方向线的交点，为交会时围囹中心所在的位置 S'。由于误差的存在，三条交会方向线往往不会交于一点，而出现一个示误三角形，这时可取示误三角形的重心作为 S' 的位置。对比设计位置 S 和实际位置 S'，在图上可确定围囹在桥轴线方向和上、下游方向应移动的距离。

例如，由图 12-32 可知，交会底图上已知围囹中心点 S' 应向北移动 $d_s=8.0$cm，设从位于 S 点下游的交会标志点 m 的交会底图上知 m' 应向北移动 $d_m=2.5$cm，如果两交会标志点之间的距离 $B=10$m，则由图 12-33 可知轴线的扭角为：

$$\varphi=\frac{d_s-d_m}{B}\rho''=\frac{8.0-2.5}{1000}\times\frac{180°}{\pi}=18'54'' \tag{12-48}$$

扭角的计算也可绘制成共线图，如图 12-34 所示。根据测得的各标志点的位移值，计算其位移差，即可由共线图直接查出相应的扭角值。

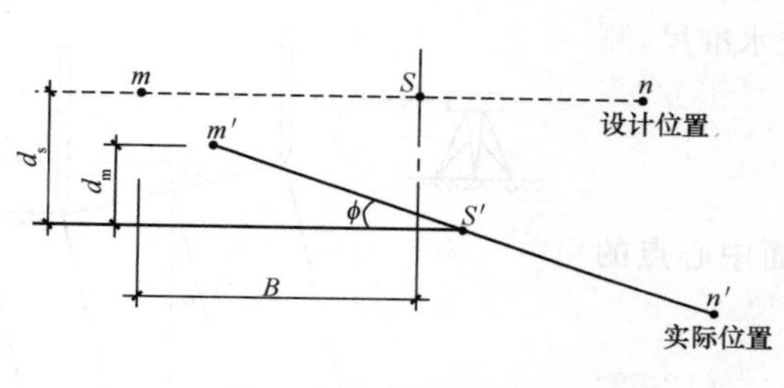

图 12-33　轴线的扭角

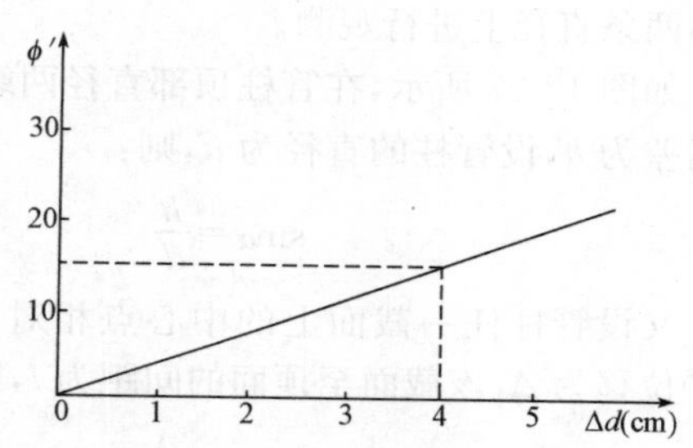

图 12-34　扭角—位移差共线图

2. 管柱的定位放线

管柱的定位放线是在稳固的围囹平台上进行，首先测设出桥墩中心点和纵、横轴线，然后将仪器置于桥墩中心点上，用极坐标法放线管柱上位置。因为管柱的直径一般较大，未填充混凝土时管柱内是空的，因此不便直接测定管柱的中心位置，所以在放线时，可观测管柱外切点的角度和距离，借以求得管柱中心点位，而对管柱进行调整、定位(图 12-35)。

如图 12-36 所示，仪器安置在墩中心点 O 上，观测两管柱外壁切线与纵轴线之夹角 α_1、α_2，并测量两管柱外壁切点至墩中心点 O 的距离 d_1、d_2，设管柱外壁的半径为 r，可计算出管柱中心的方向线与纵轴线的夹角 α 和管柱中心至墩中心的距离 d：

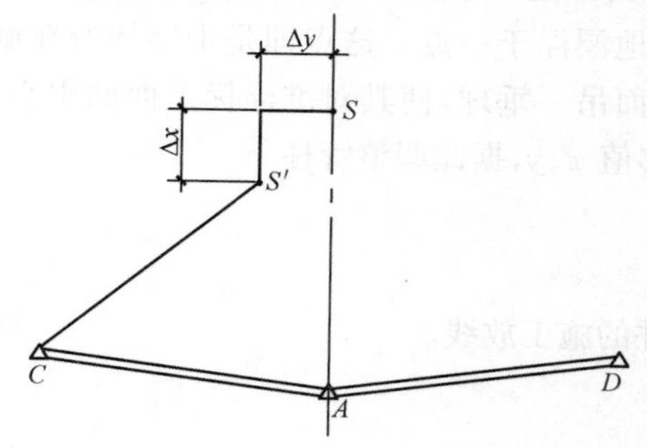

图 12-35　用全站仪进行围囹定位

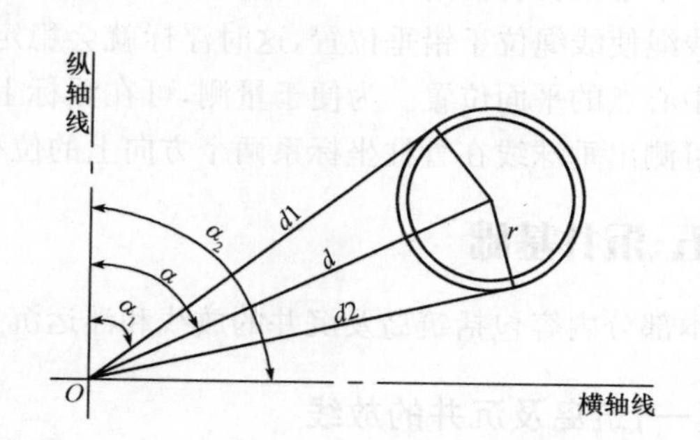

图 12-36　管柱的定位

$$\alpha=\frac{\alpha_1+\alpha_2}{2} \tag{12-49}$$

$$d=\frac{d_1}{\cos\left(\frac{\alpha_2-\alpha_1}{2}\right)}=\frac{d_2}{\cos\left(\frac{\alpha_2-\alpha_1}{2}\right)} \tag{12-50}$$

或者：

$$d=\frac{r}{\sin\left(\frac{\alpha_2-\alpha_1}{2}\right)} \tag{12-51}$$

将算得的 α 与 d 与其设计值比较，以调整管柱位置。

3. 管柱倾斜的测定

(1)水准测量法。由于管柱的倾斜，必然使得它在顶部也产生倾斜，用水准测量方法测出管柱顶部直径两端的高差，即可推算出管柱的斜率。测定时要在管柱顶部平行和垂直于桥轴线方向的两条直径上进行观测。

如图 12-37 所示，在管柱顶部直径两端竖立水准尺，测得高差为 h，设管柱的直径为 d，则：

$$\sin\alpha=\frac{h}{d}$$

又设管柱任一截面上的中心点相对于顶面中心点的水平位移为 Δ，该截面至顶面的间距为 l，则：

$$\sin\alpha=\frac{\Delta}{l} \tag{12-52}$$

于是

$$\Delta=\frac{h}{d}l \tag{12-53}$$

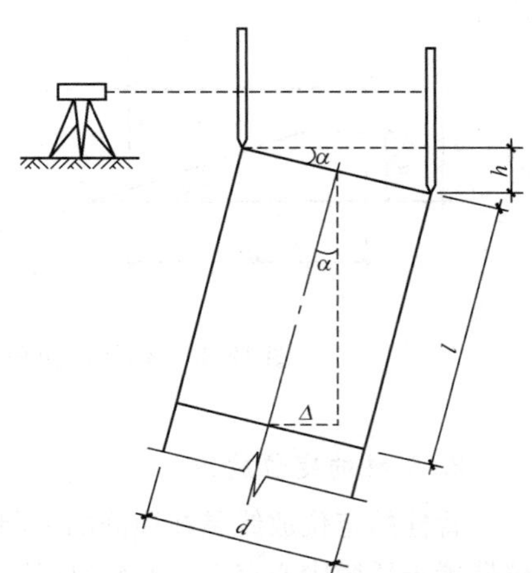

图 12-37 水准测量测定管柱倾斜

(2)测斜器法。测斜器由一十字架和一浮标组成。测斜时，十字架位于管柱内欲测的截面上，用以确定该截面中心的位置；浮标浮在管柱内水面上，它标明截面中心在水面上的垂直投影位置。

测量之前，先在管柱顶端平行和垂直于桥轴线方向的两直径上，于管壁标出四个标记，将相对两标记相连即可作为以管柱中心为原点的坐标轴。

测量时，将测斜器放入管柱内，浮标漂浮于水面，十字架四端拴上四根带有长度标记的测绳，然后将十字架在管柱内吊起，根据测绳上的标记，即可知道十字架所在的截面位置。适当拉紧浮标的线绳使线绳位于铅垂位置，这时浮标就会稳定地漂浮于一点。这点即是十字架所在截面的管柱中心点的平面位置。为便于量测，可在浮标上面吊一垂球，使其对准浮标上面的中心标志。此时可测出垂球线在管柱坐标系两个方向上的位移值 x、y，据此调整管柱。

五、沉井基础

本部分内容包括筑岛及沉井的放线和浮运沉井的施工放线。

(一)筑岛及沉井的放线

1. 筑岛及沉井定位的操作步骤

(1)先用交会法或光电测距仪设出墩中心的位置，在此处用小船放置浮标，在浮标周围即可填土筑岛。岛的尺寸不应小于沉井底部 5～6m，以便在岛上设出桥墩的纵、横轴线。

(2)岛筑成后,再精确地定出桥墩中心点位置及纵、横轴线,并用木桩标志,如图 12-38 所示,据以设放沉井的轮廓线。

(3)在放置沉井的地方要用水准测量的方法整平地面。沉井的轮廓线(刃脚位置)由桥墩的纵、横轴线设出。设出轮廓线以后,应检查两对角线的长度,其较差不应大于限差要求。刃脚高程用水准仪设放,刃脚最高点与最低点的高差,应小于限差要求。

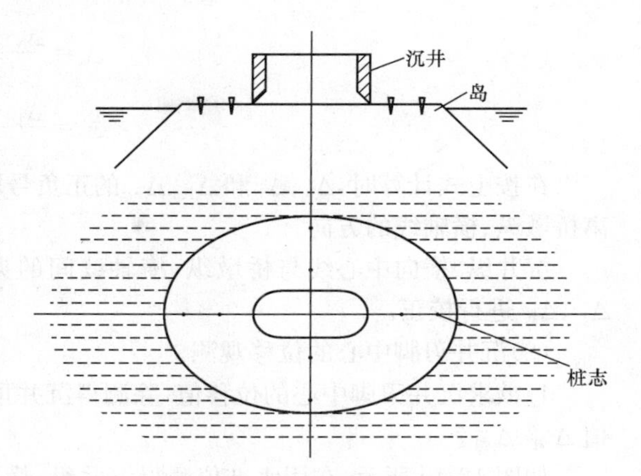

图 12-38　筑岛及沉井定位

沉井在下沉之前,应在外壁的混凝土面上用红油漆标同纵、横轴线位置,并确保两轴线相互垂直。标出的纵、横轴线可用以检查沉井下沉中的位移,也可供沉井接高时作为下一节定位的参考。

2. 沉井的倾斜观测

沉井在下沉过程中必然会产生倾斜,为了及时掌握沉井的倾斜情况以便进行校正,故应经常进行观测。常用的沉井倾斜的观测方法如下几种。

(1)用经纬仪观测:在纵、横轴线控制桩上安置经纬仪,直接观测标于沉井外壁上的沉井中线是否垂直。

(2)用水准仪测定:用水准仪观测沉井四角或轴线端点之间的高差 Δh,然后根据相应两点间的距离 D,可求得倾斜率:

$$i=\frac{\Delta h}{D} \tag{12-54}$$

当它们之间的高差为零时,则表明沉井已垂直。

(3)用悬挂垂球线的方法:在沉井内壁或外壁纵、横轴线方向先标出沉井的中心线,然后悬挂垂球直接观察沉井是否倾斜。

(4)用水准管测量:在沉井内壁相互垂直的方向上预设两个水准管,观测气泡偏移的格数,根据水准管的分划值,求得倾斜率。

3. 沉井的位移观测

沉井顶面中心的位移是由于沉井平移和倾斜而引起的。测定顶面中心的位移要从桥墩纵、横轴线两个方向进行,如图 12-39 所示,在桥墩纵、横轴线的控制桩上分别安置经纬仪,照准同一轴线上的另一个控制桩点,此时望远镜视线即位于桥墩纵、横轴线的方向上,然后按视线方向投点在沉井顶面上,即图中的 1、2、3、4 点。分别量取四个点与其相对应的沉井纵、横向中心线标志点 a、b、c、d 间的距离,即得沉井纵、横中心线两端点的偏移值,即图中 $\Delta_{下}$、$\Delta_{上}$ 和 Δ_S、Δ_N。

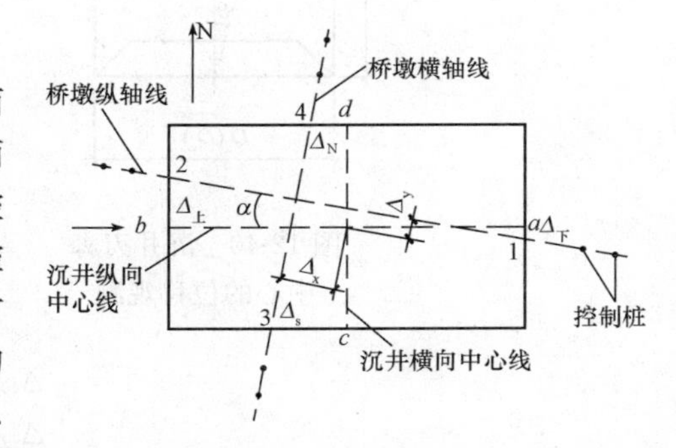

图 12-39　沉井顶面中心的位移观测

最后再根据纵、横向中心线两端点的偏移值,即可计算出沉井顶面中心在纵、横轴线方向的偏移值 Δ_x、Δ_y:

$$\left.\begin{aligned}\Delta_x&=\frac{\Delta_N+\Delta_S}{2}\\ \Delta_y&=\frac{\Delta_上+\Delta_下}{2}\end{aligned}\right\}\tag{12-55}$$

在按上式计算时，Δ_N、Δ_S 和 $\Delta_上$、$\Delta_下$ 的正负号取决于沉井纵、横方向中心线端点 a、b 和 c、d 偏离桥墩纵、横轴线的方向。

沉井纵、横向中心线与桥墩纵、横轴线间的夹角 α 称为扭角，通常可通过偏移值 Δ_N、Δ_S 及 $\Delta_上$、$\Delta_下$ 进行校正。

(2)沉井刃脚中心的位移观测。

1)欲求沉井刃脚中心的位移值，除测得沉井顶面中心位移值 Δ_x、Δ_y 以外，尚需测定倾斜位移值 $\Delta_{x斜}$、$\Delta_{y斜}$。

如图 12-40 所示，在用水准仪测得沉井纵、横向中心线两端点间的高差之后，可按下列公式计算纵、横方向因倾斜而产生的位移值：

$$\left.\begin{aligned}\Delta_{x斜}&=\frac{h_x}{D_x}H\\ \Delta_{y斜}&=\frac{h_y}{D_y}H\end{aligned}\right\}\tag{12-56}$$

式中 h_x、h_y——沉井纵、横向中心线两端点间的高差；

D_x、D_y——沉井在纵、横向的长度；

H——沉井的高度。

2)沉井刃脚中心在纵、横方向上的位移值 $\Delta_{x刃}$、$\Delta_{y刃}$ 由图 12-41 可知：

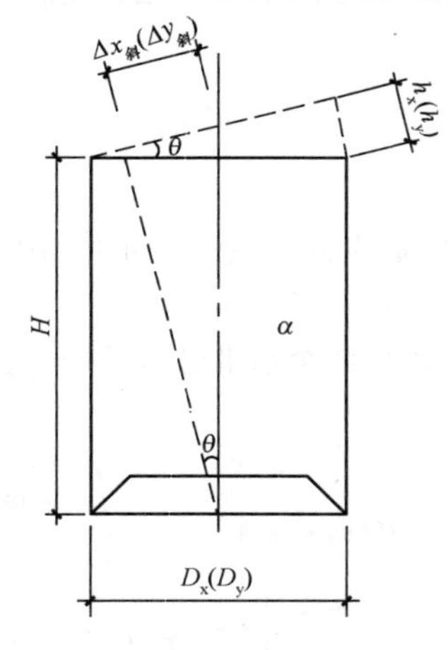

图 12-40 沉井刃脚中心的位移观测

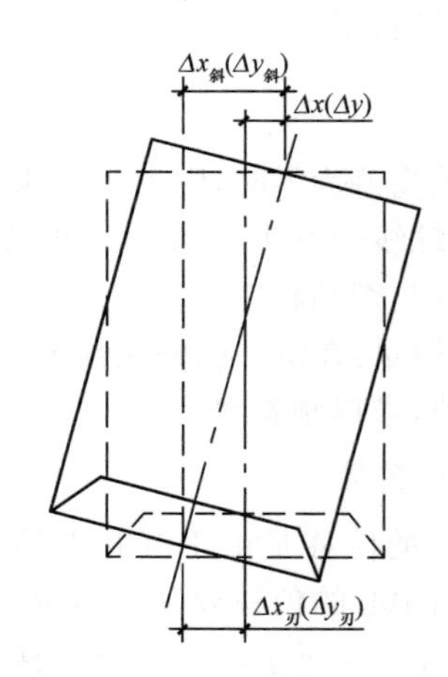

图 12-41 沉井刃脚中心在纵、横方向上的位移值

$$\left.\begin{aligned}\Delta_{x刃}&=\Delta_{x斜}\pm\Delta x\\ \Delta_{y刃}&=\Delta_{y斜}\pm\Delta y\end{aligned}\right\}\tag{12-57}$$

式中，当 $\Delta_{x斜}$($\Delta_{y斜}$)与 Δ_x(Δ_y)偏离方向相同时取“＋”，相反时则取“－”。

4. 沉井接高测量

沉井的下沉要逐节浇注将其接高。前一节下沉完毕，在它上面安装模板，继续浇注。模板的安装要保证其中心线与已浇注好的完全重合。因为沉井在下沉过程中会产生倾斜，所以要求下一节模板要保持与前一节有相同的倾斜率。这样才可以使各节中心点连线为一直线，在对倾斜进行校正之后，各节都处于铅垂位置。

在立模时使前、后两节的纵、横中心线重合，不能以桥墩纵、横轴线进行投放，而应根据前一节上纵、横中心线标志，用垂球或经纬仪将其引至模板的顶面。为保持与前一节有同样的倾斜率，如图12-42所示，还需在纵、横方向上将投在模板顶面之点分别移动一个 $\Delta_{x斜}$ 和 $\Delta_{y斜}$。其值可按下式求得：

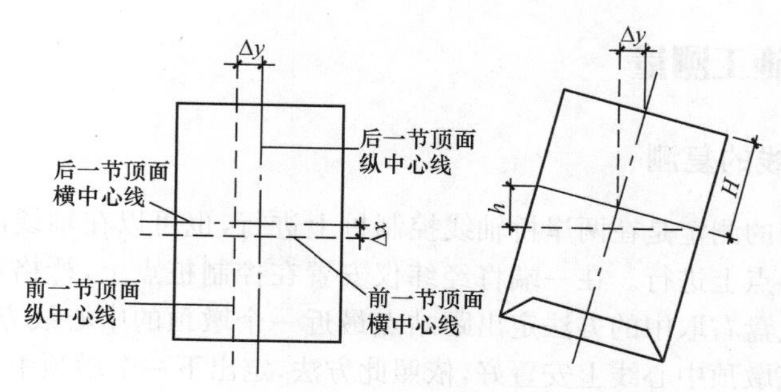

图 12-42　沉井的接高测量

$$\left.\begin{aligned}\Delta_{x斜}&=\frac{h_x}{D_x}H\\\Delta_{y斜}&=\frac{h_y}{D_y}H\end{aligned}\right\}\qquad(12\text{-}58)$$

式中　h_x、h_y——前一节沉井由于倾斜在纵、横方向上所引起的高差；

D_x、D_y——沉井在纵、横向的长度；

H——沉井接高的高度。

(二)浮运沉井的施工放线

深水河流沉井基础一般采用浮运施工定位放线法，沉井底节钢刃脚在拼装工作船上拼装，浮运沉井的施工放线过程中应注意以下事项：

(1)因工作船在水上会受水流波动影响而摆动，所以测设工作应尽可能选在风平浪静，船体相对平稳时进行。首先基准面的测设，可在工作船附近适当位置安置水准仪，对纵、横中心线四端点或四角点上水准尺快速进行观测，反复进行零位调整，使在同一平面上，作为零基准面。然后以此在沉井轮廓线上放出零基准面其他各点。

(2)当在工作船平面甲板上完成沉井底节放线后，施工拼装应按轮廓线和零基准面点进行。虽然拼装与筑岛沉井基本相同，但应注意控制工作船的相对稳定，才能取得较好成果。拼装完成后，应检查并在顶面设出纵、横中心线位置，采用的方法与前接高测量相同。

(3)浮运沉井一般是钢体，顶面标志可直接刻划在上面。为了沉井下水后能保持悬浮，钢体内部的混凝土可以分多次填入。

(4)沉井底节拼装焊固，并检验合格后，在工作船的运载下送入由两艘铁驳组成的导向船中间，并用联结梁作必要连接。导向船由拖轮拖至墩位上游适当位置定位，并在上、下游抛主锚和两侧抛边锚固定。每一个主锚和边锚都按照设计位置用前方交会法设出。

(5)导向船固定后，利用船上起重设备将沉井底节吊起，抽去工作船，然后将沉井底节放入水并悬浮于水中，其位置由导向船的缆绳控制，处在墩位上游并保持直立。随着沉井逐步接高下沉，上游主锚绳放松，下游主锚绳收紧，并适当调整边锚绳，使导向船及沉井逐步向下游移动，一直到沉井底部接近河床时，沉井也达到墩位。沉井从下水、接高、下沉，达到河床稳定深度，需要较长的工期。与此同时，应对沉井不断进行检测和定位。

第五节　桥梁架设施工及竣工测量

一、桥梁架设施工测量

（一）全桥中心线的复测

桥梁中心线方向的测定是在两岸桥轴线控制桩上进行，也可以在轴线两端各一个墩台顶部经过方向校正的中心点上进行。在一端将经纬仪安置在控制桩点上，严格对中、整平，瞄准另一端控制桩点，用盘左、盘右取中的方法定出距站点最近一个墩顶的中心线方向，并在中心标板上刻线固定。然后在该墩顶中心线上安置好，依照此方法，定出下一个墩顶中心线并标定之。依次将各墩顶中心线定出。如果桥墩跨距不大，也可将仪器置于一控制桩点上连设数个桥墩中心线方向，但视线长度不应超过 150m，否则盘左、盘右不符值易超限。

曲线桥梁墩、台中心线的复测，主要是测定曲线全部墩、台中心的转角，并将转角之和与曲线总转角对比，对误差进行分析、调整和分配，以满足设计要求。

（二）墩、台中心点间距的测定

根据桥梁各墩、台已标出的墩、台中心点，测定各相邻墩、台间的距离，与两桥台设计距离相比较，确定全桥总长的误差，并据此对所测各墩、台间距离进行改正。然后再按改正后的各墩、台间距离桥轴线一端控制点计算各墩、台中心里程，与各墩、台设计里程比较，再对点位作适当调整，使测设里程与设计里程一致，且不致引起过大偏心。

曲线桥梁墩、台中心点间距离应逐跨用经检定的钢卷尺或光电测距仪进行测定，并结合两端墩、台中心的实测转角进行调整。

（三）墩、台顶面高程的联测

从河岸一基本水准点始，用二、三等水准测量方法逐个测出各墩顶水准标志高程，最后闭合于另一河岸的基本水准点。根据高程闭合差再对所测各墩顶水准标志高程进行调整以获得其平差值。

（四）支承垫石顶面十字线及高程的测设

通过桥轴线在墩顶放出的方向线及墩、台中心点间距经设计里程调整后所得的中心点位，即可在墩顶定出墩、台的纵、横中心线，并在墩的四边标板上固定。在此基础上，根据设计图要求定出支承垫石中心十字线，且用墨线标出，作为安装支座底板的依据。

（五）架梁时的测量工作

1. 梁长测量

所有整体架设的梁长，均应在架设前用检定过的钢尺丈量梁的跨度和全长，其偏差应小于（或等于）规范的限差要求。

2. 支座底板安装定位测量

在支座底板定位的同时，应测量底板顶面的高程及底板顶面的平整度，通过在底板与支承垫石面之间塞以铁片、钢楔，从而使底板顶面高程及平整度达到设计要求。测量时应测量底板顶面的四角。

3. 梁体定位测量

(1)钢桁梁的定位测量。钢桁梁要求梁体中线(即横梁中心线)与设计路线中线一致，所以，在架设过程中，应检查横梁中点是否在相邻墩、台中心的连线方向上。由于两侧桁架的弦杆中心线与横梁中点的连线是对称的，则弦杆中心线的水平投影同样为直线。检查时，可将经纬仪安置在墩、台的中心点上，瞄准相邻的墩、台中心点，并固定水平制动螺旋，然后上、下转动望远镜，观察横梁中点上的标志是否都在视线上，如果偏离量超出容许范围，则应对钢桁梁位置进行校正。

(2)桥梁拱度的测定。桥梁的拱度也必须测定，在钢梁架好之后，各个弦杆应构成一条略为向上弯曲的平滑曲线，桥梁中部高出两端的最大高差(称为拱度)。测定时将水准仪安置在桥梁的墩、台上，而在各个节点处竖立水准尺，测出各点高程，绘出弦杆的纵断面图，从而得到桥梁的拱度，并检查其是否合格。为观测拱度的变化，在竖立水准尺的地方，应用油漆作出标志，以保证每次观测都位于同一点上。

(3)预应力混凝土简支梁的测定。预应力混凝土简支梁要求梁梗中线与设计中线平行。梁体落位后要求支座下座板中心十字线与标定在支承垫石上的设计中心十字线相重合。若由于施工偏差不能满足时，应在梁梗中线与设计中线保持平行的先决条件下进行调整。纵向偏差以桥梁中线为准，向两端平均分配，但活动端必须保持按100℃温差计算的最小伸缩空间，均为梁长的1‰；横向偏差应在保持相邻梁体间的缝隙能放置防水盖板，以桥梁中线为准，尽可能向两片梁对称分配。

二、桥梁竣工测量

(一)基础竣工测量

桥梁竣工测量的主要内容是检测基础中心的实际位置。检测时实测桩基的施工坐标 x'_i、y'_i，与设计值 x_i、y_i 比较后算出其偏差值 $D=\sqrt{\Delta x^2+\Delta y^2}$。基础竣工测量还应将基坑位置、坑底高程、土质情况等如实地反映并附绘基坑略图标注相应的检测数据等。

(二)墩台竣工测量

1. 墩台中心间距测量

墩台中心间距可根据墩台中心点测定。如果间距较小，可用钢尺采用精密方法直接测量；当间距较大不便直接测量时，可用全站仪施测。墩台中心间距 D'，与设计墩台中心间距 D 比较，由差值 $\Delta=D'-D$，计算墩台中心间距的竣工中误差为

$$m=\pm\sqrt{\frac{[\Delta\Delta]}{n}}$$

式中 m 是衡量墩台施工质量的重要指标之一。

2. 墩台标高的检测

检测时布设成附合水准线路，即自桥梁一端的永久水准点开始，逐墩测量，最后符合至另一

端的永久水准点上，其高差闭合差限差应为

$$f_{h限} \leqslant \pm 4\sqrt{n}\,\text{mm}（n 为测站数）$$

在进行此项水准测量时，应联测各墩顶水准点和各垫板的标高以及墩顶其他各点的标高。

(三)跨越构件的测量

在现场吊装前、后应进行的竣工测量项目如下：

(1)构件的跨度。

(2)构件的直线度。一般要求直线度偏差不得超过跨度的 1/5000。

(3)构件的预留拱度。预留拱度是指钢架铆接好后，钢梁及各弦杆呈一微上凸的平滑线，略显拱形，称为构件预留拱度曲线。其中部高出于两端的最大高差，称为预留拱度。设计预留拱度通常约为跨度的 1/1000。

第六节　涵洞施工放线及桥台锥坡放线

一、涵洞施工放线

1. 涵洞放线的概念

涵洞放线是根据涵洞施工设计图表给出的涵洞中心里程，首先应放出涵洞轴线与路线中线的交点，然后根据涵洞轴线与路线中线的交角，再放出涵洞的轴线方向。

当涵洞位于路线直线上时，依据涵洞所在的里程，自附近的公里桩、百米桩沿路线方向量出相应的距离，即可得涵洞轴线与路线中线的交点。如果涵洞位于路线曲线上时，则用测设曲线的方法定出。

2. 涵洞施工放线的方式

涵洞分为正交涵洞和斜交涵洞两种。正交涵洞的轴线与路线中线或其切线垂直；斜交涵洞的轴线与路线中线或其切线不相垂直而成斜交角 φ，φ 角与 90°之差称为斜度 θ，如图 12-43 所示。

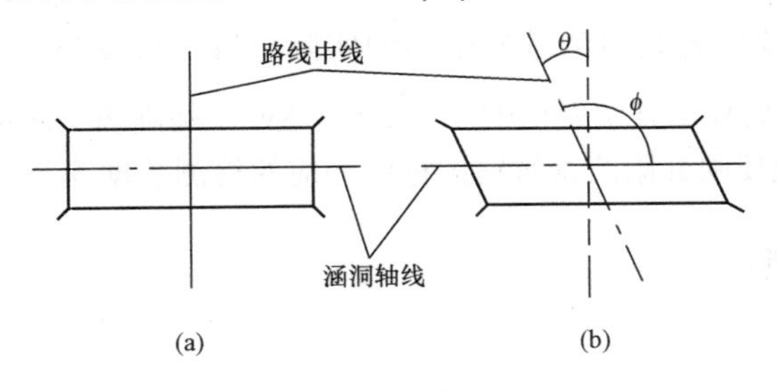

图 12-43　正交涵洞与斜交涵洞

(a)正交涵洞；(b)斜交涵洞

(1)在定出涵洞轴线与路线中线的交点后，将经纬仪置于该交点上拨角即可定出涵洞轴线。涵洞轴线通常用大木桩标定在地面上，每端两个，且应置于施工范围以外。自交点沿轴线分别量出上、下游的涵长得涵洞口位置，用小木桩标出。

(2)涵洞基础及基坑边线由涵洞轴线设定，在基础轮廓线的转折处都要用木桩标定，如图12-44所示。为开挖基础，还应定出基坑的开挖边界线。由于在开挖基础时可能会有一些桩被挖掉，所以在需要时可在距基础边界线1.0～1.5m处设立龙门板，然后将基础及基坑的边界线用垂球线将其设在龙门板上，可用小钉标出。在基坑挖好后，再根据龙门板上的标志将基础边线投放到坑底，以此作为砌筑基础的根据，如图10-44所示。

(3)基础建成后，安装管节或砌筑涵身等各个细部的放线，仍应以涵洞轴线为基准进行。这样误差不会影响到涵身的正确位置。

(4)涵洞的各个细部的高程，均根据附近的水准点用水准测量方法设定。对于基础面纵坡的测设，当涵洞顶部填土在2m以上时，应预留拱度，以便路堤下沉后仍能保持涵洞应有的坡度。根据基坑土壤的种类，拱度一般采用$H/50$或$H/80$。砂石类土壤采用$H/80$；粉砂及土类则采用$H/50$（H为路线中心处涵洞流水槽面到路基设计高程的填土高度）。

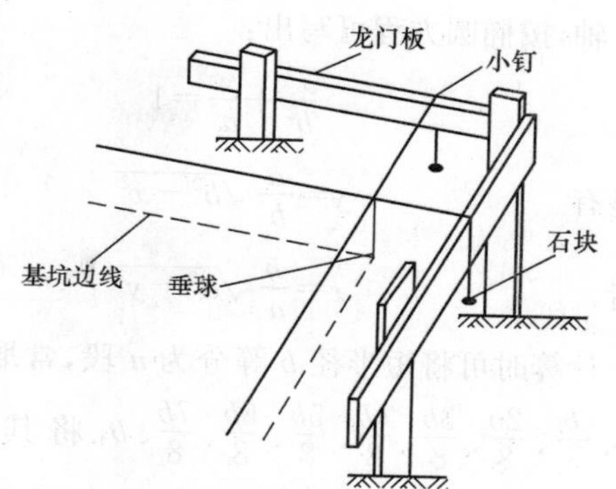

图12-44 利用龙门板测设基础及基坑边线

二、桥台锥坡放线

1. 锥坡的相关知识

为了使路堤与桥台连接处的路基不被冲刷，则需在桥台两侧填土呈锥体形，并于表面砌石，称为锥体护坡，简称锥坡。

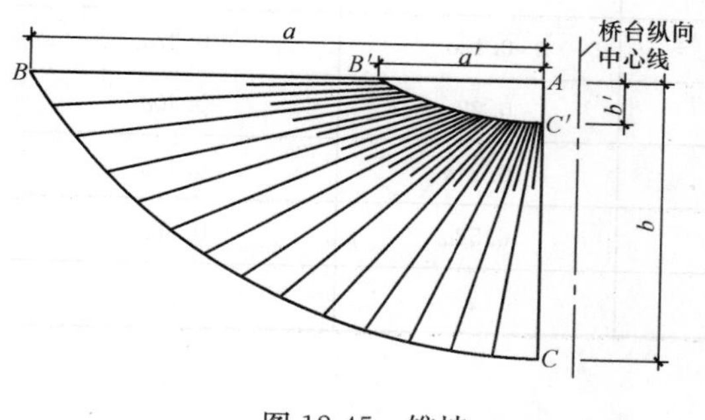

图12-45 锥坡

锥坡的形状常为1/4个椭圆截锥体，如图12-45所示。当锥坡的填土高度小于6m时，锥坡的纵向（即平行于路线方向）坡度一般为1∶1；横向（即垂直于路线方向）坡度一般为1∶1.5，与桥台后的路基边坡一致。当锥坡的填土高度大于6m时，路基面以下超过6m的部分纵向坡度由1∶1变为1∶1.25；横向坡度由1∶1.5变为1∶1.75。

锥坡的顶面和底面都是椭圆的1/4。锥坡顶面的高程与路肩相同，其长半径a'应等于桥台宽度与桥台后路基宽度差值的1/2；短半径b'等于桥台人行道顶面高程与路肩高程之差，但应大于（或等于）0.75m。锥体底面的高程一般与地面高程相同，其长半径a等于顶面长半径a'加横向边坡的水平距离；短半径b等于顶面短半径b'加纵向边坡的水平距离。

当锥坡的填土高度h小于6m时：

$$\left.\begin{aligned}a&=a'+1.5h\\b&=b'+h\end{aligned}\right\}\tag{12-59}$$

当锥坡的填土高度h大于6m时：

$$\left.\begin{aligned}a&=a'+1.75h-1.5\\b&=b'+1.25h-1.5\end{aligned}\right\}\tag{12-60}$$

2. 支距法

如图12-46，设平行于路线方向的短半径方向AC为x轴；垂直于路线方向的长半径方向AB

为 y 轴，按椭圆方程可写出：

$$\frac{x^2}{b^2}+\frac{y^2}{a^2}=1 \tag{12-61}$$

于是有

$$y=\frac{a}{b}\sqrt{b^2-x^2} \tag{12-62}$$

或者

$$x=\frac{b}{a}\sqrt{a^2-y^2} \tag{12-63}$$

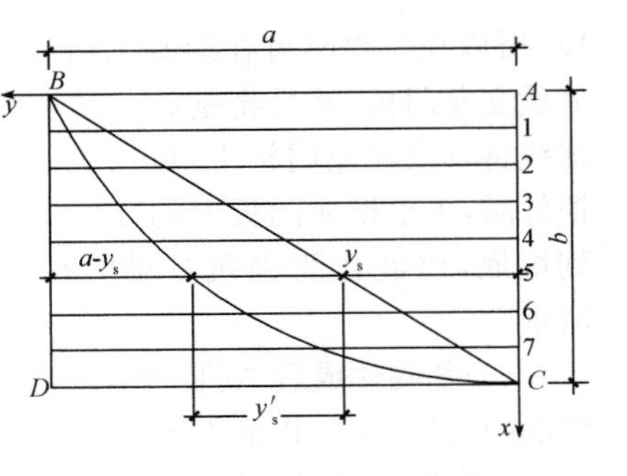

图 12-46　用支距法测设锥坡

计算时可将短半径 b 等分为 n 段，常取 8 段，这时 $x=0$、$\frac{b}{8}$、$\frac{2b}{8}$、$\frac{3b}{8}$、$\frac{4b}{8}$、$\frac{5b}{8}$、$\frac{6b}{8}$、$\frac{7b}{8}$、b，将其分别代入式(12-61)，即得各对应的支距 y 值，见表 12-7。

测设时以 AC 方向为基准，按长、短半径 a、b 测设矩形 $ACDB$，然后将 BD 等分为 8 段，在垂直于 BD 的方向上分别量出相应的 $a-y$ 值，即可设出坡脚椭圆形轮廓。

表 12-7　　支距 y 值计算

点位编号	x	y	$a-y$	y'
0(A)	0	a	0	0
1	$b/8$	0.99a	0.01a	0.12a
2	$2b/8$	0.97a	0.03a	0.22a
3	$3b/8$	0.93a	0.07a	0.30a
4	$4b/8$	0.87a	0.13a	0.37a
5	$5b/8$	0.78a	0.22a	0.40a
6	$6b/8$	0.66a	0.34a	0.41a
7	$7b/8$	0.48a	0.52a	0.36a
8(C)	b	0	a	0

3. 纵横等分图解法

先在图纸上按一定比例绘出椭圆曲线。如图 12-47 所示，以椭圆长、短半径 a、b 作一矩形 $ACDB$，将 BD、DC 各分成相同的等分，并以图中所示方法进行编号，连接相应编号的点得直线 1—1、2—2、3—3、…，1—1 与 2—2 相交于Ⅰ，2—2 与 3—3 相交于Ⅱ，3—3 与 4—4 相交于Ⅲ……。交点Ⅰ、Ⅱ、Ⅲ、…的连线即为椭圆曲线。按绘图比例尺量取Ⅰ、Ⅱ、Ⅲ、…各点的纵距 x_i 和横距 y_i，作为放线数据。

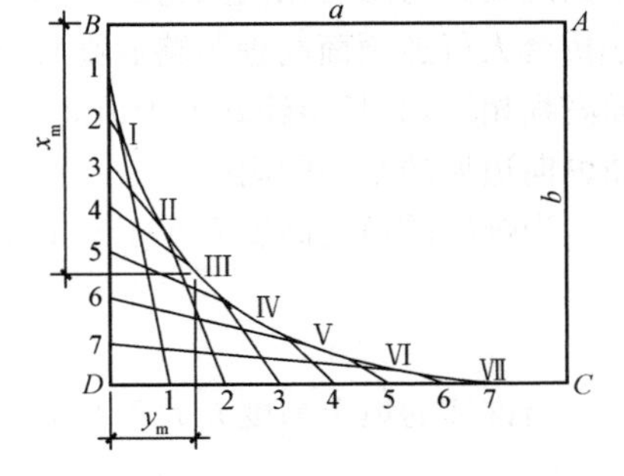

图 12-47　用纵横等分图解法测设锥坡

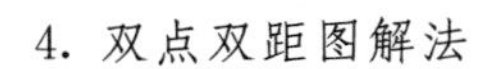

4. 双点双距图解法

先在图纸上按一定比例尺绘出椭圆曲线，比例尺应大些，一般采用 1∶50 或1∶100，以满足放线精度的要求。

如图 12-48 所示，在图纸上绘出一条长度为 $2a$ 的直线 BB'，取 BB'的中点 A，从 A 作 AC 垂直于 BB'，且使 $AC=b$。再以 C 为圆心，以 a 为半径画弧交 BB'于 F、F'两点，即为椭圆两焦点。

取一根细线，用针将其两端分别固定在焦点 F、F' 上，两针间的细线长度等于 $2a$。用铅笔尖靠在细线上拉紧并滑动，铅笔所绘出的弧线，就是椭圆曲线。

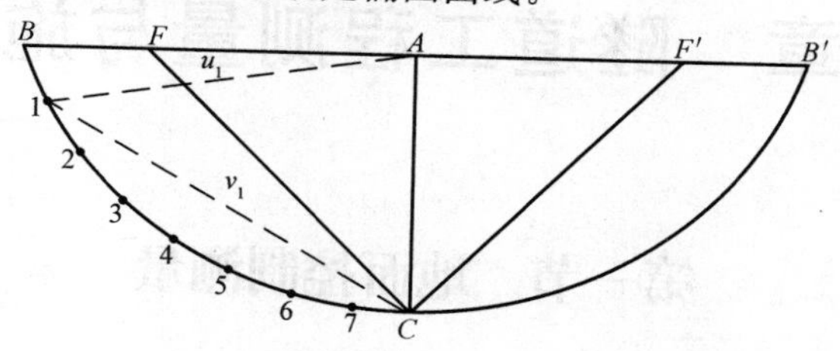

图 12-48　用双点双距图解法测设锥坡

将 BC 曲线分成若干段，分别得到 1、2、3、… 各点，按绘图比例尺量出这些点至 A、C 的距离 u_i、v_i，作为放线数据。

5. 全站仪坐标法

随着全站仪逐渐的普及，采用全站仪放线锥坡、简便、精确。

按支距法将 b 或 a 等分成几节，根据各等分点的 x 或 y 值，按式(12-61)或式(12-62)计算各相应的 y 值或 x 值，从而获得 n 个椭圆曲线点坐标。测设时，将全站仪安置在 $A(0,0)$、$B(1,a)$、$C(b,0)$、$D(b,a)$ 任一点上，后视另一点，即可按坐标测设出椭圆曲线上各点。

第十三章　隧道工程测量与施工放线

第一节　地面控制测量

一、地面控制测量的前期准备

1. 收集资料

在布设地面控制网之前，通常收集隧道所在地区的 1∶2000、1∶5000 大比例尺地形图，隧道所在地段的路线平面图，隧道的纵、横断面图，各竖井、斜井、水平坑道以及隧道的相互关系位置图，隧道施工的技术设计及各个洞口的机械、房屋布置的总平面图等。此外，还应收集该地区原有的测量资料，地面控制资料以及气象、水文、地质和交通运输等方面的资料。

2. 现场踏勘

对所收集到的资料进行阅读、研究之后，为了进一步判定已有资料的正确性和全面、具体地了解实地情况，要对隧道所穿越的地区进行详细踏勘。踏勘路线一般是沿着隧道路线的中线、以一端洞口向着另一端洞口前进，观察和了解隧道两侧的地形、水源、居民点和人行便道的分布情况。应特别留意两端洞口路线的走向、地形和施工设施的布置情况。结合现场，对地面控制布设方案进行具体、深入的研究。另外，勘测设计人员还要对路线上的一些主要桩点如交点、转点、曲线主点等进行交接。

3. 选点布设

如果隧道地区有大比例尺地形图，则在图上选点布网，然后将其测设到实地上。如果没有大比例尺地形图，就只能到现场踏勘进行实地选点，确定布设方案。

隧道地面控制网怎样布设为宜，应根据隧道的长短、隧道经过的地区地形情况、横向贯通误差的大小、所用仪器情况和建网费用等方面进行综合考虑。

(1)隧道平面测量控制网采用的坐标系宜与路线控制测量相同，但当路线测量坐标系的长度投影变形对隧道控制测量的精度产生影响时，应采用独立坐标系，其投影面宜采用隧道纵面设计高程的平均高程面。

(2)隧道平面测量控制网应采用自由网的形式，选定基本平行于隧道轴线的一条长边作为基线边与路线控制点联测，作为控制网的起算数据。联测的方法和精度与隧道控制网的要求相同。

(3)各洞口附近设置 2 个以上相互通视平面控制点，点位应便于引测进洞。

(4)控制网的选点，应结合隧道平面线形及施工时放线洞口(包括辅助道口)投点的需要布设；结合地形、地物，力求图形简单、坚强；在确保精度的前提下，充分考虑观测条件、测站稳固、交通方便等因素。

二、地面导线测量

(1)在直线隧道中，为减少导线测距的误差对隧道横向贯通的影响，当尽可能地将导线沿着隧道的中线布设。

(2)导线点数不宜过多，以减少测角误差对横向贯通的影响。

(3)对于曲线隧道，导线应沿两端洞口连线布设成直伸导线为宜，并应将曲线的起、终点和曲线切线上的两点包含在导线中。这样，曲线的转角就可根据导线测量结果计算出来，以此便可将路线定测时所测得的转角加以修正，从而获得更为精确的曲线测设元素。

(4)在有横洞、斜井和竖井的情况下，导线应经过这些洞口，以减少洞口投点。为增加校核条件，提高导线测量的精度，通常都使其组成闭合环，也可以采用主、副导线闭合环，副导线只观测转折角。

(5)为了便于检查，保证导线的测角精度，应考虑增加闭合环个数以减少闭合环中的导线点数。

(6)为减小仪器误差对测角的影响，导线点之间的高差不宜过大，视线应高出障碍物或地面1m以上，以减小地面折光和旁折光的影响。对于高差较大的测站，常采用每次观测都重新整平仪器的方法进行多组观测，取多组观测值的均值作为该站的最后结果。导线环的水平角观测，应以总测回数的奇数测回和偶数测回分别观测导线的左角和右角，并在测左角起始方向配置度盘位置。

三、地面三角测量

(1)地面三角测量通常布设成线形三角锁，测量一条或两条基线。由于光电测距仪的广泛使用，常采用测数条边或全部边的边角网。

(2)在布设三角网时，以满足隧道横向贯通的精度要求为准，而不以最弱边和相对精度为准。三角网尽可能布设为垂直于贯通面方向的直伸三角锁，并且要使三角锁的一侧靠近隧道线路中线。除此之外还应将隧道两端洞外的主要控制点纳入网中。可以减少起始点、起始方向以及测边误差对横向贯通的影响。

(3)三角锁的图形一般为三角形，传距角一般不小于30°。个别图形强度过差，可用大地四边形。三角形的个数及推算路线上的三角点点数宜少，因此可适当降低图形强度。每个洞口附近应设不少于三个三角点，如果个别点直接作为三角点有困难，也可用插点的方式。三角锁与插点是主网和附网的关系，属于同级。插点应以与主网相同的精度进行观测，并与主网一起平差。布网时还须考虑与路线中线控制桩的联测方式。

(4)观测时要在测站观测的各目标中选择一个距离适中、成像清晰、竖直角较小的方向作为零方向。这样在各测回的观测中便于找到零方向，以此为参考从而找到其他方向。

(5)在观测过程中，每2～3测回将仪器和目标重新对中一次。这样做会使方向观测值中包含仪器和目标对中的误差，因而在各测回同一方向值互差中，比不重新对中更容易超限。但将各测回的同一方向取平均值后，能减弱仪器对中误差和目标偏心差的影响，从而最终提高了方向的观测精度。

在方向观测作业结束后，应按方向观测值计算三角形角度闭合差，以检查是否满足限差要求。三角形角度闭合差的限差按下式计算：

$$f_{\beta}=2m''_{r}\sqrt{6}=4.90m''_{r} \tag{13-1}$$

式中 m''_{r}——三角网所需的方向观测中误差。

三角网实际方向观测中误差应按下式计算：

$$m''_{r}=\pm\sqrt{\frac{[\omega\omega]}{6n}} \tag{13-2}$$

式中 ω——三角网各三角形的角度闭合差，以秒为单位；

n——三角网三角形的个数。

四、地面水准测量

地面水准测量等级的确定分为以下几种方法。

(1)首先求出每公里高差中数的中误差：

$$M_{\Delta}=\pm\frac{18}{\sqrt{R}}\text{mm} \tag{13-3}$$

式中 R——水准路线的长度，以 km 计。然后按 M_{Δ} 值的大小及规范规定值选定水准测量等级。

(2)隧道水准点的高程，应与路线水准点采用统一高程。所以，一般是采用洞口附近一个路线水准点的高程作为起算高程。如遇特殊情况，也可暂时假定一个水准点的高程作为起算高程，待与路线水准点联测后，再将高程系统统一起来。

(3)布设水准点时，每个洞口附近埋设的水准点不应少于两个。两个水准点之间的高差，以安置一次仪器即可联测为宜。并且，水准点的埋设位置应尽可能选在能避开施工干扰、稳定坚实的地方。

(4)通过现场踏勘将洞口水准点间的水准路线大致确定之后，估出(可借助于地形图)水准路线的长度(指单程长度)，利用表 13-1 确定，并可由此知道应该选用的水准仪的级别及所用水准尺的类型。

表 13-1　　地面水准测量的等级确定

等　级	两洞口间水准路线长度(km)	水准仪型号	标尺类型
二	>36	$S_{0.5}$, S_1	因瓦精密水准尺
三	13～36	S_1	因瓦精密水准尺
		S_3	木质普通水准尺
四	5～13	S_3	木质普通水准尺

第二节　洞内控制测量及中线测设

平面控制和高程控制是洞内控制测量的两个主要部分，洞内控制测量的目的是为隧道施工测量提供依据。

一、洞内控制测量

(一)洞内导线测量

1. 洞内导线的布设形式

(1)洞内导线最大限度的提高导线临时端点的点位精度，新设立的导线点必须有可靠的检核，避免发生任何错误。在把导线向前延伸的同时，对已设立的导线点应设法进行检查，及时察觉由于山体压力或洞内施工、运输等影响而产生的点位位移。

(2)洞内导线的布设形式分为单导线主副、环导线和导线网三种。

1)单导线。单导线一般用于短隧道，如图 13-1 所示，A 点为地面平面控制点，1、2、3、4 为洞内导线点。单导线的角度可采用左、右角观测法，即在一个导线点上，用半数测回观测左角（图中 α 角），半数测回观测右角（图中 β 角）。计算时再将所测角度统一归算为左角或右角，然后取平均值。观测右角时，同样以左角起始方向配置度盘位置。在左角和右角分别取平均值后，应计算该点的圆周角闭合差：

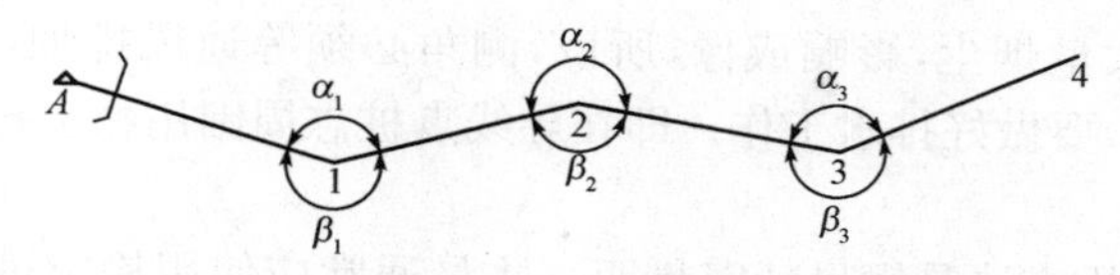

图 13-1　单导线左、右角观测法

$$\Delta = \alpha_{i平} + \beta_{i平} - 360° \tag{13-4}$$

式中　$\alpha_{i平}$——导线点 i 左角观测值的平均值；

$\beta_{i平}$——导线点 i 右角观测值的平均值。

2）主、副导线环。如图 13-2 所示，主导线为 A—1—2—3—…；副导线为 A—1′—2′—3′—…。主、副导线每隔 2～3 条边组成一个闭合环。主导线既测角，同时又测边，而副导线则只测角，不测边。通过角度闭合差可以评定角度观测的质量以及提高测角的精度，对提高导线端点的横向点位精度有利。但导线点坐标只能沿主导线进行传算。

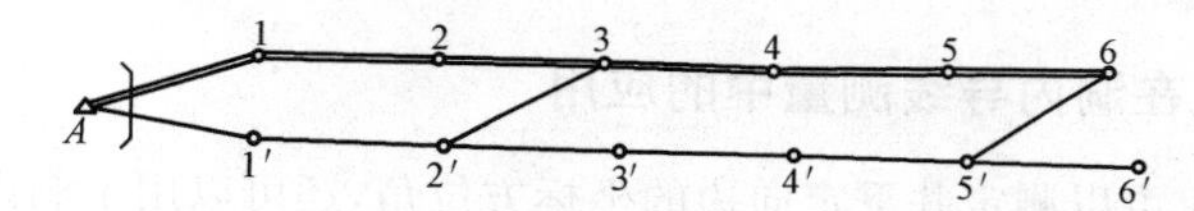

图 13-2　洞内主、副导线环

3）导线网。导线网一般布设成若干个彼此相连的带状导线环，如图 13-3 所示。网中所有边、角全部观测。导线网除可对角度进行检核外，因为测量了全部边长，所以计算坐标有两条传算路线，对导线点坐标亦能进行检核。

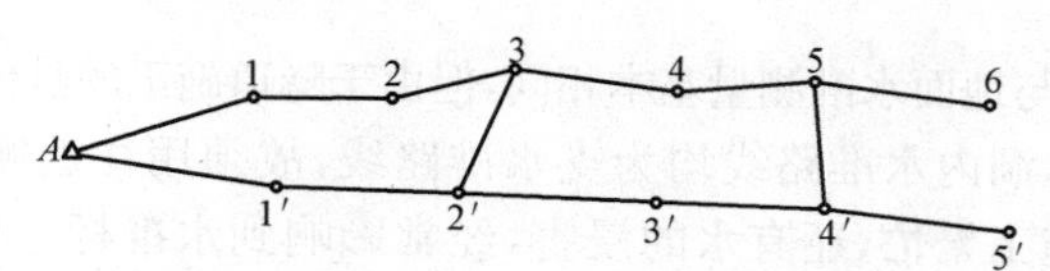

图 13-3　洞内导线网

2. 洞内导线点的埋设

洞内导线点一般采用地下挖坑，然后浇灌混凝土并埋入铁制标心的方法。这与一般导线点的埋设方法基本相同。但是由于洞内狭窄，施工及运输繁忙，且照明差，桩志露出地面极易撞坏，所以标石顶面应埋在坑道底面以下 10～20cm 处，上面盖上铁板或厚木板。为便于找点使用，应在边墙上用红油漆注明点号，并以箭头指示桩位。导线点兼作高程点使用时，标心顶面应高出桩面 5mm。

3. 洞内导线测角和测边

对洞内导线的测角，我们应给予足够的重视，洞的内外两个测站的测角，应安排在最有利的观测时间进行。通常可选在大气稳定的夜间或阴天。由于洞内导线边短，仪器对中和目标偏心对测角的影响较大，所以，测角时在测回之间，仪器和目标均应重新对中，以减弱此项误差的影响。为了减小照准误差和读数误差，在观测时通常采用瞄准两次，读数两次的方法。洞内测角的照准目标，通常采用垂球线。将垂球线悬挂在三脚架上对点作为观测目标。对洞内的目标必须照明，常用的做法是制作一木框，内置电灯，框的前面贴上透明描图纸，衬在垂球线的后方。洞内每次爆破之后，会产生大量烟尘，影响成像，所以，测角必须等通风排烟，成像清晰后方能进行。对于隧道内有水的情况，要做好排水工作。即在导线点桩志周围用黏土扎成围堰，将堰内积水排除，堰外积水引流排放。

洞内导线测边的常用方法是钢尺精密量距。丈量通常应使用检定过的钢尺，检定可采用室内比长或在现场建立比尺场进行比长，使洞内外长度标准统一。通过比长，可得到标准拉力、标准温度下的尺长改正系数。在钢尺量距过程中首先要定线、概量，每个尺段应比钢尺的名义长度略短，以 5cm 左右为宜，然后在地上打下桩点。由于木桩不易打进地面，常采用 20cm 的铁线钉。将铁线钉打入地下，在钉帽中心钻一小眼准确表示点位。丈量为悬空丈量，尺的零端挂上弹簧秤，末端连接紧线器。弹簧秤和紧线器分别用绳索套在两端插入地面用作张拉的花杆上，升降两端绳索调整尺的高度，用木工水平尺使尺呈水平，弹簧秤显示标准拉力，尺上分划靠近垂球线，此时尺的两端即可同时读取读数。并同时记录温度。这样完成了一组读数。接着再将尺向前或向后移动几个厘米，读取第二组读数。一般读取三组读数，互差不应超过 3mm。根据洞内丈量精度的要求，一般需测数测回。

（二）陀螺经纬仪在洞内导线测量中的应用

用陀螺经纬仪不仅可以测定井下定向边的坐标方位角，还可以用于洞内导线，加测一定数量导线边的陀螺方位角，用以限制测角误差的积累，提高横向精度。

洞内导线加测陀螺方位角的数目、位置以及对导线横向精度的增益，取决于洞内导线起始边方位角中误差 $m_{\alpha始}$ 与洞内导线测角中误差 m_β 的比值 $\omega\left(\omega=\frac{m_{\alpha始}}{m_\beta}\right)$。

（三）洞内水准测量

洞内水准测量的方法与地面水准测量基本相同，但由于隧道施工的具体情况，又具有如下特点：

（1）在隧道贯通之前，洞内水准路线均为支水准路线，故须用往返测进行检核。由于洞内施工场地狭小，运输频繁、施工繁忙，还有水的浸害，经常影响到水准标志的稳定性，所以应经常性地由地面水准点向洞内进行重复的水准测量，根据观测结果以分析水准标志有无变动。

（2）为了满足洞内衬砌施工的需要，水准点的密度一般要达到安置仪器后，可直接后视水准点就能进行施工放线而不需要迁站。洞内导线点亦可用作水准点。通常情况下，水准点的间距不大于 200m。

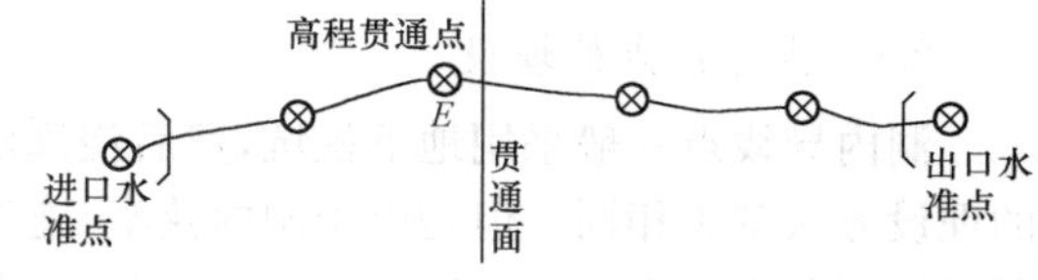

图 13-4　隧道贯通水准测量

（3）隧道贯通后，在贯通面附近设置一个水准点 E，如图 13-4 所示。由进、出口水准点引进的两水准路线均连测至 E 点上。这样 E 点就得到两个高程值 H_{JE} 和 H_{CE}，实际的高程贯通误差为：

$$f_h=H_{JE}-H_{CE} \tag{13-5}$$

二、隧道内中线的测设

隧道洞内中线的测设有导线法和中线法两种。

(一)导线法

用导线作为洞内控制的隧道，其中线应根据导线来测设，常见做法是：

(1)根据欲测设的中线点的里程桩号，计算其坐标。

(2)选定用来测设中线点的导线点作为置镜点。

(3)根据置镜点与中线点的坐标，计算以置镜点为极点的极坐标。

(4)将仪器置于置镜点上，用极坐标法测设中线点。

(二)中线法

用中线法测设中线点，如果为直线，通常采用正、倒镜分中法进行测设；如果为曲线，由于洞内空间狭窄，则多采用测设灵活的偏角法，或弦线支距法、弦线偏距法等。

第三节　洞外控制测量

一、洞外平面控制测量

1. 洞外平面控制测量的任务

洞外平面控制测量的任务是测定各洞口控制点的相对位置，作为引测进洞和测设洞内中线的依据。

2. 洞外平面控制的建立

(1)精密导线法。在洞外沿隧道线形布设精密光电测距导线来测定各洞口控制点的平面坐标，精密导线一般采用正、副导线组成的若干导线环构成控制网(图 13-5)。

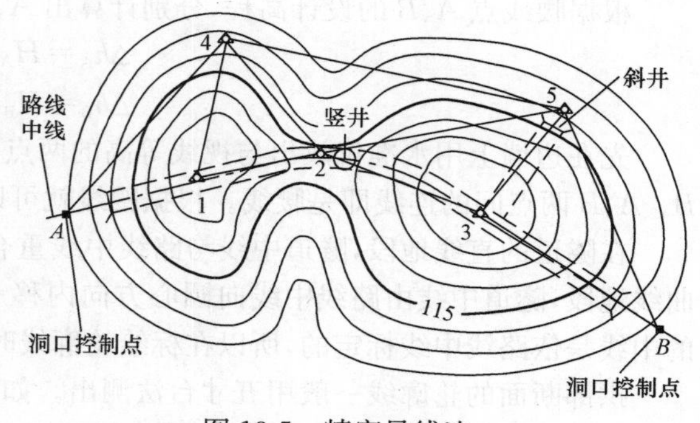

图 13-5　精密导线法

(2)GPS 法适合于长隧道及山岭隧道，原因是控制点之间不能通视，没有测量的误差积累。

二、洞外高程控制测量

1. 洞外高程控制测量的任务

洞外高程控制测量的任务，是按照测量设计中规定的精度要求，施测隧道洞口(包括隧道的进出口、竖井口、斜井口和坑道口)附近水准点的高程，作为高程引测进洞的依据。

2. 高程控制测量

高程控制一般采用三、四等水准测量，当两洞口之间的距离大于 1km 时，应在中间增设临时水准点。

如果隧道不长，高程控制测量等级在四等以下时，也可采用光电测距三角高程测量的方法进行观测。三角高程测量中，光电测距的最大边长不应超过 600m，且每条边均应进行对向观测。高差计算时，应加入地球曲率改正。

第四节　隧道施工放线

一、开挖断面的放线测量

开挖断面必须确定断面各部位的高程，经常采用腰线法。如图 13-6 所示，将水准仪置于开挖面附近，后视已知水准点 P 读数 a，即仪器视线高程：

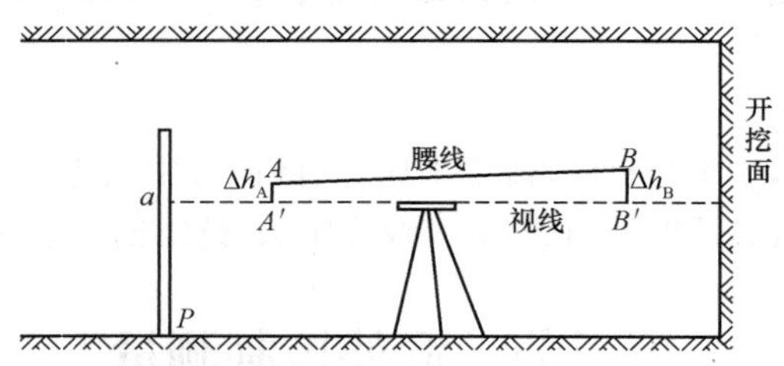

图 13-6　腰线法确定开挖断面高程

$$H_i = H_p + a \tag{13-6}$$

根据腰线点 A、B 的设计高程，分别计算出 A、B 点与仪器视线间的高差 Δh_A、Δh_B：

$$\left.\begin{aligned}\Delta h_A &= H_A - H_i\\ \Delta h_B &= H_B - H_i\end{aligned}\right\} \tag{13-7}$$

先在边墙上用水准仪放出与视线等高的两点 A'、B'，然后分别量测 Δh_A、Δh_B，即可定出点 A、B。A、B 两点间的连线即是腰线。根据腰线就可以定出断面各部位的高程及隧道的坡度。

在隧道的直线地段，隧道中线与路线中线重合一致，开挖断面的轮廓左、右支距亦相等。在曲线地段，隧道中线由路线中线向圆心方向内移一 d 值，如图 13-7 所示。由于标定在开挖面上的中线是依路线中线标定的，所以在标绘轮廓线时，内侧支距应比外侧支距大 $2d$。

拱部断面的轮廓线一般用五寸台法测出。如图 13-7 所示，自拱顶外线高程起，沿路线中线向下每隔 1/2m 向左、右两侧量其设计支距，然后将各支距端点连接起来，即为拱部断面的轮廓线。

墙部的放线采用支距法，如图 13-8 所示，曲墙地段自起拱线高程起，沿路线中线向下每隔 1/2m 向左、右两侧按设计尺寸量支距。直墙地段间隔可大些，可每隔 1m 量支距定点。

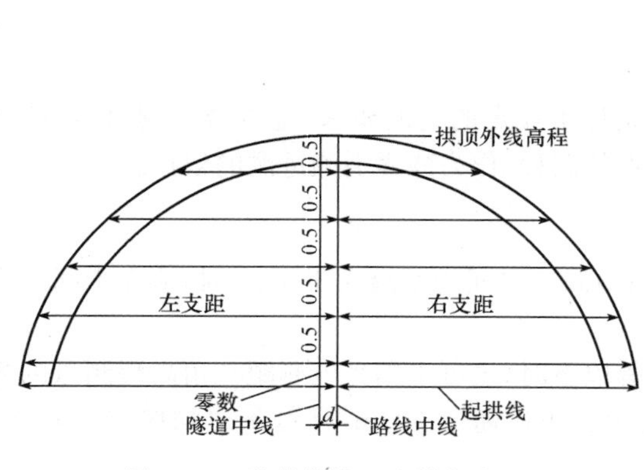

图 13-7　隧道曲线地段拱部断面

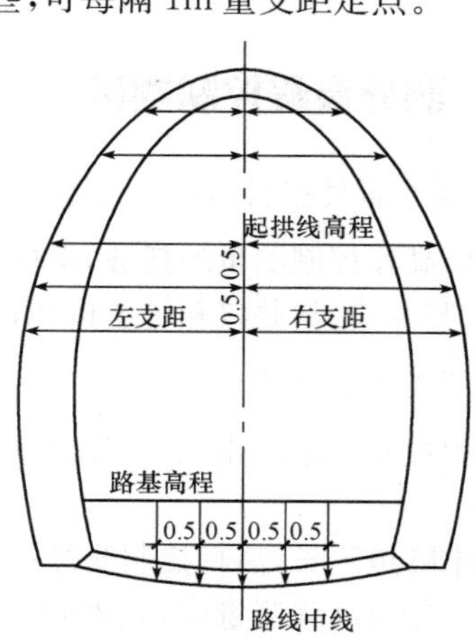

图 13-8　隧道断面

二、衬砌放线

1. 拱部衬砌放线

拱部衬砌的放线主要是将拱架安置在正确位置上。拱部分段进行衬砌，一般按 5～10m 进行分段，地质不良地段可缩短至 1～2m。拱部放线根据路线中线点及水准点，用经纬仪和水准仪放出拱架顶、起拱线的位置以及十字线，然后将分段两端的两个拱架定位。拱架定位时，应将拱架顶与放出的拱架顶位置对齐，并将拱架两侧拱脚与起拱线的相对位置放置正确。两端拱架定位并固定后，在两端拱架的拱顶及两侧拱脚之间绷上麻线，据以固定其间的拱架。在拱架逐个检查调整后，即可铺设模板衬砌。

2. 边墙及避人洞的衬砌放线

边墙衬砌先根据路线中线点和水准点，按施工断面各部位的高程，用仪器放出路基高程、边墙基底高程和边墙顶高程，对已放过起拱线高程的，应对起拱线高程进行检核。

3. 仰拱和铺底放线

仰拱砌筑时的放线，先按设计尺寸制好模型板，然后在路基高程位置绷上麻线，最后由麻线向下量支距，定出模型板位置。

隧道铺底时，先在左、右边墙上标出路基高程，由此向下放出设计尺寸，然后在左、右边墙上绷以麻线，据此来控制各处底部是否挖够了尺寸，之后即可铺底。

4. 洞门仰坡放线

洞门仰坡放线分为方角式仰坡放样和圆角式仰坡放样。

(1)方角式仰坡放线。

1)计算公式。如图 13-9 所示，方角式仰坡放线，主要是确定仰坡与边坡的交线 AB 和 CD。为此，就须确定交线 AB 和 CD 与路线中线方向的水平夹角 φ 和 θ 值以及两交线的坡度 $1:M$ 和 $1:N$。

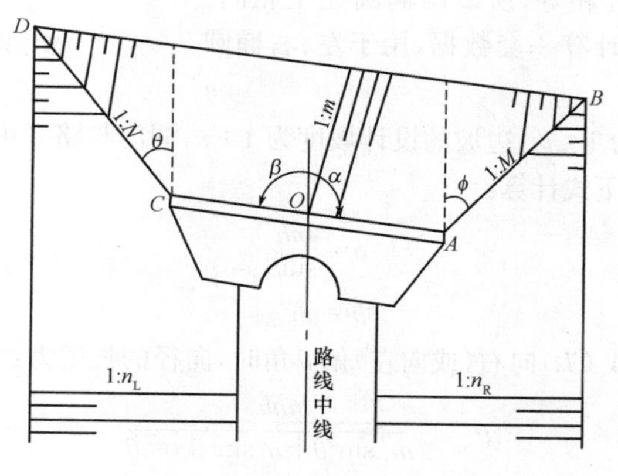

图 13-9　方角式仰坡

图中 A、C 为仰坡在洞顶的坡脚点，AC 为坡脚线，其位置由它的设计里程和洞门与路线中线的交角 α 或 β 确定，A、C 点的高程为已知。仰坡的设计坡度为 $1:m$，左、右边坡的设计边坡分别为 $1:n_L$、$1:n_R$。故：

$$\left.\begin{aligned}\varphi&=\arctan\left(\frac{n_R\sin\beta}{m-n_R\cos\beta}\right)\\\theta&=\arctan\left(\frac{n_L\sin\beta}{m+n_L\cos\beta}\right)\end{aligned}\right\}\tag{13-8}$$

及

$$\left.\begin{aligned}M&=\frac{n_R}{\sin\varphi}=\frac{m}{\sin(\alpha-\varphi)}\\N&=\frac{n_L}{\sin\theta}=\frac{m}{\sin(\beta-\theta)}\end{aligned}\right\}\tag{13-9}$$

以上公式是按斜交洞门推导的，适合于各种情况。如为正交洞门，则 $\alpha=\beta=90°$ 代入即可。

2)放线步骤。方角式仰坡放线可按以下步骤进行：

①在现场根据仰坡坡脚线的设计里程定出坡脚线中线桩 O。

②将仪器置于 O，按洞门与路线中线交角 α 或 β 及洞门主墙宽度 AC 定出坡脚点 A 和 C。

③将仪器置于 A，后视 B 点或 C 点，拨角 $(\beta+\varphi)$，定出 AB 方向。以同样的方法定出 CD 方向。

④测出 A、C 点的地面高程及测绘 AB、CD 方向的断面图。

⑤根据 A、C 点的地面高程与设计高程之差确定其挖深。再由 AB、CD 的坡度 $1:M$、$1:N$ 及断面图求得 A 至交线角桩 B 的平距和 C 至交线角桩 D 的平距。

⑥由 A、C 点分别沿 AB、CD 方向量平距即可定出交线角桩 B、D。

⑦施工需要的其他边桩、仰坡桩，亦可参照上述步骤定出。

(2)圆角式仰坡放线。

1)仰坡与边坡以锥体面相接，称为圆角式仰坡，其放线计算公式为如图 13-10 所示。两锥体面的锥顶为仰坡坡角点 A、C，锥底面(朝上)的边线通常为 1/4 椭圆(即图中 JL 曲线和 EG 曲线)。右边椭圆长半径 $a=AE$，短半径 $b=AG$；左边椭圆长半径 $a=CL$，短半径 $b=CJ$。由于左、右两椭圆的长、短半径相等，所以两椭圆完全相同。在计算放线数据时，仅需计算一套数据，用于左、右椭圆的放线。

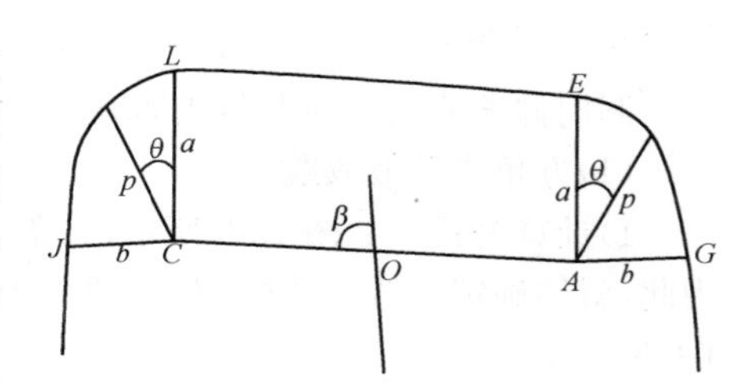

图 13-10　圆角式仰坡

设仰坡的设计坡度为 $1:m$，边坡的设计坡度为 $1:n$，洞门与路线中线的交角为 β，锥体高为 h，椭圆的长、短半径可按下式计算：

$$\left.\begin{aligned}a&=\frac{mh}{\sin\beta}\\b&=nh\end{aligned}\right\}\tag{13-10}$$

当长半径方向 AE(或 CL)向右(或向左)偏 θ 角时，向径的长度为：

$$\rho=\frac{mnh}{\sqrt{m^2\sin^2\theta+n^2\sin^2\beta\cos^2\theta}}\tag{13-11}$$

设沿向径 ρ 的坡度为 $1:N$，则：

$$N=\frac{mn}{\sqrt{m^2\sin^2\theta+n^2\sin^2\beta\cos^2\theta}}\tag{13-12}$$

2)圆角式仰坡放线步骤。放线时一般是在 0°～90°之间每隔 15°放一坡度线，这已足以控制连接部位的锥面。将 0°、15°、30°、…、90°分别代入式(13-11)和式(13-12)依次计算各向径 ρ 的长度及坡率 N 值，即可据以放线出锥面。

式(13-11)和式(13-12)是按斜交洞门、两边边坡坡度相同的情况导出。当两边边坡坡度不同时，亦可按两公式计算，但式中的 n 分别以 n_R、n_L 代入。

当洞门为斜交且 $m=n$ 时，就不再连接 J、L 和 G、E，而是直接将 J、P 和 G、F 以圆弧相连，如图 13-11 所示。这时圆弧的半径为 nh，任何向径 ρ 的值亦为 nh，各向径的坡度均为1∶n。

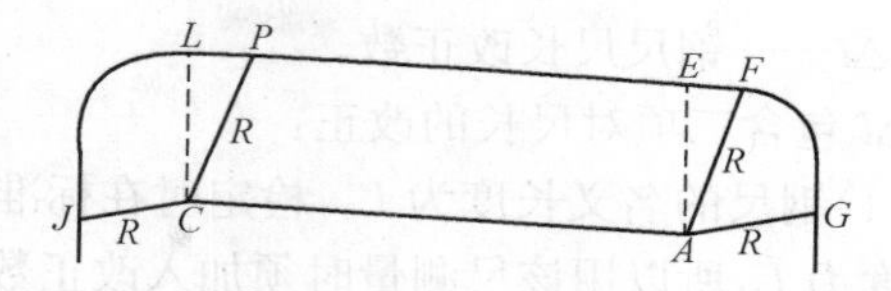

图 13-11 仰坡与边坡坡度相同时的圆角式仰坡

当为正交洞门，且 $m=n$ 时，则 $a=b=nh$，即椭圆成为圆，各向径 ρ 的坡度均为 1∶n。

圆角式仰坡放线与边坡的放线基本相同，当坡脚点 A、C 定出后，在 A、B 两点分别安置仪器，每隔 15°拨出向径方向，再按各向径的坡度放出桩点。

5. 端墙和翼墙的放线

直立式端墙，洞门里程即是端墙里程。放线时需将仪器置于洞门里程中线桩上，放出十字线(或斜交线)即是端墙位置。

第五节 竖井传递高程的方法及竖井联系测量

在较长的隧道施工中，为缩短工期，常采用增加工作面的方法，当隧道顶部覆盖层薄，且地质条件较好时，可采用竖井施工。当竖井挖到设计深度，并根据初步中线方向分别向两端掘进十多米后，必须进行井上与井下的联系测量，把地面高程和隧道中线方向传递到井下，来指导井下隧道开挖。

一、 井传递高程

1. 钢尺导入法

井深测量的方法多采用钢尺导入法，如图 13-12 所示，将钢尺悬挂在支架上，尺的零端垂于井下，同时在该端挂一重锤，其重量应为检定时的拉力。井上、井下各安置一台水准仪。由地面上的水准仪在已知水准点 A 的水准尺上读取读数 a，并在钢尺上读取读数 m；由井下水准仪在钢尺上读取读数 n，并在洞内水准点 B 的水准尺上读取读数 b。为避免钢尺上下移动对测量结果的影响，井上、井下读取钢尺读数 m、n 必须同时进行。变更仪器高，并将钢尺升高或降低，重新观测一次。观测时应量取井口和井下的温度。

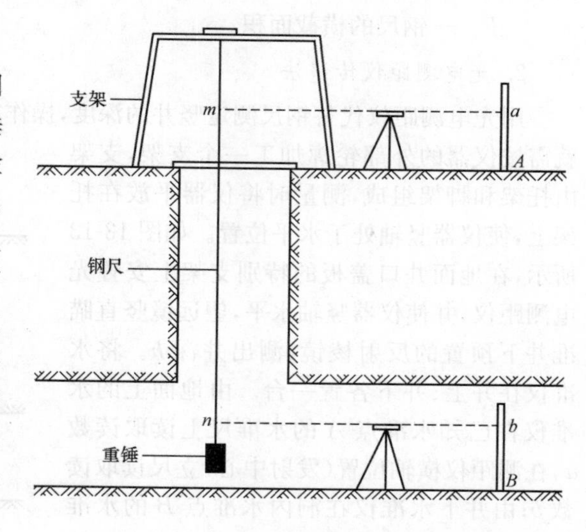

图 13-12 钢尺导入法传递高程

其 B 点的高程计算如下：

$$H_B=H_A+a-[(m-n)+\Delta l+\Delta t]-b \tag{13-13}$$

式中 Δt——钢尺温度改正数，即：

$$\Delta t=\alpha(t_{平}-t_0)l \tag{13-14}$$

式中 α——钢尺膨胀系数，取为 0.0000125/℃；

$t_平$——井上、井下的平均温度；

t_0——钢尺检定时的温度；$l=m-n$

Δl——钢尺尺长改正数。

Δl 包含三项对尺长的改正：

(1)钢尺的名义长度为 L_0，检定时在标准拉力(一般为 100N 或 150N)、标准温度下测得的实际长度为 L，所以用该尺测量时须加入改正数：

$$\Delta l_1=\frac{L-L_0}{L_0}l \tag{13-15}$$

(2)钢尺在传递高程时，是将钢尺垂直悬挂应用，所以应加入钢尺垂曲改正数：

$$\Delta l_2=\frac{P^2 l}{24H^2} \tag{13-16}$$

式中 P——钢尺的总重；

H——检定时的拉力。

(3)钢尺由于自重而产生的伸长改正数：

$$\Delta l_3=\frac{r}{E}\frac{l^2}{2} \tag{13-17}$$

式中 r——钢的密度，一般取 7.85g/cm^3；

E——钢的弹性模量，一般取 1.96×10^{5}MPa。

故
$$\Delta l=\Delta l_1+\Delta l_2+\Delta l_3 \tag{13-18}$$

如果悬挂的重锤质量与检定时的拉力不同，则还须增加由于增重而引起的伸长改正数：

$$\Delta l_4=\frac{Q-H}{EF}l \tag{13-19}$$

式中 Q——重锤的质量；

F——钢尺的横截面积。

2. 光电测距仪传递法

用光电测距仪代替钢尺测定竖井的深度，操作简便，而且精度高，但由于观测的是竖直距离，就需按仪器的外部轮廓加工一个支架，支架由托架和脚架组成，测量时将仪器平放在托架上，使仪器竖轴处于水平位置。如图 13-13 所示，在地面井口盖板的特别支架上安置光电测距仪，并使仪器竖轴水平，望远镜竖直瞄准井下预置的反射棱镜，测出井深 h。将水准仪在井上、井下各置一台。由地面上的水准仪在已知水准点 A 的水准尺上读取读数 a，在测距仪横轴位置(发射中心)立尺读取读数 b；由井下水准仪在洞内水准点 B 的水准尺上读取读数 b'，将尺立于反射棱镜中心读取读数 a'。井下水准点 B 的高程，即可按下式算出：

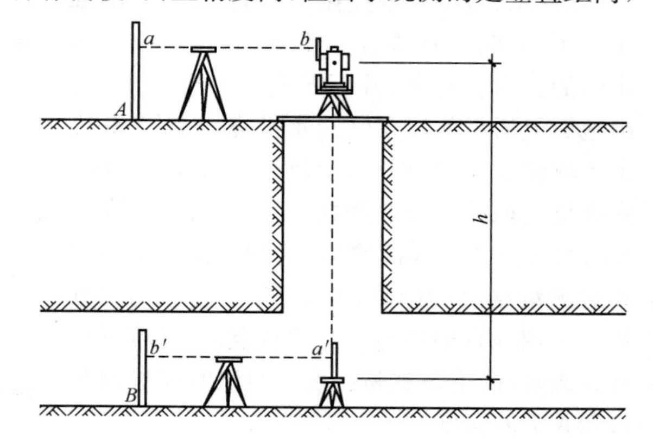

图 13-13 光电测距仪传递高程

$$H_B=H_A+(a-b)+(a'-b')-h \tag{13-20}$$

式中 h——经气象改正及仪器加、乘常数改正后的距离值。

二、竖井联系测量

(一)联系三角形定向

1. 由地面用钢丝悬挂重锤向洞内投点

投点常采用单荷重投影法。投点时应先在钢丝上挂以较轻的荷重,用绞车慢慢将其下入井中,然后在井底换上作业重锤,放入盛有水或机油的桶内,但不能与桶壁接触。桶在放入重锤后必须加盖,以防止滴水冲击。为了调整和固定钢丝在投影时的位置,在井上设有定位板。通过移动定位板,可以改变垂线的位置。

2. 井上、井下的连接测量

在连接测量中,通常采用联系三角形。如图 13-14 所示,A 为地面上的近井控制点,O_1、O_2 为两垂线,A'为洞内近井点,将作为洞内导线的起算点。观测在两垂线稳定的情况下进行,在地面上观测 α 角和连接角 ω,同时丈量三角形的边长 a、b、c;在井下观测 α'角和连接角 ω',并丈量三角形边长 a'、b'、c'。

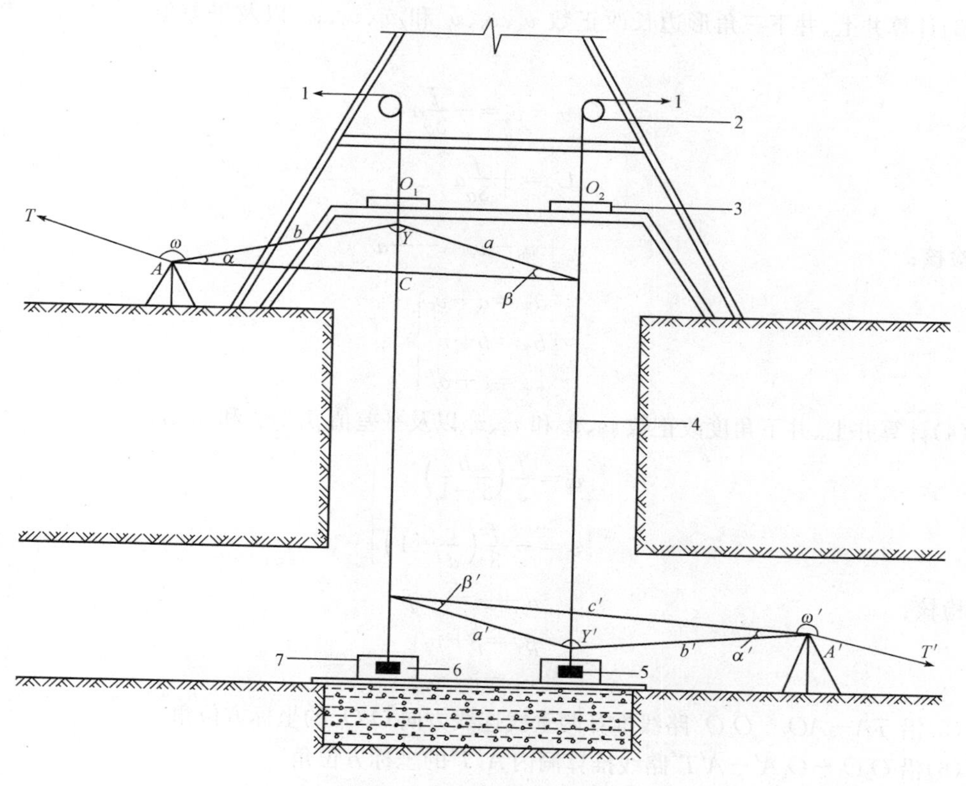

图 13-14　竖井联系测量

1—绞车;2—滑轮;3—定位板;4—钢丝;5—吊锤;6—稳定液;7—桶

3. 联系三角形的最有利的形状

(1)联系三角形的两个锐角 α 和 β 应接近于零。在任何情况下,α 角都不能大于 3°。

(2)b 与 a 的比值应以 1.5 为宜。

(3)两垂线间距 α 应尽可能大。

(4)用联系三角形传递坐标方位角时,应选择经过小角 β 的路线。

4. 联系三角形的平差计算

(1)根据正弦定理计算井上、井下联系三角形的 β、r 和 β'、r' 的角值,即:

$$\left.\begin{aligned}\sin\beta=\frac{b}{a}\sin\alpha\\ \sin r=\frac{c}{a}\sin\alpha\end{aligned}\right\}\tag{13-21}$$

及

$$\left.\begin{aligned}\sin\beta'=\frac{b'}{a'}\sin\alpha'\\ \sin r'=\frac{c'}{a'}\sin\alpha'\end{aligned}\right\}\tag{13-22}$$

(2)计算井上、井下两三角形闭合差。

$$\left.\begin{aligned}f=\alpha+\beta+r-180^{\circ}\\ f'=\alpha'+\beta'+r'-180^{\circ}\end{aligned}\right\}\tag{13-23}$$

(3)计算井上、井下三角形边长改正数 v_a、v_b、v_c 和 v_a'、v_b'、v_c',以及平差值 $a_{平}$、$b_{平}$、$c_{平}$ 和 $a_{平}'$、$b_{平}'$、$c_{平}'$。

$$\left.\begin{aligned}v_a=v_b=-\frac{f}{3\alpha}a\\ U_c=+\frac{f}{3\alpha}a\end{aligned}\right\}\tag{13-24}$$

检核:

$$v_a+v_b-v_c=-\frac{f}{\alpha}a\tag{12-25}$$

$$\left.\begin{aligned}a_{平}=a+v_a\\ b_{平}=b+v_b\\ c_{平}=c+v_c\end{aligned}\right\}\tag{13-26}$$

(4)计算井上、井下角度改正数 v_β'、v_r 和 v_β'、v_r' 以及平差值 $\beta_{平}$、$r_{平}$ 和 $\beta_{平}'$、$r_{平}'$。

$$\left.\begin{aligned}v_\beta=\frac{f}{3}\left(\frac{b}{a-1}\right)\\ v_r=-\frac{f}{3}\left(\frac{c}{a}+1\right)\end{aligned}\right\}\tag{13-27}$$

检核:

$$v_\beta+v_r=-f\tag{13-28}$$

$$\left.\begin{aligned}\beta_{平}=\beta+v_\beta\\ r_{平}=r+v_r\end{aligned}\right\}\tag{13-29}$$

(5)沿 $TA-AO_2-O_2O_1$ 路线推算两垂线连线方向 O_2O_1 的坐标方位角。

(6)沿 $O_2O_1-O_1A'-A'T'$ 路线推算洞内 $A'T'$ 的坐标方位角。

(7)计算 A' 点坐标。

(二)光学垂准仪与陀螺经纬仪联合进行竖井联系测量

1. 光学经纬仪的投点

(1)在井口上设置盖板,在选定点位处开一个 30cm×30cm 的孔,然后将仪器置于该处,另搭支架且不能与井盖接触,供观测者站立其上进行观测。观测时将仪器严格整平并对准孔心。井下设置移动觇牌，如图 13-15 所示。觇牌用金属板制成，一般为 50cm×50cm 方形或直径为 50cm 圆形，用红、白或黄、黑油漆漆成对称图形，图形中心有如针粗细的小孔，使用时平置井底地面。通过移动觇牌，使觇牌中心小孔恰好在仪器视准轴上，再由此小孔将点定出。为了消除仪器轴系误差的影响，投点时，照准部平转 90°为一盘位，共测四个盘位，每一盘位向井下投一点，如不重合，取四点的重心作为一测回的投点位置，如图 13-16 所示。

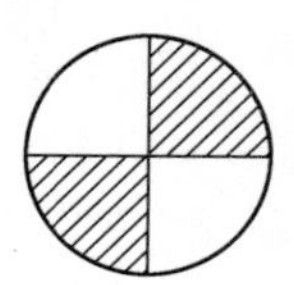

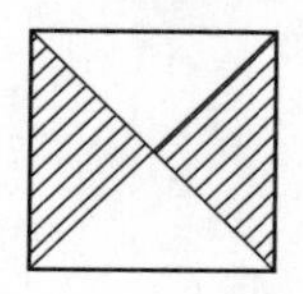

图 13-15　觇牌

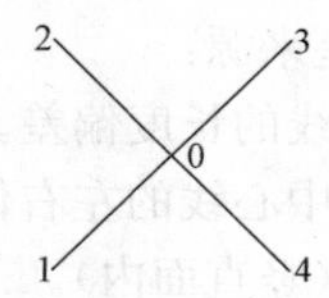

图 13-16　光学垂准仪投点

每个点位须进行四个测回，四个测回投点的重心作为最后采用的投点位置。

(2)仪器瞄准该投点，视线投在井盖上定出井上相应的点位，这样在井上、井下共定出三对相对应的点。最后检查井上两点距离与井下对应两点距离之差，小于 2mm 即合乎要求。测取井上点的坐标，即可作为井下相应点的坐标。

2. 陀螺经纬仪测定洞内定向边的坐标方位角

(1)在地面上选择控制网中的一条边，以长边为好，且该边坐标方位角的精度高，同时在洞内选择一条定向边，也以长边为好，且在该边两端点可安置仪器进行观测。

(2)将仪器迁至井下定向边的一端点 P 上，测得定向边 PQ 的陀螺方位角 m。

设 A_0 和 A 分别为地面已知边 AB 和井下定向边 PQ 的真方位角；r_0 和 r 分别为地面 AB 边和井下 PQ 边的子午线收敛角；α_0 和 α 分别为已知边 AB 和定向边 PQ 的坐标方位角；Δ 为仪器常数。由图 13-17 和图 13-18 可得：

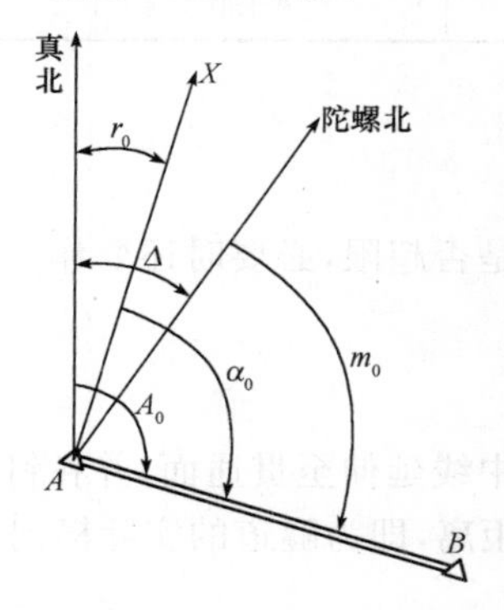

图 13-17　地面测定已知边陀螺方位角

图 13-18　井下测定定向边陀螺方位角

$$\alpha = A - r = m + \Delta - r \tag{13-30}$$

因为
$$\Delta = A_0 - m_0 = \alpha_0 + r_0 - m_0 \tag{13-31}$$

所以
$$\alpha = \alpha_0 + (m - m_0) + \delta_r \tag{13-32}$$

式中 $\delta_r = (r_0 - r)$，为地面与井下两测站子午线收敛角之差，其值可按下式计算：

$$\delta_r'' = \frac{y_A - y_P}{R} \tan\varphi \cdot \rho'' \tag{13-33}$$

式中　R——地球半径；

φ——当地的纬度；

y_A 和 y_P——地上和井下两测站点的横坐标。

第六节　隧道贯通测量与贯通误差估计

所谓贯通是指两端施工的隧道按设计要求掘进到指定地点使其相通。为正确贯通而进行的测量工作和计算工作则称为贯通测量。

贯通测量的误差来源：

(1)沿隧道中心线的长度偏差。

(2)垂直于隧道中心线的左右偏差(水平在内)。

(3)上下的偏差(竖直面内)。

(4)第一种误差是对距离有影响，对隧道性质没有影响；而后两种方向的偏差对隧道质量直接影响，故将后两种方向上的偏差又称为贯通重要方向偏差。贯通的允许偏差是针对主要方向而言的。这种偏差最大允许值一般为0.5～0.2m。

《公路勘测规范》(JTG C10—2007)规定，隧道内相向施工中线的贯通中误差应符合表13-2的规定。

表13-2　　贯通中误差

测量部位	两开挖洞口间长度(m)			高程中误差(mm)
	<3000	3000～6000	>6000	
	贯通中误差(mm)			
洞外	≤±45	≤±60	≤±90	≤±25
洞内	≤±60	≤±80	≤±120	≤±25
全部隧道	≤±75	≤±100	≤±150	≤±35

一、隧道贯通测量

隧道贯通后，应进行实际偏差的测定，以检查其是否超限，必要时还要作一些调整。贯通后的实际偏差常用以下方法测定。

1. 中线延伸法

隧道贯通后把两个不同掘进面各自引测的地下中线延伸至贯通面，并各钉一临时桩。如图13-19(a)所示的A、B两点，丈量出A、B两点之间的距离，即为隧道的实际横向偏差。A、B两临时桩的里程之差，即为隧道的实际纵向偏差。

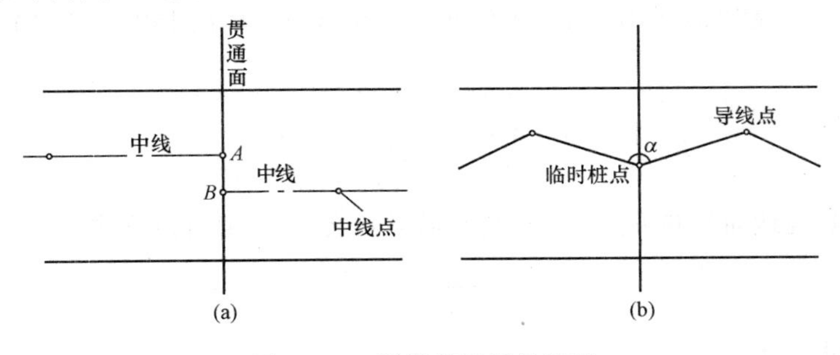

图13-19　隧道贯通误差测量

2. 求坐标法

隧道贯通后，两不同的掘进面共同设一临时桩点，由两个掘进面方向各自对该临时点进行测角、量边、如图 13-19(b)所示。然后计算临时桩点的坐标，其坐标 x 的差值即为隧道的实际横向偏差，其坐标 y 的差值即为隧道的实际纵向偏差。

贯通后的高程偏差，可按水准测量的方法，测定同一临时点的高程，由高差闭合差求得。

二、隧道贯通误差的调整

贯通偏差调整工作，原则上应在未衬砌隧道段上进行。对于曲线隧道还应注意尽量不改变曲线半径和缓和曲线长度。为了找出较好的调整曲线，应将相向两个方向设的中线，各自向前延伸适当距离。如果贯通面附近有曲线始(终)点时，应延伸至曲线的始(终)点。

1. 直线隧道的调整

调线地段为直线，一般采用折线法进行调整。

如图 13-20 所示，在调线地段两端各选一中线点 A 和 B，连接 AB 而形成折线。如果由此而产生的转折角 β_1 和 β_2 在 5′之内，即可将此折线视为直线；如果转折角在 5′～25′时，则按表 13-3 中的内移量将 A、B 两点内移；如果转折角大于 25′时，则应加设半径为 4000m 的圆曲线。

表 13-3　　转折角在 5′～25′时的内移量

转折角(′)	内移量(mm)	转折角(′)	内移量(mm)
5	1	20	17
10	4	25	26
15	10		

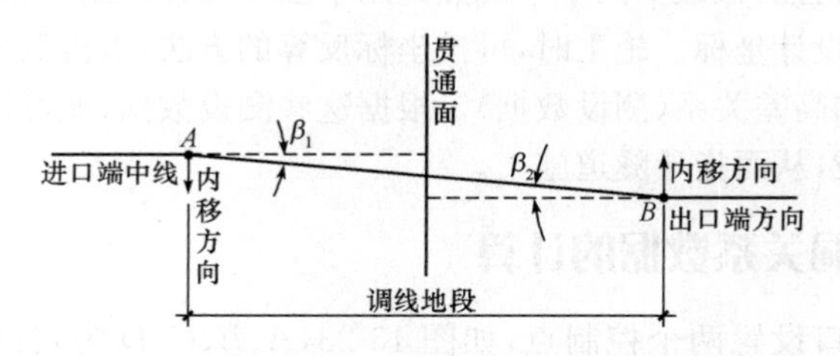

图 13-20　中线法贯通调线地段为直线

2. 曲线隧道贯通误差的调整

当贯通面位于圆曲线上，调整地段也全部在圆曲线线上时，可用调整偏角法进行调整。

当贯通点在曲线始、终点附近，调整地段有直线和曲线时，可将曲线始、终点的切线延伸，理论上此切线延长线应与贯通面另一侧的直线重合，但由于贯通误差的存在，实际上，此两直线既不重合，也不平行。通常应先将两者调整平行，然后再调整，使其重合。具体要求如下：

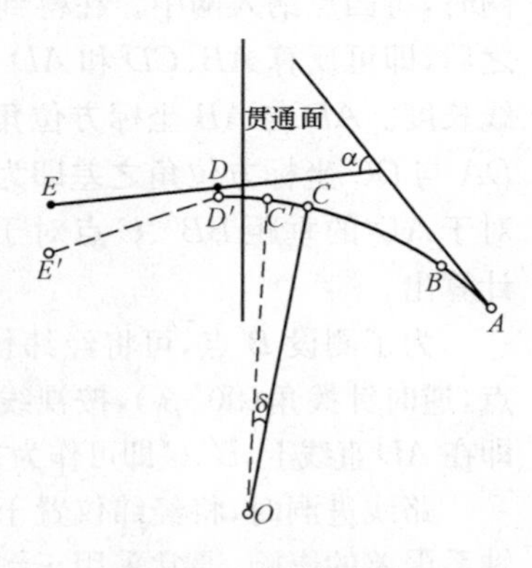

图 13-21　调整平行

如图 13-21 所示，由隧道一端经过 E 点测量至 D(ZH 点)，而另一端由 A、B、C 诸点测至 D'，D 与 D'不重合，再自 D' 作切线至

E',DE与$D'E'$即不平行又不重合。为调整贯通偏差,可先采用调整圆曲线长度的办法使DE与$D'E'$平行,即在保持曲线半径不变、缓和曲线长度不变和C点位置不受影响的情况下,将圆曲线缩短(或增长)一段CC',使DE与$D'E'$平等。CC'的近似值按下式计算:

$$CC' = \frac{EE' - DD'}{DE}R \tag{13-34}$$

式中 R——圆曲线半径。

因为圆曲线长度缩短(或增长)了一段CC',与其相应的圆曲线中心角亦应减少(或增加)——δ值,δ可由下式计算:

$$\delta = \frac{360°}{2\pi R}CC' \tag{13-35}$$

经过调整圆曲线长度后,已使$D'E'$与DE平行,但不重合(图13-22),此时可采用调整曲线始(终)点办法进行,即将曲线的始点A沿着切线向顶点方向移动到A'点,使$AA'=FF'$,这样$D'E'$就与DE重合。然后再由A'进行曲线测设,将调整后的曲线标定在实地上。曲线始点A移动的距离可按下式计算:

$$AA' = FF' = \frac{DD'}{\sin\alpha} \tag{13-36}$$

式中 α——曲线总偏角。

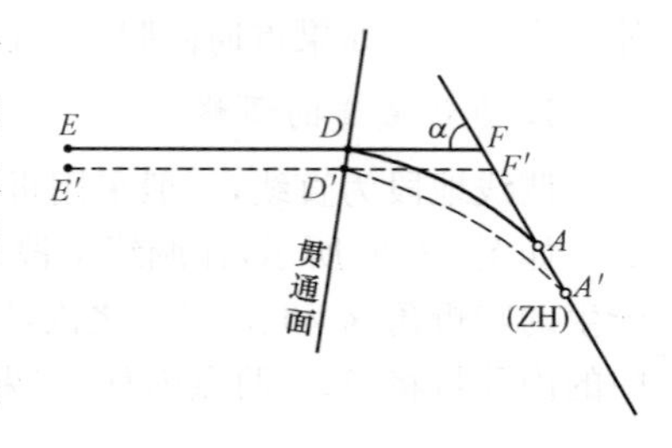

图13-22 调整重合

第七节 路线引测进洞数据计算

洞外平面和高强控制测量完成后,即可进一步把相向开挖洞口附近的路线中线点(各洞口最少两个中线点),用平面和高程控制网精确求出其坐标和高程,同时计算洞内特定点的设计坐标。施工时,可按坐标反算的方法,求得洞内设计点和洞口附近控制点之间的距离、角度和高差关系(测设数据)。根据这些测设数据,就可以采用极坐标法或其他方法,测设洞内设计点位,从而指导隧道施工。

一、直线隧道进洞关系数据的计算

直线隧道通常在洞口设置两个控制点,如图13-23,A、B、C、D为路线测量时设置的四个转点,A、D作为两洞口标准控制点。在地面控制布网时,将四点纳入网中。在得到四点的精密坐标值之后,即可反算AB、CD和AD的坐标方位角及直线长度。AD与AB坐标方位角之差即为β_1之值;DA与DC坐标方位角之差即为β_2之值,于是B点对于AD的垂距BB'、C点对于AD的垂距CC'可计算出。

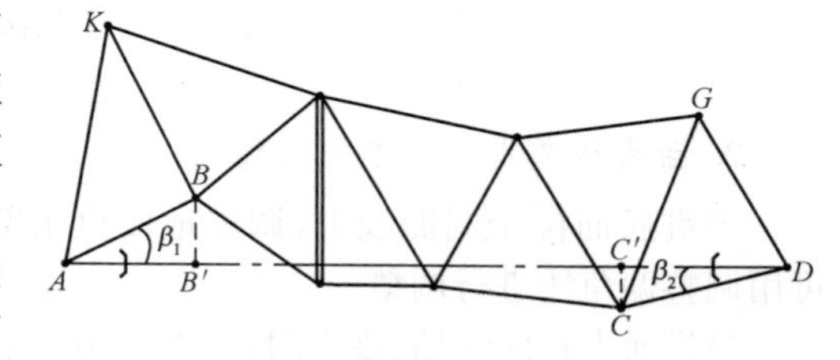

图13-23 直线隧道控制点的移桩

为了测设B'点,可将经纬仪置于B点,后视A点,逆时针拨角($90°-\beta_1$),按视线方向量出BB'长度取得B'点位。同法可测设C'点。此时B'、C'即在AD直线上,B'、C'即可作为方向标使用。以上B'、C'方向标的测设,通常称为隧道控制点的移桩。

路线进洞时,将经纬仪置于A点(D点),瞄准B'点(C'点),即得进洞的方向。为了避免仪器轴系误差的影响,通常采用正倒镜分中定向的方法。洞内路线中线各点的坐标应根据标准控制点A、D的坐标计算,而不能使用B'、C'点计算。

当洞口仅设置一个控制点时，如图 13-24 所示，洞口标准控制点 A、B 位于三角网的两端，各三角点的坐标为(x_i, y_i)，为确定 A、B 点洞口隧道中线掘进方向，需算出 β_1、β_2 和 AB 水平距离 D_{AB}。

$$\beta_1 = \alpha_{AB} - \alpha_{A1} \quad \beta_2 = \alpha_{B3} - \alpha_{BA} \tag{13-37}$$

用坐标反算的方法，可求出以上二式中诸方位角：

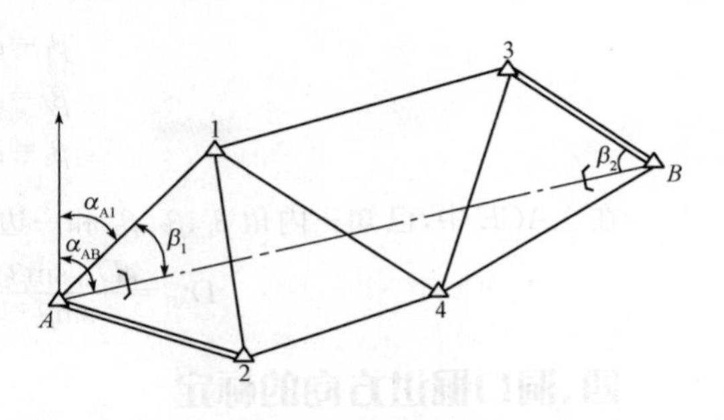

图 13-24　直线隧道掘进方向

$$\left.\begin{aligned} \alpha_{AB} &= \arctan\frac{y_B - y_A}{x_B - x_A} \quad \alpha_{A1} = \arctan\frac{y_1 - y_A}{x_1 - x_A} \\ \alpha_{B3} &= \arctan\frac{y_3 - y_A}{x_3 - x_B} \quad \alpha_{BA} = \alpha_{AB} + 180° \end{aligned}\right\} \tag{13-38}$$

同样按坐标反算法可求 D_{AB}，

$$\left.\begin{aligned} D_{AB} &= \frac{y_B - y_A}{\sin\alpha_{BA}} = \frac{x_B - x_A}{\cos\alpha_{BA}} \text{或} \\ D_{AB} &= \sqrt{(x_B - x_A)^2 + (y_B - y_A)^2} \end{aligned}\right\} \tag{13-39}$$

以上角值应计算到秒，距离应计算到毫米。现场施工时，在实地安置仪器于 A 点后视 1 点，拨水平角 β_1 即为 AB 进洞方向；同样置仪器于 B 点后视 3 点，拨角$(360° - \beta_2)$即为 BA 进洞方向。

二、设有曲线段隧道掘进方向数据的计算

图 13-25 为用三角网控制的曲线隧道，设各三角点坐标为(x_i, y_i)，路线转折点 C(JD)的坐标和曲线半径 R 为已知。有了这些洞内洞外的数据，同样可按坐标反算的方法求得 β_a、β_b 及有关距离，从而可在实地标定出直线段隧道进洞开挖方向和控制其开挖长度。当开挖至曲线段隧道的位置时，可以按照测设道路圆曲线的方法指导隧道的掘进。

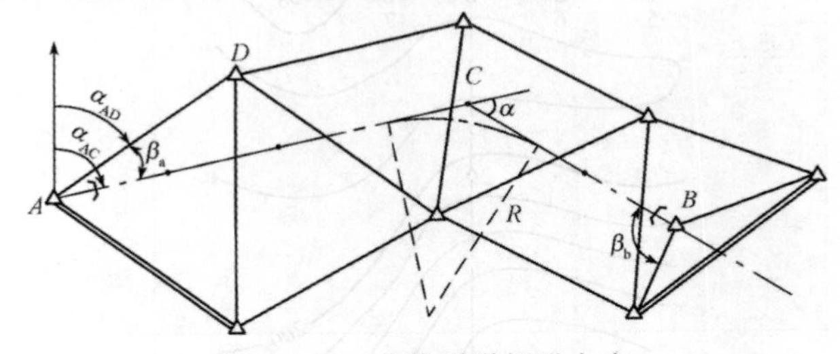

图 13-25　曲线隧道掘进方向

三、辅助巷道进洞关系数据的计算

对设有辅助巷道的隧道，如图 13-26 所示，为直线隧道上设一横洞，A、B 为正洞洞口控制点，D、E 为横洞洞口控制点，其坐标均为已知。引进数据计算，主要是算出 D、E 为正洞中线的交角 β_1、E(或 D)点到正洞与横洞交点 C 的距离和 A 点到 C 点的跨度。

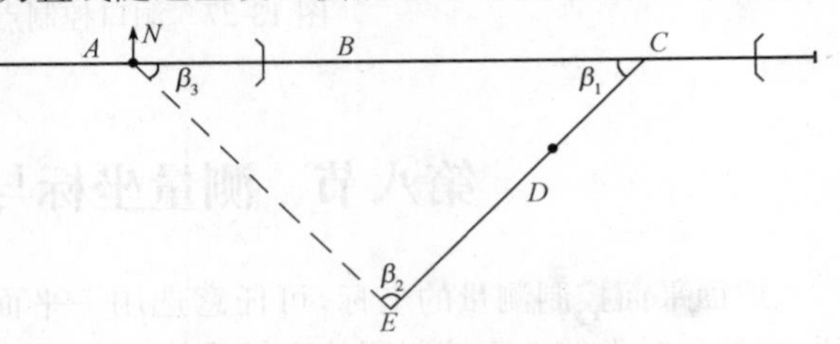

图 13-26　辅助巷道掘进方向

按坐标反算的方法分别求出 BA、DE、AE 之方位角 α_{BA}、α_{DE}、α_{AE} 及 AE 之距离 D_{AE}，则

$$\left.\begin{array}{l}\beta_1=\alpha_{BA}-\alpha_{DE}\\ \beta_2=\alpha_{ED}-\alpha_{EA}\\ \beta_3=\alpha_{AE}-\alpha_{AB}\end{array}\right\} \tag{13-40}$$

在△ACE中，已知三内角β_1、β_2、β_3和一边长D_{AE}，则

$$D_{AC}=\frac{D_{AE}\sin\beta_2}{\sin\beta_1}\qquad D_{EC}=\frac{D_{AE}\sin\beta_3}{\sin\beta_1} \tag{13-41}$$

四、洞口掘进方向的标定

隧道贯通的横向误差主要由测设隧道中线方向的精度所决定，而进洞时的初始方向尤为重要。因此，在隧道洞口，要埋设若干个固定点，将中线方向标定于地面上，作为开始掘进及以后洞内控制点联测的依据。如图13-27所示。用1、2、3、4桩标定掘进方向，再在大致垂直于掘进方向上埋设5、6、7、8桩，掘进方向桩要用混凝土桩或石桩，埋设在施工过程中不受损坏、不被扰动的地方，并量出进洞点A至2、3、6、7等桩的距离。有了方向桩和距离数据，在施工过程中可随时检查或恢复进洞点的位置。有时在现场不能丈量距离，则可在各45°方向再打两对桩，成米字形控制，用四个方向线把进洞点固定下来。

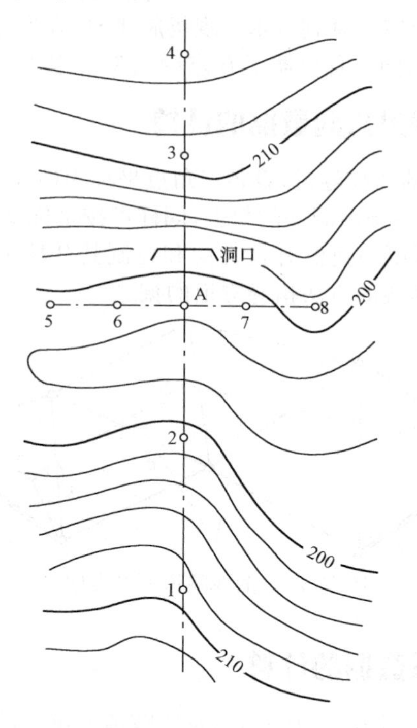

图13-27 洞口控制点和掘进方向标定

第八节 测量坐标与施工坐标的换算

地面平面控制测量的坐标，可任意选用一平面直角坐标系，通常为了计算和施工时使用方便，在施工时常使地面控制网的坐标系的一个坐标轴，如x轴或y轴，平行或重合于隧道路线中

线的较长直线段的方向。在施工中，所有导线点、路线中线点，观其坐标，就可知这些点是否在中线上。所以在施工中，常常需要将地面控制测量坐标变换为施工坐标。

例如图 13-28 所示，地面三角网原采用的测量坐标系为 X、Y。隧道路线中线进口端为曲线，出口端为直线。施工坐标拟采用 x 轴与隧道路线中线直线部分平行，即平行于曲线切线方向，且使各点坐标均为正值，便于施工中使用。

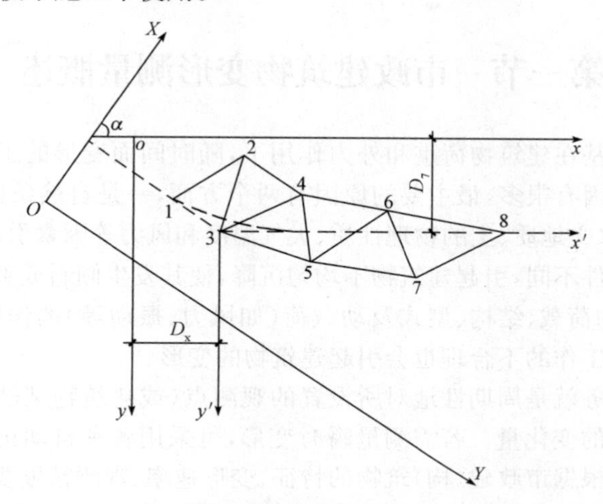

图 13-28 测量坐标与施工坐标的互换

图 13-28 中 3 点为曲线交点，3—8 点为切线方向。首先将原测量坐标系 X、Y 变换为以 3 点为原点，3—8 点切线方向为 x 轴的坐标系 x'、y'。变换公式为：

$$\left.\begin{aligned}x'&=(X-X_0)\cos\alpha+(Y-Y_0)\sin\alpha\\y'&=(Y-Y_0)\cos\alpha-(X-X_0)\sin\alpha\end{aligned}\right\}\tag{13-42}$$

式中 X_0、Y_0——x'、y'坐标系原点（这里是 3 点）在原测量坐标系内的坐标；

α——坐标轴顺时针方向旋转的角度。

例子即为 3—8 点方向在原测量坐标系中的坐标方位角，可按下式计算：

$$\alpha=\arctan\frac{Y_8-Y_3}{X_8-X_3}\tag{13-43}$$

式中 X_3、Y_3、X_8、Y_8——3 点和 8 点在原测量坐标系中的坐标。

为使施工坐标系的坐标值均为正值，还应将 x'、y'坐标系平移，使整个控制网置于坐标系的第Ⅰ象限，平移后的坐标系为 x、y 坐标系。设 x 轴平移 D_y 距离，y 轴平移 D_x 距离，所以最终使用的施工坐标 x、y 为：

$$\left.\begin{aligned}x&=x'+D_x\\y&=y'+D_y\end{aligned}\right\}\tag{13-44}$$

由式(13-42)和式(13-44)，则：

$$\left.\begin{aligned}x&=(X-X_0)\cos\alpha+(Y-Y_0)\sin\alpha+D_x\\y&=(Y-Y_0)\cos\alpha-(X-X_0)\sin\alpha+D_y\end{aligned}\right\}\tag{13-45}$$

第十四章　市政工程变形测量

第一节　市政建筑物变形测量概述

测定建筑物及其地基在建筑物荷重和外力作用下，随时间而变形的工作称为变形测量。工程建筑物产生变形的原因有很多，最主要的原因有两个方面，一是自然条件及其变化，即市政建筑物地基的工程地质、水文地质、土的物理性质、大气温度和风力等因素引起。例如，同一市政建筑物由于基础的地质条件不同，引起建筑物不均匀沉降，使其发生倾斜或裂缝。二是建筑物自身的原因，即建筑物本身的荷载、结构、型式及动载荷（如风力、振动等）的作用。此外，勘测、设计、施工的质量及运营管理工作的不合理也会引起建筑物的变形。

市政变形测量的任务就是周期性地对所设置的观测点（或建筑物某部位）进行重复观测，以求得在每个观测周期内的变化量。若需测量瞬时变形，可采用各种自动记录仪器测定其瞬时位置。变形观测的周期应根据市政建（构）筑物的特征、变形速率、观测精度要求和工程地质条件等因素综合考虑，观测过程中，根据变形量的变化情况，应适当调整。一般在施工过程中，频率应大些，周期可以为3d、7d、15d等，等竣工投产以后，频率可小一些，一般为一个月、两个月、三个月、半年及一年等周期。若遇特殊情况，还要临时增加观测的次数。表14-1为《建筑变形测量规范》（JGJ 8—2007）规定的建筑物变形测量的等级及精度要求。

表14-1　　建筑变形测量的级别、精度指标及其适用范围

变形测量级别	沉降观测	位移观测	主要适用范围
	观测点测站高差中误差（mm）	观测点坐标中误差（mm）	
特级	±0.05	±0.3	特高精度要求的特种精密工程的变形测量
一级	±0.15	±1.0	地基基础设计为甲级的建筑的变形测量；重要的古建筑和特大型市政桥梁等变形测量等
二级	±0.5	±3.0	地基基础设计为甲、乙级的建筑的变形测量；场地滑坡测量；重要管线的变形测量；地下工程施工及运营中变形测量；大型市政桥梁变形测量等
三级	±1.5	±10.0	地基基础设计为乙、丙级的建筑的变形测量；地表、道路及一般管线的变形测量；中小型市政桥梁变形测量等

注：1. 观测点测站高差中误差，系指水准测量的测站高差中误差或静力水准测量、电磁波测距三角高程测量中相邻观测点相应测段间等价的相对高差中误差。

2. 观测点坐标中误差，系指观测点相对测站点（如工作基点）的坐标中误差、坐标差中误差以及等价的观测点相对基准线的偏差值中误差、建筑或构件相对底部固定点的水平位移分量中误差。

3. 观测点点位中误差为观测点坐标点误差的$\sqrt{2}$倍。

第二节　市政变形测量中的沉降观测

一、市政建筑物的沉降观测

1. 观测注意事项

(1)市政建筑物沉降观测应测定建筑物地基的沉降量、沉降差及沉降速度并计算基础倾斜、局部倾斜、相对弯曲及构件倾斜。沉降观测点的布置，应以能全面反映建筑物地基变形特征并结合地质情况及建筑结构特点确定。点位宜选设在下列位置：

1)市政建筑物的四角、大转角处及沿外墙每10～15m处或每隔2～3根柱基上。

2)市政建筑物裂缝和沉降缝两侧、基础埋深相差悬殊外、人工地基与天然地基接壤处、不同结构的分界处及填挖方分界处。

3)宽度大于等于15m或小于15m而地质复杂以及膨胀土地区的建筑物，在承重内隔墙中部设内墙点，在室内地面中心及四周设地面点。

4)重型设备基础和动力设备基础的四角、基础型式或埋深改变处以及地质条件变化处两侧。

5)电视塔、烟囱、水塔、油罐、炼油塔、高炉等高耸建筑物，沿周边在与基础轴线相交的对称位置上布点，点数不少于4个。

(2)沉降观测的标志，可根据不同的建筑结构类型和建筑材料，采用墙(柱)标志、基础标志和隐蔽式标志(用于宾馆等高级建筑物)等型式。各类标志的立尺部位应加工成半球形或有明显的突出点，并涂上防腐剂。标志的埋设位置应避开如雨水管、窗台线、暖气片、暖水管、电气开关等有碍设标与观测的障碍物，并应视立尺需要离开墙(柱)面和地面一定距离。

(3)沉降观测点的施测精度，应按有关规定确定。未包括在水准线路上的观测点，应以所选定的测站高差中误差作为精度要求施测。

(4)市政建筑物的施工阶段观测应随施工进度随时进行，观测次数与间隔时间应视地基与加荷情况而言。建筑物使用阶段的观测次数，应视地基土类型和沉降速度大小而定。除有特殊要求者外，一般情况下，可在第一年观测3～4次，第二年观测2～3次，第三年后每年1次，直至稳定为止。观测期限一般不少于如下规定：砂土地基2年，膨胀土地基3年，黏土地基5年，软土地基10年。

在观测过程中，如有基础附近地面荷载突然增减、基础四周大量积水、长时间连续降雨等情况，均应及时增加观测次数。当建筑物突然发生大量沉降、不均匀沉降或严重裂缝时，应立即进行逐日或2～3d一次的连续观测。

沉降是否进入稳定阶段，应由沉降量与时间关系曲线判定。对重点观测和科研观测工程，若最后三个周期观测中每周期沉降量不大于$2\sqrt{2}$倍测量中误差可认为已进入稳定阶段。一般观测工程，若最后100d的沉降速度小于0.01～0.04mm/d，可认为已进入稳定阶段，具体取值宜根据各地区地基土的压缩性确定。

2. 观测方法和技术要求

(1)对二级、三级观测点，除建筑物转角点、交接点、分界点等主要变形特征点外，可允许使用间视法进行观测，但视线长度不得大于相应等级规定的长度。

(2)观测时，仪器应避免安置在有空压机、搅拌机、卷扬机等振动影响的范围内，塔式起重机等施工机械附近也不宜设站。

(3)每次观测应记载施工进度、荷载量变动、建筑物倾斜裂缝等各种影响沉降变化和异常的情况。

3. 观测结果的整理计算

每周期观测后，应及时对观测资料进行整理，计算观测点的沉降量、沉降差以及本周期平均沉降量和沉降速度。如需要可按下列公式计算变形特征值：

(1)基础或构件倾斜度 α：

$$\alpha=(s_i-s_j)/L \tag{14-1}$$

式中 s_i——基础倾斜方向端点 i 的沉降量(mm)；

s_j——基础倾斜方向端点 j 的沉降量(mm)；

L——基础两端点(i,j)间的距离(mm)。

(2)基础局部倾斜 a 仍可按式(14-1)计算。此时取砌体承重结构沿纵墙 6～10m 内基础上两观测点(i,j)的沉降量为 s_i、s_j 两点(i,j)间的距离为 L。

(3)基础相对弯曲 f_c：

$$f_c=[2S_k-(s_i+s_j)]/L \tag{14-2}$$

式中 S_k——基础中点 k 的沉降量(mm)；

L——i 与 j 点间的距离(mm)。

注：弯曲量以向上凸起为正，反之为负。

(4)柱基间吊车轨道等构件的倾斜，仍按式(14-1)计算。

4. 观测成果的提交

观测工作结束后，应对下列结果进行提交：

(1)工程平面位置图及基准点分布图；

(2)沉降观测点位分布图；

(3)沉降观测成果表；

(4)时间—荷载—沉降量曲线图；

(5)等沉降曲线图。

二、沉降观测中的基坑回弹观测

1. 回弹观测点位的布设

回弹观测点位的布设，应根据基坑形状、大小、深度及地质条件确定，用适当的点数测出所需纵横断面的回弹量。可利用回弹变形的近似对称特性，按下列规定布点。

(1)对于矩形基坑，应在基坑中央及纵(长边)横(短边)轴线上布设，纵向每 8～10m 布一点，横向每 3～4m 布一点。对其他形状不规则的基坑，可与设计人员商定。

(2)对基坑外的观测点，应埋设常用的普通水准点标石。观测点应在所选坑内方向线的延长线上距基坑深度 1.5～2.0 倍距离内布置。当所选点位遇到地下管道或其他物体时，可将观测点移至与之对应方向线的空位置上。

(3)应在基坑外相对稳定且不受施工影响的地点选设工作基点及为寻找标志用的定位点。

2. 回弹观测的方法和步骤

回弹标志应埋入基坑底面以下 20～30cm。埋设方法根据开挖深度和地层土质情况，可采用钻孔法或探井法。标志型式，根据埋设与观测方法的不同，可采用辅助杆压入式、钻杆送入式或直埋式标志。回弹观测精度可按相关规定以给定或预估的最大回弹量为变形允许值进行估算后确定。但最弱观测点相对邻近工作基点的高差中误差，不应大于±1.0mm。回弹观测不应少于三次，具体安排是：第一次在基坑开挖之前，第二次在基坑挖好之后，第三次在浇灌基础混凝土之前。当需要测定分段卸荷回弹时，应按分段卸荷时间增加观测次数。当基坑挖完至基础施工的间隔时间较长时，亦应适当增加观测次数。

3. 观测设备与观测作业应满足的要求

基坑开挖前的回弹观测，可采用水准测量配以铅垂钢尺读数的钢尺法；较浅基坑的观测，亦可采用水准测量配辅助杆垫高水准尺读数的辅助杆法。观测结束后，应在观测底充填厚度约为1m的白灰。观测设备与作业，应符合下列要求。

(1)钢尺在地面的一端，应用三脚架、滑轮和重锤牵拉；在孔内的一端，应配以能在读数时准确接触回弹标志头的装置。一般观测，可配挂磁锤；当基坑较深、地质条件复杂时，可用电磁探头装置观测；基坑较浅时，亦可用挂钩法，此时，标志顶端应加工成弯钩状。

(2)辅助杆宜用空心两头封口的金属管制成，顶部应加工成半球状，并于顶部侧面安置圆盒水准器，杆长以放入孔内后露出地面20～40cm为宜。

(3)测前与测后应对钢尺和辅助杆的长度进行检定。长度检定中误差，不应大于回弹观测测站高差中误差的1/2。

(4)每一测站的观测可按先后视水准点上标尺面、再前视孔内尺面的顺序进行，每组读数3次，以反复进行两组作为一测回。每站不应少于两测回，并同时测记孔内温度。观测结果应加入尺长和温度的改正。

4. 观测结果的提交

观测工作结束后，应提交下列成果：

(1)回弹观测点位平面布置图；

(2)回弹量纵、横断面图；

(3)回弹观测成果表。

三、变形测量中的地基土分层沉降观测

1. 分层沉降的观测方法和步骤

(1)分层沉降观测，应测定建筑物地基内部各分层土的沉降量、沉降速度以及有效压缩层的厚度。

(2)分层沉降观测点，应在建筑物地基中心附近约为2m×2m或各点间距不大于50cm的范围内，沿铅垂线方向上的各层土内布置。点位数量与深度，应根据分层土的分布情况确定，原则上每一土层设一点，最浅的点位应在基础底面下不小于50cm处，最深的点位应在超过压缩层理论厚度处，或设在压缩性低的砾石或岩石层上。

(3)分层沉降观测标志的埋设应采用钻孔法。对于多孔分层观测，可采用测标式标志；对于单孔分层观测，可采用磁铁环式标志。

(4)分层沉降观测精度可按分层沉降观测点相对于邻近工作基点（水准点）的高差中误差不大于±1.0mm的要求设计确定。

(5)多孔分层沉降观测，可用水准仪测出测标顶部高程，并测定测标的长度，求算观测点的高程；单孔分层沉降观测，可用水准仪测出保护管口高程，并用探测头自上而下依次逐点测定管内各磁铁环至管顶距离，换算出相应各观测点的高程。

(6)分层沉降观测，应从基坑开挖后基础施工前开始，直至建筑物竣工后沉降稳定时为止。观测周期可参照建筑物沉降观测的规定确定。首次观测应至少在标志埋好5d后进行。

2. 观测结果的提交

观测工作结束后，应提交下列成果：

(1)地基土分层标点位置图；
(2)地基土分层沉降观测成果表；
(3)各土层 p—s—z(荷载、沉降、深度)曲线图。

四、变形测量中的建筑场地沉降观测

1. 市政建筑场地沉降观测方法

(1)建筑场地沉降观测，应分别测定建筑物相邻影响范围之内的相邻地基沉降与建筑物相邻影响范围之外的场地地面沉降。

注：1. 相邻地基沉降，系指由于毗邻高低层建筑荷载差异、新建高层建筑基坑开挖、基础施工中井点降水、基础大面积打桩等因素引起的相邻地基土应力重新分布而产生的附加沉降。
2. 场地地面沉降，系指由于长期降雨、下水道漏水、地下水位大幅度变化、大量堆载和卸载、地裂缝、潜蚀、砂土液化以及采掘等原因引起的一定范围内的地面沉降。

(2)相邻地基沉降观测点，可选在建筑物纵横轴线或边线的延长线上，亦可选在通过建筑物重心的轴线延长线上。其点位间距应视基础类型、荷载大小及地质条件以能测出沉降的零点线为原则进行确定。点位可在以建筑物基础深度1.5～2.0倍距离为半径的范围内，由外墙附近向外由密到疏布设，但距基础最远的观测点应设置在沉降量为零的沉降临界点以外。场地地面沉降观测点，应在相邻地基沉降观测点布设线路之外的地面上均匀布点。具体可根据地质地形条件选用平行轴线方格网法、沿建筑物四角辐射网法或散点法布设。

(3)相邻地基沉降观测点标志，可分为用于监测安全的浅埋标与用于结合科研的深埋标两种。浅埋标可采用普通水准标石或用直径 25cm 左右的水泥管现场浇灌，埋深 1～2m；深埋标可采用内管外加保护管的标石型式，埋深应与建筑物基础深度相适当，标石顶部须埋入地面下20～30cm，并砌筑带盖的窨井加以保护。场地地面沉降观测点的标志与埋设，应根据观测要求确定，可采用浅埋标志。

(4)市政工程建筑场地沉降观测可采用水准测量方法进行。水准路线的布设、观测精度及其他技术要求均可参照建筑物沉降观测的有关规定执行。观测的周期，应根据不同任务要求、产生沉降的不同情况以及沉降速度等因素具体分析确定。对于基础施工相邻地基沉降观测，在基坑开挖中每天观测一次；混凝土底板浇完 10d 以后，可每 2～3d 观测一次，直至地下室顶板完工；此后可每周观测一次至回填土完工。场地沉降观测的周期，可参考建筑物沉降观测的有关规定确定。

2. 观测结果的提交

观测工作结束后，应提交下列成果：
(1)场地沉降观测点平面布置图。
(2)场地沉降观测成果表。
(3)相邻地基沉降的 d—s(距离、沉降)曲线图。
(4)场地地面等沉降曲线图。

第三节　市政工程变形测量中的位移观测

一、一般市政建筑物的倾斜观测

1. 直接观测法

在观测之前，要用经纬仪在建筑物同一个竖直面的上、下部位，各设置一个观测点，如图 14-1

所示 M 为上观测点、N 为下一个观测点。如果建筑物发生倾斜，则 MN 连线随之倾斜。观测时，在距离大于建筑物高度的地方安置经纬仪，照准上观测点 M，用盘左、盘右分中法将其向下投测得 N'点，如 N'与 N 点不重合，则说明建筑物产生倾斜，N'与 N 点之间的水平距离 d 即为建筑物的倾斜值。若建筑物高度为 H，则建筑物的倾斜度为：

$$i=\frac{d}{H} \tag{14-3}$$

2. 间接计算法

建筑物发生倾斜，主要是地基的不均匀沉降造成的，如通过沉降观测测出了建筑物的不均匀沉降量 Δh，如图 14-2 所示，则偏移值 δ 可由下式计算：

$$\delta=\frac{\Delta h}{L}\cdot H \tag{14-4}$$

式中　δ——建筑物上、下部相对位移值；

Δh——基础两端点的相对沉降量；

L——建筑物的基础宽度；

H——建筑物的高度。

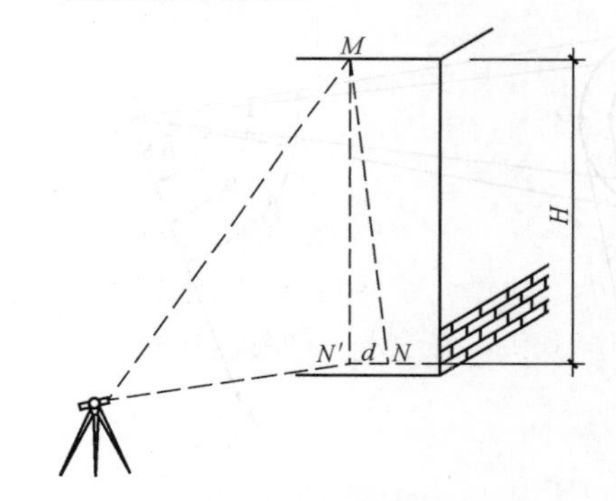

图 14-1　直接观测法测倾斜

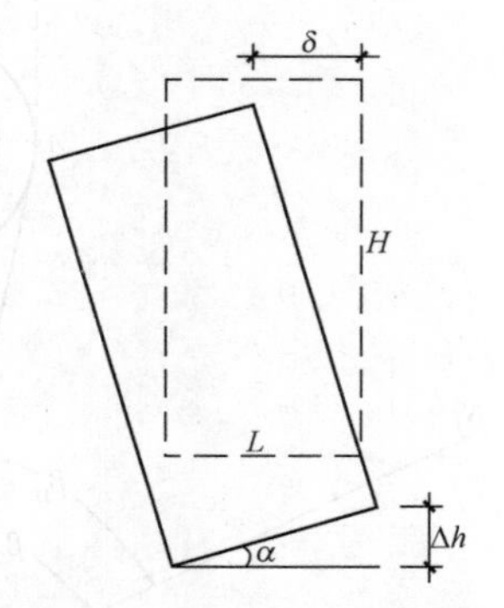

图 14-2　间接观测法测倾斜

二、塔式市政建筑物的倾斜观测

1. 纵横轴线法

如图 14-3 所示，以烟囱为例，先在拟测建筑物的纵、横两轴线方向上距建筑物 1.5～2 倍建筑物高处选定两个点作为测站，图中为 M_1 和 M_2。在烟囱横轴线上布设观测标志 A、B、C、D 点，在纵轴线上布设观测标志 E、F、G、H 点，并选定远方通视良好的固定点 N_1 和 N_2 作为零方向。

观测时，首先在 M_1 设站，以 N_1 为零方向，以 A、B、C、D 为观测方向，用 J2 经纬仪按方向观测法观测两个测回（若用 J_6 经纬仪则应测四个测回），得方向值分别为 β_A、β_B、β_C 和 β_D，则上部中心 O 的方向值为 $(\beta_B+\beta_C)/2$；下部中心 P 的方向值为 $(\beta_A+\beta_D)/2$，则 O、P 在纵轴线方向水平夹角 θ_1 为：

$$\theta_1=\frac{(\beta_A+\beta_D)-(\beta_B-\beta_C)}{2} \tag{14-5}$$

若已知 M_1 点至烟囱底座中心水平距离为 L_1 则在纵轴线方向的倾斜位移量 δ_1 为：

$$\delta_1=\frac{\theta_1}{\rho''}\cdot L_1$$

则

$$\delta_1=\frac{(\beta_A+\beta_D)-(\beta_B+\beta_C)}{2\rho''}\cdot L_1 \tag{14-6}$$

所以，在 M_2 设站，以 N_2 为零方向测出 E、F、G、H 各点方向值 β_E、β_F、β_G 和 β_H 可得横轴线方向的倾斜位移量 δ_2 为：

$$\delta_2=\frac{(\beta_E+\beta_H)-(\beta_F+\beta_G)}{2\rho''}\cdot L_2 \tag{14-7}$$

其中 L_2 为 M_2 点至烟囱底座中心的水平距离。则总倾斜的偏移值为：

$$\delta=\sqrt{\delta_1^2+\delta_2^2} \tag{14-8}$$

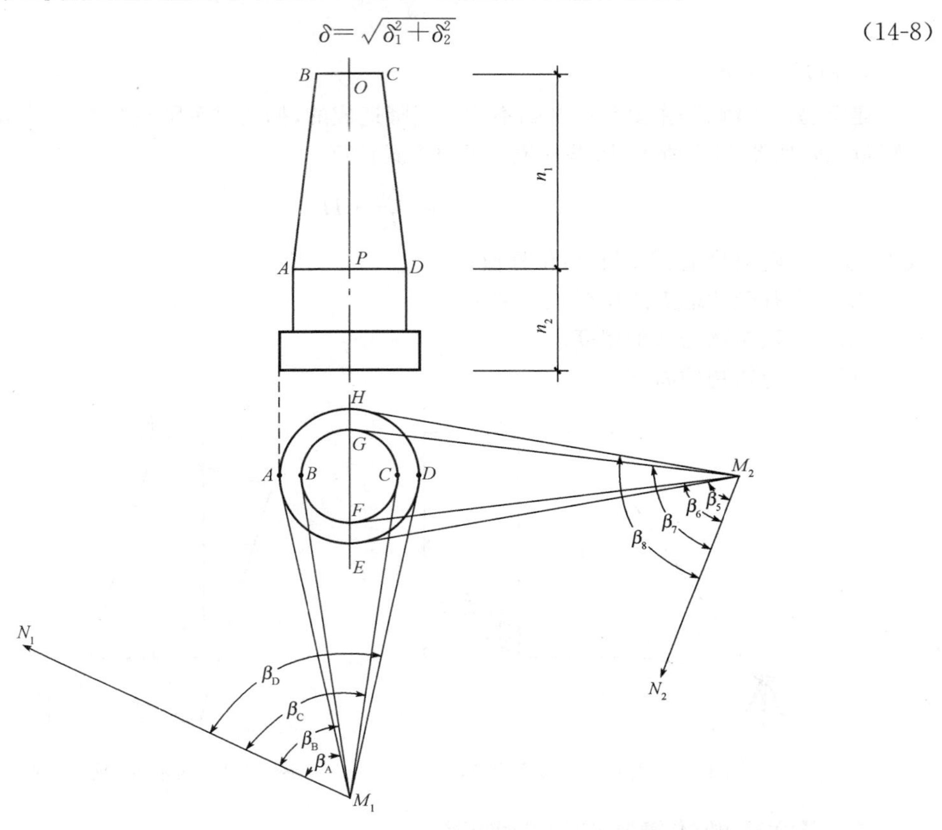

图 14-3 纵、横轴线法测倾斜

2. 前方交会法

前方交会法多用于塔式建筑物很高，周围环境不便用其他方法的场所。

如图 14-4 所示（俯视图），O' 为烟囱顶部中心位置，O 为底部中心位置，烟囱附近布设基线 MN，M、N 需选在稳定且能长期保存的地方，条件困难时也可选在附近稳定的建筑物顶面上。MN 的长度一般不大于 5 倍的建筑物高度，交会角应尽量接近 60°。首先安置经纬仪于 M 点，测定顶部 O' 两侧切线与基线的夹角，取其平均值，如图 14-4 中的 α_1。再安置经纬仪于 N 点，测定顶部 O' 两侧切线与基线的夹角，取其平均值，如图中之 β_1，利用前方交会公式计算出 O' 的坐标，同法可得 O 点的坐标，则 O'、O 两点间的平距 $D_{OO'}$ 可由坐标反算公式求得，实际上 $D_{OO'}$ 即为倾斜偏移值 δ。

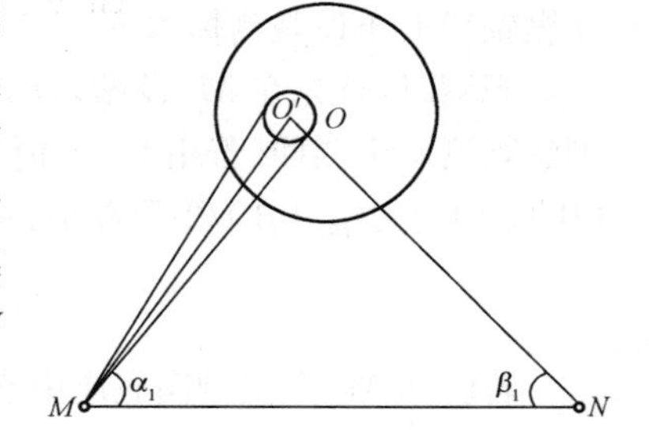

图 14-4 前方交会法测倾斜

第四节　裂缝与挠度观测

一、裂缝观测

裂缝观测内容为测定市政建筑物上的裂缝分布位置，裂缝的走向、长度、宽度及其变化程度。观测的裂缝数量视需要而定，主要的或变化的裂缝应进行观测。

1. 裂缝观测的要求

(1)对需要观测的裂缝应统一进行编号。每条裂缝至少应布设两组观测标志，一组在裂缝最宽处，另一组在裂缝末端。每组标志由裂缝两侧各一个标志组成。

(2)裂缝观测标志，应具有可供量测的明晰端面或中心。观测期较长时，可采用镶嵌或埋入墙面的金属标志、金属杆标志或楔形板标志；观测期较短或要求不高时可采用油漆平行线标志或用建筑胶粘贴的金属片标志。要求较高、需要测出裂缝纵横向变化值时，可采用坐标方格网板标志。使用专用仪器设备观测的标志，可按具体要求另行设计。

(3)对于数量不多，易于量测的裂缝，可视标志型式不同，用比例尺、小钢尺或游标卡尺等工具定期量出标志间距离求得裂缝变位值，或用方格网板定期读取“坐标差”计算裂缝变化值；对于大面积且不便于人工量测的众多裂缝宜采用交会测量或近景摄影测量方法；当需连续监测裂缝变化时，还可采用测缝计或传感器自动测记方法观测。

(4)裂缝观测的周期应视其裂缝变化速度而定。通常开始可半月测一次，以后一月左右测一次。当发现裂缝加大时，应增加观测次数。

(5)裂缝观测中，裂缝宽度数据应量取至0.1mm，每次观测应绘出裂缝的位置、形态和尺寸，注明日期，并拍摄裂缝照片。

2. 观测结果提交

观测结束后，应提交下列成果：

(1)裂缝分布位置图。

(2)裂缝观测成果表。

(3)观测成果分析说明资料。

(4)当建筑物裂缝和基础沉降同时观测时，可选择典型剖面绘制两者的关系曲线。

二、挠度观测

1. 市政挠度观测内容

市政挠度观测包括对市政建筑物的基础和市政建筑物主体的挠度观测，在观测中应按一定周期分别测定其挠度值。

2. 市政挠度观测方法

(1)建筑物基础挠度观测，可与建筑物沉降观测同时进行。观测点应沿基础的轴线或边线布设，每一基础不得少于3点。标志设置、观测方法与沉降观测相同。挠度值 f_c 可按下列公式计算(图14-5)：

$$f_c = \Delta S_{AE} - \frac{L_a}{L_a + L_b} + \Delta S_{AB} \tag{14-9}$$

$$\Delta S_{AE} = S_E - S_A \tag{14-10}$$

$$\Delta S_{AB}=S_B-S_A \tag{14-11}$$

式中 S_A——基础上 A 点的沉降量(mm)；

S_B——基础上 B 点的沉降量(mm)；

S_E——基础上 E 点的沉降量(mm)；

L_a——AE 的距离(m)；

L_b——EB 的距离(m)。

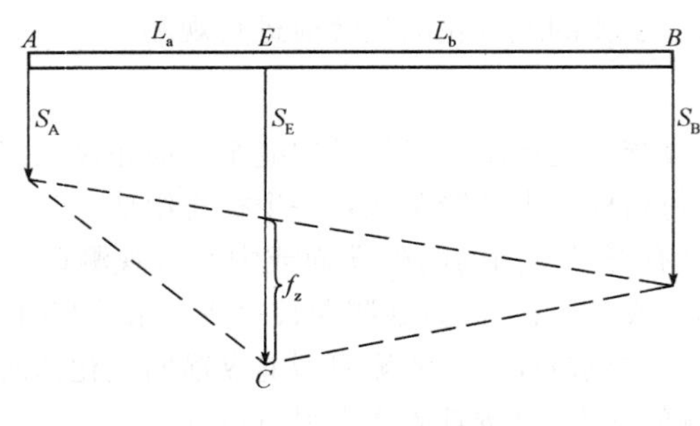

图 14-5 挠度观测

跨中挠度值为：

$$f_z=\Delta S_{AE}-\frac{1}{2}\Delta S_{AB} \tag{14-12}$$

(2)建筑物主体挠度观测，除观测点应按建筑物结构类型在各不同高度或各层处沿一定垂直方向布设外，其标志设置、观测方法按有关规定执行。挠度值由建筑物上不同高度点相对于底点的水平位移值确定。

(3)独立构筑物的挠度观测，除可采用建筑物主体挠度观测要求外，当观测条件允许时，亦可用挠度计、位移传感器等设备直接测定挠度值。

3. 观测结果提交

观测工作结束后，应提交下列成果。

(1)挠度观测点布置图。

(2)观测成果表。

(3)挠度曲线图。

第五节 变形测量中的日照变形与风振观测

一、日照变形观测

1. 日照变形观测的选择条件及时间

日照变形观测应在高耸建筑物或单柱受强阳光照射或辐射的过程中进行，应测定建筑物或单柱上部由于向阳面与背阳面温差引起的偏移及其变化规律。日照变形的观测时间，宜选在夏季的高温天进行。一般观测项目，可在白天时间段观测，从日出前开始，日落后停止，每隔约 1h 观测一次。在每次观测的同时，应测出建筑物向阳面与背阳面的温度，并测定风速与风向。

2. 日照变形观测在不同条件下的选用方法

(1)当建筑物内部具有竖向通视条件时，应采用激光铅直仪观测法。在测站点上可安置激光铅直仪或激光经纬仪，在观测点上安置接收靶。每次观测，可从接收靶读取或量出顶部观测点的水平位移值和位移方向，亦可借助附于接收靶上的标示光点设施，直接获得各次观测的激光中心轨迹图，然后反转其方向即为实测日照变形曲线图。

(2)从建筑物外部观测时，可采用测角前方交会法或方向差交会法。对于单柱的观测，按不同量测条件，可选用经纬仪投点法、测顶部观测点与底部观测点之间的夹角法或极坐标法。按上述方法观测时，从两个测站对观测点的观测应同步进行。所测顶部的水平位移量与位移方向，应以首次测算的观测点坐标值或顶部观测点相对底部观测点的水平位移值作为初始值，与其他各次观测的结果相比较后计算求取。

3. 日照变形观测点的选设

当利用建筑物内部竖向通道观测时，应以通道底部中心位置作为测站点，以通道顶部正垂直对应于测站点的位置作为观测点。当从建筑物或单柱外部观测时，观测点应选在受热面的顶部或受热面上部的不同高度处与底部(视观测方法需要布置)适中位置，并设置照准标志，单柱亦可直接照准顶部与底部中心线位置；测站点应选在与观测点连线呈正交或近于正交的两条方向线上，其中一条宜与受热面垂直，距观测点的距离约为照准目标高度1.5倍的固定位置处，并埋设标石。

4. 观测结果提交

在观测工作结束后，对以下结果进行提交。

(1)日照变形观测点位布置图。

(2)观测成果表。

(3)日照变形曲线图。

二、变形测量中的风振观测

1. 风振观测应选择的条件

风振观测应在高层、超高层建筑物受强风作用的时间段内同步测定建筑物的顶部风速、风向和墙面风压以及顶部水平位移。

2. 风振观测中的设备与方法

风速、风向观测宜在建筑物顶部的专设桅杆上安置两台风速仪，分别记录脉动风速、平均风速及风向，并在距建筑物约100～200m距离的一定高度(10～20m)处安置风速仪记录平均风速。风压观测应在建筑物不同高度的迎风面与背风面外墙上，对应设置适当数量的风压盒作传感器，或采用激光光纤压力计与自动记录系统，以测定风压分布和风压系数。在进行水平位移观测时根据情况选用以下的不同方法。

(1)激光位移计自动测记法。

(2)长周期拾振器测记法。将拾振器设在建筑物顶部天面中间，由测试室内的光线示波器记录观测结果。

(3)双轴自动电子测斜仪(电子水枪)测记法。测试位置应选在振动敏感的位置，仪器的x轴与y轴(水枪方向)应与建筑物的纵横轴线一致，并用罗盘定向，根据观测数据计算出建筑物的振动周期和顶部水平位移值。

(4)加速度计法。将加速度传感器安装在建筑物顶部，测定建筑物在振动时的加速度，通过加速度积分求解位移值。

(5)经纬仪测角前方交会法或方向差交会法。此法适用于在缺少自动测记设备和观测要求不高时建筑物顶部水平位移的测定，但作业中应采取措施防止仪器受到强风影响。

3. 风振位移的观测精度及风振系数的求值

风振位移的观测精度，如用自动测记法，应视所用仪器设备的性能和精确程度要求具体确定。如采用经纬仪观测，观测点相对测站点的点位中误差不应大于±15mm。

由实测位移值计算风振系数 β 时，可采用下列公式：

$$\beta=(d_m+0.5A)/d_m \tag{14-13}$$

或

$$\beta=(d_s+d_d)/d_s \tag{14-14}$$

式中 d_m——平均位移值(mm)；

A——风力振幅(mm)；

d_s——静态位移(mm)；

d_d——动态位移(mm)。

4. 观测结果的提交

观测工作结束后，应对下列观测结果进行提交。

(1)风速、风压、位移的观测位置布置图。

(2)风振观测成果表。

(3)风速、风压、位移及振幅等曲线图。

第六节 变形测量中的数据分析与处理

一、平差的计算

每期建筑变形观测结束后，应依据测量误差理论和统计检验原理对获得的观测数据及时进行平差计算和处理，并计算各种变形量。在变形观测数据的平差计算中，应注意利用稳定的基准点作为起点；使用严密的程序和可靠的系统条件；确保平差计算所用的观测数据、起算数据准确无误；应剔除含有粗差的观测数据；对于特级、一级变形测量平差计算，应对可能含有系统误差的观测值进行系统误差改正；当涉及边长、方向等不同类型观测值时，应使用验后方差估计方法确定这些观测值的权；平差计算降给出变形参数值外，还应评定这些变形参数的精度。

对各类变形控制网和变形测量成果，平差计算的单位权中误差及变形参数的精度应符合相应级别变形测量的精度要求。

市政建筑物变形测量平差计算和分析中的数据取位应符合表 14-2 的规定。

表 14-2　变形测量平差计算和分析中的数据取位要求

级别	高差(mm)	角度(″)	边长(mm)	坐标(mm)	高程(mm)	沉降值(mm)	位移值(mm)
特级	0.01	0.01	0.01	0.01	0.01	0.01	0.01
一级	0.01	0.01	0.1	0.1	0.01	0.01	0.1
二、三级	0.1	0.1	0.1	0.1	0.1	0.1	0.1

二、变形分析

1. 变形分析的内容

变形测量几何分析应对基准点的稳定性进行检验和分析，并判断观测点是否变动。

2. 基准点的分析和判断

(1)当基准点单独构网时,每次基准网复测后,应根据本次复测数据与上次数据之间的差值,通过组合比较的方式对基准点的稳定性进行分析判断;

(2)当基准点与观测点共同构网时,每期变形观测后,应根据本期基准点观测数据与上期观测数据之间的数值,通过组合比较的方式对基准点的稳定性进行分析判断。

3. 观测点的变动分析

观测点的变动分析应基于以稳定的基准点作为起始点而进行的平差计算成果;二、三级及部分一级变形测量,相邻两期观测点的变动分析可通过比较观测点相邻两期的变形量与最大测量误差(取两倍中误差)来进行。当变形量小于最大误差时,可认为该观测点在这两个周期间没有变动或变动不显著;特级及有特殊要求的一级变形测量,当观测点两期间的变形量 Δ 符合式(14-15)时,可认为该观测点在这两个周期间没有变动或变动不显著:

$$\Delta < 2\mu\sqrt{Q} \tag{14-15}$$

式中　μ——单位权中误差,可取两个周期平差单位权中误差的平均值;

Q——观测点变形量的协因数;

对多期变形观测成果,当相邻周期变形量小,但多期呈现出明显的变化趋势时,应视为有变动。

三、变形建模与预报

对于多期市政工程建筑物变形观测成果,根据需要,而建立的反映变形量与变形因子关系的数学模型叫变形建模,对引起变形的原因作出分析和解释,必要时对变形的发展趋势进行的预报叫变形预报。

1. 不同观测点变形状况下的数学模型

当一个变形体上所有观测点或部分观测点的变形状况总体一致时,可利用这些观测点的平均变形量建立相应的数学模型。当各观测点变形状况差异大或某些观测点变形状况特殊时,应对各观测点或特殊的观测点分别建立数学模型。对于特级和某些一级变形观测成果,根据需要,可以利用地理信息系统技术实现多点变形状态的可视化表达。

2. 回归分析法的使用注意事项

(1)应以不少于 10 个周期的观测数据为依据,通过分析各期所测的变形量与相应荷载、时间之间的相关性,建立荷载或时间-变形量数学模型;

(2)变形量与变形因子之间的回归模型应简单,包含的变形因子数不宜超过 2 个。回归模型可采用线性回归模型和指数回归模型、多项式回归模型等非线性回归模型。对非线性回归模型,应进行线性化;

(3)当只有一个变形因子时,可采用一元回归分析方法;

(4)当考虑多个变形因子时,宜采用逐步回归分析方法,确定影响显著的因子。

3. 沉降观测与动态变形观测的选择

对于沉降观测,当观测值近似呈等时间间隔时,可采用灰色建模方法,建立沉降量与时间之间的灰色模型。对于动态变形观测获得的时序数据,可使用时间序列分析方法建模并加以分析。

四、成果处理

(1)建筑变形测量在完成记录检查、平差计算和处理分析后,应按下列规定进行成果的整理:

1)观测记录手簿的内容应完事、齐全;

2)平差计算过程及成果、图表和各种检验、分析资料应完整、清晰;

3)使用的图式符号应规格统一、注记清楚。

(2)建筑变形测量的观测记录、计算资料及技术成果均应有有关责任人签字,技术成果应加盖成果章。

(3)根据建筑变形测量任务委托方的要求,可按周期或变形发展情况提交下列阶段性成果:

1)本次或前1～2次观测结果;

2)与前一次观测间的变形量;

3)本次观测后的累计变形量;

4)简要说明及分析、建议等。

(4)当建筑变形测量任务全部完成后或委托方需要时,应提交下列综合成果:

1)技术设计书或施测方案;

2)变形测量工程的平面位置图;

3)基准点与观测点分布平面图;

4)标石、标志规格及埋设图;

5)仪器检验与校正资料;

6)平差计算、成果质量评定资料及成果表;

7)反映变形过程的图表;

8)技术报告书。

(5)建筑变形测量技术报告书内容应真实、完整,重点应突出,结构应清晰,文理应通顺,结论应明确。技术报告书应包括下列内容:

1)项目概况。应包括项目来源、观测目的和要求,测区地理位置及周边环境,项目完成的起止时间,实际布设和测定的基准点、工作基点、变形观测点点数和观测次数,项目测量单位,项目负责人、审核审定人等;

2)作业过程及技术方法。应包括变形测量作业依据的技术标准,项目技术设计或施测方案的技术变更情况,采用的仪器设备及其检校情况,基准点及观测点的标志及其布设情况,变形测量精度级别,作业方法及数据处理方法,变形测量各周期观测时间等;

3)成果精度统计及质量检验结果;

4)变形测量过程中出现的变形异常和作业中发生的特殊情况等;

5)变形分析的基本结论和建议;

6)提交的成果清单;

7)附图附表等。

(6)建筑变形测量的观测记录、计算资料和技术成果应进行归档。

(7)建筑变形测量的各项观测、计算数据及成果的组织、管理和分析宜使用专门的变形测量数据处理与信息管理系统进行。该系统宜具备下列功能:

1)对变形测量的各项起始数据、各次观测记录和计算数据以及各种中间及最终成果建立相应的数据库；

2)各种数据的输入、输出和格式转换；

3)变形测量基准点和观测点点之记信息管理；

4)变形测量控制网数据管理、平差计算、精度分析；

5)各次原始观测记录和计算数据管理；

6)必要的变形分析；

7)各种报表和分析图表的生成及变形测量成果可视化；

8)用户管理及安全管理等。

第十五章　市政工程施工测量常用数据

第一节　常用数据

一、线路测量常用数据

1. 线路测图比例尺选用

线路测图比例尺的选用见表 15-1。

表 15-1　　线路测图的比例尺

线路名称	带状地形图	工点地形图	纵断面图		横断面图	
			水平	垂直	水平	垂直
铁路	1∶1000 1∶2000 1∶5000	1∶200 1∶500	1∶1000 1∶2000 1∶10000	1∶100 1∶200 1∶1000	1∶100 1∶200	1∶100 1∶200
公路	1∶2000 1∶5000	1∶200 1∶500 1∶1000	1∶2000 1∶5000	1∶200 1∶500	1∶100 1∶200	1∶100 1∶200
架空索道	1∶2000 1∶5000	1∶200 1∶500	1∶2000 1∶5000	1∶200 1∶500	—	—
自流管线	1∶1000 1∶2000	1∶500	1∶1000 1∶2000	1∶100 1∶200	—	—
压力管线	1∶2000 1∶5000	1∶500	1∶2000 1∶5000	1∶200 1∶500	—	—
架空送电线路	—	1∶200 1∶500	1∶2000 1∶5000	1∶200 1∶500	—	—

注:1. 1∶200 比例尺的工点地形图,可按对 1∶500 比例尺地形测图的技术要求测绘。

2. 当架空送电线路通过市区的协议区或规划区时,应根据当地规划部门的要求,施测 1∶1000 或 1∶2000 比例尺的带状地形图。

3. 当架空送电线路需要施测横断面图时,水平和垂直比例尺宜选用 1∶200 或 1∶500。

2. 铁路、公路测量

(1)铁路、二级及以下等级公路导线测量的主要技术要求,应符合表 15-2 的规定。

表 15-2　　铁路、二级及以下等级公路导线测量的主要技术要求

导线长度(km)	边长(m)	仪器精度等级	测回数	测角中误差(″)	测距相对中误差	联测检核	
						方位闭合差(″)	相对闭合差
≤30	400～600	2″级仪器	1	12	≤1/2000	$24\sqrt{n}$	≤1/2000
		6″级仪器		20		$40\sqrt{n}$	

注:表中 n 为测站数。

(2)铁路、二级及以下等级公路高程控制测量的主要技术要求，应符合表15-3的规定。

表15-3　铁路、二级及以下等级公路高程控制测量的主要技术要求

等级	每千米高差全中误差(mm)	路线长度(km)	往返较差、附合或环线闭合差(mm)
五等	15	30	$30\sqrt{L}$

注：L 为水准路线长度(km)。

(3)铁路、公路定测放线副交点水平角观测的角值较差不应大于表15-4的规定。

表15-4　副交点测回间角值较差的限差

仪器精度等级	副交点测回间角值较差的限差(″)	仪器精度等级	副交点测回间角值较差的限差(″)
2″级仪器	15	6″级仪器	20

(4)铁路、公路线路中线测量，应与初测导线、航测外控点或GPS点联测。联测间隔宜为5km，特殊情况下不应大于10km。线路联测闭合差不应大于表15-5的规定。

表15-5　中线联测闭合差的限差

线路名称	方位角闭合差(″)	相对闭合差
铁路、一级及以上公路	$30\sqrt{n}$	1/2000
二级及以下公路	$60\sqrt{n}$	1/1000

注：n 为测站数；计算相对闭合差时，长度采用初、定测闭合环长度。

(5)铁路、公路中线桩位测量误差，直线段不应超过表15-6的规定；曲线段不应超过表15-7的规定。

表15-6　直线段中线桩位测量限差

线路名称	纵向误差(m)	横向误差(cm)
铁路、一级及以上公路	$\frac{S}{2000}+0.1$	10
二级及以下公路	$\frac{S}{1000}+0.1$	10

注：S 为转点桩至中线桩的距离(m)。

表15-7　曲线段中线桩位测量闭合差限差

线　路　名　称	纵向相对闭合差(m)		横向闭合差(cm)	
	平地	山地	平地	山地
铁路、一级及以上公路	1/2000	1/1000	10	10
二级及以下公路	1/1000	1/500	10	15

(6)铁路、公路横断面测量的误差，不应超过表15-8的规定。

表15-8　横断面测量的限差

线路名称	距离(m)	高程(m)
铁路、一级及以上公路	$\frac{l}{100}+0.1$	$\frac{h}{100}+\frac{l}{200}+0.1$
二级及以下公路	$\frac{l}{50}+0.1$	$\frac{h}{50}+\frac{l}{100}+0.1$

注：1. l 为测点至线路中线桩的水平距离(m)。
2. h 为测点至线路中线桩的高差(m)。

(7)铁路、公路施工前应复测中线桩，当复测成果与原测成果的较差符合表15-9的限差规定时，应采用原测成果。

表15-9　　中线桩复测与原测成果较差的限差

线路名称	水平角(″)	距离相对中误差	转点横向误差(mm)	曲线横向闭合差(cm)	中线桩高程(cm)
铁路、一级及以上公路	≤30	≤1/2000	每100m小于5，点间距大于等于400m小于20	≤10	≤10
二级及以下公路	≤60	≤1/1000	每100m小于10	≤10	≤10

3. 自流和压力管线测量

(1)自流和压力管线导线测量的主要技术要求，应符合表15-10的规定。

表15-10　　自流和压力管线导线测量的主要技术要求

导线长度(km)	边长(km)	测角中误差(″)	联测检核		适用范围
			方位角闭合差(″)	相对闭合差	
≤30	<1	12	$24\sqrt{n}$	1/2000	压力管线
≤30	<1	20	$40\sqrt{n}$	1/1000	自流管线

注：n为测站数。

(2)自流和压力管线水准测量和电磁波测距三角高程测量的主要技术要求，应符合表15-11的规定。

表15-11　　自流和压力管线高程控制测量的主要技术要求

等级	每千米高差全中误差(mm)	路线长度(km)	往返较差、附合或环线闭合差(mm)	适用范围
五等	15	30	$30\sqrt{L}$	自流管线
图根	20	30	$40\sqrt{L}$	压力管线

注：1. L为路线长度(km)。
2. 作业时，根据需要压力管线的高程控制精度可放宽1～2倍执行。

(3)地下管线测量常用数据。地下管线的调查项目和取舍标准，宜根据委托方要求确定，也可依管线疏密程度、管径大小和重要性按表15-12确定。

表15-12　　地下管线调查项目和取舍标准

管线类型		埋深		断面尺寸		材质	取舍要求	其他要求
		外顶	内底	管径	宽×高			
给水		*	—	*	—	*	内径不小于50mm	—
排水	管道	—	*	*	—	*	内径不小于200mm	注明流向
	方沟	—	*	—	*	*	方沟断面不小于300mm×300mm	
燃气		*	—	*	—	*	干线和主要支线	注明压力

续表

管线类型		埋深		断面尺寸		材质	取舍要求	其他要求
		外顶	内底	管径	宽×高			
热力	直埋	*	—	—	—	*	干线和主要支线	注明流向
	沟道	—	*	—	—	*	全测	
工业管道	自流	—	*	*	—	*	工艺流程线不测	—
	压力	*	—	*	—	*		自流管道注明流向
电力	直埋	*	—	—	—	—	电压不小于380V	注明电压
	沟道	—	*	—	*	*	全测	注明电缆根数
通信	直埋	*	—	*	—	—	干线和主要支线	—
	管块	*	—	—	*	—	全测	注明孔数

注：1. * 为调查或探查项目。

2. 管道材质主要包括：钢、铸铁、钢筋混凝土、混凝土、石棉水泥、陶土、PVC塑料等。沟道材质主要包括：砖石、管块等。

二、隧道施工测量常用数据

(1)隧道工程的相向施工中线在贯通面上的贯通误差，不应大于表15-13的规定。

表15-13　隧道工程的贯通误差

类别	两开挖洞口间长度(km)	贯通误差限差(mm)
横向	$L<4$	100
	$4\leqslant L<8$	150
	$8\leqslant L<10$	200
高程	不限	70

注：作业时，可根据隧道施工方法和隧道用途的不同，当贯通误差的调整不会显著影响隧道中线几何形状和工程性能时，其横向贯通限差可适当放宽1～1.5倍。

(2)隧道控制测量对贯通中误差的影响值，不应大于表15-14的规定。

表15-14　隧道控制测量对贯通中误差影响值的限值

两开挖洞口间的长度(km)	横向贯通中误差(mm)				高程贯通中误差(mm)	
	洞外控制测量	洞内控制测量		竖井联系测量	洞外	洞内
		无竖井的	有竖井的			
$L<4$	25	45	35	25	25	25
$4\leqslant L<8$	35	65	55	35		
$8\leqslant L<10$	50	85	70	50		

(3)隧道洞外平面控制测量的等级，应根据隧道的长度按表15-15选取。

表 15-15　隧道洞外平面控制测量的等级

洞外平面控制网类别	洞外平面控制网等级	测角中误差(″)	隧道长度(L/km)
GPS 网	二等	—	L>5
	三等	—	L≤5
三角形网	二等	1.0	L>5
	三等	1.8	2<L≤5
	四等	2.5	0.5<L≤2
	一级	5	L≤0.5
导线网	三等	1.8	2<L≤5
	四等	2.5	0.5<L≤2
	一级	5	L≤0.5

(4)隧道洞内平面控制测量的等级,应根据隧道两开挖洞口间长度按表 15-16 选取。

表 15-16　隧道洞内平面控制测量的等级

洞内平面控制网类别	洞内导线网测量等级	导线测角中误差(″)	两开挖洞口间长度(L/km)
导线网	三等	1.8	L≥5
	四等	2.5	2≤L<5
	一级	5	L<2

(5)隧道洞外、洞内高程控制测量的等级,应分别依洞外水准路线的长度和隧道长度按表 15-17选取。

表 15-17　隧道洞外、洞内高程控制测量的等级

高程控制网类别	等级	每千米高差全中误差(mm)	洞外水准路线长度或两开挖洞口间长度(S/km)
水准网	二等	2	S>16
	三等	6	6<S≤16
	四等	10	S≤6

三、市政工程变形监测常用数据

1. 变形监测的等级划分及精度要求

变形监测的等级划分及精度要求应符合表 15-18 的规定。

表 15-18　变形监测的等级划分及精度要求

等级	垂直位移监测		水平位移监测	适用范围
	变形观测点的高程中误差(mm)	相邻变形观测点的高差中误差(mm)	变形观测点的点位中误差(mm)	
一等	0.3	0.1	1.5	变形特别敏感的高层建筑、高耸构筑物、工业建筑、重要古建筑、大型坝体、精密工程设施、特大型桥梁、大型直立岩体、大型坝区地壳变形监测等

续表

等级	垂直位移监测		水平位移监测	适用范围
	变形观测点的高程中误差(mm)	相邻变形观测点的高差中误差(mm)	变形观测点的点位中误差(mm)	
二等	0.5	0.3	3.0	变形比较敏感的高层建筑、高耸构筑物、工业建筑、古建筑、特大型和大型桥梁、大中型坝体、直立岩体、高边坡、重要工程设施、重大地下工程、危害性较大的滑坡监测等
三等	1.0	0.5	6.0	一般性的高层建筑、多层建筑、工业建筑、高耸构筑物、直立岩体、高边坡、深基坑、一般地下工程、危害性一般的滑坡监测大型桥梁等
四等	2.0	1.0	12.0	观测精度要求较低的建(构)筑物、普通滑坡监测、中小型桥梁等

注:1. 变形观测点的高程中误差和点位中误差,是指相对于邻近基准点的中误差。

2. 特定方向的位移中误差,可取表中相应等级点位中误差的 $1/\sqrt{2}$ 作为限值。

3. 垂直位移监测,可根据需要按变形观测点的高程中误差或相邻变形观测点的高差中误差,确定监测精度等级。

2. 水平位移监测基准网

(1)水平位移监测基准网边长测距主要技术要求应符合表 15-19 的规定。

表 15-19　　测距的主要技术要求

等级	仪器精度等级	每边测回数		一测回读数较差(mm)	单程各测回较差(mm)	气象数据测定的最小读数		往返较差(mm)
		往	返			温度(℃)	气压(Pa)	
一等	1mm 级仪器	4	4	1	1.5	0.2	50	$\leqslant 2(a+b\times D)$
二等	2mm 级仪器	3	3	3	4			
三等	5mm 仪器	2	2	5	7			
四等	10mm 级仪器	4	—	8	10			

注:1. 测回是指照准目标一次,读数 2～4 次的过程。

2. 根据具体情况,测边可采取不同时间段代替往返观测。

3. 测量斜距,须经气象改正和仪器的加、乘常数改正后才能进行水平距离计算。

4. 计算测距往返较差的限差时,a、b 分别为相应等级所使用仪器标称的固定误差和比例误差系数,D 为测量斜距(km)。

(2)水平位移监测基准网的主要技术要求应符合 15-20 的规定。

表 15-20　　水平位移监测基准网的主要技术要求

等级	相邻基准点的点位中误差(mm)	平均边长(L/m)	测角中误差(″)	测边相对中误差	水平角观测测回数	
					1″级仪器	2″级仪器
一等	1.5	≤300	0.7	≤1/300000	12	—
		≤200	1.0	≤1/200000	9	—

续表

等级	相邻基准点的点位中误差(mm)	平均边长(L/m)	测角中误差(″)	测边相对中误差	水平角观测测回数	
					1″级仪器	2″级仪器
二等	3.0	≤400	1.0	≤1/200000	9	—
		≤200	1.8	≤1/100000	6	9
三等	6.0	≤450	1.8	≤1/100000	6	9
		≤350	2.5	≤1/80000	4	6
四等	12.0	≤600	2.5	≤1/80000	4	6

注:1. 水平位移监测基准网的相关指标,是基于相应等级相邻基准点的点位中误差的要求确定的。

2. 具体作业时,也可根据监测项目的特点在满足相邻基准点的点位中误差要求前提下,进行专项设计。

3. GPS水平位移监测基准网,不受测角中误差和水平角观测测回数指标的限制。

3. 垂直位移监测基准网

(1)垂直位移监测基准网的主要技术要求应符合表15-21的规定。

表15-21　垂直位移监测基准网的主要技术要求

等级	相邻基准点高差中误差(mm)	每站高差中误差(mm)	往返较差或环线闭合差(mm)	检测已测高差较差(mm)
一等	0.3	0.07	$0.15\sqrt{n}$	$0.2\sqrt{n}$
二等	0.5	0.15	$0.30\sqrt{n}$	$0.4\sqrt{n}$
三等	1.0	0.30	$0.60\sqrt{n}$	$0.8\sqrt{n}$
四等	2.0	0.70	$1.40\sqrt{n}$	$2.0\sqrt{n}$

注:表中n为测站数。

(2)垂直位移监测基准网水准观测的主要技术要求应符合表15-22的规定。

表15-22　水准观测的主要技术要求

等级	水准仪型号	水准尺	视线长度(m)	前后视的距离较差(m)	前后视的距离较差累积(m)	视线离地面最低高度(m)	基本分划、辅助分划读数较差(mm)	基本分划、辅助分划所测高差较差(mm)
一等	DS05	因瓦	15	0.3	1.0	0.5	0.3	0.4
二等	DS05	因瓦	30	0.5	1.5	0.5	0.3	0.4
三等	DS05	因瓦	50	2.0	3	0.3	0.5	0.7
	DS1	因瓦	50	2.0	3	0.3	0.5	0.7
四等	DS1	因瓦	75	5.0	8	0.2	1.0	1.5

注:1. 数字水准仪观测,不受基、辅分划读数较差指标的限制,但测站两次观测的高差较差,应满足表中相应等级基、辅分划所测高差较差的限值。

2. 水准路线跨越江河时,应进行相应等级的跨河水准测量,其指标不受该表的限制。

4. 变形监测方法选择

变形监测的方法,应根据监测项目的特点、精度要求、变形速率以及监测体的安全性等指标,按表15-23选用。也可同时采用多种方法进行监测。

表 15-23　　　　变形监测方法的选择

类　别	监　测　方　法
水平位移监测	三角形网、极坐标法、交会法、GPS 测量、正倒垂线法、视准线法、引张线法、激光准直法、精密测(量)距、伸缩仪法、多点位移计、倾斜仪等
垂直位移监测	水准测量、液体静力水准测量、电磁波测距三角高程测量等
三维位移监测	全站仪自动跟踪测量法、卫星实时定位测量(GPS-RTK)法、摄影测量法等
主体倾斜	经纬仪投点法、差异沉降法、激光准直法、垂线法、倾斜仪、电垂直梁等
挠度观测	垂线法、差异沉降法、位移计、挠度计等
监测体裂缝	精密测(量)距、伸缩仪、测缝计、位移计、摄影测量等
应力、应变监测	应力计、应变计

5. 市政地下工程变形监测

市政地下工程变形监测项目和内容，应根据埋深、地质条件、地面环境、开挖断面和施工方法等因素综合确定。监测内容应根据工程需要和设计要求，按表 15-24 选择。

表 15-24　　　　市政地下工程变形监测项目

阶段	项目		主要监测内容	
地下工程施工阶段	地下建(构)筑物基坑	支护结构	位移监测	支护结构水平侧向位移、垂直位移
				立柱水平位移、垂直位移
			挠度监测	桩墙挠曲
			应力监测	桩墙侧向水土压力和桩墙内力、支护结构界面上侧向压力、水平支撑轴力
		地基	位移监测	基坑回弹、分层地基土沉降
			地下水	基坑内外地下水位
	地下建(构)筑物	结构、基础	位移监测	主要柱基、墩台的垂直位移、水平位移、倾斜
				连续墙水平侧向位移、垂直位移、倾斜
				建筑裂缝
				底板垂直位移
			挠度监测	桩墙(墙体)挠曲、梁体挠度
			应力监测	侧向地层抗力及地基反力、地层压力、静水压力及浮力
	地下隧道	隧道结构	位移监测	隧道拱顶下沉、隧道底面回弹、衬砌结构收敛变形
				衬砌结构裂缝
				围岩内部位移
			挠度监测	侧墙挠曲
			地下水	地下水位
			应力监测	围岩压力及支护间应力、锚杆内力和抗拔力、钢筋格栅拱架内力及外力、衬砌内应力及表面应力

续表

阶段	项目		主要监测内容	
地下工程施工阶段	受影响的地面建(构)筑物、地表沉陷、地下管线	地表面地面建(构)筑物地下管线	位移监测	地表沉陷
				地面建筑物水平位移、垂直位移、倾斜
				地面建筑裂缝
				地下管线水平位移、垂直位移
				土体水平位移
			地下水	地下水位
地下工程运营阶段	地下建(构)筑物	结构、基础	位移监测	主要柱基、墩台的垂直位移、水平位移、倾斜
				连续墙水平侧向位移、垂直位移、倾斜
				建筑裂缝
				底板垂直位移
			挠度监测	连续墙挠曲、梁体挠度
			地下水	地下水位
	地下隧道	结构、基础	位移监测	衬砌结构变形
				衬砌结构裂缝
				拱顶下沉
				底板垂直位移
			挠度监测	侧墙挠曲

6. 桥梁变形监测

桥梁变形监测的内容，应根据桥梁结构类型按表15-25选择。

表15-25　　桥梁变形监测项目

类型	施工期主要监测内容	运营期主要监测内容
梁式桥	桥墩垂直位移 悬臂法浇筑的梁体水平、垂直位移 悬臂法安装的梁体水平、垂直位移 支架法浇筑的梁体水平、垂直位移	桥墩垂直位移 桥面水平、垂直位移
拱桥	桥墩垂直位移 装配式拱圈水平、垂直位移	桥墩垂直位移 桥面水平、垂直平移
悬索桥 斜拉桥	索塔倾斜、塔顶水平位移、塔基垂直位移 主缆线性形变(拉伸变形) 索夹滑动位移 梁体水平、垂直位移 散索鞍相对转动 锚碇水平、垂直位移	索塔倾斜、垂直位移 桥面水平、垂直位移
桥梁两岸边坡	桥梁两岸边坡水平、垂直位移	桥梁两岸边坡水平、垂直位移

第二节　市政施工测量放线技术资料

一、工程定位测量记录

工程定位测量记录见表 15-26。

表 15-26　　　　　　　　工程定位测量记录表

编号：________

工程名称		委托单位	
图纸编号		施测日期	
平面坐标依据		复测日期	
高程依据		使用仪器	
允许误差		仪器校验日期	

定位抄测示意图：

复测结果

<table>
<tr><td rowspan="3">签字栏</td><td rowspan="2">建设(监理)单位</td><td>施工单位</td><td></td><td>测量人员
岗位证书号</td><td></td></tr>
<tr><td>专业技术负责人</td><td>测量负责人</td><td>复测人</td><td>施测人</td></tr>
<tr><td></td><td></td><td></td><td></td><td></td></tr>
</table>

本表由建设单位、监理单位、施工单位、城建档案馆各保存一份。

二、基槽验线记录

基槽验线记录见表 15-27。

表 15-27 **基槽验线记录表**

编号：________

<table>
<tr><td colspan="2">工程名称</td><td colspan="1"></td><td>日期</td><td colspan="2"></td></tr>
<tr><td colspan="6">验线依据及内容：</td></tr>
<tr><td colspan="6">基槽平面、剖面简图：</td></tr>
<tr><td colspan="6">检查意见：</td></tr>
<tr><td rowspan="3">签字栏</td><td rowspan="2">建设（监理）单位</td><td>施工测量单位</td><td colspan="3"></td></tr>
<tr><td>专业技术负责人</td><td colspan="2">专业质检员</td><td>施测人</td></tr>
<tr><td></td><td></td><td colspan="2"></td><td></td></tr>
</table>

本表由建设单位、施工单位、城建档案馆各保存一份。

三、市政工程建筑物垂直度、标高观测记录

市政工程建筑物垂直度、标高观测记录见表 15-28。

表 15-28 **建筑物垂直度、标高观测记录表**

编号：________

<table>
<tr><td colspan="2">工程名称</td><td colspan="4"></td></tr>
<tr><td colspan="2">施工阶段</td><td></td><td>观测日期</td><td colspan="2"></td></tr>
<tr><td colspan="6">观测说明（附观测示意图）：</td></tr>
<tr><td colspan="3">垂直度测量（全高）</td><td colspan="3">标高测量（全高）</td></tr>
<tr><td colspan="2">观测部位</td><td>实测偏差（mm）</td><td colspan="2">观测部位</td><td>实测偏差（mm）</td></tr>
<tr><td colspan="2"></td><td></td><td colspan="2"></td><td></td></tr>
<tr><td colspan="2"></td><td></td><td colspan="2"></td><td></td></tr>
<tr><td colspan="6">结论：</td></tr>
<tr><td rowspan="3">签字栏</td><td rowspan="2">建设（监理）单位</td><td>施工单位</td><td colspan="3"></td></tr>
<tr><td>专业技术负责人</td><td colspan="2">专业质检员</td><td>施测人</td></tr>
<tr><td></td><td></td><td colspan="2"></td><td></td></tr>
</table>

本表由施工单位填写，建设单位、施工单位各保存一份。

四、市政测量中横断面测量记录

横断面测量记录见表 15-29。

表 15-29 **横断面测量记录表**

编号:________

工程名称			委托单位	
图纸编号			施测日期	
使用仪器			仪器校验日期	
桩号	后视度数	测点前视度数	测点离标准边距离	测点高程
签字栏	建设(监理)单位	施工单位	测量人员	
	专业技术负责人	测量负责人	复测人	施测人

五、市政工程施工放线报告单

市政工程施工放线报告单见表 15-30。

表 15-30 **施工放线报告单**

编号:________

工程名称		委托单位	
图纸编号		施测日期	
使用仪器		仪器校验日期	
桩　　号	工程(部位)名称	放线内容	说　　明
附件:测量及放线资料			
测量工程师意见:			
监理工程师意见:			

签字栏	建设(监理)单位	施工(测量)单位		测量人员	
		专业技术负责人	测量负责人	复测人员	施测人

六、水平角观测记录

水平角观测记录见表 15-31。

表 15-31　　　　水平角观测记录表

编号：________

<table>
<tr><td>工程名称</td><td></td><td>委托单位</td><td></td></tr>
<tr><td>图纸编号</td><td></td><td>施测日期</td><td></td></tr>
<tr><td>使用仪器</td><td></td><td>仪器校验日期</td><td></td></tr>
</table>

<table>
<tr><td rowspan="2">测站</td><td rowspan="2">观测点号</td><td colspan="2">读数</td><td rowspan="2">2C</td><td rowspan="2">半测回读数</td><td rowspan="2">一测回读数</td></tr>
<tr><td></td><td></td></tr>
<tr><td rowspan="4">1</td><td rowspan="2"></td><td></td><td rowspan="4"></td><td rowspan="4"></td><td rowspan="2"></td><td rowspan="4"></td></tr>
<tr><td></td></tr>
<tr><td rowspan="2"></td><td></td><td rowspan="2"></td></tr>
<tr><td></td></tr>
<tr><td rowspan="4">2</td><td rowspan="2"></td><td></td><td rowspan="4"></td><td rowspan="4"></td><td rowspan="2"></td><td rowspan="4"></td></tr>
<tr><td></td></tr>
<tr><td rowspan="2"></td><td></td><td rowspan="2"></td></tr>
<tr><td></td></tr>
<tr><td rowspan="4">3</td><td rowspan="2"></td><td></td><td rowspan="4"></td><td rowspan="4"></td><td rowspan="2"></td><td rowspan="4"></td></tr>
<tr><td></td></tr>
<tr><td rowspan="2"></td><td></td><td rowspan="2"></td></tr>
<tr><td></td></tr>
</table>

<table>
<tr><td rowspan="2">签字栏</td><td rowspan="2">建设(监理)单位</td><td>施工(测量)单位</td><td></td><td>测量人员</td><td></td></tr>
<tr><td>专业技术负责人</td><td>测量负责人</td><td>复测人员</td><td>施测人</td></tr>
</table>

七、测量中水准观测记录

测量中水准观测记录见表 15-32。

表 15-32　　　　　　　　　　　　水准观测记录表

编号：______

<table>
<tr><td colspan="2">工程名称</td><td colspan="4"></td><td colspan="2">日期</td><td colspan="3"></td></tr>
<tr><td colspan="2">图纸编号</td><td colspan="4"></td><td colspan="2">施测日期</td><td colspan="3"></td></tr>
<tr><td colspan="2">地点</td><td colspan="4"></td><td colspan="2">天气</td><td colspan="3"></td></tr>
<tr><td rowspan="5">测站编号</td><td rowspan="2">后视</td><td>下丝</td><td rowspan="2">前视</td><td>下丝</td><td rowspan="2">控制点方向</td><td rowspan="5">控制点间距</td><td colspan="3" rowspan="2">高程读书（中丝）</td><td rowspan="2">高程</td></tr>
<tr><td>上丝</td><td>上丝</td></tr>
<tr><td rowspan="2">后距</td><td rowspan="2">前距</td><td rowspan="2">后距</td><td rowspan="2">前距</td><td rowspan="2">后视点号</td><td rowspan="3">后视</td><td rowspan="3">前视</td><td rowspan="3">控制点之高差</td><td>后点</td></tr>
<tr><td rowspan="2">前点</td></tr>
<tr><td>视距差</td><td>$\sum d$</td><td>视距差</td><td>$\sum d$</td><td>前视点号</td></tr>
<tr><td rowspan="4">1</td><td></td><td></td><td></td><td></td><td></td><td></td><td></td><td></td><td></td><td></td></tr>
<tr><td></td><td></td><td></td><td></td><td></td><td></td><td></td><td></td><td></td><td></td></tr>
<tr><td></td><td></td><td></td><td></td><td></td><td></td><td></td><td></td><td></td><td></td></tr>
<tr><td></td><td></td><td></td><td></td><td></td><td></td><td></td><td></td><td></td><td></td></tr>
<tr><td rowspan="4">2</td><td></td><td></td><td></td><td></td><td></td><td></td><td></td><td></td><td></td><td></td></tr>
<tr><td></td><td></td><td></td><td></td><td></td><td></td><td></td><td></td><td></td><td></td></tr>
<tr><td></td><td></td><td></td><td></td><td></td><td></td><td></td><td></td><td></td><td></td></tr>
<tr><td></td><td></td><td></td><td></td><td></td><td></td><td></td><td></td><td></td><td></td></tr>
<tr><td rowspan="4">3</td><td></td><td></td><td></td><td></td><td></td><td></td><td></td><td></td><td></td><td></td></tr>
<tr><td></td><td></td><td></td><td></td><td></td><td></td><td></td><td></td><td></td><td></td></tr>
<tr><td></td><td></td><td></td><td></td><td></td><td></td><td></td><td></td><td></td><td></td></tr>
<tr><td></td><td></td><td></td><td></td><td></td><td></td><td></td><td></td><td></td><td></td></tr>
<tr><td rowspan="2">签字栏</td><td colspan="2" rowspan="2">建设（监理）单位</td><td colspan="2">施工（测量）单位</td><td colspan="2"></td><td colspan="2">测量人员</td><td colspan="2"></td></tr>
<tr><td colspan="2">专业技术负责人</td><td colspan="2">测量负责人</td><td colspan="2">复测人员</td><td colspan="2">施测人</td></tr>
</table>

八、测量复核记录

测量复核记录见表 15-33。

表 15-33　　　　　　　　　　　　　　测量复核记录

<table>
<tr><td rowspan="2">测量复核记录
(表式 C4-2)</td><td rowspan="2">编　号</td><td>G1－1</td></tr>
<tr><td>159</td></tr>
<tr><td>工程名称</td><td colspan="2">×××市政××街道路工程</td></tr>
<tr><td>施工单位</td><td colspan="2">×××城市建设有限公司</td></tr>
<tr><td>复核部位</td><td>西非机动车道 0＋670～0＋713.5 路床顶面高程</td><td>仪器型号</td><td>DS3 水准仪</td></tr>
<tr><td>复核日期</td><td>××年×月×日</td><td>仪器检定日期</td><td>××年×月×日</td></tr>
</table>

复核内容(文字及草图)：

桩号	位置	设计值(m)	实测值(m)	差值(mm)	备注
0＋670	右侧	43.430	43.427	－3	
	左侧	43.510	43.504	－6	
0＋674	右侧	43.430	43.437	7	
	左侧	43.510	43.514	4	
0＋690	右侧	43.479	43.474	－5	
	左侧	43.519	43.527	8	
0＋700	右侧	43.653	43.655	2	
	左侧	43.693	43.691	－2	
0＋713.5	右侧	43.744	43.744	0	
	左侧	43.784	43.784	0	与现况接顺

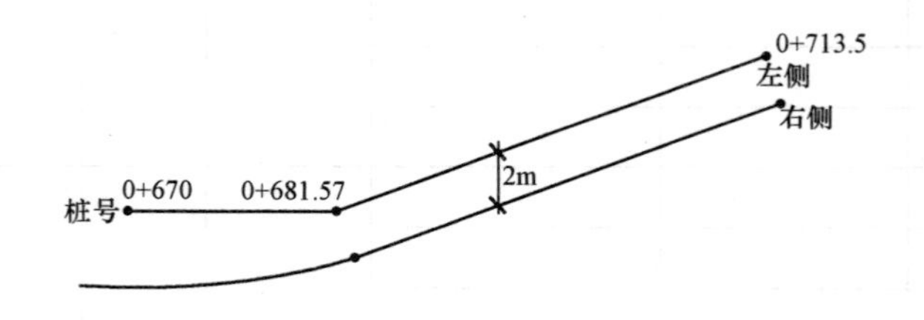

复核结论：

经复测满足设计及规范限差要求。

技术负责人	测量负责人	复核人	施测人
×××	×××	×××	×××

本表由施工单位填写，城建档案馆、建设单位、施工单位保存。

九、初期支护净空测量记录

初期支护净空测量记录见表 15-34。

表 15-34　　初期支护净空测量记录

初期支护净空测量记录 （表式 C4-4）			编号	
工程名称	××市××隧道工程			
施工单位	××市政工程有限公司			
施工部位		桩号	0+151.5～0+350	检查日期	××年×月×日

序号	桩号	拱部边墙																						仰拱																					
		路线中心左侧											线路中心右侧											线路中心左侧											线路中心右侧										
		1	2	3	4	5	6	7	8	9	10	11	1	2	3	4	5	6	7	8	9	10	11	1	2	3	4	5	6	7	8	9	10	11	1	2	3	4	5	6	7	8	9	10	11
设计值																																													
1	0+151.5	2	3	5									1	2	3									3	7	12									4	6	5								
2	0+200	2	1	6									3	6	7									11	7	7									5	7	3								
3	0+250.5	5	2	4									8	10	12									10	12	10									5	2	2								
4	0+300	5	7	5									12	3	11									8	3	3									3	7	6								
5	0+350	1	4	7									10	8	7									3	8	6									5	4	3								

技术负责人	×××	质检员	×××	记录人	×××
注：(1)自中线向两侧测量横向尺寸，自轨顶向上每 50cm 一点（包含拱顶最高点）。 (2)仰拱从中线向两侧每 50cm 一点，测量自轨面线下的竖向尺寸。 (3)设计尺寸注于附图中或填在第一行内。				断面示意图	

本表由施工单位填写，建设单位、施工单位保存。

十、隧道净空测量记录

隧道净空测量记录见表 15-35。

表 15-35 隧道净空测量记录

<table>
<tr><td colspan="22">隧道净空测量记录
(表式 C4-5)</td><td colspan="6">编号</td><td colspan="7"></td></tr>
<tr><td colspan="4">工程名称</td><td colspan="31">××市××段隧道工程</td></tr>
<tr><td colspan="4">施工单位</td><td colspan="31">××市政工程公司</td></tr>
<tr><td colspan="4">施工部位</td><td colspan="6"></td><td colspan="6">桩　号</td><td colspan="6">0+217～0+415</td><td colspan="6">检查日期</td><td colspan="7">××年×月×日</td></tr>
<tr><td rowspan="3">里程</td><td colspan="3" rowspan="2">拱顶标高(m)</td><td colspan="6">轨顶水平面以上(3200mm 处)宽度(mm)</td><td colspan="6">起拱线水平面以上(1800mm 处)宽度(mm)</td><td colspan="6">轨顶水平面以上(1400mm 处)宽度(mm)</td><td colspan="6">轨顶水平面以上(432mm 处)宽度(mm)</td><td colspan="6">轨顶水平面处宽度(mm)</td><td rowspan="3">备　注</td></tr>
<tr><td colspan="3">线路左侧</td><td colspan="3">线路右侧</td><td colspan="3">线路左侧</td><td colspan="3">线路右侧</td><td colspan="3">线路左侧</td><td colspan="3">线路右侧</td><td colspan="3">线路左侧</td><td colspan="3">线路右侧</td><td colspan="3">线路左侧</td><td colspan="3">线路右侧</td></tr>
<tr><td>设计</td><td>竣工</td><td>误差</td><td>设计</td><td>竣工</td><td>误差</td><td>设计</td><td>竣工</td><td>误差</td><td>设计</td><td>竣工</td><td>误差</td><td>设计</td><td>竣工</td><td>误差</td><td>设计</td><td>竣工</td><td>误差</td><td>设计</td><td>竣工</td><td>误差</td><td>设计</td><td>竣工</td><td>误差</td><td>设计</td><td>竣工</td><td>误差</td><td>设计</td><td>竣工</td><td>误差</td><td>设计</td><td>竣工</td><td>误差</td></tr>
<tr><td></td><td></td><td></td><td></td><td></td><td></td><td></td><td></td><td></td><td></td><td></td><td></td><td></td><td></td><td></td><td></td><td></td><td></td><td></td><td></td><td></td><td></td><td></td><td></td><td></td><td></td><td></td><td></td><td></td><td></td><td></td><td></td><td></td><td></td><td></td></tr>
<tr><td></td><td></td><td></td><td></td><td></td><td></td><td></td><td></td><td></td><td></td><td></td><td></td><td></td><td></td><td></td><td></td><td></td><td></td><td></td><td></td><td></td><td></td><td></td><td></td><td></td><td></td><td></td><td></td><td></td><td></td><td></td><td></td><td></td><td></td><td></td></tr>
<tr><td></td><td></td><td></td><td></td><td></td><td></td><td></td><td></td><td></td><td></td><td></td><td></td><td></td><td></td><td></td><td></td><td></td><td></td><td></td><td></td><td></td><td></td><td></td><td></td><td></td><td></td><td></td><td></td><td></td><td></td><td></td><td></td><td></td><td></td><td></td></tr>
<tr><td></td><td></td><td></td><td></td><td></td><td></td><td></td><td></td><td></td><td></td><td></td><td></td><td></td><td></td><td></td><td></td><td></td><td></td><td></td><td></td><td></td><td></td><td></td><td></td><td></td><td></td><td></td><td></td><td></td><td></td><td></td><td></td><td></td><td></td><td></td></tr>
<tr><td></td><td></td><td></td><td></td><td></td><td></td><td></td><td></td><td></td><td></td><td></td><td></td><td></td><td></td><td></td><td></td><td></td><td></td><td></td><td></td><td></td><td></td><td></td><td></td><td></td><td></td><td></td><td></td><td></td><td></td><td></td><td></td><td></td><td></td><td></td></tr>
<tr><td></td><td></td><td></td><td></td><td></td><td></td><td></td><td></td><td></td><td></td><td></td><td></td><td></td><td></td><td></td><td></td><td></td><td></td><td></td><td></td><td></td><td></td><td></td><td></td><td></td><td></td><td></td><td></td><td></td><td></td><td></td><td></td><td></td><td></td><td></td></tr>
<tr><td></td><td></td><td></td><td></td><td></td><td></td><td></td><td></td><td></td><td></td><td></td><td></td><td></td><td></td><td></td><td></td><td></td><td></td><td></td><td></td><td></td><td></td><td></td><td></td><td></td><td></td><td></td><td></td><td></td><td></td><td></td><td></td><td></td><td></td><td></td></tr>
<tr><td></td><td></td><td></td><td></td><td></td><td></td><td></td><td></td><td></td><td></td><td></td><td></td><td></td><td></td><td></td><td></td><td></td><td></td><td></td><td></td><td></td><td></td><td></td><td></td><td></td><td></td><td></td><td></td><td></td><td></td><td></td><td></td><td></td><td></td><td></td></tr>
<tr><td colspan="12">施工负责人</td><td colspan="12">技术负责人</td><td colspan="11">质检员</td></tr>
<tr><td colspan="12"></td><td colspan="12"></td><td colspan="11"></td></tr>
</table>

注：车站净空侧量在站台板面处，即 y 值为 965mm 处增测一点；车站净空侧量线路中线至边墙一侧的净空。本表由施工单位填写，建设单位、施工单位保存。

十一、结构收敛观测成果记录

结构收敛观测成果记录表见表 15-36。

表 15-36 结构收敛观测成果记录表

结构收敛观测成果记录 (表式 C4-6)			编 号				
工程名称	××桥接线工程						
施工单位	××市政工程有限公司						
观测点桩号		观测日期	自 ×× 年 × 月 × 日至 ×× 年 × 月 × 日				
测点位置	观测日期	时间间隔(h)	前本次相差(mm)	速率(mm/d)	总收敛(mm)	初测日期	初测值
A14—1	×月×日	2	3	0.9	3	×月×日	2
A14—2	×月×日	2	2	0.4	2	×月×日	2
观测点位布置简图:							
技术负责人	复 核	计 算	测量员				
×××	×××	×××	×××				

本表由施工单位填写并保存。

十二、地中位移观测记录

地中位移观测记录见表 15-37。

表 15-37　　地中位移观测记录

地中位移观测记录 （表式 C4-7）			编　号			
工程名称	××桥接线工程					
施工单位	××市政工程有限公司					
观测日期： 自××年×月×日至××年×月×日			点位与结构关系示意图： 测区里程：			
观测点	观测日期	时间间隔 （h）	前本次相差 （mm）	总位移值 （mm）	初测日期	初测值
A14－1	×月×日	2	3	5	×月×日	2
技术负责人	复　核		计　算		测量员	
×××	×××		×××		×××	

本表由施工单位填写并保存。

十三、拱顶下沉观测成果表

拱顶下沉观测成果见表 15-38。

表 15-38　　　　拱顶下沉观测成果

拱顶下沉观测成果表 (表式 C4-8)				编　号			
工程名称		××市××段隧道工程					
施工单位		××市政工程有限公司					
水准点编号:BM_5 水准点所在位置:0+085 观测日期: 自××年×月×日至××年×月×日				量测部位: 测量桩号:0+315			
测点位置	观测日期	时间间隔(h)	前本次相差(mm)	速率(mm/d)	累计沉降(mm)	初测日期	初测值
BM_5	×月×日	2	2	1	2	×月×日	2
	×月×日	2	3	1.5	5	×月×日	2
技术负责人		复　核		计　算		测量员	
×××		×××		×××		×××	

本表由施工单位填写并保存。

十四、竣工测量委托书

竣工测量委托书见表15-39。

表 15-39 竣工测量委托书

竣工测量委托书 (表式C7-5)	编　号	
工程名称	××市××路道路工程	
施工单位	××市政工程有限公司	
受托测量单位	××测绘院	
委托时间	××年×月×日	
委托人	×××	
根据城建档案管理要求,现委托贵单位进行本工程竣工测量。(附施工图纸并简要介绍施工情况)。 工程概况:××道路位于××区××乡界内,本标段为××街南段道路。长679.5m(桩号0+034～0+713.5)、规划道路红线宽30m,为两幅路,中央分隔带宽5m,两侧机运车道宽8m,两侧人行步道各宽4.5m(内含2m非机动车道),内部1.3m×1.3m方形预制块树池、步道外设1m宽的临时土路肩。		
受托单位签字、公章 ××年×月×日	委托单位签字、公章 ××年×月×日	

本表由施工单位填写,城建档案馆、建设单位、施工单位保存。

附录一 《测量仪器比对规范》

(JJF 117—2004)

1 范围

适用于各级政府计量行政部门组织的测量仪器的比对工作(以下简称比对)的组织、实施和评价,以保证和检查测量仪器量值的准确可靠并实现溯源性。其他部门组织或发起的类似比对亦可参照使用。

2 引用文献

(1)GIPB/MRA:1999 国际计量委员会"国家计量基(标)准互认与国家计量院签发的校准及测量证书互认"协议。

(2)GIPB/MRA 附件 F:1999 国际计量委员会关键比对导则"国家计量基(标)准及国家计量院签发的校准与测量证书互认"协议。

(3)ISO/IEC 导则 43:1999 利用实验室间比对的能力验证。

(4)JJF1071—2000 国家计量较准规范填写规则。

(5)JJF1001—1998 通用计量术语及定义。

(6)JJF1059—1999 测量不确定度评定与表示。

使用时,注意使用上述引用文献的现行有效版本。

3 术语与定义

3.1 测量仪器(JJF1001—1998)

单独地或连同辅助设备一起用以进行测量的器具。

3.2 比对

比对是指在规定条件下,对相同准确度等级或指定不确定度范围的同种测量仪器复现的量值之间比较的过程。

3.3 参考值(MRA—99.10)

具有测量不确定度和测量溯源性、由主导实验室赋予传递标准的值或者是约定采用值。

3.4 传递标准(JJF1001—1998)

在测量标准相互比较中用作媒介的测量标准。

注:当媒介不是测量标准时,应该用述语——传递装置。

3.5 比对组织者

中指提出并管理比对工作的单位,一般由政府计量行政部门承担。

3.6 主导实验室

中是指对比对的组织实话负主要技术责任的实验室。

3.7 参比实验室

中指参加比对工作的实验室。

3.8 专家组

中是指由比对领域内资深专家组成的、对比对工作实施技术指导和协调(咨询)的专门小组。

3.9 测量不确定度(JJF 1001—1998)

表征合理地赋予被测量之值的分散性,与测量结果相联系的参数。

注：1. 此参数可以是诸如标准偏差或其倍数，或说明了置信水准的区间的半宽度。

2. 测量不确定度由多个分量组成。其中一部分量可用测量列结果的统计分布估算，并用实验标准偏差责任。另一些分量则可用若干经验或其他信息的假定概率分布估算，也可用标准偏差奉征。

3. 测量结果总理解为测量之值的最佳估计，而所有的不确定度分量均贡献给了分散性，包括那些由系统效应引起的(如，与修正值和参考测量标准有关的)分量。

4 比对的组织和策划

4.1 比对的提出

4.1.1 比对项目一般由全国专业计量技术委员会建议，也可以由若干实验室建议，由比对组织者提出。

4.1.2 比对项目的提出应有明确的目的，应具备相应的条件，包括稳定可靠的传递标准，相当技术能力的主导实验室和一定数量符合比对条件的参比实验室。

4.2 主导实验室的产生及条件。

4.2.1 主导实验室由比对组织者确定。

4.2.2 主导实验室应具备下列条件：

a)应具有法定的资格和公正的地位；

b)在比对涉及的领域内有稳定可靠的标准装置，其测量不确定度符合比对的要求，能够在整个比对期间持续提供准确的测量数据；

c)能够提供稳定可靠的传递标准，当传递标准中途发生问题时能提供辅助措施，保证比对按计划进行；

d)具有相当的人员技术能力。

4.3 专家组的产生及条件

4.3.1 专家组成员由主导实验室经与参比实验室协商后提名(一般为3～5名)，由比对组织者决定。

4.3.2 专家组成员应具备下列条件：

a)是本专业的技术权威；

b)相当的协调能力；

c)办事公正，有责任心。

4.4 相关职责

4.4.1 比对组织者

a)提出比对项目；

b)指定主导实验室；

c)指定或征集参比实验室；

d)决定专家组；

e)召集会议，通过比对最终报告；

f)其他管理事项。

4.4.2 主导实验室

a)提供专递标准，并提出传递标准中途发生问题的辅助措施；

b)前期实验，包括传递标准的稳定性试验和运输特性试验；

c)与参比实验室讨论，制定比对实施方案；

d)与参比实验室协商后提出专家组名单；

e)在整个比对期间持续提供准确的测量数量；

f)按计划向参比实验室发运和接受传递标准；

g)收集参比实验室的实验数据；

h)编写并修改比对报告；

i)遵守并执行保密规定。

4.4.3 参比实验室

a)协助主导实验室对专家组组成提名；

b)按比对实施方案的要求完成比对实验；

c)按计划接受和发运传递标准。确保其安全和完整；

d)准时向主导实验室提供比对数据；

e)遵守保密规定。

4.4.4 专家组

a)对主导实验室进行技术上的协助和指导；

b)审查重要文件；

c)处理重大技术问题；

d)调解技术争议；

e)遵守保密规定。

5 比对的实施

5.1 比对实施方案的制定

由主导实验室起草比对实施方案，并征求参比实验室的意见，经专家组审核确认后执行。该比对实话方案的主要包括以下几方面内容。

5.1.1 比对目的：简要阐明比对的理由、范围和性质。

5.1.2 比对所针对的量，需要比对的工作点，包括量程、频段。对准确度等级或不确定范围的要求。

5.1.3 对比对的环境条件等影响量的要求。

5.1.4 传递标准

规定传递标准及其提供者；规定比对用仪器设备、辅助设备及相应的准确度要求。

5.1.5 参加单位及联系方式

明确主导实验室、参比实验室和专家组，标明联系人与有效联系方式。包括：单位、姓名、地址、邮编、电话、手机、E-mail 等。

5.1.6 比对路线及时间安排的确定

5.1.6.1 比对路线的确定：比对路线有若干种方式，推荐圆环式、星型式、花瓣式三种典型的路线方式。比对路线的选择，可根据比对所选用的传递标准的特性确定。可以是典型的三种比对路线形式中的任意一种。同时允许采用针对不同性质比对的其他方式。典型的比对路线图示及其说明附录 A。

5.1.6.2 比对时间的确定：

应充分考虑在传递运输过程中由于外因造成的不稳定因素的影响、如温差、振动等，据此确定在一个实验室所需的最长比对工作时间，从而确定参比实验室的具体日程安排表。时间安排通过与参比实验室协商确定。

5.1.7 意外情况处理程序的制定

应在比对实施方案的内容中明确：

a)传递标准在运输过程中出现意外故障的处理程序；

b)传递标准在某个实验室校准比对过程中因意外发生延时的处理程序。

5.1.8 比对技术方案

5.1.8.1 传递标准的交接规定

针对传递标准的详细描述：包括尺寸、重量、制造商及操作所需的技术数据，并规定接收传递标准时采取的措施及交接方式。

5.1.8.2 传递标准运输的规定

针对传递标准的特性提出搬运处理的建议：包括拆包、安装、调试、校准、再包装及必要的搬运条件。

5.1.8.3 规定参比实验室比对前的准备工作，包括制定保证比对必需的环境条件及特殊设备的制备等措施。

5.1.8.4 记录和结果报告的指导，包括（但不限于）规定记录和报告的格式、法定计量单位、数据的有效位数等。可将规范记录或报告的格式事先发给参比实验室。

5.1.8.5 比对方法、程序的选择

a)首选国家计量检定堆积或国家计量技术规范规定的方法和测试程序。在某些情况下，可以要求参比实验室采用特定的方法，比如国家或国际上推荐的标准方法，并已通过适当途径（例如协作试验）所确认；

b)比对参考值通常应由高等级的实验室（国家基、标准实验室）以明确、公认的程序，通过测量计算给出，也可由主导实验室和参比实验室共同协商提出。

5.1.8.6 列出评定测量不确定应考虑的主要分量、评定方法的必要说明，并给出相应的自由度和置信水平的规定。

5.1.8.7 指明比对用仪器设备溯源到国家基准的途径及其测量不确定度。

5.1.8.8 将此对结果传送给主导实验室的方式及时间表，传送和比对过程中的注意事项等。

5.2 测量仪器的传递循环和运输规定

由主导实验室组织传递标准的循环和运输，应保证传递标准在运输交接过程中的安全，并规定一般应由具备资格的计量人员承担传递标准的循环和运输工作，必要时应由专人携带。

5.2.1 参比实验室按指定的运输方式和循环方案，将传递标准运送到下一个实验室或主导实验室。

5.2.2 传递标准运出之前，参比实验室要同时通知下一个实验室和主导实验室，并将运输的详细情况告诉对方。

5.2.3 当传递标准到达下一个实验室之后，该参比实验室要立即核在传递标准是否有任何损坏，并填好书面接收清单。

5.2.4 如果运输过程发生任何延误，主导实验室应通知相关的参比实验室，必要时修改时间日程表或采取其他应对措施。

5.3 保密规定

明确规定，在比对数据（或报告）尚未正式公布之前，主导实验室、所有参比实验室的相关人员以及专家组成员均应对比对结果保密，不允许出现任何数据串通，不得泄露与比对结果有关的信息，以确保比对数据的严密与公正。

6 比对结果的处理及报告

6.1 比对结果的处理

6.1.1　参比实验室提供比对结果的时间规定

当比对实验完成后，参比实验室应在规定时间内向主导实验室报告比对结果，一般在完成比对工作后的10天内，用恰当和有效的方式将比对结果传送主导实验室。主导实验室在接到所有参比实验室的比对结果后，应及时组织并按规定进行数据的统计分析及比对报告的准备。

6.1.2　数据的统计分析

a)由主导实验室汇总和分析来自参比实验室的结果，应特别注意校核数据输入、传送和统计分析的有效性；

b)数据处理的修约规则、有效倍数的取舍以及删除异常值应按计量检定规程或比对实施方案规定的方法进行；

c)原始记录、电子备份文件、打印结果和图件等应按规定保存适当的期限。

6.2　比对报告

比对报告分为初步报告和最终报告，均由主导实验室起草并修改。在报告准备的过程中，应掌握如下原则：

a)在比对期间，主导实验室应收到的参比实验室提交的比对结果保密，直到收到所有的比对结果或超过其规定的结果送达期限。

b)参比实验室提供的比对结果，如果缺少相关的测量不确定度，或不确定度报告中未包含完整的不确定度分量，则视为没有完成，应退回修改；在规定的时间内没有上交的，则该结果在比对报告中不予考虑。

c)如果在核查完整的比对结果时，主导实验室发现某参比实验室的结果出现异常(即离群)，则应及时通知相关参比实验室检查其结果，但不通知所出现的异常情况；如果该参比实验室确认结果无误，则该比对结果有效。

d)比对参考值及其不确定度通常由主导实验室计算提出(也可由主导和参比实验室共同协商提出)。在计算比对参考值时，应采用合适而有效的方法，并经专家组确认。

e)如果参比实验室对比对结果或结果的解释有异议，则应提交专家组研究后，再将结果返回该实验室；若仍有异议，则允许保留意见或保留该实验室退出该次比对的权利。

6.2.1　比对报告的主要内容包括：

a)传递标准技术状况的描述，包括稳定性和运输性能；

b)比对概况及相关说明；

c)比对数据记录及必要时的图表；

d)比对结果及测量不确定度分析，一般包括参考值及其测量不确定度、参比实验室的测量结果与参考值之差及其测量不确定度，一般情况下应详细列出计算的过程；

e)专家组审查意见。

6.2.2　初步报告

a)当全部比对实验结束后，主导实验室应在规定时间内完成初步报告，向参比实验室公布并征求意见。在初步报告中，应包括6.2.1所规定的主要内容；并允许参比实验室在规定的日期内向主导实验室提出意见；

b)对参比实验室的任何意见，主导实验室应与相关参比实验室讨论，讨论的结果应反映在初步报告的修改中，必要时应提交专家组评议；

c)主导实验室在修改初步报告的基础上应在规定的时间内完成最终报告。

6.2.3　最终报告

a)最终报告应包括6.2.1所规定的主要内容：

b)最终报告，包括参比实验室提出的重要意见及其处理，应提交专家组审核；

c)最终报告由比对组织者召开会议审查通过。

7 比对结果的评价及利用

7.1 比对结果的评价

7.1.1 比对结果的评价方法和依据取决于比对的目的，一般由主导实验室和参比实验室共同协商，并在专家组的指导下统一确定。

7.1.2 在完成最终比对报告后，由主导实验室召集参比实验室关键人员进行比对技术评价与研讨，正式通报并分析比对结果，同时形成会议纪要。应重点分析：

a)各比对结果及其比对参考值的比较；

b)各实验室结果之间的差异及及其原因；

c)必要改进的建议与意见；

d)比对结论及其评价。

7.2 比对结果的利用

比对结果可提供给各种认证、认可、考核评审，作为实验室能力的有效证明，经正式公布的比对结果还可以下述方式利用；

7.2.1 以报导形式将比情况发表的国内相关杂志上。

7.2.2 以论文形式发表在国内外相关技术刊物或会议论文集上。

7.2.3 在相关考核评审中，作为有能力参加重要技术活动的有效证据。

7.3 比对结果的备案与上报

比对工作全部完成后，主导实验室应将所有的比对资料及其拷贝软件备案。并将比对结果及时上报比对组织者。

附录 A

比对路线图示及其说明

比对路线图如图 A1、图 A2、图 A3 所示。

比对路线可根据比对所选用的传递标准的特性确定，可以是如下形式中的任意一种(同时允许采用针对不同性质比对的其他方式)：

图中 A 表示主导实验室，B,C,D,E,F,G 表示参比实验室。

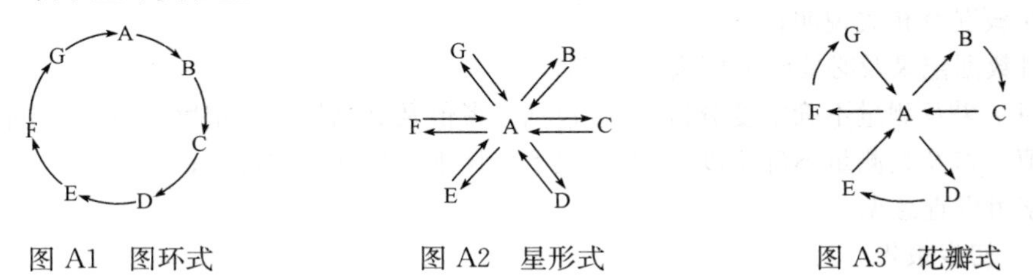

图 A1 图环式　　图 A2 星形式　　图 A3 花瓣式

A.1 图 A1 为圆环式比对方式。首先由主导实验室 A 将传递标准在本实验室装置上进行校准，得出校准数据后，将传递标准传送到参比实验室 B；经 B 实验室按作业指导书规定的程序校准后，将传递标准传送到参比实验 C；再经 C 实验室校准后，又将传递标准传送到参比实验室 D，以下依次类推，最后将传递标准返回到主导实验室 A，由 A 实验室进行复校，以验证传递标准示值变化是否正常，该方式适用于参比实验室为数不多，传递标准结构比较简单，便于搬运，稳定性非常好的情况。

A.2 图 A2 为星形式比对方式。首先由主导实验室 A 将传递标准在本实验室进行校准，然后及时地将传递标准送到参比实验室 B。由 B 实验室按规定的程序在本实验室的装置上进行校准,得出校准数据后,再将传递标准送回到主导实验室 A,在 A 实验室进行复校,以考察传递标准经过运输后示值是否发生变化。若变化在允许范围内,则比对有效。主导实验室 A 可取前后两次的平均值作为 A 实验室的比对数值,同时由此算出 A,B 两实验室的装置的差异,若差异在传递标准不确定度范围内,则表明两实验室装置符合要求;当差异较大时,A,B 实验室可各自检查自己的装置是否存在系统误差。经确认无系统误差后,则可进行第二轮比对。该方式适用于多套传递标准同时进行,其比对周期短,即使某一个传递标准损坏,也只影响一个实验室的比对结果。

A.3 图 A3 为花瓣式比对方式。是由三个小的圆环式所组成。在按圆环方式进行了两个参比实验室室的比对后,将传递标准返回主导实验室 A 进行复校。由此,可在比对过程中验证传递标准示值的变化情况,而不需等待所有参比实验室比对完成后才返回主导实验室 A。该方式可将无效比对控制在比对过程的某一中间环节。若三套传递标准同时进行,可缩短比对周期。

一般的,如传递标准稳定性非常好,则可采取圆环式;如传递标准稳定性比较好,则可采取花瓣式;否则只好采取星形式。

附录二　常用计量单位换算

一、长度单位换算

附表 1　　米制与市制长度单位换算表

单位	米制				市制			
	米(m)	毫米(mm)	厘米(cm)	千米(km)	市寸	市尺	市丈	市里
1m	1	1000	100	0.0010	30	3	0.3000	0.0020
1mm	0.0010	1	0.1000	10^{-6}	0.0300	0.0030	0.0003	2×10^{-6}
1cm	0.0100	10	1	10^{-5}	0.3000	0.0300	0.0030	2×10^{-5}
1km	1000	1000000	100000	1	30000	3000	300	2
1 市寸	0.0333	33.3333	3.3333	3.3333×10^{-5}	1	0.1000	0.0100	6.6667×10^{-5}
1 市尺	0.3333	333.3333	33.3333	0.0003	10	1	0.1000	0.0007
1 市丈	3.3333	3333.3333	333.3333	0.0033	100	10	1	0.0067
1 市里	500	500000	50000	0.5000	15000	1500	150	1

附表 2　　米制与英美制长度单位换算表

单位	米制				英美制			
	米(m)	毫米(mm)	厘米(cm)	千米(km)	英寸(in)	英尺(ft)	码(yd)	英里(mile)
1m	1	1000	100	0.0010	39.3701	3.2808	1.0936	0.0006
1mm	0.0010	1	0.1000	10^{-6}	0.0394	0.0033	0.0011	0.6214×10^{-6}
1cm	0.0100	10	1	10^{-5}	0.3937	0.0328	0.0109	0.6214×10^{-5}
1km	1000	1000000	100000	1	3.9370×10^{4}	3280.8398	1093.6132	0.6214
1in	0.0254	25.4000	2.5400	2.54×10^{-5}	1	0.0833	0.0278	1.5783×10^{-5}
1ft	0.3048	304.8000	30.4800	0.0003	12	1	0.3333	0.0002
1yd	0.9144	914.4000	91.4400	0.0009	36	3	1	0.0006
1mile	1609.3440	1.6093×10^{6}	1.6093×10^{5}	1.6093	63360	5280	1760	1

附表 3　英寸的分数、小数及我国习惯称呼与毫米对照表

英寸(in)		我国习惯称呼	毫米(mm)
分　数	小　数		
1/16	0.0625	半　分	1.5875
1/8	0.1250	一　分	3.1750
3/16	0.1875	一分半	4.7625
1/4	0.2500	二　分	6.3500
5/16	0.3125	二分半	7.9375
3/8	0.3750	三　分	9.5250
7/16	0.4375	三分半	11.1125
1/2	0.5000	四　分	12.7000
9/16	0.5625	四分半	14.2875
5/8	0.6250	五　分	15.8750
11/16	0.6875	五分半	17.4625
3/4	0.7500	六　分	19.0500
13/16	0.8125	六分半	20.6375
7/8	0.8750	七　分	22.2250
15/16	0.9375	七分半	23.8125
1	1.0000	一英寸	25.4000

二、面积单位换算

附表 4　米制与市制面积单位换算表

单　位	米　制			
	平方米(m^2)	公亩(a)	公顷(ha 或 hm^2)	平方公里$(km)^2$
1m^2	1	0.0100	0.0001	10^{-6}
1a	100	1	0.0100	0.0001
1ha 或 hm^2	10000	100	1	0.0100
1km^2	1000000	10000	100	1
1 平方市尺	0.1111	0.0011	0.1111×10^{-4}	0.1111×10^{-6}
1 平方市丈	11.1111	0.1111	0.0011	0.1111×10^{-4}
1 市亩	666.6667	6.6667	0.0667	0.0007
1 市顷	66666.6667	666.6667	6.6667	0.0667
单　位	市　制			
	平方市尺	平方市丈	市　亩	市　顷
1m^2	9	0.0900	0.0015	0.1500×10^{-4}
1a	900	9	0.1500	0.0015
1ha 或 hm^2	90000	900	15	0.1500
1km^2	9000000	90000	1500	15
1 平方市尺	1	0.0100	0.0002	1.6667×10^{-6}
1 平方市丈	100	1	0.0167	0.0002
1 市亩	6000	60	1	0.0100
1 市顷	600000	6000	100	1

附表 5　　　　米制与英美制面积单位换算表

单　位	米　制			
	平方米(m^2)	公亩(a)	公顷(ha 或 hm^2)	平方公里$(km)^2$
$1m^2$	1	0.0100	0.0001	10^{-6}
1a	100	1	0.0100	0.0001
1ha 或 hm^2	10000	100	1	0.0100
$1km^2$	1000000	10000	100	1
$1ft^2$	0.0929	0.0009	0.929×10^{-5}	0.9290×10^{-7}
$1yd^2$	0.8361	0.0084	0.8361×10^{-4}	0.8361×10^{-6}
1 英亩	4046.8564	40.4686	0.4047	0.0040
1 美亩	4046.8767	40.4688	0.4047	0.0040
$1mile^2$	0.2590×10^7	0.2590×10^5	258.9988	2.5900

$1m^2$	10.7639	1.1960	0.0002	0.0002	0.3861×10^{-6}
1a	1076.3910	119.5990	0.0247	0.0247	0.3861×10^{-4}
1ha 或 hm^2	1.0764×10^5	11959.9005	2.4711	2.4710	0.0039
$1km^2$	1.0764×10^7	1.1960×10^6	247.1054	247.104	0.3861
$1ft^2$	1	0.1111	0.2296×10^{-4}	0.2296×10^{-4}	0.3587×10^{-7}
$1yd^2$	9	1	0.0002	0.0002	0.3228×10^{-6}
1 英亩	43560	4840	1	0.999995	0.0016
1 美亩	43560.2178	4839.9758	1.000005	1	0.0016
$1mile^2$	27878400	3097600	640	639.9968	1

附表 6　　　　米制与日制面积单位换算表

单　位	米　制			
	平方米(m^2)	公亩(a)	公顷(ha 或 hm^2)	平方公里$(km)^2$
$1m^2$	1	0.0100	0.0001	10^{-6}
1a	100	1	0.0100	0.0001
1ha 或 hm^2	10000	100	1	0.0100
$1km^2$	1000000	10000	100	1
1 平方日尺	0.0918	0.0009	0.9183×10^{-5}	0.9183×10^{-7}
1 日坪	3.3058	0.0331	0.0003	3.3058×10^{-6}
1 日亩	99.1736	0.9917	0.0099	0.0001
1 平方日里	1.5423×10^7	1.5423×10^5	1542.3471	15.4235

单　位	日　制			
	平方日尺	日　坪	日　亩	平方日里
$1m^2$	10.8900	0.3025	0.0101	0.6484×10^{-7}
1a	1089	30.2500	1.0083	0.6484×10^{-5}
1ha 或 hm^2	108900	3025	100.8333	0.0006
$1km^2$	1.0890×10^7	302500	10083.3333	0.0648
1 平方日尺	1	0.0278	0.0009	0.5954×10^{-8}
1 日坪	36	1	0.0333	0.2143×10^{-6}
1 日亩	1080	30	1	0.6430×10^{-5}
1 平方日里	1.6796×10^8	4665600	155520	1

三、体积、容积单位换算

附表 7　　米制与英美制体积和容积单位换算表

单位	米制		
	立方米(m^3)	立方厘米(cm^3)	升(L)
$1m^3$	1	1000000	1000
$1cm^3$	10^{-6}	1	0.0010
1L	0.0010	1000	1
$1in^3$	1.6387×10^{-5}	16.3871	0.0164
$1ft^3$	0.0283	2.8317×10^4	28.3168
$1yd^3$	0.7646	7.6455×10^5	764.5549
1gal(英)	0.0045	4543.7068	4.5437
1gal(美)	0.0038	3785.4760	3.7855
1bu	0.0363	3.6350×10^4	36.3497

单位	英美制					
	立方英寸(in^3)	立方英尺(ft^3)	立方码(yd^3)	加仑(英液量)(gal)	加仑(美液量)(gal)	蒲式耳(bu)
$1m^3$	6.1024×10^4	35.3146	1.3079	220.0846	264.1719	27.5106
$1cm^3$	0.0610	0.3531×10^{-4}	0.1308×10^{-5}	0.2201×10^{-3}	0.2642×10^{-3}	0.2751×10^{-4}
1L	61.0237	0.0353	0.0013	0.2201	0.2642	0.0275
$1in^3$	1	0.0006	2.1433×10^{-5}	0.0036	0.0043	0.0005
$1ft^3$	1728	1	0.0370	6.2321	7.4805	0.7790
$1yd^3$	46656	27	1	168.2668	201.9740	21.0333
1gal(英)	277.2740	0.1605	0.0059	1	1.2003	0.1250
1gal(美)	231	0.1337	0.0050	0.8331	1	0.1041
1bu	2218.1920	1.2837	0.0475	8	9.6026	1

附表 8　　米制与市制体积和容积单位换算表

单　位	米制		
	立方米(m^3)	立方厘米(cm^3)	升(L)
$1m^3$	1	1000000	1000
$1cm^3$	10^{-6}	1	0.0010
1L	0.0010	1000	1
1立方市寸	0.3704×10^{-4}	37.0370	0.0370
1立方市尺	0.0370	3.7037×10^4	37.0370
1市斗	0.0100	10000	10
1市石	0.1000	100000	100

$1m^3$	27000	27	100	10
$1cm^3$	0.0270	0.2700×10^{-4}	0.0001	10^{-5}
1L	27	0.0270	0.1000	0.0100
1立方市寸	1	0.0010	0.0037	0.0004
1立方市尺	1000	1	3.7037	0.3704
1市斗	270	0.2700	1	0.1000
1市石	2700	2.7000	10	1

附表 9　　米制与日制体积和容积单位换算表

单　位	米　制		
	立方米(m^3)	立方厘米(cm)^3	升(L)
$1m^3$	1	1000000	1000
$1cm^3$	10^{-6}	1	0.0010
1L	0.0010	1000	1
1立方日寸	2.7826×10^{-5}	27.8265	0.0278
1立方日尺	0.0278	2.7826×10^{4}	27.8265
1日升	0.0018	1805.0500	1.8051
1日斗	0.0181	1.8051×10^{4}	18.0505
1日石	0.1805	1.8051×10^{5}	180.5050

单　位	日　制				
	立方日寸	立方日尺	日　升	日　斗	日　石
$1m^3$	35937	35.9370	554.0013	55.4001	5.5400
$1cm^3$	0.0359	3.5937×10^{-5}	0.0006	0.554×10^{-4}	0.5540×10^{-5}
1L	35.9370	0.0359	0.5540	0.0554	0.0055
1立方日寸	1	0.0010	0.0154	0.0015	0.0002
1立方日尺	1000	1	15.4159	1.5416	0.1542
1日升	64.8681	0.0649	1	0.1000	0.0100
1日斗	648.6808	0.6487	10	1	0.1000
1日石	6486.8083	6.4868	100	10	1

附表 10　　米制与俄制体积和容积单位换算表

单　位	米　制			俄　制	
	立方米(m^3)	立方厘米(cm)^3	升(L)	立方俄寸	立方俄尺
$1m^3$	1	1000000	1000	6.1024×10^{4}	35.3146
$1cm^3$	10^{-6}	1	0.0010	0.0610	0.3531×10^{-4}
1L	0.0010	1000	1	61.0237	0.0353
1立方俄寸	1.6387×10^{-5}	16.3871	0.0164	1	0.0006
1立方俄尺	0.0283	2.8317×10^{4}	28.3168	1728	1

四、重量(质量)单位换算

附表 11　　米制与市制重量单位换算表

单　位	米　制			市　制		
	千克(kg)	克(g)	吨(t)	市　两	市　斤	市　担
1kg	1	1000	0.0010	20	2	0.0200
1g	0.0010	1	10^{-6}	0.0200	0.0020	0.2000×10^{-4}
1t	1000	1000000	1	20000	2000	20
1市两	0.0500	50	0.5000×10^{-4}	1	0.1000	0.0010
1市斤	0.5000	500	0.0005	10	1	0.0100
1市担	50	50000	0.0500	1000	100	1

附表 12 米制与英美制重量单位换算表

单位	米制			英美制			
	千克 (kg)	克 (g)	吨 (t)	盎司 (oz)	磅 (lb)	英(长)吨 (ton)	美(短)吨 (USton)
1kg	1	1000	0.0010	35.2740	2.2046	0.0010	0.0011
1g	0.0010	1	10^{-6}	0.0353	0.0022	0.9842×10^{-6}	1.1023×10^{-6}
1t	1000	1000000	1	3.5274×10^{4}	2204.6244	0.9842	1.1023
1oz	0.0283	28.3495	0.2835×10^{-4}	1	0.0625	0.2790×10^{-4}	0.3125×10^{-4}
1lb	0.4536	453.5920	0.0005	16	1	0.0004	0.0005
1ton	1016.0461	1.0160×10^{6}	1.0160	35840	2240	1	1.1200
1Uston	907.1840	907184	0.9072	32000	2000	0.8929	1

附表 13 单位长度的重量换算表

单位	千克/米 (kg/m)	克/厘米 (g(cm))	市两 (市寸)	市斤(市尺)	盎司/英寸 (oz/in)
1kg/m	1	10	0.6667	0.6667	0.8960
1g(cm)	0.1000	1	0.0667	0.0667	0.0896
1 市两(市尺)	1.5000	15	1	1	1.3439
1 市斤(市尺)	1.5000	15	1	1	1.3439
1oz/in	1.1161	11.1612	0.7441	0.7441	1
1lb/ft	1.4882	14.8816	0.9921	0.9921	1.3333
1lb/yd	0.4961	4.9605	0.3307	0.3307	0.4444
1 日両/日寸	0.1238	1.2375	0.0825	0.0825	0.1109
1 日斤/日尺	1.9800	19.8000	1.3200	1.3200	1.7754
1 俄磅/俄寸	16.1226	161.2260	10.7484	10.7484	14.4404
1 普特/俄尺	53.7420	537.4196	35.8280	35.8280	48.1505

单位	磅/英尺 (lb/ft)	磅/码 (lb/yd)	日両(日寸)	日斤 (日尺)	俄磅 (俄寸)	普特 (俄尺)
1kg/m	0.6720	2.0159	8.0808	0.5051	0.0620	0.0186
1g(cm)	0.0672	0.2016	0.8081	0.0505	0.0062	0.0019
1 市两(市尺)	1.0080	3.0239	12.1212	0.7576	0.0930	0.0279
1 市斤(市尺)	1.0080	3.0239	12.1212	0.7576	0.0930	0.0279
1oz/in	0.7500	2.2500	9.0198	0.5632	0.0693	0.0208
1lb/ft	1	3	12.0265	0.7516	0.0923	0.0277
1lb/yd	0.3333	1	4.0088	0.2505	0.0308	0.0092
1 日両/日寸	0.0832	0.2495	1	0.0625	0.0077	0.0023
1 日斤/日尺	1.3304	3.9913	16	1	0.1227	0.0368
1 俄磅/俄寸	10.8303	32.4910	130.3867	8.1492	1	0.3000
1 普特/俄尺	36.1011	108.3032	434.6224	27.1639	3.3333	1

附录三 水准仪系列的技术参数

附表 14　　水准仪系列技术参数

型号		S3 (S3E)	S3D (S3ED)	S3AZ (S3BZ)	AL-22	AL-32	AL2430	DZS3-1	NAL124	NL20
产品名称		水准仪	水准仪	自动安平水准仪	自动安平水准仪	自动安平水准仪	自动安平水准仪	自动安平水准仪	自动安平水准仪	自动安平水准仪
标准偏差		＜±2.5mm	＜±2.5mm	±2.0mm	±3.0mm	±2.5mm	2.5mm	±3.0mm	2.0mm	2.5mm
望远镜	倒像（正像）	倒像（正像）	倒像（正像）	倒像（正像）	正像	正像	正像	正像	正像	正像
	物镜有效孔径	42mm	42mm	42mm	30mm	36mm	33mm	45mm	36mm	34mm
	放大率	30X	30X	30X	22X	32X	24X	30X	24X	20X
	视场角	1°26′	1°26′	1°26′	1°30′	1°20′	1°30′	1°	—	1°20′
	视距乘常数	100	100	100	100	100	100	100	100	100
	视距加常数	0	0	0	0	0	0	0	0	0
	最短视距	2m	2m	2m	1mm	1mm	0.8mm	2m	0.8m	0.5m
补偿器	补偿范围	—	—	±8′（±12′）	±12′	±12′	±12′	±5′	±15′	±15′
	安平精度	—	—	≤±0.3″	0.5″	0.5″	0.5″	—	0.5″	±0.6″
	补偿时间	—	—	＜2s	2s	2s	2s	—	—	—
水准器	管状水准器	20″/2mm	20″/2mm	—	—	—	—	—	—	—
	8′/2mm	8′/2mm	8′/2mm	8′/2mm	8′/2mm	8′/2mm	8′/2mm	8′/2mm	8′/2mm	8′/2mm
度盘	直径	—	70mm	77mm	—	—	—	—	—	—
	格值	—	2°	1°	1°	1°	—	—	1°	—
	估读	—	20′	5′	—	—	—	—	—	—
仪器净重		＜2kg	＜2kg	＜2kg	—	—	—	3.4kg	2kg	—

附录四 光学经纬仪系列的技术参数

附表 15　　　　光学经纬仪系列技术参数

型号		J6	J6E	径Ⅲ	径ⅢZ	TDJ6	TDJ6E	TDJ2	TDJ2E	T2
产品名称		光学经纬仪	光学经纬仪	光学经纬仪	光学经纬仪	光学经纬仪	光学经纬仪	光学经纬仪	光学经纬仪	光学经纬仪
一测回水平方向标准误差		⩽6″	⩽6″	⩽6″	⩽6″	⩽6″	⩽6″	⩽2″	⩽6″	⩽±0.8″
一测回垂直方向标准误差		⩽9″	⩽9″	⩽9″	⩽9″	⩽10″	⩽10″	⩽6″	⩽6″	—
望远镜	倒像（正像）	倒像	正像	倒像	正像	倒像	正像	倒像	正像	正像
	物镜有效孔径	40mm	40mm	36mm	36mm	40mm	40mm	40mm	40mm	—
	放大率	28X	29X	25.5X	25.5X	28X	30X	28X	30X	20X
	视场角	1°20′	1°20′	1°30′	1°30′	1°30′	1°30′	1°30′	1°30′	—
	视距乘常数	100	100	100	100	100	100	100	100	100
	视距加常数	0	0	0	0	0	0	0	0	0
	最短视距	2m	2m	2m	2m	2m	2m	2m	2m	2.2m
读数系统	水平读数系统放大倍数	73X	73X	71.4X	71.4X	—	—	—	—	—
	垂直读数系统放大倍数	74X	74X	71.4X	71.4	—	—	—	—	—
	水平度盘直径	93.4	93.4mm	93.4mm	93.4mm	—	—	—	—	—
	垂直度盘直径	73.4mm	73.4mm	73.4mm	73.4mm	—	—	—	—	—
水准器	照准部水准器	30″/2mm	30″/2mm	30″/2mm	30″/2mm	30″/2mm	30″/2mm	20″/2mm	20″/2mm	20″/2mm
	竖盘指标水准器	30″/2mm	30″/2mm	30″/2mm	30″/2mm	30″/2mm	30″/2mm	20″/2mm	20″/2mm	—
	圆水准器	8′/2mm	8′/2mm	—	—	8′/2mm	8′/2mm	8′/2mm	8′/2mm	—
光学对点器	放大倍数	1.1X	1.1X	1.7X	1.17	3X	3X	3X	3X	—
	视场角	4°	4°	3.5°	3.5°	5°	5°	5°	5°	—
仪器净重		4.2kg	4.2kg	4kg	4kg	4.3kg	4.3kg	6kg	6kg	8.5kg

附录五　全站型电子速测仪系列的技术参数

附表 16　　全站型电子速测仪系列的技术参数

型号		OTS332	OTS232	BTS-6082C	BTS-3082C	NTS-322	NTS-325	TC(R)405	4-322N	DTM-352C
产品名称		中文全站仪	中文全站仪	中文全站仪	中文全站仪	中文全站仪	中文全站仪	中文全站仪	中文全站仪	中文全站仪
标准偏差		3″	2″	2″	2″	2″	5″	5″	2″	2″
望远镜	倒像（正像）	正像	正像	正像	正像	正像	正像	正像	正像	正像
	物镜有效孔径	45mm	45mm	45mm	45mm	45mm	45mm	40mm	45mm	45mm
	放大率	30X	30X	30X	30X	30X	30X	30X	30X	30X
	视场角	1°20′	1°20′	1°30′	1°30′	1°30′	1°30′	26m/1km	1°30′	1°20′
	最短视距	1.7m	1.7m	1.5m	1.5m	1m	1m	—	1.0m	1.3m
电子测角	测量方式	光电增量	光电增量	光栅增量	光栅增量	光电增量	光电增量	绝对编码	绝对编码	光电增量
	最小读数	1″5″可选	1″5″可选	1″5″可选	1″5″可选	1″5″可选	1″5″可选	1″5″可选	1″	1″
	度盘直径	—	—	71mm	71mm	79mm	79mm	—	—	—
	液晶显示	双面LCD	双面LCD	双面LCD	双面LCD	双面LCD	双面LCD	双面LCD	双面LCD	双面LCD
测距	测量	5km/单棱镜	5km/单棱镜	1.5km/单棱镜	1.5km/单棱镜	1.8km/单棱镜	1.6km/单棱镜	3.0km/单棱镜	3.4km/单棱镜	2.3km/单棱镜
	测量精度	$\pm(3mm+3\times10^{-6}mm)$	$\pm(3mm+3\times10^{-6}mm)$	$\pm(3mm+2\times10^{-6}mm)$	$\pm(5mm+3\times10^{-6}mm)$	$\pm(3mm+2\times10^{-6}mm)$	$\pm(3mm+2\times10^{-6}mm)$	$\pm(2mm+2\times10^{-6}mm)$	$\pm(2mm+2\times10^{-6}mm)$	$\pm(2mm+2\times10^{-6}mm)$
	测量速度	精测1.2s	精测1.2s	精测2.5s	精测2.5s	精测3.0s	精测3.0s	精测<1.0s	精测2.0s	精测1.6
长水准器		30″/2mm	30″/2mm	30″/2mm	30″/2mm	30″/2mm	30″/2mm	—	30″/每刻度	—
圆水准器		8′/2mm	8′/2mm	8′/2mm	8′/2mm	8′/2mm	8′/2mm	—	8′/1mm	—
内存点		2000	2000	8000	8000	8000	8000	9000	7500	12000
使用时间	整机测量	4h	4h	4h	4h	2h	2h	—	8h	16h
	角度测量	12h	12h	20h	20h	8h	8h	4h	12h	30h
	电压	7.2V	7.2V	7.2V	7.2V	6.0V	6.0V	6.0V	6.0V	7.2V
	电池类型	Ni-MH	Ni-MH	Ni-MH	Ni-MH	Ni-MH	Ni-MH	Ni-MH	Ni-MH	Ni-MH
仪器净重		5.3kg	5.3kg	5.6kg	5.6kg	6.0kg	6.0kg	4.38kg	5.7kg	5.7kg

参 考 文 献

[1] 中国有色金属工业协会. GB 50026—2007 工程测量规范 [S]. 北京：中国计划出版社，2008.
[2] 行业标准. CJJ 8—1999 城市测量规范 [S]. 北京：中国建筑工业出版社，1999.
[3] 武汉测绘科技大学《测量学》编写组. 测量学 [M]. 3 版. 北京：测绘出版社，1991.
[4] 朱海涛. 桥梁工程实用测量 [M]. 北京：中国铁道出版社，2000.
[5] 钟孝顺，聂让. 测量学 [M]. 北京：人民交通出版社，1997.

参考文献

[1] 中国有色金属工业协会．GB 50026—2007 工程测量规范［S］．北京：中国计划出版社，2008.
[2] 行业标准．CJJ 8—1999 城市测量规范［S］．北京：中国建筑工业出版社，1999.
[3] 武汉测绘科技大学《测量学》编写组．测量学［M］．3 版．北京：测绘出版社，1991.
[4] 朱海涛．桥梁工程实用测量［M］．北京：中国铁道出版社，2000.
[5] 钟孝顺，聂让．测量学［M］．北京：人民交通出版社，1997.